T0184583

Praktikum Präparative Organische Chemie

Organisch-Chemisches Fortgeschrittenenpraktikum

Bereits erschienen:

Band 1
Praktikum Präparative Organische Chemie
Organisch-Chemisches Grundpraktikum

In Vorbereitung:

Band 3
Praktikum Präparative Organische Chemie
Organisch-Chemisches Schwerpunktpraktikum

Reinhard Brückner, Stefan Braukmüller, Hans-Dieter Beckhaus,
Jan Dirksen, Dirk Goeppel, Martin Oestreich

Praktikum Präparative Organische Chemie

Organisch-Chemisches Fortgeschrittenenpraktikum

Fortgeschrittene Experimentiertechniken:
Empfindliche Reagenzien und kleiner Maßstab

Autoren

Prof. Dr. Reinhard Brückner
Institut für Organische Chemie und Biochemie der
Albert-Ludwigs-Universität
Albertstraße 21, 79104 Freiburg
e-mail: reinhard.brueckner@organik.chemie.uni-freiburg.de

Akad. Rat Dr. Stefan Braukmüller
Institut für Organische Chemie und Biochemie der
Albert-Ludwigs-Universität
Albertstraße 21, 79104 Freiburg
e-mail: Stefan.Braukmueller@ocbc.uni-freiburg.de

Akad. Rat i.R. Dr. Hans-Dieter Beckhaus
Institut für Organische Chemie und Biochemie der
Albert-Ludwigs-Universität
Albertstraße 21, 79104 Freiburg

Dr. Jan Dirksen
Institut für Organische Chemie und Biochemie der
Albert-Ludwigs-Universität
Albertstraße 21, 79104 Freiburg
e-mail: jdirksen@chemie.uni-freiburg.de

Akad. Direktor Dr. Dirk Goeppel
Verwaltung des Chemischen Laboratoriums der
Albert-Ludwigs-Universität
Albertstraße 21, 79104 Freiburg
e-mail: goeppel@verwaltung.chemie.uni-freiburg.de

Prof. Dr. Martin Oestreich
Organisch-Chemisches Institut der
Westfälischen Wilhelms-Universität
Corrensstraße 40, 48149 Münster
e-mail: martin.oestreich@uni-muenster.de

Bibliografische Information der Deutschen Nationalbibliothek

Die Deutsche Nationalbibliothek verzeichnet diese Publikation in der Deutschen Nationalbibliografie; detaillierte bibliografische Daten sind im Internet über http://dnb.d-nb.de abrufbar.

Springer ist ein Unternehmen von Springer Science+Business Media
springer.de

© Spektrum Akademischer Verlag Heidelberg 2009
Spektrum Akademischer Verlag ist ein Imprint von Springer

09 10 11 12 13   5 4 3 2 1

Planung und Lektorat: Merlet Behncke-Braunbeck, Jutta Liebau
Herstellung: Detlef Mädje
Umschlaggestaltung: SpieszDesign, Neu-Ulm
Titelfoto: Dr. Stefan Braukmüller, Freiburg
Satz: TypoStudio Tobias Schaedla, Heidelberg

ISBN 978-3-8274-1981-1

Vorwort oder *Warum* ein neues Praktikumsbuch?

Dies ist der Band „Organisch-Chemisches Fortgeschrittenenpraktikum" des dreibändigen Gesamtwerks *Praktikum Präparative Organische Chemie*. Es erscheint in der folgenden Partitionierung:

1) *Organisch-Chemisches Grundpraktikum – Grundlegende Synthesetechniken* in der Themenfolge des Lehrbuchs „*Reaktionsmechanismen – Organische Reaktionen, Stereochemie, moderne Synthesemethoden*" bildet Band 1. Dieses Werk wendet sich an Studierende des universitären Grund- oder Bachelor-Studiums Chemie, an Chemie-Studierende an Fachhochschulen, an Chemielehrer/-innen oder auch zu Trainingszwecken an künftige Jugend-forscht- oder Chemieolympiaden-Teilnehmer/-innen. Probeseiten finden Sie unter www.spektrum-verlag.de.

2) *Organisch-Chemisches Fortgeschrittenenpraktikum – Fortgeschrittene Experimentiertechniken* behandelt als Band 2 – Sie halten diesen gerade in den Händen – das Arbeiten mit empfindlichen Reagenzien und im kleinen Maßstab. Dieser Band ist für alle Chemie-Studierenden gedacht, die in ihrem zweiten Organik-Praktikum umsetzen, was zwar oft schon Vorlesungsgegenstand niedrigerer Semester war, aber zu anspruchsvoll für Anfänger/-innen-Hände gewesen wäre: Hydroborierungen, der Einsatz von Gilman-Cupraten, Reaktionen in flüssigem Ammoniak, eine Swern-Oxidation, Sharpless-Epoxidierungen u. v. a. m.

3) *Organisch-Chemisches Schwerpunktpraktikum* beschreibt als Band 3 die *State-of-the-Art-Experimentierkunst* am Beispiel von Asymmetrischer Katalyse. Dieser Band richtet sich an diejenigen, die jetzt schon wissen, dass es sie auf Dauer in die Präparative Organische Chemie zieht, und an diejenigen, die sich von Top-Reaktionen für die Präparative Organische Chemie begeistern lassen wollen – also an Studierende im Hauptstudium oder im Masterstudiengang –, und natürlich auch an diejenigen, die bereits in der Organischen Synthese angekommen sind, also an Diplomanden/-innen, Doktoranden/-innen und Praktiker/-innen in der Industrie. Auch hiervon empfehlen wir Probeseiten unter www.spektrum-verlag.de.

570 Versuche beschreibt unser *Praktikum Präparative Organische Chemie* insgesamt. *Jeder von ihnen hat sich in Freiburg unter Praktikumsbedingungen bewährt* (wir können das schwören!), und jeden beschreiben wir einzeln[1] und in allen erforderlichen Details. Unser Gesamtangebot besteht aus 250 Vorschriften für Einsteiger/-innen[2] in Band 1, 220 Transformationen auf avanciertem Niveau in Band 2 und 100 Reaktionen, die das *high end* zeitgenössischen Experimentierens erreichen, in Band 3.

Das *Praktikum Präparative Organische Chemie* enthält als reines Praktikumsbuch so gut wie ausschließlich Spezifizierungen von Reaktionsdurchführungen. Es will an keiner Stelle ein Theorie-Lehrbuch sein. Es will auch in keinem Band schildern, was kumulativ die Bestandteile fundamentaler oder arrivierter organisch-chemischer Experimentiertechnik sind. Ebensowenig wird in diesem Werk der physikalisch-chemische Hin-

---

[1] Wir tragen damit der ebenso unangenehmen wie verbreiteten Erfahrung Rechnung, wonach allgemeine Versuchsvorschriften zwar immer Platz sparen, aber keineswegs so universell zutreffen, wie man vielleicht glaubt.

[2] Ab hier verzichten wir im Regelfall auf die „politisch korrekte Parallelsprache" (Chemiker und Chemikerinnen) ebenso wie auf die „politisch korrekte Neutralsprache" (Studierende), und zwar des einfachst möglichen, d. h. am besten verständlichen Ausdrucks halber. M. a. W. formulieren wir *Sexus*-unabhängige Sachverhalte fortan auch dann im *Genus* maskulin, wenn wir ausdrücklich „Männlein und Weiblein" meinen.

tergrund organisch-chemischer Laboratoriumtechnik erläutert (wiewohl jede dieser Techniken beschrieben wird). Diese Konzeption unterscheidet dieses Praktikumsbuch ganz grundlegend von den meisten bisherigen, und das ist pure Absicht: Unsere Materialbeschränkung entspringt der bewussten Konzentration auf unser *Hauptziel, funktionierende Versuchsvorschriften zum Vorteil aller weiterzugeben.*

Dieses Ziel des *Praktikums Präparative Organische Chemie* ist unseres Erachtens so wichtig, so umfänglich, so anspruchsvoll und so eigenständig, dass es Schaden genommen hätte, wenn wir es durch den Einbau von Abschweifungen der geschilderten Art verwässert hätten.[3] Solche „Abschweifungen" hätten nach unserer Einschätzung der Leserschaft, die uns am Herzen liegt – Wissenschaftlern/innen in spe –, auf ähnliche Weise eine ungebetene Diversität geboten, wie ein (fiktives!) Kochbuch von Paul Bocuse, das zwar angehende Chefs de cuisine ansprechen will, aber außer dem Kerngeschäft Kochkunst à la française umfängliche Exkurse über den Cro-Magnon-Menschen, die Ära Napoleon und die Fünfte Republik einstreut. Anders ausgedrückt teilen wir sinngemäß die Erwartungshaltung von denjenigen, die allsommerlich die Berichterstattung von der Tour de France (sofern es nochmals eine gibt...) verfolgen und in diesem Rahmen zuvörderst vom Rennverlauf hören wollen und nicht von den Geschmacksrichtungen des Weins am Straßenrand oder dem Baustil der Schlösser im Blickfeld des Reporters im Hubschrauber.

Der Spagat zwischen Theorie und Praxis also, zu dem als Pflichtübung fast alle im deutschsprachigen Raum eingeführten Organik-Praktikumsbücher deren Besitzer/innen auffordern, indem sie Erläuterungen zum theoretischen Hintergrund und Experimentiervorschriften miteinander verquicken, wird also fortan höchstens noch Kür oder unnötig – nämlich dann, wenn Sie unserem Vorschlag folgen: Bevorzugen Sie unverbogene Standbeine, aber deren zwei! Nutzen Sie also ein lupenreines Theoriebuch – beispielsweise „*Reaktionsmechanismen – Organische Reaktionen, Stereochemie, moderne Synthesemethoden*" – in Kombination mit dem hier vorgelegten lupenreinen Praktikumsbuch. Das empfehlen wir insbesondere auch deshalb, weil die Themenfolge der Kapitel 1 – 13 in besagtem Theoriebuch und in Band 1 des *Praktikums Präparative Organische Chemie* dieselbe ist.

Weitere Charakteristika des *Praktikums Präparative Organische Chemie* in 3 Bänden sind:
1) Das Gesamtwerk ist ein didaktisch aufgebautes, innerhalb jedes Einzelbandes und über die Band-Grenzen hinweg stimmiges und aus drei Schwierigkeitsstufen aufgebautes *Ganzes*.
2) Die augenfälligsten Unterschiede zwischen der Präparate-Auswahl und -Ordnung in unserem Buch im Vergleich zu Konkurrenzprodukten sind in unserer eigenen Wahrnehmung:
   - Band 1 ist eindeutig nach Reaktionsmechanismen gegliedert. Dadurch werden im Besonderen auch die vielfältigen Reaktionsweisen der (mehreren!) Verbindungsklassen, die eine C=O-Doppelbindung enthalten, konsequent systematisiert – ebenso wie in dem o. g. Mechanismen-Lehrbuch. Auf diese Weise in acht Abschnitte feingegliedert wird die Chemie dieser Verbindungsklassen weitaus verdaulicher, als wenn sie Ingredienz nur scheinbar einheitlicher Potpourris unter allumfassenden Titeln wie „Chemie von Carbonylverbindungen" ist;
   - in Band 2 ist die Vermittlung fortgeschrittener Experimentiertechniken eine unseres Wissens bislang ungenutzte, aber für Studierende äußerst wertvolle Richtschnur. Mit eben dieser Akzentuierung stellen wir das Arbeiten mit Li-Organylen, Cu-Organylen, Li-Amiden, Li-Enolaten, in flüssigem Ammoniak und mit „niedervalentem" Titan, komplexen Metallhydriden, Hydroperoxiden (Sharpless-Epoxidierungen!) oder Ozon sowie anderem mehr vor;

---

[3] Derlei „Abschweifungen" halten wir allein schon deshalb für unnötig, als es für jeden der genannten Teilaspekte bereits einschlägige und qualitativ hochwertige Literatur gibt.

- Band 3 ist als Praktikumsbuch zur Asymmetrische Katalyse unseres Wissens weltweit ein Novum;
- alle Bände zeigen überdies, wie sich Moleküle in den Händen eines Synthetikers verändern lassen und wie auf diese Weise aus anfänglich strukturell Einfachem Schritt für Schritt Komplexe(re)s erwächst. Das gilt ganz besonders für die zahlreich enthaltenen Synthese-*Sequenzen*: Mit sechs Stufen in Folge ist in dieser Hinsicht die Synthese von *S*-konfiguriertem Ibuprofen das „Spitzenangebot" von Band 1. Band 2 enthält Sequenzen dieses Umfangs schon beinahe routinemäßig. Daraus ragt die eine oder andere Aufgabe noch heraus, unter anderem eine achtstufige Totalsynthese von 2*R*,3*S*-Norsphingosin. Band 3 schließlich veranschaulicht die Genese hochfunktionalisierter Moleküle und das, was sie als Liganden synthetisch zu bewirken gestatten, an Reaktionsensembles aus dem Bereich der Asymmetrischen Katalyse. Letztere umfassen mehrfach bis zu elf oder zwölf zusammengehörige Synthesestufen.

3) Jeder Band bietet eine derart große Stoffvielfalt, dass alle Praktikumsaufgaben stark individualisiert werden können. Bei den heute üblichen hohen Studierendenzahlen könnten zwar andere große Universitäten ebensowenig wie wir selbst an der Universität Freiburg behaupten, dass der Umfang des jeweiligen Präparatekanons es zulasse, dass jeder Praktikumsteilnehmer andere Präparate „koche". Nichtsdestoweniger machen wir sowohl auf dem Grund- als auch auf dem Fortgeschrittenpraktikums-Niveau einen Vorschriftenfundus verfügbar, aus dem sich 8 – 12 vollkommen unterschiedliche Präparategruppen zusammenstellen lassen. Auf diese Weise wappnen wir jeden Benutzer dieser Bücher en passant mit einer Methodensammlung, die beim Lernen und Experimentieren weit über die jeweilige Praktikumsdauer hinaus von ganz erheblichem Nutzen sein sollte.

4) Auf eine Hauptschwierigkeit eines Praktikumsbuchs stößt traditionell, wer ein bestimmtes Reaktions*beispiel* darin wiederfinden möchte und nicht mehr weiß, wo es abgedruckt ist. Noch schlimmer dran ist, wer einen bestimmten Reaktions*typ* darin sucht, aber nicht weiß, ob er überhaupt vertreten ist. Um im *Praktikum Präparative Organische Chemie* dem Ideal „wer suchet, der findet" so nahe wie möglich zu kommen, widmeten wir der Auffindbarkeit aller darin vertretenen Reaktionen besonders große Sorgfalt. Mit jeweils zwei graphischen Inhaltsverzeichnissen und jeweils zwei Stichwortverzeichnissen (erstens: Reaktionsweisen und Namensreaktionen; zweitens: Synthesemöglichkeiten; in Band 2 zusätzlich drittens: Fortgeschrittene Experimentiertechniken) haben wir derlei Unauffindbarkeitsprobleme hoffentlich eliminiert.

Wir sechs Freiburger bzw. Ex-Freiburger Autoren wünschen Ihnen viel Spaß und wenig Frustration bei der *praktischen* Organischen Chemie!

Freiburg im Breisgau bzw. Münster/Westfalen, im Juni 2008

Reinhard Brückner,
Stefan Braukmüller,
Hans-Dieter Beckhaus,
Jan Dirksen,
Dirk Goeppel und
Martin Oestreich

Vorwort zum Band Organisch-Chemisches Fortgeschrittenenpraktikum

Zum Organisch-chemischen Fortgeschrittenenpraktikum wird zugelassen, wer das Organisch-chemische Grundpraktikum absolviert hat und nach diesem Zeitpunkt bereits weiterführende Lehrveranstaltungen der Organischen Chemie besucht hat – oder auch nicht, denn in nicht wenigen Universitäten kann man in unmittelbarer Aufeinanderfolge am Grund- und Fortgeschrittenenpraktikum teilnehmen. Weil die letztere Modalität auch an der Universität Freiburg zutrifft, wurde hier ein Fortgeschrittenenpraktikum entwickelt und zur Grundlage dieses Bandes 2 *Organisch-Chemisches Fortgeschrittenenpraktikum* unseres *Praktikums Präparative Organische Chemie* gemacht, das nahezu ausschließlich auf Reaktionsweisen beruht, für die die Theorie bereits im Grundstudium vorgestellt wird oder dort vorgestellt werden könnte.

Nichtsdestoweniger ist das, was in *Organisch-Chemisches Fortgeschrittenenpraktikum* steht, experimentell ganz erheblich anspruchsvoller, als was der Vorläuferband *Organisch-Chemisches Grundpraktikum* beschreibt. Das Alleinstellungsmerkmal von Band 2 ist nämlich, dass er mit dem zentralen Ziel einer „systematischen Vermittlung fortgeschrittener Experimentiertechniken der Organischen Chemie" zusammengestellt wurde, einem Konzept, das darauf zugeschnitten ist, Ihnen als Praktikanten den größtmöglichen Lerngewinn zu verschaffen! Diesen didaktischen Fokus haben konkurrierende Praktikums- und Praktikumsbuch-Designs nicht.

Wir sind der Überzeugung, dass möglichst alle Chemiestudierenden einmal mit so empfindlichen Reagenzien wie Lithiumorganylen, Gilman-Cupraten oder LiAlH$_4$ gearbeitet haben sollen. Auch sollten sie hydroboriert oder katalytisch hydriert, anspruchsvolle Umsetzungen wie Birch-Reduktionen, McMurry-Reaktionen oder Ozonolysen durchgeführt und mit den eigenen Händen eine von Sharpless' Nobelpreis-gewinnende Asymmetrische Oxidationen – die Asymmetrische Epoxidierung von Allylalkoholen oder die Asymmetrische *cis-vic*-Dihydroxylierung von Olefinen – realisiert haben. Das Tableau der von uns in *Organisch-Chemisches Fortgeschrittenenpraktikum* detailliert geschilderten Experimentiertechniken für Fortgeschrittene lässt sich folgendermaßen skizzieren:

Arbeiten mit Metallorganylen ...
    ...nämlich mit Li-, Cu-, Mg-, Si- , Zn- und B-Organylen
Arbeiten mit Edelmetallkatalysatoren
Arbeiten mit nicht-stabilisierten Enolaten ...
    ...nämlich mit Li-Enolaten, einem B-Enolat und „ungewöhnlichen" Enolaten
Arbeiten mit starken Basen ...
    ...nämlich mit Alkalimetallamiden, NaH oder KH
Arbeiten mit Reduktionsmitteln ...
    ...nämlich mit Alkalimetallen, einfachen und komplexen Metallhydriden, elementarem Wasserstoff, Zink, Sm(II) oder „niedervalentem" Titan

Arbeiten mit Oxidationsmitteln ...
    ...nämlich mit Ozon, Hydroperoxiden, hypervalenten Iodverbindungen, aktiviertem DMSO, Schwermetalloxiden, Wasserstoffperoxid oder mit den Oxidantien von Redoxkondensationen nach Mukaiyama
Arbeiten in flüssigem Ammoniak
Arbeiten unter Schutzgas und bei rigorosem Feuchtigkeitsausschluss ...
    ... nämlich am Inertgas- oder Inertgas/Vakuum-Wechselrechen, bei der Spritzen-/Septum-Technik, beim „Ausheizen" von Reaktionsgefäßen, „Entgasen" von Lösungsmitteln und „Umdrücken" von Lösungen mittels Transferkanüle

Das Auftaktkapitel dieses Buchs listet in Form eines graphischen Inhaltsverzeichnisses auf, welche von insgesamt 40 „Arbeitstechniken" anhand der Durchführung welcher der insgesamt 221 Reaktionen erlernt werden können. Ab Seite 60 werden die wichtigsten experimentellen Aspekte außerdem losgelöst von konkreten Reaktionsbeispielen ganz im Detail in Wort und Bild erläutert.

Was die Perspektive von Praktikanten betrifft, sich auf der Basis von *Organisch-Chemisches Fortgeschrittenenpraktikum* zum Experimentierprofi zu entwickeln, wirkt die Tatsache, dass mehr als 200 der darin geschilderten Reaktionen Bestandteil einer Synthesesequenz sind, ebenso verlockend wie herausfordernd: Beschrieben werden elf 2-Stufensynthesen, zwölf 3-Stufensynthesen, fünf 4-Stufensynthesen, sieben 5-Stufensynthesen, neun 6-Stufensynthesen, drei 7-Stufensynthesen. Die 8-stufige Totalsynthese von enantiomerenreinem Norsphingosin dürfte Einmaligkeitscharakter in einem Organisch-chemischen Fortgeschrittenenpraktikum haben. Unser Längenrekordhalter ist jedoch die 10-Stufensynthese eines Polyketidbausteins (Sequenz 21).

Die Mehrzahl der Präparate aus *Organisch-Chemisches Fortgeschrittenenpraktikum* muss unter Inertgas und bei rigorosem Ausschluss von Feuchtigkeit hergestellt werden. Schon diese Rahmenbedingungen tragen dazu bei, dass Glas- oder Einwegspritzen als Routinegeräte im Praktikum einziehen. In Anbetracht der typischerweise kleinen und manchmal sogar sehr kleinen Ansätze, die dieser Band beschreibt, ist im Übrigen das Arbeiten mit Spritzen ein essentieller Bestandteil des gelehrten Experimentierens. Solches Arbeiten in (sehr) kleinem Maßstab spart außerdem Chemikalien, schont das Zeitbudget der Praktikanten und ermöglicht, dass die Aufarbeitung der Reaktionsgemische standardmäßig mit einer Reinigung des Reaktionsprodukts mittels Flash-Chromatographie abschließt. Im Idealfall erlernen in dieser Weise angeleitete Studierende während ihres Fortgeschrittenenpraktikums also die Grundzüge aller Experimentiertechniken, die typisch für das Arbeiten „eines Tages" in einem Forschungslabor als Mitarbeiterpraktikant, Diplomand oder Doktorand sind.

Es ist üblich, dass ein Spektroskopieseminar über die „Strukturaufklärung mit NMR-Spektroskopie und flankierenden Methoden" oder mit einer ähnlichen Thematik ein Organisch-chemisches Fortgeschrittenenpraktikum begleitet oder ihm vorausgeht. Das schafft die Voraussetzung dafür, dass alle Reaktionsprodukte des Bandes *Organisch-Chemisches Fortgeschrittenenpraktikum* von den Praktikumsteilnehmern NMR-spektroskopisch charakterisiert werden können. Damit die entsprechenden Spektreninterpretationen eigenständig vorgenommen werden müssen und nicht aus diesem Praktikumsbuch übertragen werden können, verzeichnet das Letztere gar keine NMR-Daten; dieser Umstand ist also Absicht statt Unterlassungssünde.

Mit dem Ensemble der „Kochvorschriften" für die variantenreich komponierten Mehrstufenpräparate von *Organisch-Chemisches Fortgeschrittenenpraktikum* erwerben Sie als Praktikant natürlich auch eine Methodensammlung, die Ihnen in Ihrer jetzigen Phase zunehmenden Vertrautwerdens mit der Organischen Chemie von ebensolchem Nutzen sein sollte wie bei weiterem Experimentieren zu einem späteren Zeitpunkt Ihrer Karriere.

Um den Wert dieses Werkes in Bezug auf die zuletzt genannte Zielsetzung und überhaupt zu optimieren – nämlich für all diejenigen Situationen, in denen man hierin etwas Bestimmtes sucht –, finden sich unsere Einzelreaktionen und Mehrstufenpräparate zunächst auf zehn Kapitel verteilt:

1) Darstellung von Indikatoren zur Titration von Metallorganylen
2) Reaktionen von Li-Organylen
3) Reaktionen von Li-Enolaten und verwandten C-Nucleophilen
4) Reaktionen mit Boranen
5) Asymmetrische Sharpless-Epoxidierungen
6) Asymmetrische Sharpless-Dihydroxylierungen
7) Alkohol→Aldehyd- und Alkohol→Keton-Oxidationen
8) Reduktionen mit komplexen oder einfachen Metallhydriden

9) Reduktionen mit sich auflösenden Metallen

10) Reduktionen mit niedervalenten Metallverbindungen[1]

Jede dieser Kapitelüberschriften verrät zwar, welche Reaktionsweise in den darauffolgenden Beschreibungen auf alle Fälle enthalten ist. Sie lässt jedoch zwangsläufig offen, welche Reaktionsweise(n) ggf. *darüber hinaus* beschrieben wird bzw. werden: Bei jeder Reaktionssequenz sind das mehrere, und nur eine kann überschriftbestimmend sein. Dieses Dilemma und sämtliche weiteren Suchanliegen „wo finde ich was in diesem Band?" konnten wir hoffentlich dadurch ausräumen, daß wir die folgenden zusätzlichen Orientierungshilfen implementierten:

1) ein graphisches Inhaltsverzeichnis, das nach den zu erlernenden fortgeschrittenen Labortechniken gegliedert ist (s. o.; Seite 1 ff.)

2) ein graphisches Inhaltsverzeichnis, das jede Reaktionssequenzen als Einheit zeigt (Seite 333 ff.)

3) einen alphabetischen „Index der Arbeitstechniken" (Seite 365 ff.)

4) einen alphabetischen „Index der Reaktionsweisen (inkl. Namensreaktionen und Namensreagenzien)" (Seite 368 ff.)

5) einen alphabetischen „Index der Zielstrukturen (Synthesemethodenverzeichnis)" (Seite 372 f.)

Wir sind eigentlich sicher, dass wir mit diesen Maßnahmen in punkto (Wieder)Auffindbarkeit keine Wünsche offenließen. Sollten Sie, liebe Nutzer dieses Bandes, anderer Ansicht sein oder weitere Verbesserungsvorschläge haben: Lassen Sie uns diese bitte wissen!

---

[1] Um der Wahrheit die Ehre zu geben: Jahrelang beinhaltete das Freiburger Fortgeschrittenenpraktikum ein „Kapitel 11: Synthese von Dipeptiden". Dieses illustrierte – vertiefend und ausbauend –, was unser Grundstudium zu den Themenfeldern „Carbonsäureaktivierung", „Anbringen und Abspalten von Schutzgruppen" und „Peptidsynthese" angerissen hatte, am Beispiel von Lösungs- oder Festphasensynthesen der folgenden Zielmoleküle:

Erst beim Aufbereiten unserer viel(!)jährigen Praktikumserfahrung zu diesem Band *Organisch-Chemisches Fortgeschrittenenpraktikum* stellte sich heraus, dass diese Verbindungen einerseits selten oder nie (!) als Praktikumsaufgaben ausgegeben und die erfolgten Vergaben andererseits nicht eindeutig dokumentiert worden waren. Um ein wahrhaft „verlässliches *Organisch-Chemisches Fortgeschrittenenpraktikum*" zu veröffentlichen, mussten wir auf den Einschluss dieses Kapitels 11 verzichten – vorerst: „Aufgeschoben ist nicht aufgehoben" lautet in dieser Hinsicht unser Arbeitsprogramm ...

Danksagung

Das *Praktikum Präparative Organische Chemie* wäre nicht zustande gekommen ohne Merlet Behncke-Braunbeck, die für die Chemie zuständige Programmplanerin des SPEKTRUM-Verlags. Sie stiftete uns vor mehreren Jahren zu diesem Projekt an und verstand es in der Folge, das verlegerische Interesse daran auch in unseren schwierigen Zeiten des Rendite-Optimierens, Aquirierens und personellen Ausdünnens auf dem Buchmarkt nie abebben zu lassen. Überdies erwies sich Frau Behncke-Braunbeck für ihre Autoren als geschickte Mediatorin bei der Behandlung der Frage, aus wieviel Bänden und welchem Einband ein „dreibändiges modularisiertes Praktikumsbuch im Schuber" bestehen würde. Frau Behncke-Braunbeck und ihrem Kollegen Willem van Dijk, Marketing Manager, sind wir außerdem zum Dank dafür verpflichtet, dass sie unsere Grundideen zu den Einbänden kreativ und geduldig zu denjenigen weiterentwickelten, die jetzt die drei Einzelbände umschließen.

Die gemeinsame Begeisterung für das *Praktikum Präparative Organische Chemie* war das hervorstechende Merkmal unserer Zusammenarbeit mit Lektorin Jutta Liebau vom SPEKTRUM-Verlag. Ihr oblag wieder die Endredaktion unseres Manuskripts, die in Bezug auf Band 2 wunschgemäß nur im Singular anfiel, nachdem Band 1 davon mehrere Runden beansprucht hatte. Frau Liebau gelang es durch geschicktes Projektmanagement im Verlauf der heißen Phase des Endspurts, zeitfressenden Zusatzaufgaben oder gewissen Verschleißerscheinungen im Autorenteam Rechnung zu tragen, ohne dass der feinverschachtelte Ablaufplan für 1. und 2. Autorenkorrektur, Indexerstellung, Einbandherstellung, Schlussrevision, Erteilung des Druckereiauftrags und Auslieferung kollabierte. Einen maßgeblichen Anteil hieran und an der Realisierung des Projekts an sich hatte Herr Tobias Schaedla vom TypoStudio Heidelberg als Setzer dieses Bandes. Der Einsatz dieser beiden war entscheidend dafür, dass dieser Band so schmuck aussieht und zum Wintersemester 2008/09 in den Universitätsbuchhandlungen vorliegt.

Die Lektion, die wir Autoren aus der langwierigen Geburt des Bandes 1 des *Praktikums Präparative Organische Chemie* gelernt hatten, sodass Band 2 das Licht der lesenden Öffentlichkeit auf direkterem Weg erblickt, war, Frau Helga Lay (Universität Freiburg) so früh wie möglich – ab Februar dieses Jahres – und so intensiv wie möglich – oft jeden Abend und zwischen Freitagen und Montagen nicht nur abends – mit dem Schleifen unserer Rohformulierungen zu betrauen. Dieser Aufgabe unterzog sie sich im doppelten Sinn – nämlich den Text zuerst wie eine Festung und danach wie einen Juwel schleifend – mit Hingabe, größter Sorgfalt und einem unerbittlichen Streben nach größtmöglicher sprachlicher Klarheit. Unser ganz herzlicher Dank gebührt Frau Lay dafür!

Einen unentbehrlichen Beitrag zum Band *Organisch-Chemisches Fortgeschrittenenpraktikum* des *Praktikums Präparative Organische Chemie* leistete zu guter Letzt Frau Ivonne Knauer. Als Laborantin an der Universität Freiburg versuchte sie mit großem Geschick, diejenigen Sequenzen des Freiburger Organisch-chemischen Fortgeschrittenenpraktikums, die den Praktikantenrückmeldungen zufolge nicht oder nicht wie beschrieben oder erwartet funktionierten, *unter Praktikumsbedingungen* zum Laufen zu bringen. Alle dabei angestellten und für den Erfolg relevanten Beobachtungen flossen in unsere „Anmerkungs"-Texte ein. Frau Knauer danken wir für die dadurch ermöglichte Breite unseres Präparateangebots sehr! Ebenso danken wir all denjenigen Fortgeschrittenenpraktikanten Freiburgs und deren Assistenten, die in den vergangenen Jahren mit dem Nacharbeiten unserer Vorschriftensammlung beschäftigt waren und sich durch ihre Rückkopplung mit dem Praktikumsleiter das Verdienst erwarben, dass aus den ursprünglichen Reaktionssequenzen die hier zusammengefassten entwickelt werden konnten – und dass über keine daran beteiligte Stufe mehr das (demotivierende) Gerücht „die hat noch nie geklappt!" in Umlauf gesetzt werden darf.

Inhaltsverzeichnis

Kapitel I

Graphisches Inhaltsverzeichnis – sortiert nach den zu erlernenden fortgeschrittenen Labortechniken

1 Arbeiten mit Li-Organylen

Indikator zur Gehaltsbestimmung von RLi-Lösungen

35-1

36-1   **36-2**

5-3   **5-4**

55-1

6-1

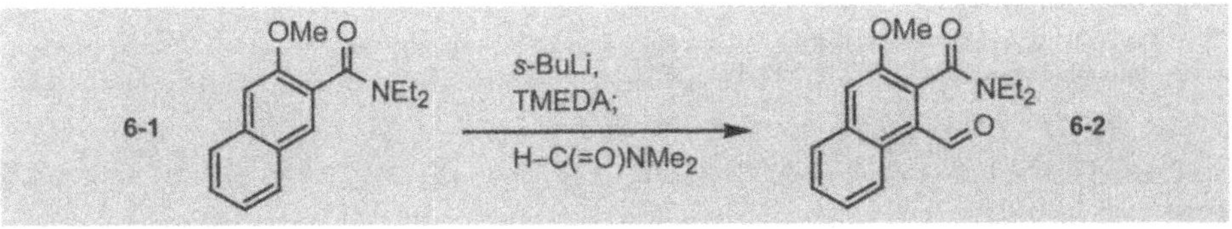
6-1
OMe O
NEt2
s-BuLi,
TMEDA;
H–C(=O)NMe2
OMe O
NEt2
O
6-2

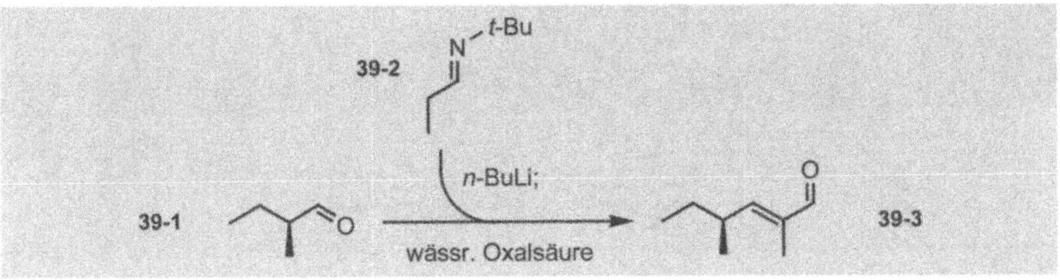
39-2
t-Bu
N
n-BuLi;
39-1
O
wässr. Oxalsäure
O
39-3

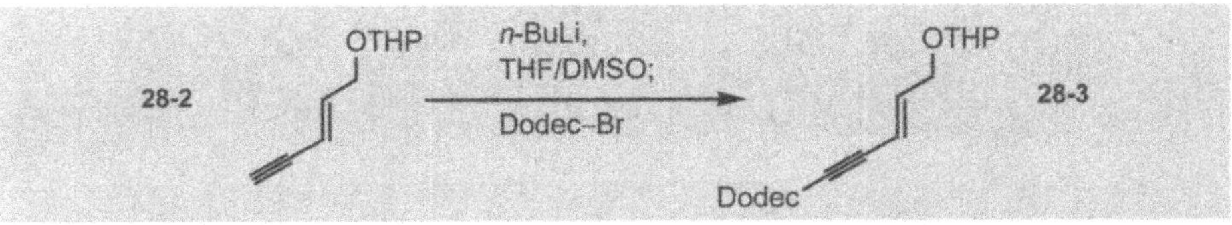
28-2
OTHP
n-BuLi,
THF/DMSO;
Dodec–Br
OTHP
28-3
Dodec

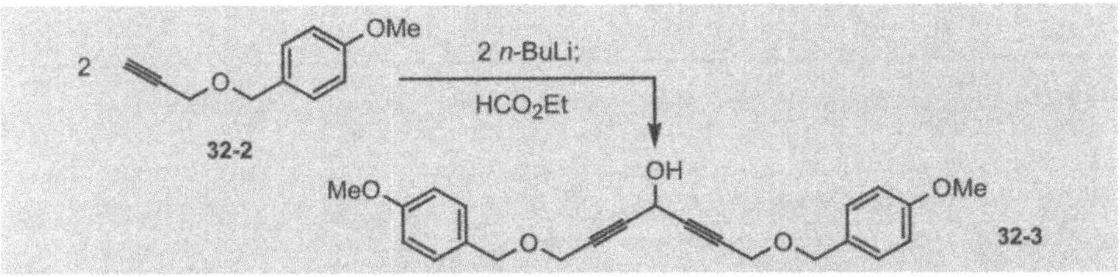
2
OMe
O
2 n-BuLi;
HCO2Et
32-2
OH
MeO
O
O
OMe
32-3

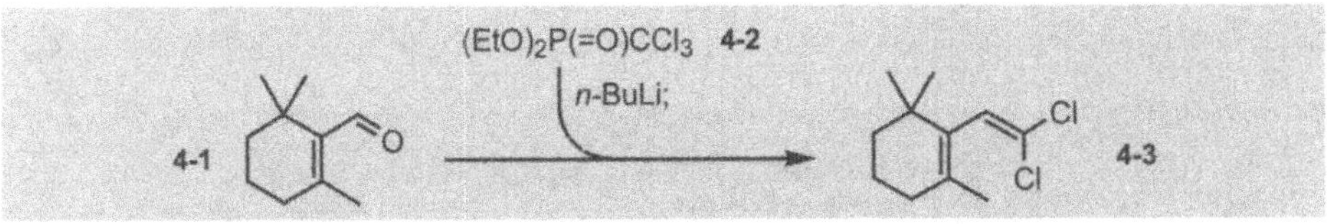
(EtO)2P(=O)CCl3 4-2
n-BuLi;
4-1
O
Cl
Cl
4-3

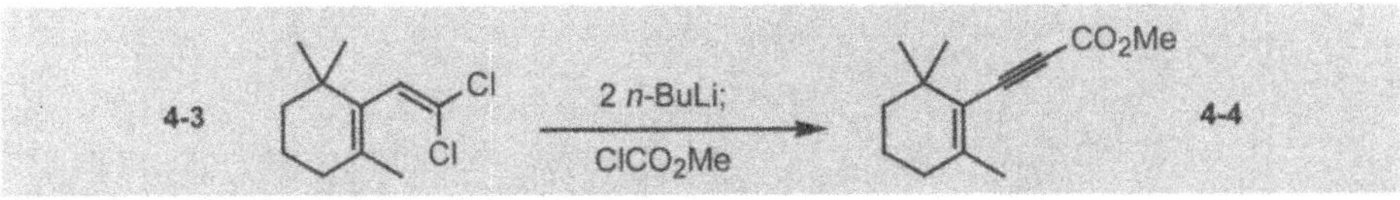
4-3
Cl
Cl
2 n-BuLi;
ClCO2Me
CO2Me
4-4

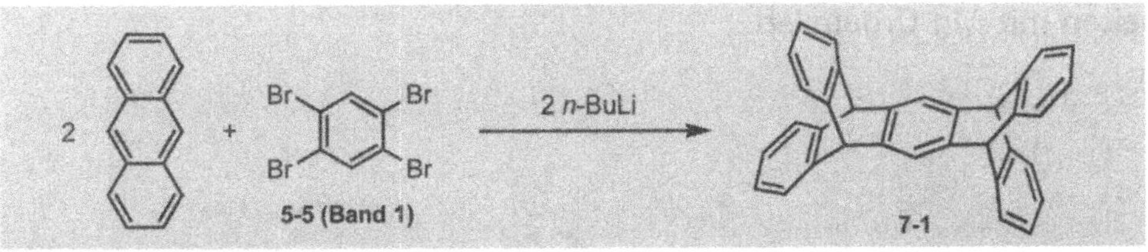
2
+
Br
Br
Br
Br
5-5 (Band 1)
2 n-BuLi
7-1

29-1

30-1

27-5

5-2 **5-3**

2-1

1-1 **1-2**

21-2 **21-3**

2   Arbeiten mit Mg-Organylen

Indikator zur Gehaltsbestimmung von RMgHal-Lösungen

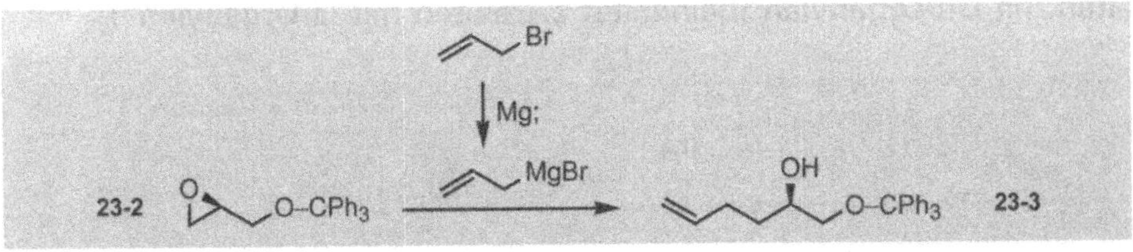
Br
Mg;
MgBr
OH
23-2
O–CPh3
23-3

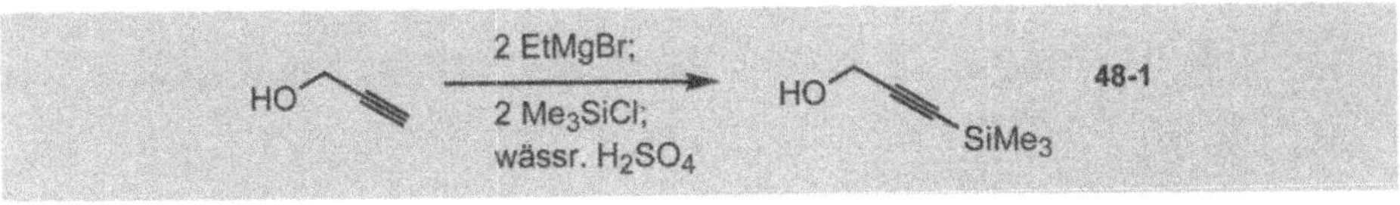
2 EtMgBr;
2 Me3SiCl;
wässr. H2SO4
HO
SiMe3
48-1

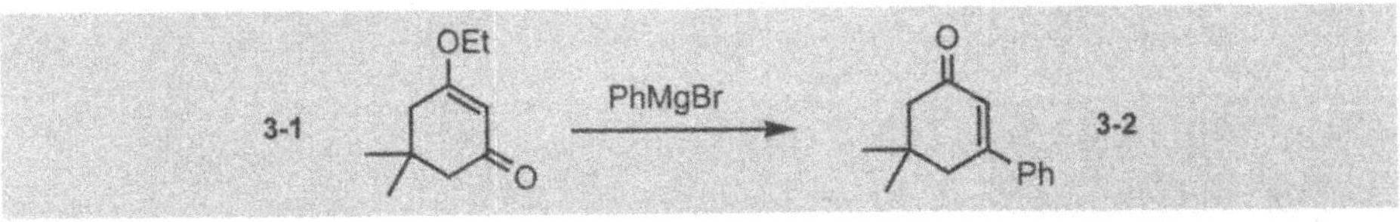
OEt
3-1
PhMgBr
Ph
3-2

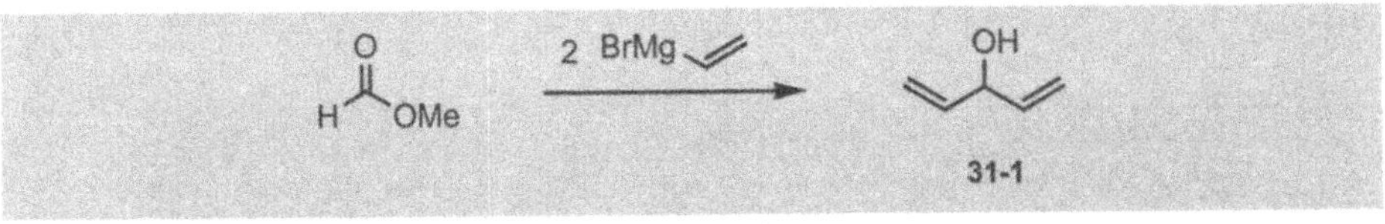
H
OMe
2 BrMg
OH
31-1

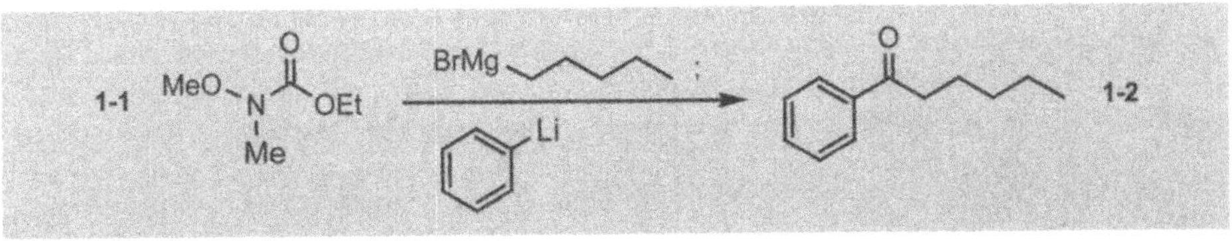
1-1
MeO
N
Me
OEt
BrMg
;
Li
1-2

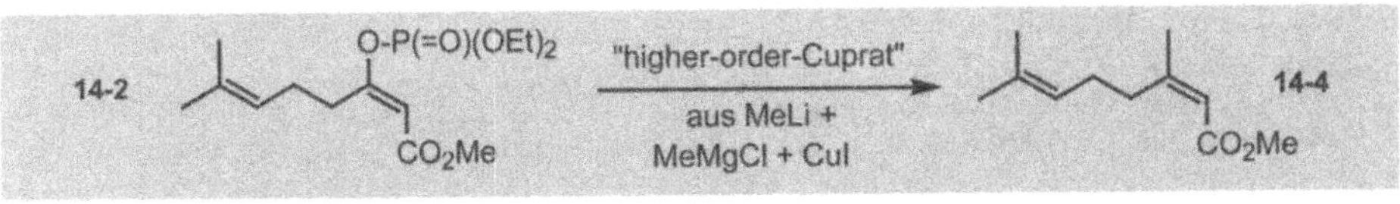
14-2
O-P(=O)(OEt)2
CO2Me
"higher-order-Cuprat"
aus MeLi +
MeMgCl + CuI
14-4
CO2Me

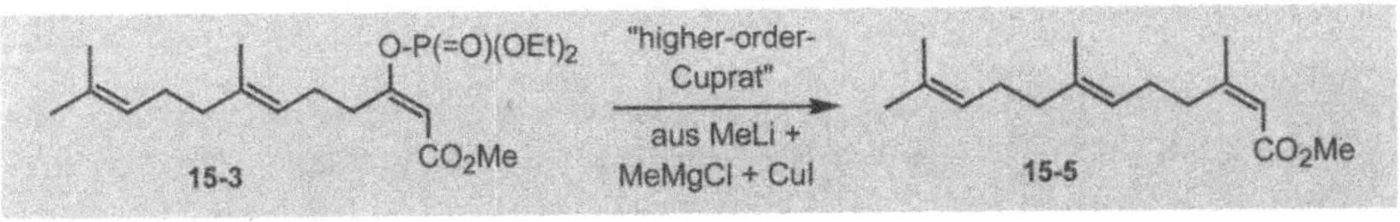
O-P(=O)(OEt)2
CO2Me
15-3
"higher-order-
Cuprat"
aus MeLi +
MeMgCl + CuI
15-5
CO2Me

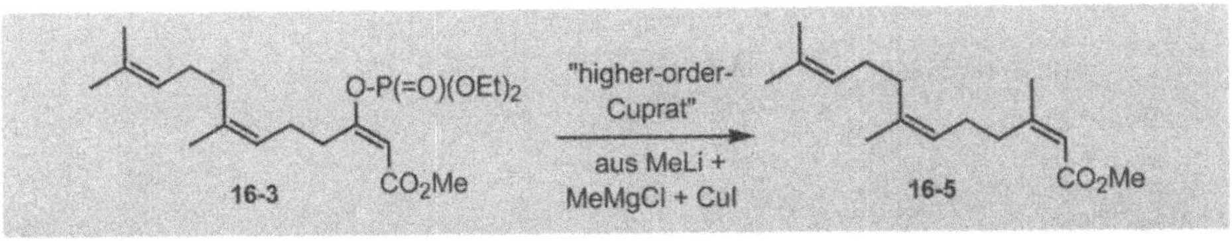
O-P(=O)(OEt)2
CO2Me
16-3
"higher-order-
Cuprat"
aus MeLi +
MeMgCl + CuI
16-5
CO2Me

3 Arbeiten mit Cu-Organylen (beinhaltet „Arbeiten mit Li-Organylen")

4   Arbeiten mit Zn-Organylen

5   Arbeiten mit Si-Organylen

6   Arbeiten mit Edelmetall-Homogenkatalysatoren

7   Arbeiten mit Edelmetall-Heterogenkatalysatoren (beinhaltet „Arbeiten mit elementarem Wasserstoff")

8 Arbeiten mit Li-Amiden (weitere Beispiele sind unter „Arbeiten mit Li-Enolaten" aufgelistet)

57-1 HO—≡— → Li, 1,2-Diamino-propan; KOt-Bu → HO———≡ **57-2**

HO—≡ → Li, fl. NH₃, kat. Fe(NO₃)₃ · 9 H₂O; Br— → HO—≡— **57-1**

21-2 → n-BuLi; → **21-3**

9 Arbeiten mit Na- oder K-Amiden

→ Na⊕ NH₂⊖, HC≡C⊖ Na⊕, flüssiger NH₃ → **28-1**

18-2 → Br⊖ Ph₃P⊕ / NaHMDS; → **18-3**

18-2 → O=S=O / N=N / N–Ph **18-5** / KHMDS; → **18-6**

10   Arbeiten mit Li-Enolaten (beinhaltet i. a. „Arbeiten mit Li-Organylen" und/oder „Arbeiten mit Li-Amiden")

9-1 ... **9-2**

8-1

12-1

11　Arbeiten mit „ungewöhnlichen" Enolaten

39-2 **39-1** *n*-BuLi; wässr. Oxalsäure **39-3**

2 Li; *i*-Pr₂NH; 2 Äquiv. hexanfreies LDA **10-1**

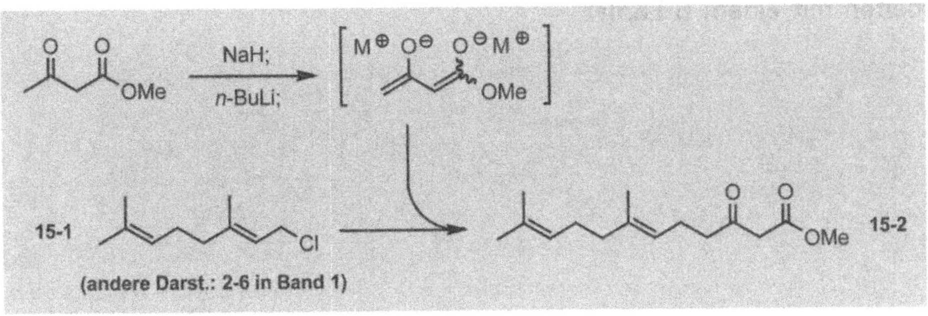
NaH;
n-BuLi;
OMe
15-1
Cl
15-2
(andere Darst.: 2-6 in Band 1)

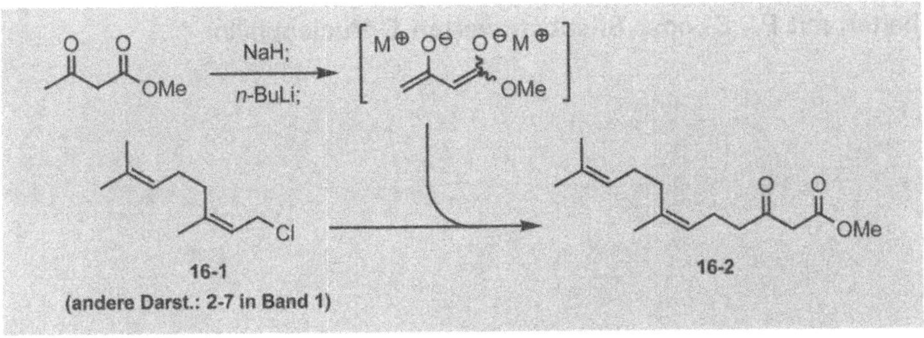
NaH;
n-BuLi;
OMe
Cl
16-1
(andere Darst.: 2-7 in Band 1)
16-2

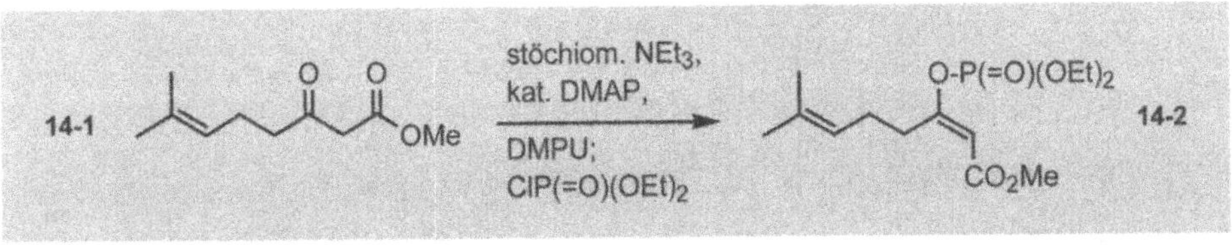
14-1
stöchiom. NEt3,
kat. DMAP,
DMPU;
ClP(=O)(OEt)2
O-P(=O)(OEt)2
CO2Me
14-2

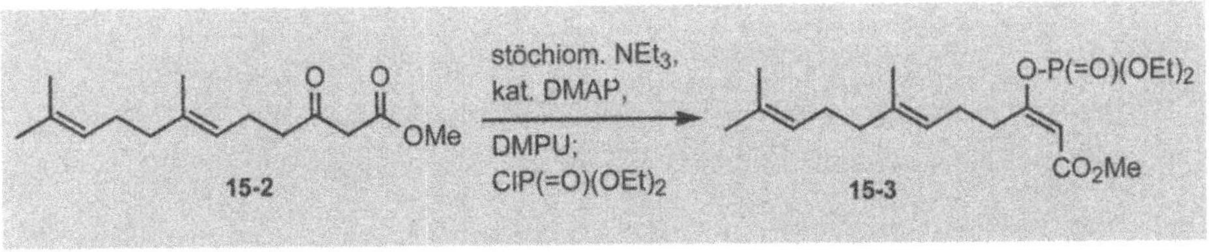
15-2
stöchiom. NEt3,
kat. DMAP,
DMPU;
ClP(=O)(OEt)2
O-P(=O)(OEt)2
CO2Me
15-3

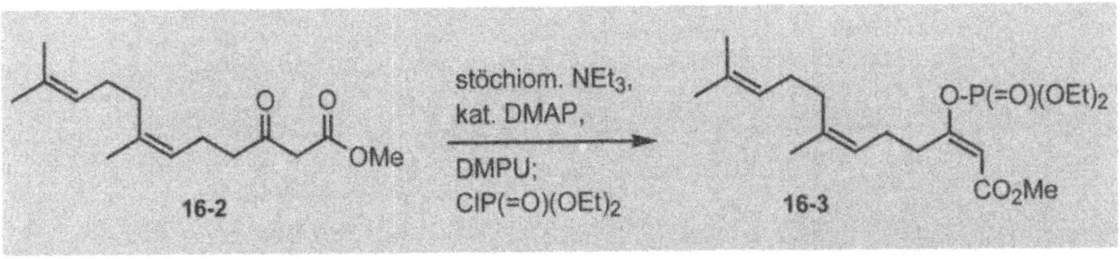
16-2
stöchiom. NEt3,
kat. DMAP,
DMPU;
ClP(=O)(OEt)2
O-P(=O)(OEt)2
CO2Me
16-3

12   Arbeiten mit einem B-Enolat

13   Arbeiten mit P-, S- oder Si-substituierten C-Nucleophilen

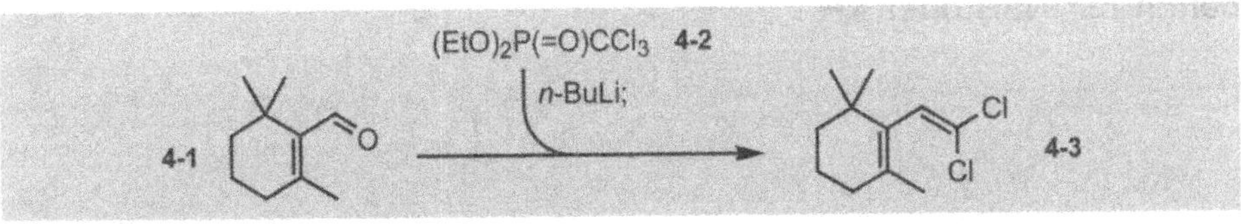
4-1
$(EtO)_2P(=O)CCl_3$ 4-2
n-BuLi;
Cl
Cl
4-3

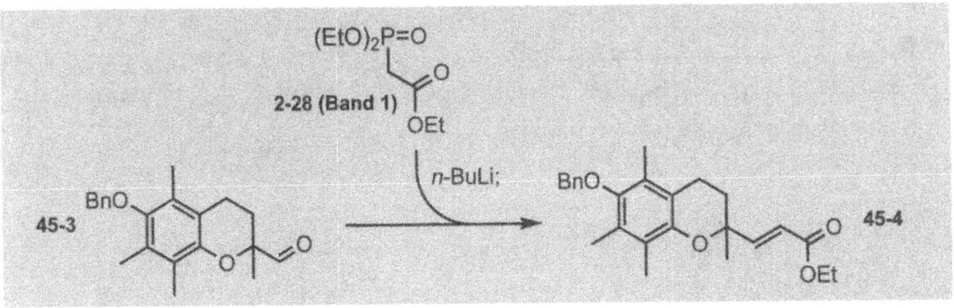
$(EtO)_2P=O$
O
2-28 (Band 1)
OEt
n-BuLi;
BnO
45-3
O
O
BnO
O
O
45-4
OEt

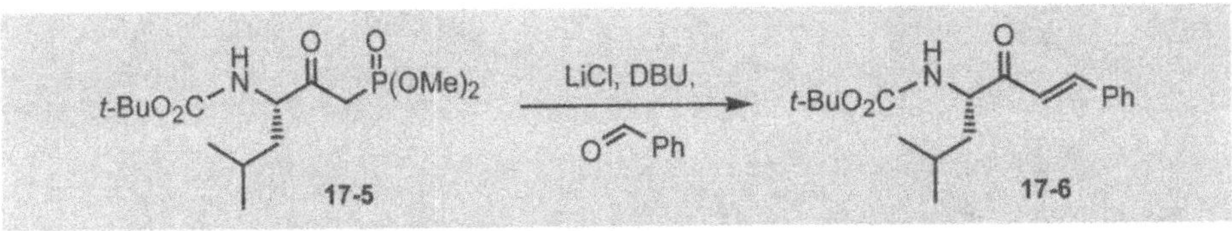
H
O
O
t-BuO2C
N
P(OMe)2
17-5
LiCl, DBU,
O
Ph
H
O
t-BuO2C
N
Ph
17-6

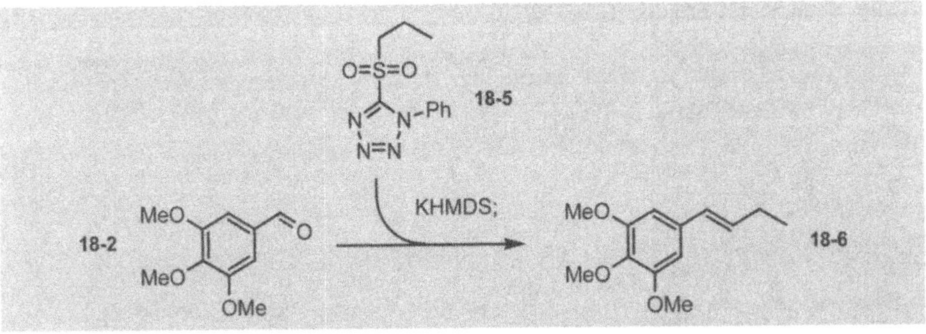
O=S=O
N
N-Ph
N=N
18-5
KHMDS;
MeO
18-2
O
MeO
OMe
MeO
18-6
MeO
OMe

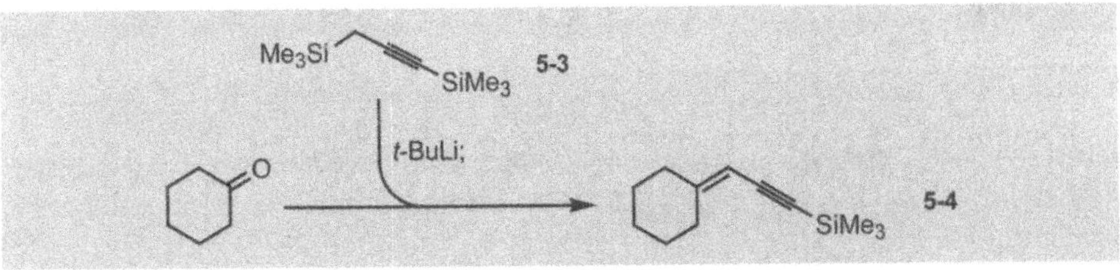
Me3Si
SiMe3
5-3
t-BuLi;
O
SiMe3
5-4

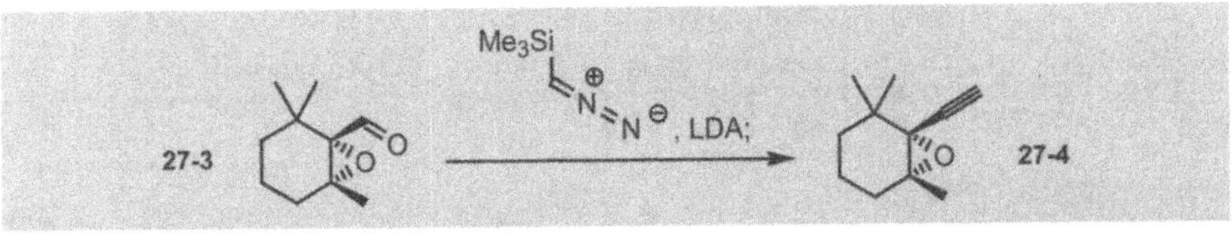
Me3Si
N
N
, LDA;
27-3
O
O
O
27-4

14   Arbeiten mit NaH oder KH

15   Arbeiten mit Li, Na oder K außerhalb von flüssigem Ammoniak

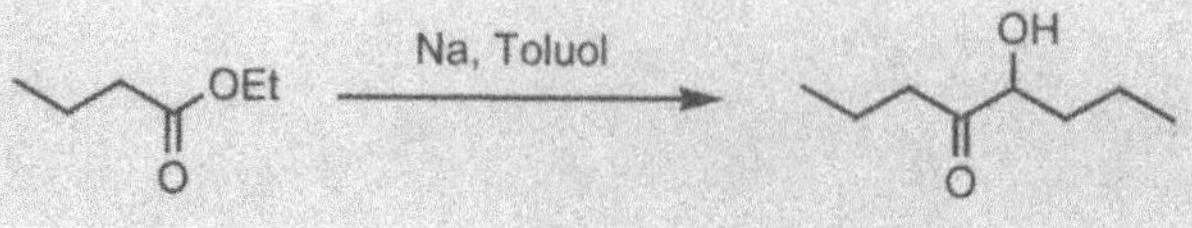

Na, Toluol → **58-1**

... 291

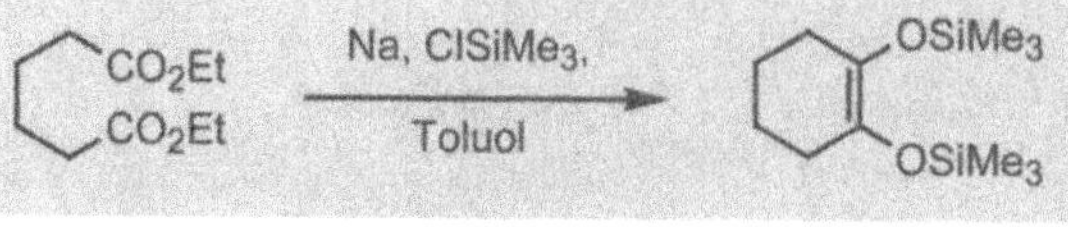

Na, ClSiMe₃, / Toluol → **59-1**

... 293

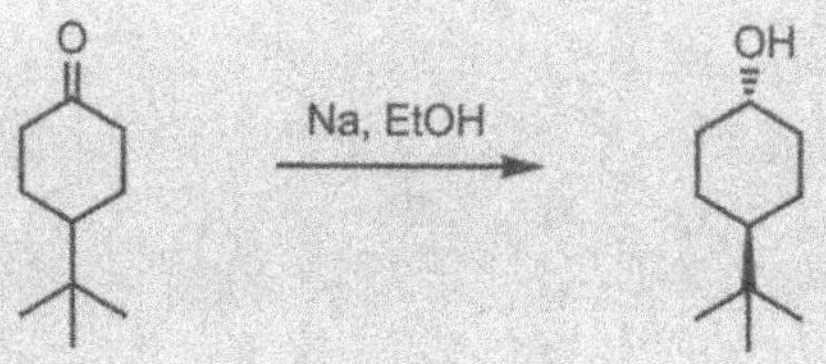

Na, EtOH → **40-2** (Var. 1)

... 242

30-1 K, ZnCl₂, THF; MeOH → **30-2** (Var. 2)

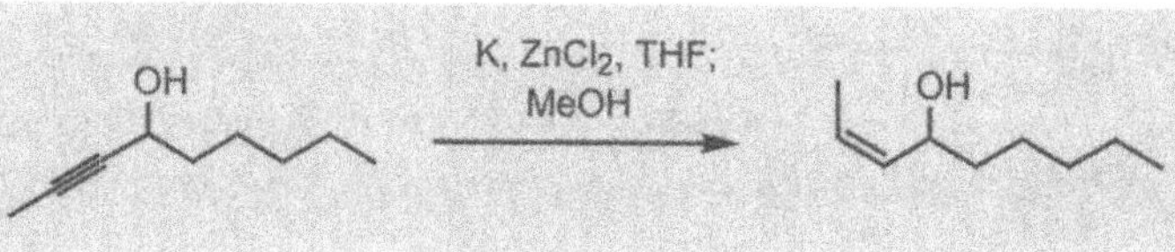

... 205

16 Arbeiten mit Li oder Na in flüssigem Ammoniak

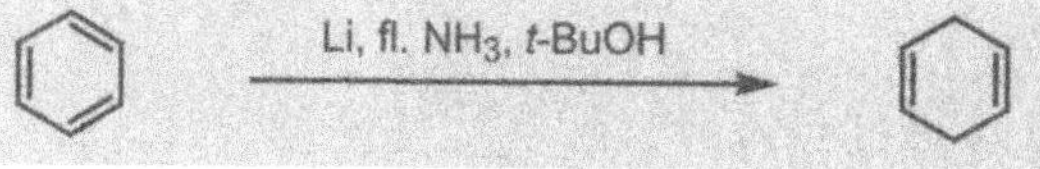

Li, fl. NH₃, t-BuOH → **50-1**

... 275

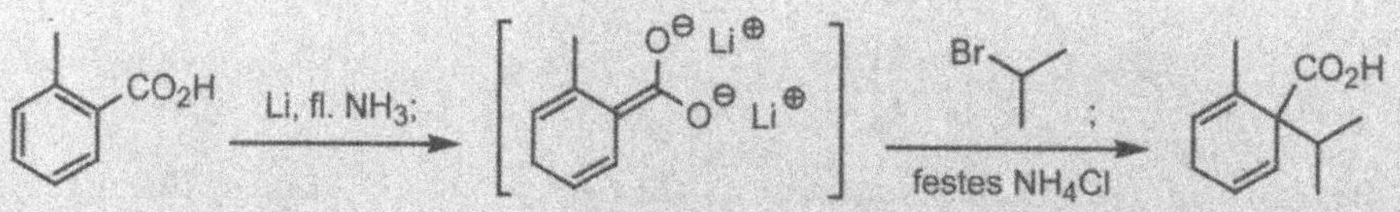

Li, fl. NH₃; → Br / festes NH₄Cl → **54-1**

... 284

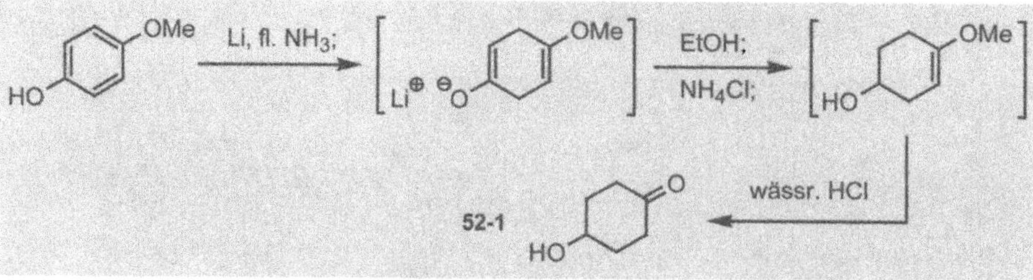

Li, fl. NH₃; → EtOH; NH₄Cl; → wässr. HCl → **52-1**

... 280

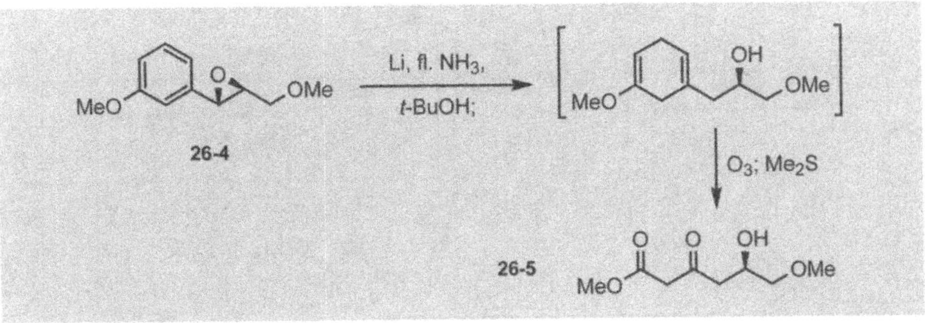
MeO
OMe
26-4
Li, fl. NH3,
t-BuOH;
OH
O3; Me2S
26-5

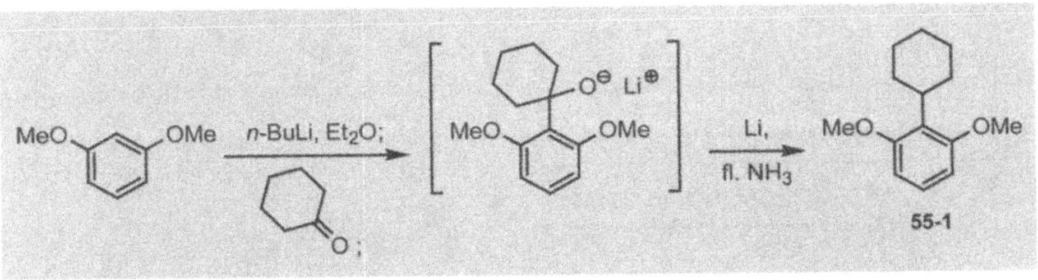
MeO
OMe
n-BuLi, Et2O;
O ;
Li⊕
Li,
fl. NH3
55-1

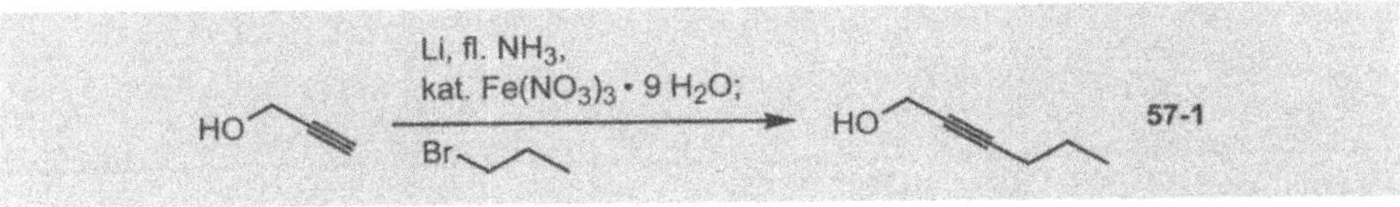
HO
Li, fl. NH3,
kat. Fe(NO3)3 • 9 H2O;
Br
57-1

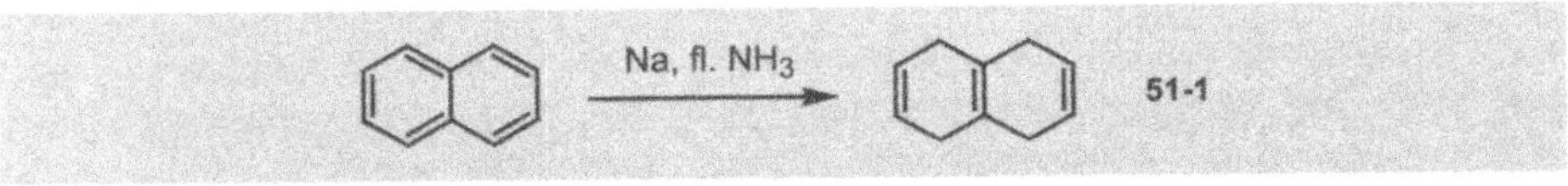
Na, fl. NH3
51-1

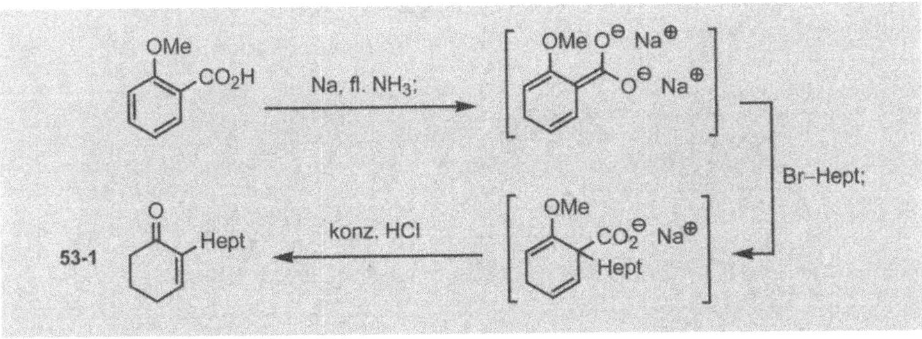
OMe
CO2H
Na, fl. NH3;
Na⊕
Br–Hept;
konz. HCl
Hept
53-1

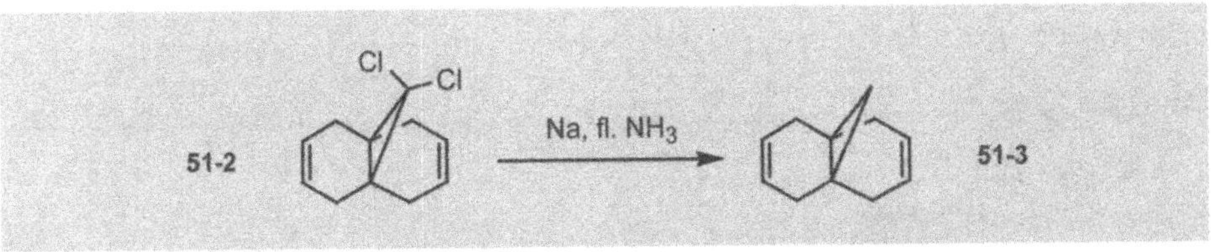
Cl
Cl
51-2
Na, fl. NH3
51-3

17   Arbeiten mit „niedervalentem" Titan

18   Arbeiten mit Sm(II)

19   Arbeiten mit Zink

(weitere Beispiele unter „Arbeiten mit niedervalentem Titan"; zur Aktivierung
von Zn-Metall vgl. „Arbeiten mit Zn-Organylen")

20   Arbeiten mit Boran oder Alkylboranen

21 Arbeiten mit Diisobutylaluminiumhydrid („DIBAH")

22　Arbeiten mit komplexen Metallhydriden

$$NaBH_4 + BF_3 \cdot OEt_2 \longrightarrow BH_3 \quad (vgl.\ \textbf{19-2})$$

6-2 → NaBH₄, MeOH → **6-3**

42-1 → Et₃B, MeOH, THF; NaBH₄ → **42-2**

42-1 → Me₄N⁺ ⁻HB(OAc)₃ → **42-3**

Li⁺ ⁻HB(s-Bu)₃ → **40-1**

Li⁺ ⁻HB(s-Bu)₃; MeI → **49-1**

LiAlH₄, AlCl₃; kat. → **40-2** (Var. 2)

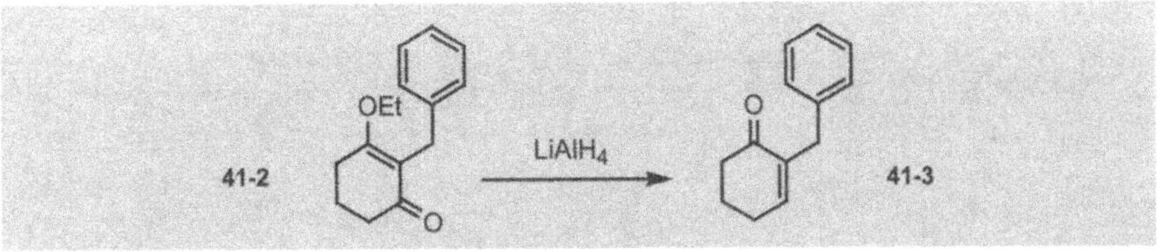
41-2
OEt
O
$LiAlH_4$
O
41-3

43-1
O
EtO
$SiMe_3$
$LiAlH_4$
HO
$SiMe_3$
43-2

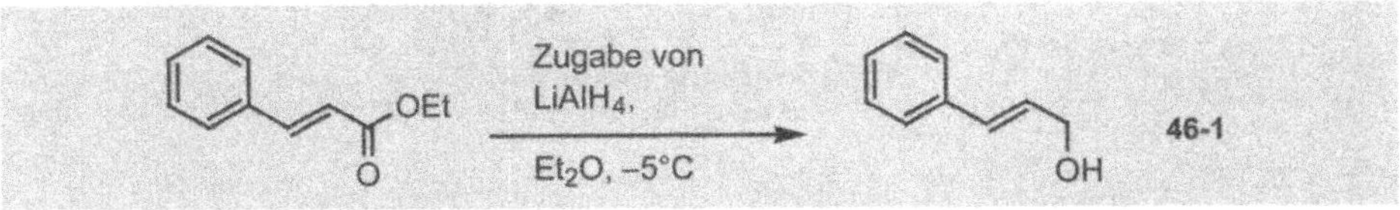
OEt
O
Zugabe von
$LiAlH_4$,
Et_2O, –5°C
OH
46-1

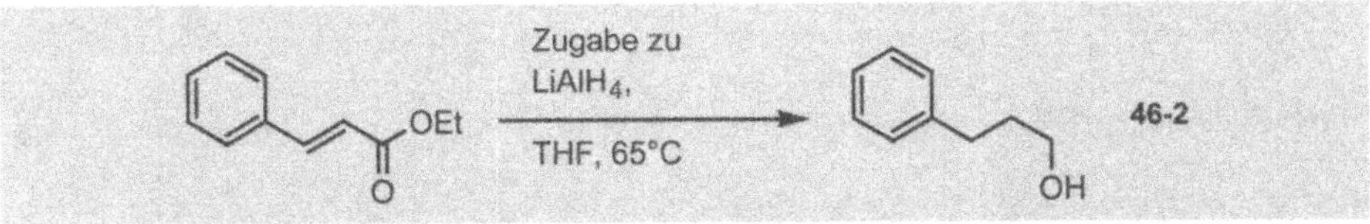
OEt
O
Zugabe zu
$LiAlH_4$,
THF, 65°C
OH
46-2

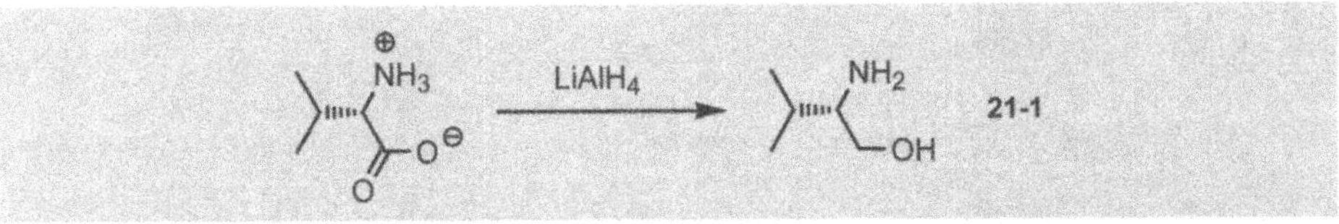
⊕
NH_3
$O^{\ominus}$
O
$LiAlH_4$
NH_2
OH
21-1

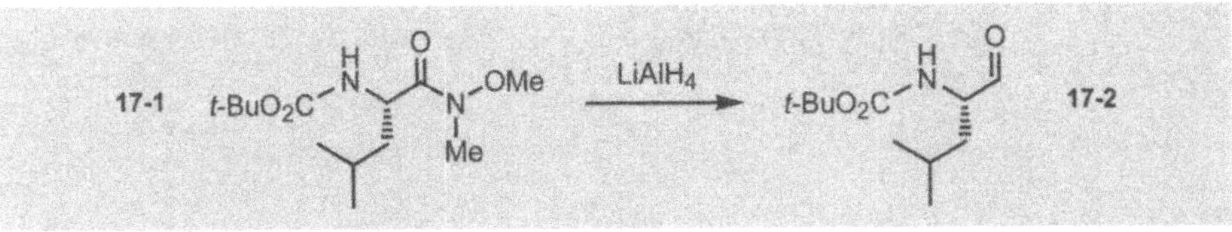
17-1
$t\text{-}BuO_2C$
H
N
O
N
OMe
Me
$LiAlH_4$
$t\text{-}BuO_2C$
H
N
O
17-2

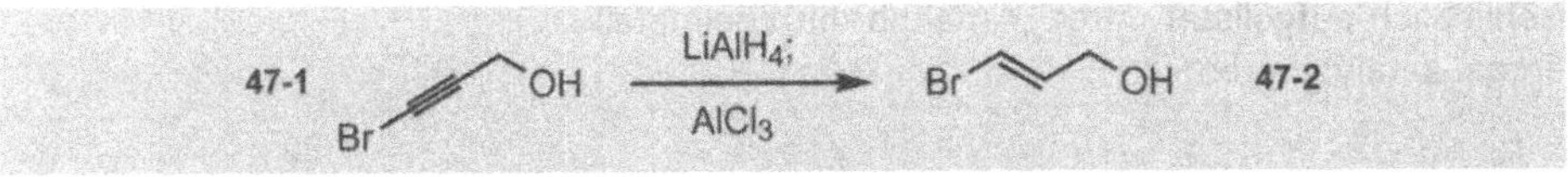
47-1
OH
Br
$LiAlH_4$;
$AlCl_3$
Br
OH
47-2

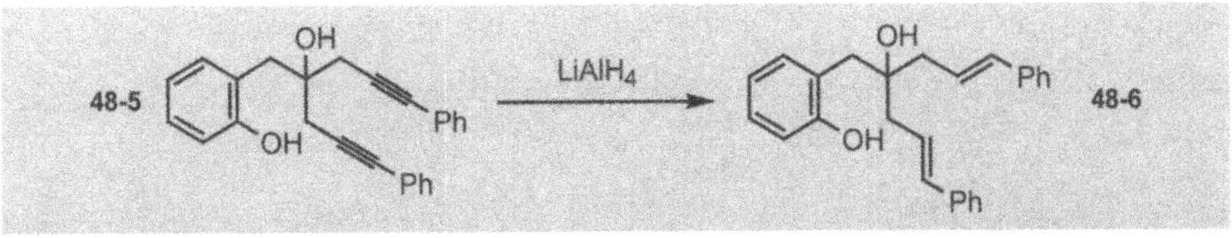
48-5
OH
OH
Ph
Ph
$LiAlH_4$
OH
Ph
OH
Ph
48-6

23 Arbeiten mit elementarem Wasserstoff

Ausschließlich aufgelistet unter „Arbeiten mit Edelmetall-
Heterogenkatalysatoren"

24 Arbeiten mit Hydrazin oder Hydroxylamin

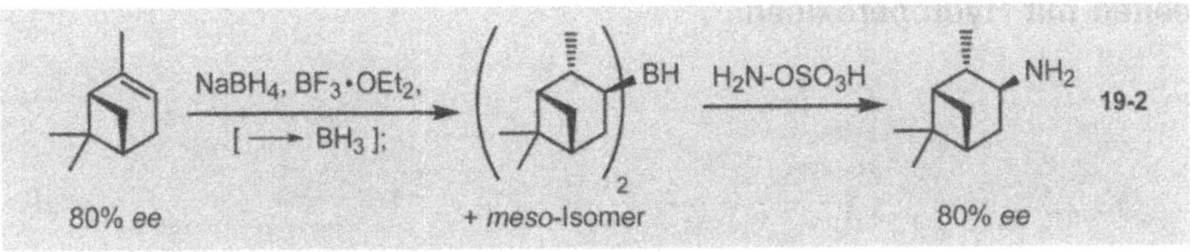

NaBH₄, BF₃·OEt₂,   [⟶ BH₃];

80% ee

+ *meso*-Isomer

H₂N-OSO₃H

80% ee   **19-2**

25 Arbeiten mit Wasserstoffperoxid

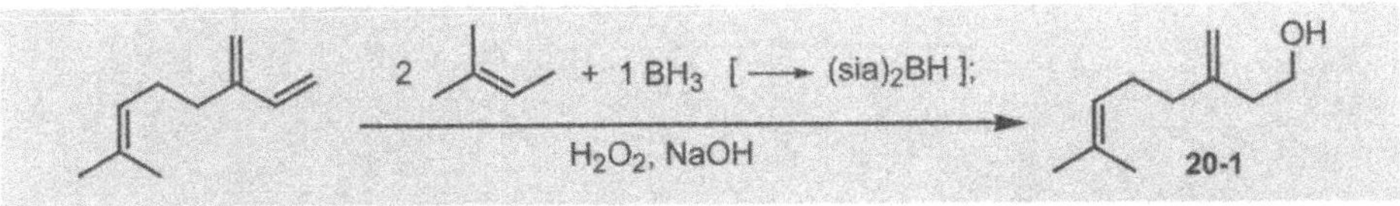

2   + 1 BH₃ [⟶ (sia)₂BH];
H₂O₂, NaOH

20-1

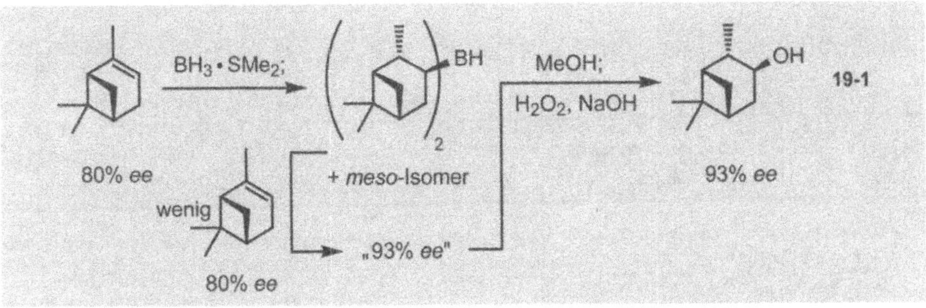

BH₃·SMe₂;

80% ee

wenig

80% ee

+ *meso*-Isomer

„93% ee"

MeOH;   H₂O₂, NaOH

93% ee   **19-1**

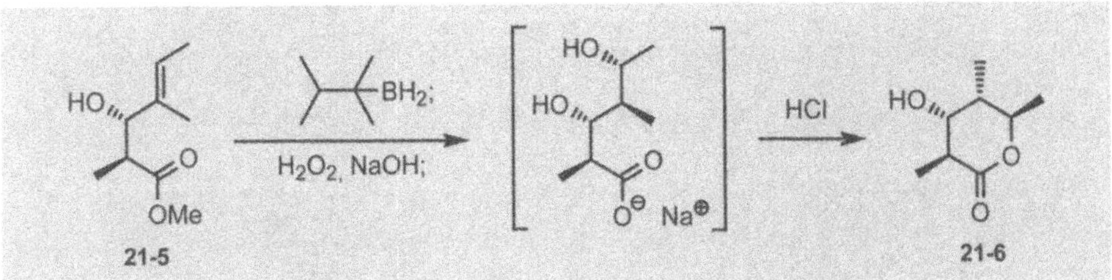

HO

OMe

21-5

BH₂;   H₂O₂, NaOH;

HO   HO

O⊖ Na⊕

HCl

HO

21-6

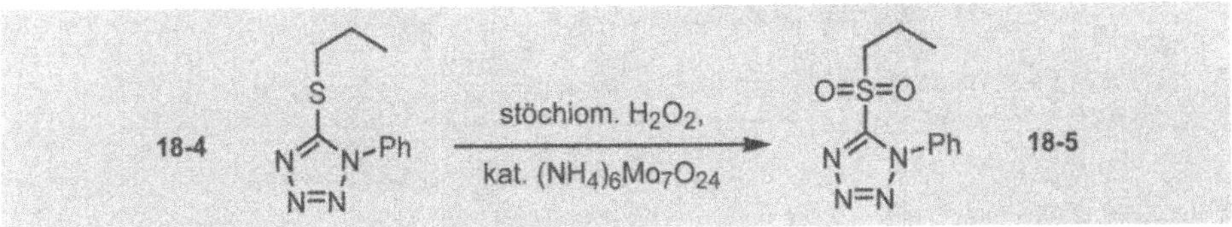

18-4

S   N–Ph   N=N

stöchiom. H₂O₂,   kat. (NH₄)₆Mo₇O₂₄

O=S=O   N–Ph   N=N   **18-5**

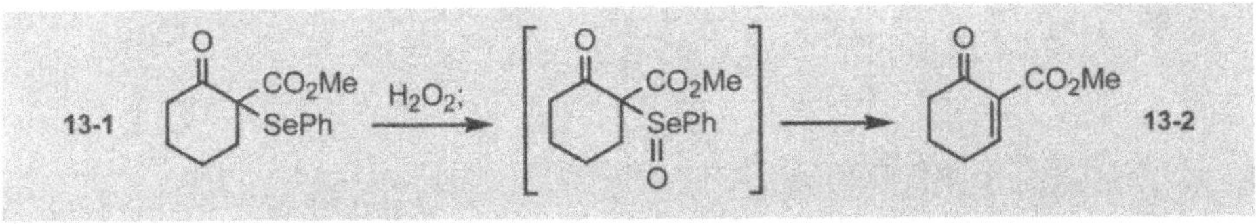

13-1

O   CO₂Me   SePh

H₂O₂;

O   CO₂Me   SePh   O

O   CO₂Me   **13-2**

26 Arbeiten mit Hydroperoxiden

Cumyl-OOH,
kat. Ti(O*i*-Pr)$_4$,

kat. L-(+)-Diisopropyltartrat,
3-Å-Molsieb;
P(OMe)$_3$

23-1
(≥86% *ee*)

t-BuOOH,
kat. Ti(O*i*-Pr)$_4$,

kat. L-(+)-Diethyltartrat,
4-Å-Molsieb;
FeSO$_4$

24-1

27-1

t-BuOOH,
kat. Ti(O*i*-Pr)$_4$,

kat. D-(−)-Diisopropyltartrat,
4-Å-Molsieb;
Me$_2$S

27-2
(99% *ee*)

MeO

t-BuOOH,
kat. Ti(O*i*-Pr)$_4$,

kat. L-(+)-Diisopropyltartrat,
4-Å-Molsieb;
Na$_2$SO$_3$

26-2

MeO

26-3
(94% *ee*)

28-4

Dodec

t-BuOOH,
stöchiom. Ti(O*i*-Pr)$_4$,

stöchiom. L-(+)-Diethyltartrat,
kein Molsieb;
Weinsäure

Dodec

28-5

t-BuOOH,

kat. L-(+)-Diethyltartrat,
kat. Ti(O*i*-Pr)$_4$,
kein Molsieb;
Na$_2$SO$_3$

25-1

27   Arbeiten mit Ozon

28 Arbeiten mit Schwermetalloxiden und verwandten Reagenzien

70   :   30   (racemisch; **10-7 in Band 1**)

und/oder

30   :   70   (racemisch; **10-15 in Band 1**)

(racemisch; **10-8 in Band 1**)

und/oder

(racemisch; **10-16 in Band 1**)

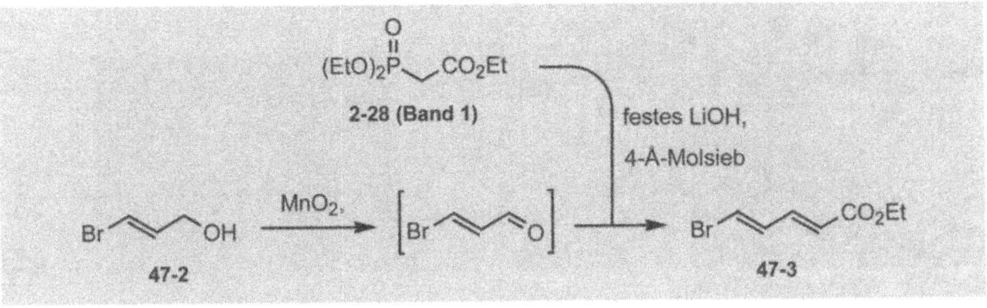
(EtO)2P(O)CH2CO2Et
2-28 (Band 1)
festes LiOH,
4-Å-Molsieb
MnO2,
47-2
47-3

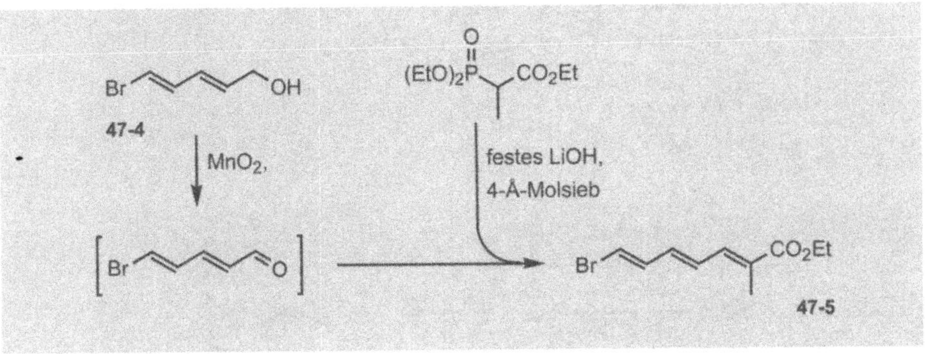
47-4
MnO2,
festes LiOH,
4-Å-Molsieb
47-5

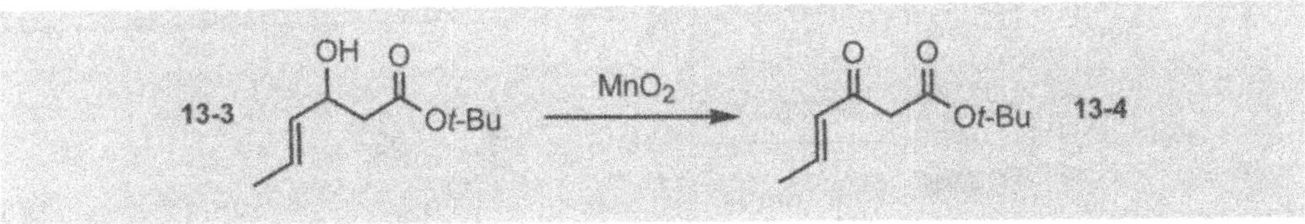
13-3
MnO2
13-4

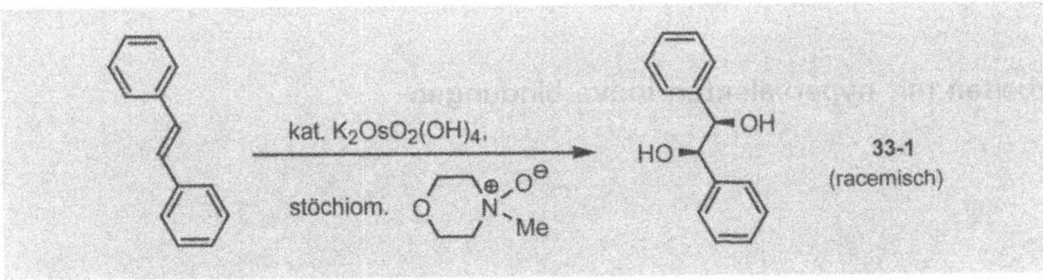
kat. K2OsO2(OH)4,
stöchiom.
33-1
(racemisch)

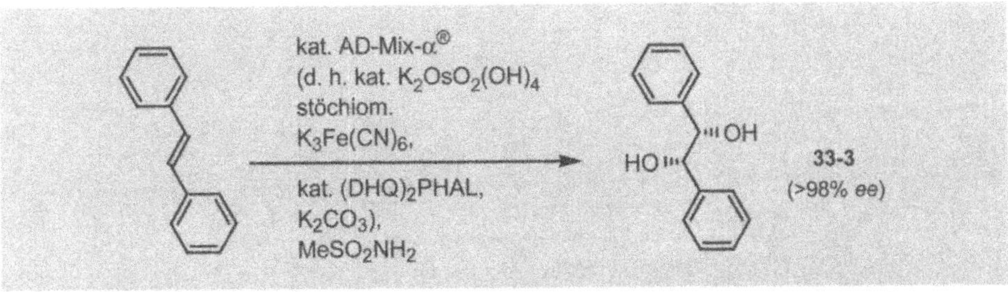
kat. AD-Mix-α®
(d. h. kat. K2OsO2(OH)4
stöchiom.
K3Fe(CN)6,
kat. (DHQ)2PHAL,
K2CO3),
MeSO2NH2
33-3
(>98% ee)

36-4

kat. $K_2OsO_2(OH)_4$,
kat. $(DHQD)_2PHAL$,
3 $K_3Fe(CN)_6$,
3 K_2CO_3,
1 $MeSO_2NH_2$

36-5
(99.8% *ee*)

34-2

kat. AD-Mix-β®
(d. h. kat. $K_2OsO_2(OH)_4$,
stöchiom. $K_3Fe(CN)_6$,
kat. $(DHQD)_2PHAL$,
K_2CO_3),
$MeSO_2NH_2$

34-3 (97% *ee*)

35-2

kat. $K_2OsO_2(OH)_4$,
kat. $(DHQD)_2PHAL$,
stöchiom. $K_3Fe(CN)_6$,
$PhB(OH)_2$,
K_2CO_3,
t-BuOH/H_2O

35-3 (99% *ee*)

59-1 $Cu(OAc)_2$ **59-2**

29 Arbeiten mit hypervalenten Iodverbindungen

13-3   **13-4**

t-BuO

t-BuO

36-6

$PhI(O_2C\text{--}CF_3)_2$,
$NaHCO_3$

36-7

30   Arbeiten mit aktiviertem DMSO

31   Arbeiten mit anderen Oxidationsmitteln als Wasserstoffperoxid, Hydroperoxiden, Schwermetall-Oxiden, Osmiumtetroxid, Ozon, hypervalente Iodverbindungen und aktiviertem DMSO (welchen jeweils ein eigenes Stichwort gewidmet ist)

32   Arbeiten mit Selenverbindungen

33   Arbeiten mit Brom

34   Arbeiten mit den Oxidantien von Redoxkondensationen nach Mukaiyama oder verwandten Reaktionen

15-1

(andere Darst.: 2-6 in Band 1)

16-1

(andere Darst.: 2-7 in Band 1)

35   Arbeiten mit Schutzgruppen

60-1

45-1   BnCl, festes K₂CO₃, DMF   45-2

23-1   Cl–CPh₃, stöchiom. NEt₃, kat. DMAP   23-2

21-6   MOMCl, i-Pr₂NEt, kat. Bu₄N⊕ I⊖   21-7

44-1   Me₂C(OMe)₂, kat. PyrH⊕ ⊖OTs   44-2

59-2 → (HC(OMe)₃, MeOH, kat. H₂SO₄) → 59-3

... 294

59-3 → (HC(OMe)₃, MeOH, kat. CSA) → 59-5

... 295

59-3 → (HC(OMe)₃, MeOH, kat. CSA) → 59-4

... 294

(EtOH, kat. p-TsOH) → 3-1 (Var. 2)

.....95

(HC(OEt)₃, EtOH, kat. p-TsOH) → 3-1 (Var. 1)

.....94

41-1 → (HC(OEt)₃, EtOH, kat. p-TsOH) → 41-2

... 246

28-1 → (kat. p-TsOH) → 28-2

... 195

28-3 OTHP / Dodec → MeOH, kat. *p*-TsOH → OH / Dodec **28-4**

8-1 *t*-BuO ... → Aceton, Trifluoressigsäure, Trifluoressigsäureanhydrid → **8-2**

t-BuO₂C / HN / OH O / O*t*-Bu **17-3a** → CF₃CO₂H; → [H₃N⁺ OH O OH / CF₃CO₂⁻] + / − CF₃CO₂ → H₃N⁺ OH O O⁻ **17-4**

O → H₂N—*t*-Bu, MgSO₄ → N—*t*-Bu **39-2**

36   „Hilfsreaktionen I" zum Aufbau von ganzen Reaktionssequenzen: Alkylierungen und Darstellung von Alkylierungsmitteln

HO—OMe → konz. HCl; CaCl₂ → Cl—OMe **32-1**

48-1 HO—SiMe₃ → PBr₃ → Br—SiMe₃ **48-2**

25-1 OH → *p*-TsCl, kat. DMAP → OTs **25-2**

CO₂Et / Br **6-12 (Band 1)** → *n*-Bu₃P → Br⁻ *n*-Bu₃P⁺—CO₂Et **21-9**

37 „Hilfsreaktionen II" zum Aufbau von ganzen Reaktionssequenzen: Acylierungen und Darstellung von Acylierungsmitteln

t-BuCOCl,
Pyridin

64-1

MeO—NH₂⊕ Cl⊖ ,
Me

kat. DMAP,
Pyridin

1-1

21-1

(EtO)₂C=O,
kat. K₂CO₃

21-2

stöchiom.
KOH (fest)
in MeOH

36-5

36-6

11-2

KOH

11-3

(racemisch)

11-6

KOH

11-7

28-7

NaOH,
EtOH;

Ac₂O,
DMAP,
NEt₃

28-8

35-5 K$_2$CO$_3$ in MeOH **35-6**

21-4 NaOMe, MeOH **21-5**

Phenol, kat. H$_2$SO$_4$ **9-1**

PhC(=O)Cl, wässr. NaOH **36-3**

34-1 MeOH, kat. CSA **34-2**

i-PrOH, kat. p-TsOH **11-1**

[= (−)-Menthol], kat. p-TsOH **11-5**

8-2 F$_3$C—OH **8-3**

38 „Hilfsreaktionen III" zum Aufbau von ganzen Reaktionssequenzen: Eliminierungen und Fragmentierungen

39 „Hilfsreaktionen IV" zum Aufbau von ganzen Reaktionssequenzen: Kondensationen

... 226

... 256

... 169

... 266

40   „Hilfsreaktionen V" zum Aufbau von ganzen Reaktionssequenzen: Cycloadditionen, cheletrope Reaktionen und sigmatrope Umlagerungen

„Hilfsreaktionen V": Cycloadditionen, cheletrope Reaktionen und sigmatrope Umlagerungen

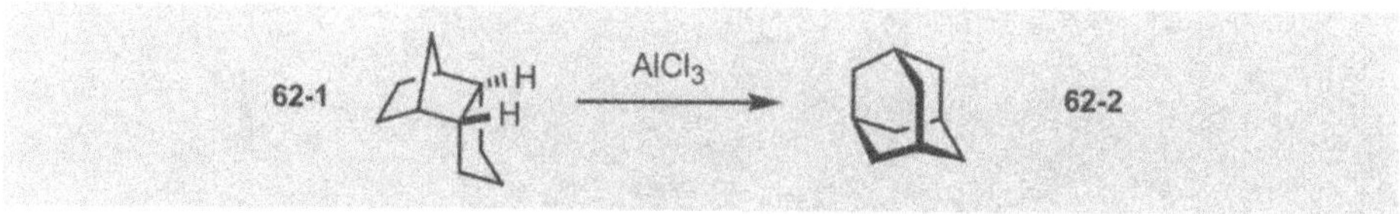

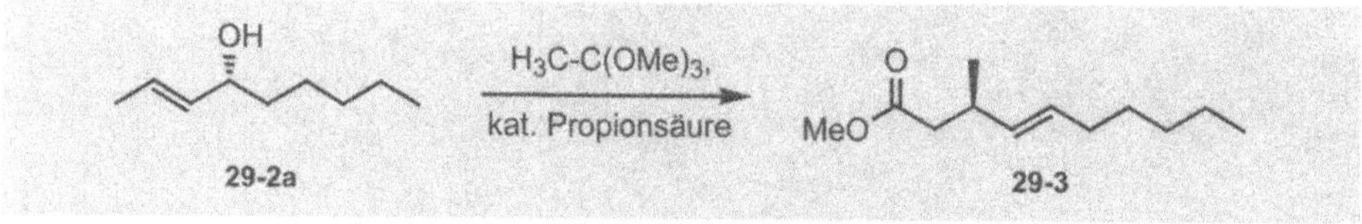

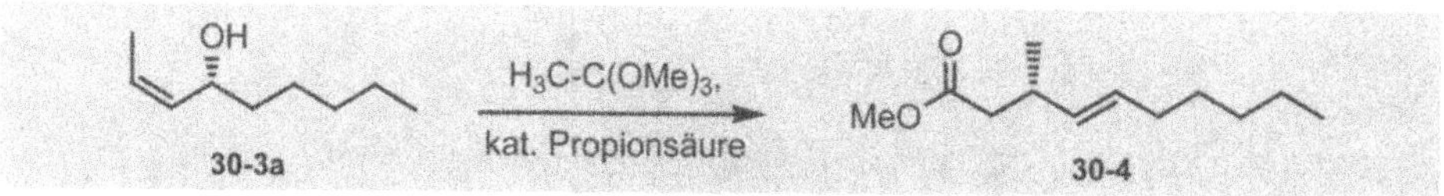

Kapitel II

Sicherheitshinweise und Vorbereitung organisch-chemischer Reaktionen

Sicherheit
Laborordnung

Im Labor sind Schutzkleidung und Schutzbrille zu tragen. Alle in der Sicherheitsbelehrung und insbesondere in der Laborordnung vorgegebenen Schutzmaßnahmen sind immer einzuhalten. Alle präparativen Arbeiten müssen im Abzug durchgeführt werden.

Vor Beginn jeglicher experimenteller Arbeit besteht die Pflicht, sich ausführlich über das sichere Arbeiten in einem chemischen Laboratorium zu informieren. Als einschlägige Informationsquellen und Regelwerke dienen:

- Allgemeine Laborordnung der jeweiligen Einrichtung (Universität, Fachhochschule, etc.).
- Gemeinde-Unfallversicherungsverbands-Information 8553 (GUV-I 8553), *Sicheres Arbeiten in chemischen Laboratorien – Einführung für Studierende* (in der neuesten Fassung), Hrsg. Bundesverband der Unfallkassen.
- Gemeinde-Unfallversicherungsverbands-Regel 120 (GUV-R 120), *Laboratorien* (in der neuesten Fassung), Hrsg. Bundesverband der Unfallkassen.
- Gemeinde-Unfallversicherungsverbands-(Schüler-Unfallversicherungs)-Regel 2005 (GUV-SR 2005), *Umgang mit Gefahrstoffen in Hochschulen* (in der neuesten Fassung), Hrsg. Bundesverband der Unfallkassen.

Umgang mit Chemikalien

Die gesetzlichen Bestimmungen über den Umgang mit Chemikalien erfordern die nachgewiesene Kenntnis der vorgeschriebenen *Gefahrenhinweise* (R-Sätze), *Gefahrstoffsymbole* (siehe die Zusammenstellung am Seitenrand) und *Sicherheitsratschläge* (S-Sätze). Die in diesem Buch verwendeten Chemikalien sind im Kapitel V mit ihren Gefahrstoffsymbolen und R- und S-Sätzen aufgelistet. Diese wurden bei Drucklegung auf den neuesten Kenntnisstand gebracht. Alle nicht handelsüblichen Chemikalien – die

meisten der im Praktikum herzustellenden Präparate gehören dazu – sind als „Forschungs-Chemikalien" einzustufen; der Umgang mit ihnen hat so sorgsam zu erfolgen, als seien sie hochtoxisch.

Vorbereitung organisch-chemischer Reaktionen

Vor der Durchführung eines Versuches ist auf einem Formblatt gem. §14 der Gefahrstoffverordnung (GefStoffV) eine *Betriebsanweisung* zu erstellen, in die die einschlägigen R- und S-Sätze (im Wortlaut), die Gefahren für Mensch und Umwelt, die Schutzmaßnahmen und Verhaltensregeln, das empfohlene Verhalten im Notfall und die Entsorgungshinweise der Chemikalien eingetragen werden. Außerdem ist die Einstufung als krebserzeugend (K1) oder wahrscheinlich krebserzeugend (K2 bzw. K3) zu vermerken. Diese Betriebsanweisung wird von dem Praktikumsteilnehmer unterschrieben und von dem Assistenten gegengezeichnet. Als Informationsquellen dienen:

- Gemeinde-Unfallversicherungsverbands-Information 8553 (GUV-I 8553), *Sicheres Arbeiten in chemischen Laboratorien – Einführung für Studierende* (in der neuesten Fassung), Hrsg. Bundesverband der Unfallkassen.
- Gemeinde-Unfallversicherungsverbands-(Schüler-Unfallversicherungs)-Regel 2005 (GUV-SR 2005), *Umgang mit Gefahrstoffen in Hochschulen* (in der neuesten Fassung), Hrsg. Bundesverband der Unfallkassen.
- Sicherheitsdatenblätter des jeweiligen Herstellers einer Chemikalie. Diese Information ist im Internet bei den Herstellern abrufbar oder unter www.eusdb.de (Johannes-Gutenberg-Universität Mainz, Dienststelle Arbeitsschutz, Projekt euSDB) zu finden.

Ein Auszug der dortigen Informationen, nämlich die R- und S-Sätze (inkl. deren Wortlaut) aller Chemikalien, die in den Vorschriften des Buchs auftauchen, das Sie gerade in den Händen halten, finden sich im Kapitel V (Seite 309–332).

Muster-Betriebsanweisung (dem Assistenten vor Beginn des Versuchs vorzulegen):

Versuchsbezogene Betriebsanweisung nach § 14 GefStoffV
für das organisch-chemische Fortgeschrittenenpraktikum an der ....

Name:	Vorname:	Platz-Nr.:

Reaktionsgleichung:

374.38 g/mol, 1.13 g/mL		156.18 g/mol	1.4 M in Hexan	382.50 g/mol		

eingesetzte Stoffe (Name, und ggf. Formel)	Flamm- punkt	Sdp. Schmp.	Gefahren- symbol und -bezeichnung	Nummern der R- und S-Sätze	cancero- gen mutagen teratogen	für den Ansatz benötigte Stoffmenge (mL, g, mmol)
Tetrahydro- furan (THF)	−17°C	66°C	F, Xi; leicht- entzündlich, reizend	R: 11-19-36/37* S: 16-29-33		3 mL
n-Butyllithium (n-BuLi, 1.4 M in Hexan)	−12°C	69°C	F, C, N; leicht- entzündlich, ätzend, umwelt- gefährlich	R: 11-14/15-34- 48/20-62-51/53 S: 7/8-9-16- 23-26-30-33- 36/37/39-43- 45-57		0.98 mL; 0.68 g; 1.40 mmol
1,2-Dime- thoxyethan (DME)	1°C	85°C	F, T; leichtent- zündlich, giftig	R: 60-61-11- 19-20 S: 53-45	RE2; RF2	3.0 mL
tert-Butyl- methylether (t-BuOMe)	−10°C	55- 56°C	F, Xi; leicht- entzündlich, reizend	R: 11-36/37/38 S: 26		~160 mL
Petrolether (Sdp. 60– 70°C)	−25°C	60- 70°C	F; leichtent- zündlich	R: 11-48/20-51 /53-65 S: 9-16-23-24- 33-43-57-60-62		~900 mL
Chloroform (CHCl$_3$)	—	62°C	Xn; gesundheits- schädlich	R: 22-38-40- 48/20/22 S: 36/37		2 mL
Ammoni- umchlorid (NH$_4$Cl)	—	340°C (subl.)	Xn; gesundheits- schädlich	R: 22-36 S: 22		~11 g
Magnesi- umsulfat (MgSO$_4$), wasserfrei	—	1124°C (Zers.)	—	---		~5 g

*Dies ist die durch Konvention festgelegte Form, die R-Sätze R-11, R-19 und R36/37 aufzuzählen.

Wortlaut der oben genannten R- und S-Sätze

R11 leichtentzündlich; **R14/15** reagiert heftig mit Wasser unter Bildung hochentzündlicher Gase; **R19** kann explosionsfähige Peroxide bilden; **R20** gesundheitsschädlich beim Einatmen; **R22** gesundheitsschädlich beim Verschlucken; **R34** verursacht schwere Verätzungen; **R36** reizt die Augen; **R36/37** reizt die Augen und die Atmungsorgane; **R36/37/38** reizt die Augen, die Atmungsorgane und die Haut; **R38** reizt die Haut; **R40** Verdacht auf krebserzeugende Wirkung; **R48/20** gesundheitsschädlich: Gefahr ernster Gesundheitsschäden bei längerer Exposition durch Einatmen; **R48/20/22** gesundheitsschädlich: Gefahr ernster Gesundheitsschäden bei längerer Exposition durch Einatmen und durch Verschlucken; **R51/53** giftig für Wasserorganismen, kann in Gewässern längerfristig schädliche Wirkungen haben; **R60** kann die Fortpflanzungsfähigkeit beeinträchtigen; **R61** kann das Kind im Mutterleib schädigen; **R62** kann möglicherweise die Fortpflanzungsfähigkeit beeinträchtigen; **R65** gesundheitsschädlich: kann beim Verschlucken Lungenschäden verursachen.

S7/8 Behälter trocken und dicht geschlossen halten; **S9** Behälter an einem gut gelüfteten Ort aufbewahren; **S16** von Zündquellen fernhalten – nicht rauchen; **S22** Staub nicht einatmen; **S23** Dampf nicht einatmen; **S24** Berührung mit der Haut vermeiden; **S26** bei Berührung mit den Augen sofort gründlich mit Wasser abspülen und Arzt konsultieren; **S29** nicht in die Kanalisation gelangen lassen; **S30** niemals Wasser hinzugießen; **S33** Maßnahmen gegen elektrostatische Aufladung treffen; **S36/37** bei der Arbeit geeignete Schutzkleidung, Schutzhandschuhe tragen; **S36/37/39** bei der Arbeit geeignete Schutzkleidung, Schutzhandschuhe und Schutzbrille/Gesichtsschutz tragen; **S43** zum Löschen Sand verwenden, kein Wasser verwenden; **S45** bei Unfall oder Unwohlsein sofort Arzt hinzuziehen (wenn möglich, dieses Etikett vorzeigen); **S53** Exposition vermeiden – vor Gebrauch besondere Anweisungen einholen; **S57** zur Vermeidung einer Kontamination der Umwelt geeigneten Behälter verwenden; **S60** dieses Produkt und sein Behälter sind als gefährlicher Abfall zu entsorgen; **S62** bei Verschlucken kein Erbrechen herbeiführen. Sofort ärztlichen Rat einholen und Verpackung oder dieses Etikett vorzeigen.

Gefahren für Menschen und Umwelt, die von den Ausgangsmaterialien bzw. dem(n) Produkt(en) ausgehen, soweit sie nicht durch die oben genannten Angaben abgedeckt sind (z. B. MAK, LD_{50}, WGK, etc.):
THF: WGK 1; LD_{50}: 1650 mg/kg oral (Ratte); LC_{50}: 21000 ppm/3h inhalativ (Ratte). Im Tierversuch tumorgen und reproduktionstoxisch.
n-BuLi: WGK 2; Einstufungsrelevante LD_{50}/LC_{50}-Werte: nicht bekannt; Starke Ätzwirkung auf Haut und Schleimhäute; Bei Verschlucken starke Ätzwirkung auf den Mundraum und den Rachen, sowie Gefahr der Perforation der Speiseröhre und des Magens.
DME: WGK 1; LD_{50}: 3200 mg/kg oral (Maus); LD_{Lo}: 2000 mg/kg dermal (Kaninchen); 63 mg/m³/6h inhalativ (Ratte).
t-BuOMe: WGK1; LD_{50}:4000 mg/kg oral (Ratte); LC_{50}: 23567 ppm/4h inhalativ (Ratte). Im Tierversuch tumorgen; Dämpfe wirken betäubend.
Petrolether (Sdp. 60–70°C): WGK 2; LD_{50}: >2000 mg/kg oral (Ratte); >2000 mg/kg dermal (Kaninchen); LC_{50} >5 mg/L/4h inhalativ (Ratte).
$CHCl_3$: WGK 2; LD_{50}: 908 mg/kg oral (Ratte), >20000 mg/kg dermal (Kaninchen); LC_{50} 47702 mg/m³/4 h inhalativ (Ratte).
NH_4Cl: WGK 1; LD_{50}:1650 mg/kg oral (Ratte). Im Tierversuch mutagen.
$MgSO_4$, wasserfrei: WGK 1.

Schutzmaßnahmen und Verhaltensregeln:
THF, *n*-BuLi, DME, *t*-BuOMe, Petrolether (Sdp. 60–70°C), $CHCl_3$, NH_4Cl, $MgSO_4$: Die üblichen Vorsichtsmaßnahmen beim Umgang mit Chemikalien sind zu beachten. Von Nahrungsmitteln, Getränken und Futtermitteln fernhalten. Beschmutzte, getränkte Kleidung sofort ausziehen. Vor den Pausen und bei Arbeitsende Hände waschen. Berührung mit den Augen und der Haut vermeiden. Atemschutz bei hohen Konzentrationen. Schutzbrille. Gesichtsschutz. Arbeitsschutzkleidung. Geeignete Schutzhandschuhe tragen.
n-BuLi zusätzlich: Dichtschließende Schutzbrille. Vollgesichtsschutz.

Verhalten im Gefahrenfall, Erste-Hilfe-Maßnahmen (ggf. Kopie der entsprechenden Literaturstelle beifügen):

THF, *n*-BuLi, DME, *t*-BuOMe, Petrolether (Sdp. 60–70°C), CHCl$_3$, NH$_4$Cl, MgSO$_4$: *Allgemeine Hinweise:* Mit Produkt verunreinigte Kleidungsstücke unverzüglich entfernen. Bei unregelmäßiger Atmung sofort Arzt aufsuchen; bei Atemstillstand künstliche Beatmung durchführen und Notarzt anfordern; *nach Einatmen:* Frischluftzufuhr; falls Atemspende erforderlich, Notarzt anfordern. Bei anhaltenden Beschwerden Arzt konsultieren; *nach Hautkontakt:* Sofort mit Wasser und Seife abwaschen und gut nachspülen. Bei anhaltenden Beschwerden Arzt konsultieren; *nach Augenkontakt:* Augen bei geöffnetem Lidspalt mehrere Minuten unter fließendem Wasser abspülen und anschließend Arzt konsultieren; *nach Verschlucken:* Sofort ärztlichen Rat einholen.

Entsorgung:

THF: wird als Destillationsrückstand zusammen mit *t*-BuOMe (Extraktionsmenge: 85 mL) und DME als Lösungsmittelgemisch gesammelt.

n-BuLi: nicht abreagiertes *n*-BuLi wird durch die Reaktionsführung in Butan und LiCl überführt. Letzteres wird zusammen mit NH$_4$Cl als wässriger Abfall gesammelt.

DME: wird als Destillationsrückstand zusammen mit *t*-BuOMe (Extraktionsvolumen: 85 mL) und THF gesammelt.

t-BuOMe: wird zum einen (Extraktionsmenge: 85 mL) als Destillationsrückstand zusammen mit THF und DME gesammelt und zum anderen (Chromatographievolumen: 75 mL) zusammen mit Petrolether (Sdp. 60–70°C) als Lösungsmittelgemisch gesammelt.

Petrolether (Sdp. 60–70°C): wird zusammen mit *t*-BuOMe (Chromatographievolumen: 75 mL) als Lösungsmittelgemisch gesammelt.

CHCl$_3$: wird als Destillationsrückstand gesammelt.

NH$_4$Cl: wird als wässriger Abfall zusammen mit wässrigem LiCl gesammelt.

MgSO$_4$, wasserfrei: wird als Feststoffabfall gesammelt.

Alle Abfälle werden über die Abfall-Sammelstelle der Hochschule einer ordnungsgemäßen Entsorgung zugeführt.

Hiermit verpflichte ich mich, den Versuch gemäß den in dieser Betriebsanweisung aufgeführten Sicherheitsvorschriften durchzuführen.	Präparat zur Synthese mit den auf der Vorderseite berechneten Chemikalienmengen freigegeben.
Datum:......................	Datum:...........................
Unterschrift Studierender	Unterschrift Betreuer

Fp = Flammpunkt; Sdp. = Siedepunkt; Schmp. = Schmelzpunkt; MAK = Maximale Arbeitsplatzkonzentration; WGK = Wassergefährdungsklasse; LD$_{50}$ = Letale Dosis, bei der 50% der Versuchstiere sterben; LC$_{50}$ = Letale Konzentration, bei der 50% der Versuchstiere sterben; LD$_{Lo}$ = Minimale letale Dosis, bei der Versuchstiere sterben.

Kapitel III

Protokollierung organisch-chemischer Reaktionen

Laborjournal

Die Protokollierung der Versuchsdurchführung erfolgt in einem Heft, dem sogenannten Laborjournal, nicht auf losen Blättern (selbst dann nicht, wenn Sie diese in ein Ringbuch oder einen Ordner heften würden).

Die Eintragungen im Laborjournal beschränken sich nie auf bloße Wiedergaben der Versuchsvorschriften. Sie sind vielmehr die Aufzeichnungen des (in diesem Fall: angehenden) Naturwissenschaftlers über seine Beobachtungen und ggf. seine Schlussfolgerungen bei der Durchführung eines Experiments. Es versteht sich von selbst, dass diese Aufzeichnungen den Tatsachen entsprechen, also in jeder Weise ehrlich sind. Die Verantwortung eines Naturwissenschaftlers beginnt mit der Wahrhaftigkeit der Beschreibung seiner Experimente. Das Laborjournal wird daher nicht abends aus dem Gedächtnis rekonstruiert, sondern am Arbeitsplatz während des Experiments geschrieben und stets mit dem Datum und – falls erforderlich – im Einzelnen mit der jeweiligen Uhrzeit gekennzeichnet.

Laborjournal-Musterseiten: [1]

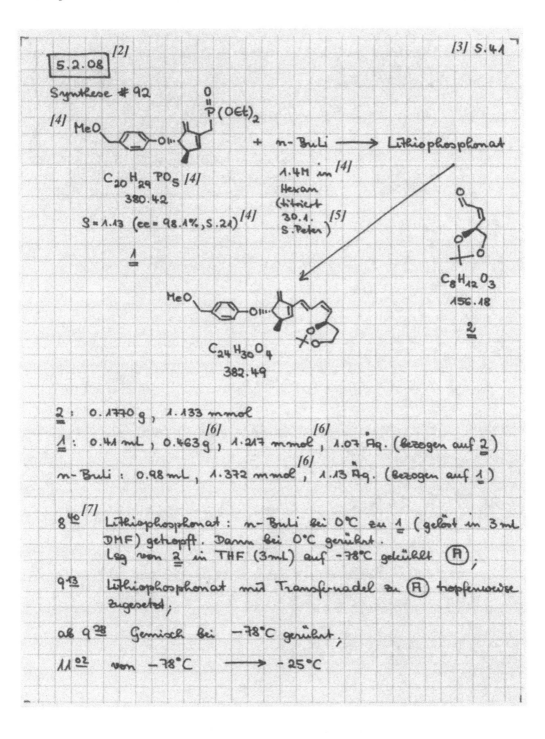

[3] S.41

5.2.08 [2]

Synthese # 92

[4] MeO — ... O... $C_{20}H_{29}PO_5$ [4]
380.42

$S = 1.13$ (ee = 98.1%, S.21) [4]

1

+ n-Buli ⟶ Lithiophosphonat

1.4M in [4]
Hexan
(titriert
30.1. [5]
S.Peter)

2

$C_8H_{12}O_3$
156.18

MeO — ... O...

$C_{24}H_{30}O_4$
382.49

2: 0.1770 g, 1.133 mmol

1: 0.41 mL, 0.463 g, 1.217 mmol [6], 1.07 Äq. (bezogen auf **2**)

n-Buli: 0.98 mL, 1.372 mmol [6], 1.13 Äq. (bezogen auf **1**)

8^{40} [7] Lithiophosphonat: n-Buli bei 0°C zu **1** (gelöst in 3 mL DMF) getropft. Dann bei 0°C gerührt.
Lsg von **2** in THF (3mL) auf −78°C gekühlt Ⓐ;

9^{13} Lithiophosphonat mit Transfernadel zu Ⓐ tropfenweise zugesetzt;

ab 9^{28} Gemisch bei −78°C gerührt;

11^{02} von −78°C ⟶ −25°C

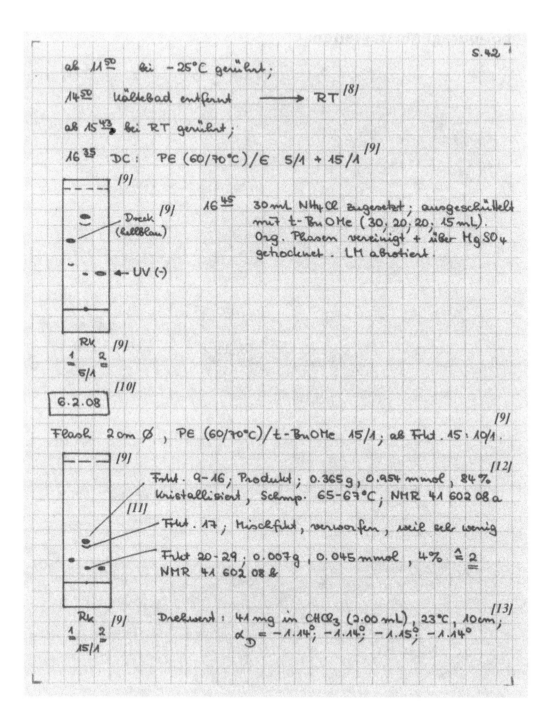

S. 42

ab 11⁵⁰   bei −25°C gerührt;

14⁵⁰   Kältebad entfernt   ⟶ RT [8]

ab 15⁴³ bei RT gerührt;

16³⁵   DC : PE (60/70°C)/E 5/1 + 15/1 [9]

[9]

Dreck [9]
(hellblau)

16⁴⁵   30 mL NH₄Cl zugesetzt; ausgeschüttelt
mit t-BuOMe (30, 20, 20, 15 mL).
Org. Phasen vereinigt + über MgSO₄
getrocknet . LM abrotiert.

◄— UV (-)

Rk [9]
1   2
5/1

[10]

6.2.08

[9]

Flash 2 cm ⌀ , PE (60/70°C)/t-BuOMe 15/1; ab Frkt. 15 : 10/1.

[9]

Frkt. 9−16; Produkt; 0.365 g, 0.954 mmol , 84% [12]
kristallisiert, Schmp. 65−67°C; NMR 41 602 08 a

[11]

Frkt. 17 ; Mischfrkt, verworfen, weil sehr wenig

Frkt 20−29; 0.007 g , 0.045 mmol , 4% ≙ 2
NMR 41 602 08 b

Rk [9]
1   2
15/1

Drehwert : 41 mg in CHCl₃ (2.00 mL), 23°C, 10 cm; [13]
α_D = −1.14°; −1.14°; −1.15°; −1.14°

Anmerkungen zu den Laborjournal-Musterseiten:

[1] Jeden Versuch oben auf einer Seite beginnen, d. h. für einen Versuch mindestens eine Seite vorsehen oder ggf. zwei Seiten, aber nicht mehrere Versuche auf eine Seite schreiben!

[2] Datum!

[3] Seitenzahl (alternativ: Versuchsnummer); diese ist auch Bestandteil der Beschriftung der zu diesem Versuch gehörenden NMR-Spektren, IR-Spektren usw. sowie der Analysen-Aufträge.

[4] Vollständige Reaktionsgleichung mit allen Molmassen (volle Nachkommastellen-Zahl); mit Herkunftskennzeichnung der Substanzen [Seitenzahl des Laborjournals (alternativ: Versuchsnummer) bei selbst Synthetisiertem, Chemikalienhersteller bei Gekauftem; ggf. Verweise auf Verunreinigungen!]; mit Angabe von Konzentration und Solvens jeder fertigen Reagenzlösung; mit der Dichte von Flüssigkeiten, sofern diese beim Ausrechnen des Ansatzes eine Rolle spielte.

[5] Details dieser Art sind wichtig zum Aufspüren eventueller experimenteller Fehlschläge (z. B. hier der Möglichkeit, eine zwischen dem 30.1.2008 und dem 5.2.2008 zersetzte *n*-BuLi-Charge benutzt zu haben).

[6] Hier sind die vielen Nachkommastellen zunächst angebracht, auch wenn sie im Versuchsprotokoll verschwinden. Sie helfen, mehrfaches Runden zu vermeiden.

[7] Immer Uhrzeiten protokollieren anstatt Zeitspannen, die Sie ja nicht notwendigerweise immer so einhalten können, wie ursprünglich geplant! Aus den Differenzen der Uhrzeiten berechnen Sie für das Versuchsprotokoll dann die tatsächlich realisierten Zeitspannen.

[8] Beachten Sie, dass Abkürzungen, die im Laborjournal statthaft sind, im Versuchsprotokoll ggf. nicht mehr „erlaubt" sind!

[9] Dünnschichtchromatographie-Plättchen exakt (am besten 1:1) abmalen und beschriften! Falls Edukt(e) und Produkt oder ggf. verschiedene Produkte nicht in ein und demselben Eluens Flecken im mittleren Drittel des Dünnschichtchromatographie-Plättchens ergeben, mehrere Chromatogramme in unterschiedlichen Solventien abzeichnen!

[10] Ggf. das neue Datum einsetzen (könnte hier z. B. eine Rolle spielen, wenn die Substanz sich beim Stehenlassen zersetzt)!

[11] Alle Details der Chromatographie so protokollieren, wie hier gezeigt!

[12] Ausbeuteberechnung inklusive mmol-Angabe (damit Sie bei einem sich daran anschließenden Versuch gleich wissen, wie groß er in mmol maximal sein kann), obwohl diese im Versuchsprotokoll nicht auftaucht.

[13] Diese Messungen machen, sobald das NMR-Spektrum die Reinheit Ihrer Substanz belegt hat!

Muster-Versuchsprotokoll

3*R*,4*S*-1-[[1,2]*trans*,[3,4]*cis*-4-(*S*-2,2-Dimethyl-1,3-dioxolan-4-yl)buta-1,3-dienyl]-4-[4-(methoxymethyl)phenoxy]-3-methyl-5-methylencyclopenten (3)   5.2. – 6.2.2008

1

$C_{20}H_{29}O_5P$ (380.42)

n-BuLi;

2

$C_8H_{12}O_3$ (156.18)

3

$C_{24}H_{30}O_4$ (382.49)

Eine Lösung des Enals **2** [1] (0.1770 g, 1.135 mmol) [2] in THF (3 mL) wurde bei –78°C tropfenweise mit dem Lithiophosphonat versetzt, das zuvor bei 0°C aus dem Phosphonsäureester **1** (0.41 mL [3], 0.46 g, 1.2 mmol, 1.1 Äquiv. [4]) und *n*-BuLi [1] (1.4 M [5] Lösung in Hexan, 0.98 mL, 1.4 mmol, 1.1 Äquiv. bezogen auf **1** [4]) in DME [1] (3 mL) innerhalb von 35 min erzeugt worden war, und anschließend 1.5 h bei –78°C gerührt. Danach ließ man das Gemisch innerhalb von 45 min auf –25°C erwärmen, rührte 3 h bei dieser Temp., ließ dann auf Raumtemp. [6] erwärmen und rührte noch 1 h bei Raumtemp. Das Reaktionsgemisch wurde mit ges. wässr. NH₄Cl-Lösung (30 mL) [7] versetzt und mit *t*-BuOMe (30 mL, 2 × 20 mL, 15 mL) [7] extrahiert. Die vereinigten organischen Phasen wurden über MgSO₄ getrocknet. Das Lösungsmittel wurde bei vermindertem Druck entfernt [8] und der Rückstand durch Flash-Chromatographie [2 cm; Petrolether (Sdp. 60–70°C)/*t*-BuOMe, 15:1 v:v; ab Fraktion 15 Petrolether (Sdp. 60–70°C)/*t*-BuOMe, 10:1 v:v] [7] gereinigt. Die Titelverbindung [Fraktionen 9–16 [7, 9], 0.2341 g [10], 84% [11] (87% unter Berücksichtigung von reisoliertem **1**)] [1, 12] wurde als farbloser Feststoff (Schmp. 65–67°C [13]) erhalten und unumgesetztes **2** (0.0155 g, 4%) [1] aus den Fraktionen 20–29 [7] reisoliert. – 41.0 mg in 2.0 mL CHCl₃ ergaben in der 10-cm-Küvette bei 23°C α_D = –1.14°, –1.14°, –1.15°, –1.14°, d. h. [α]$_D^{23}$ = –55.7 [14] (*c* = 2.05, CHCl₃) {Lit. für 3*S*,4*R*,4"*R*-**3**: [α]$_D^{23}$ = +49 (*c* = 3.2, EtOH)} [15].

¹H-NMR (250 MHz, CDCl₃, TMS als interner Standard [16]; Probe enthält wenig *t*-BuOMe [17] und Spuren einer Verunreinigung mit t bei δ = 5.71 ppm): δ = 1.00 [18] (d, $J_{CH_3,3}$ = 7.0 Hz, 3-CH₃), 1.51 und 1.54 [2s, 2"-(CH₃)₂] [12], 2.02 (m_c [19], ggf. auswertbar als qdd, J_{3,CH_3} = 7.0 Hz, $J_{3,4}$ = 4.6 Hz, $J_{3,2}$ = 1.7 Hz, 3-H), 3.75 (s, MeO), überlagert z. T. 3.79 (dd, J_{gem} [20] = 8.9 Hz, $J_{5"-H^1,4"}$ = 7.7 Hz, 5"-H¹), AB-Signal (δ_A = 4.00, δ_B = 4.25, J_{AB} = 11.0 Hz, MeOC*H₂*Ar [21]), 4.11 (dd, J_{gem} [20] = 8.9 Hz, $J_{5"-H^2,4"}$ = 7.7 Hz, 5"-H²), 4.60 (dd, $J_{4,3}$ = 4.5 Hz,

$^4J_{4,1'}$ [22] = 0.9 Hz, 4-H), überlagert 4.62 (br. ddd, $J_{4'',5''-H^1} \approx J_{4'',5''-H^2} \approx J_{4'',4'} \approx$ 7 Hz, 4''-H), 5.10 (dd, $J_{2,3}$ = 1.7 Hz*, $^5J_{2,5=CH^E}$ = 0.9 Hz*, 2-H), 5.34 (dd, $J_{gem} \approx {}^4J_{5=CH^Z,4}$ [22] = 1.5 Hz, 5=CH^Z), 5.44 (dd, J_{gem} = 1.6 Hz**, $^5J_{5=CH^E,2}$ [22] = 1.5 Hz**, 5=CH^E), 5.84 (br. dd, J_{cis} [20] = 10.5 Hz, $J_{4',4''}$ = 7.0 Hz, 4'-H), AB-Signal [δ_A = 6.42, δ_B = 6.51, J_{AB} = 15.8 Hz, zusätzlich aufgespalten durch $J_{A,3'}$ = 8.5 Hz, $^4J_{B,3'}$ [22] nur in einem Signalast als kleine d-Aufspaltung von 0.9 Hz angedeutet, A: 2'-H, B: 1'-H] [12], 6.73 (ddd, J_{cis} [20] = 10.3 Hz, $J_{3',2'}$ = 8.5 Hz, $^4J_{3',1'}$ [22] $\approx$ 1.5 Hz, 3'-H), AA'BB'-Signal mit Signalschwerpunkten bei δ = 6.88 und 7.35 ppm [23] (ortho- und meta-H's von MeOCH$_2$-Ar); *Zuordnung u. U. vertauschbar; **Zuordnung u. U. vertauschbar.

^{13}C-NMR (APT-Spektrum [24], 126 MHz [25], CDCl$_3$, TMS als interner Standard [26]): δ = „+" 18.15 [27] (3-CH$_3$), „+" 25.90 und „+" 25.99 [2''-(CH$_3$)$_2$] [12], „+" 39.33 (C-3), „+" 58.00 (MeO), „–" 70.71 (C-5''), „–" 74.45 (MeOCH$_2$), „+" 78.75 (C-4''*), „+" 84.02 (C-4*); „–" 105.81 (5=CH$_2$, unterschieden von „–" 109.88 aufgrund der mehr als doppelten Peakhöhe), „–" 109.88 (C-2''), „+" 117.24 (meta-C's von MeOCH$_2$-Ar; diese Zuordnung ebenso wie die von „+" 129.55 steht im Einklang mit den jeweils relativ großen Signalintensitäten), „+" 121.18 (C-4'), „+" 126.48 (C-2'), „+" 129.55 (ortho-C's von MeOCH$_2$-Ar), „–" 129.83 (ipso-C von MeOCH$_2$-Ar), „+" 130.81 (C-3'), „+" 133.29 und „+" 133.60 (C-2**,***, C-1'**,***), „–" 149.66 (C-5**), „–" 155.09 ppm [23] (doppelt so hoch wie das „–" 149.66-Signal; C-1, para-C von MeOCH$_2$-Ar); *Zuordnung u. U. vertauschbar; **Zuordnung erfolgte aufgrund der Ähnlichkeit zu den chemischen Verschiebungen von Verbindung 4; ***δ_{C-2} und $\delta_{C-1'}$ betragen laut Inkrementrechnung (E. Pretsch, P. Bühlmann, C. Affolter, M. Badertscher, *Spektroskopische Daten zur Strukturaufklärung organischer Verbindungen*, 4. Aufl., Springer-Verlag, Berlin – Heidelberg, **2001**) 132.8 bzw. 135.7 ppm, wodurch sie sich eindeutig von den bei höherem Feld beobachteten übrigen olefinischen =CH-Resonanzen unterscheiden.

IR (KBr [28]): $\tilde{v}$ = 3080 [29], 3020, 2985, 1675, 1640, 1615, 1565, 1480, 1315, 1225, 1160, 1085, 990 cm^{-1} [30].

Lit. [31]: N. O. Body, P. U. Blish, E. D. T. Hisiti, S. Merel, Y. Anexa, M. P. Lé, *J. Surpr. Res.* **2008**, 1201–1208. [32]

Anmerkungen zu dem Muster-Versuchsprotokoll:

Das Versuchsprotokoll ist kein dialektischer Besinnungsaufsatz, den Sie für den Assistenten schreiben, sondern eine Dokumentation Ihrer Labortätigkeit. Das Protokoll wird anhand der Aufzeichnungen im Laborjournal geschrieben. Bei größtmöglicher Kürze gehören alle Einzelheiten der Versuchsdurchführung (Mengen, Volumina, Zeiten, Temperaturen), die zum Nacharbeiten des Experiments erforderlich sind, in das Protokoll. Notieren Sie eventuelle Abweichungen von der Vorschrift oder auch Verbesserungsvorschläge zum angewandten Verfahren!

[1] Alle Mengenangaben stehen eingeklammert nach dem Substanznamen.

[2] Die Angabe von mg bzw. g, mmol oder mol muss mit übereinstimmender Präzision erfolgen, d. h. mit der gleichen Anzahl signifikanter Stellen; korrekt wäre also auch „177.0 mg, 1.135 mmol" oder – wenn Sie auf der „Kartoffelwaage" gewogen hätten – „0.18 g, 1.1 mmol". Bei „0.18 g, 1 mmol" wäre die mmol-Zahl eine Stelle zu unpräzise, bei „0.177 g, 1.135 mmol" die g-Zahl und bei „177 mg, 1.135 mmol" die mg-Zahl!

[3] Bei allen Substanzen außer den Solventien, die über eine Volumenabmessung zudosiert wurden, steht die mL- bzw. μL-Angabe vor der eingesetzten Masse. Für die Präzision der nachgestellten Massen- und mmol-Angaben gilt Anmerkung *[2]* sinngemäß.

[4] Bei allen eingesetzten Substanzen außer dem Substrat und den Solventien werden nach der mmol-Angabe die mmol-Äquivalente angegeben, und zwar – sofern nicht ausdrücklich anders vermerkt – bezogen auf das Substrat.

[5] „m" als Kapitälchen formatiert.

[6] Immer abkürzen!

[7] Damit hier keine Erfindungen stehen, müssen Sie entsprechend genau protokollieren!

[8] Schriftdeutsch für „Abrotieren".

[9] Angabe der produkthaltigen Fraktionen.

[10] Ausbeuteangaben ohne mmol-Angaben!

[11] Ausbeuteprozent ohne Nachkommastelle!

[12] Muss mehrfach geklammert werden, ist die Reihenfolge der Klammern [(Text)] bzw. {[(Text)]}.

[13] Ggf. alternativ „Schmp. 97°C (Zers.)" schreiben – oder nach einer Destillation „Sdp.$_{13\ mbar}$ 105–108°C (Lit.: Sdp.$_{86\ mbar}$ 141°C)".

[14] Bezüglich der Präzision, mit der der spezifische Drehwert $[\alpha]_\lambda^T$ angegeben werden kann, gilt Anmerkung *[2]* sinngemäß. Der spezifische Drehwert wird aus den experimentellen Daten bzw. Details nach der am Seitenrand abgedruckten Gleichung berechnet; darin steht α_{exp} für den Durchschnitt des fünfmal gemessenen Drehwinkels α, c für die Konzentration der Probenlösung in g / 100 mL, d für die Länge der verwendeten Küvette in dm, T für die Messtemp. in °C $$[\alpha]_\lambda^T = \frac{\alpha_{exp} \cdot 100}{c \cdot d}$$ und λ für die Messwellenlänge in nm (wofür man im Fall $\lambda = 589$ nm auch das Subskript D – d.h. „d" als Kapitälchen formatiert – schreibt, an die Strahlungsquelle „D-Linie" einer Natriumdampf-Lampe erinnernd).

[15] Wenn bestimmte Zeichen von sich aus bestimmte Klammerungen erfordern, z. B. „$[\alpha]_D^{21}$" oder „$\{^1H\}$-entkoppelt", gilt Anmerkung *[12]* sinngemäß.

[16] ^{1}H-NMR-Proben ausgesprochener Forschungspräparate setzt man häufig kein TMS als internen Standard zu, was die Ermittlung zuverlässiger δ-Werte verhindert, worauf Spektroskopiker eindrücklich hinwiesen (R. K. Harris, E. D. Becker, S. M. Cabral De Menezes, R. Goodfellow, P. Granger, *Pure Appl. Chem.* **2001**, *73*, 1795–1818; R. K. Harris, E. D. Becker, S. M. Cabral De Menezes, P. Granger, K. W. Zilm, *Pure Appl. Chem.* **2008**, *80*, 59–84). Nichtsdestoweniger ist diese Vorgehensweise gängige Praxis. Zum näherungsweisen Kalibrieren einer δ-Skala unter derartigen Voraussetzungen sucht man die ^{1}H-NMR-Resonanz des kleinen Anteils nichtdeuterierten NMR-Lösungsmittels auf. Ihm ordnet man den δ-Wert zu, der dafür in der Liste von H. E. Gottlieb, V. Kotlyar und A. Nudelman verzeichnet ist (*J. Org. Chem.* **1997**, *62*, 7512–7515). Ihr entnimmt man z. B., dass CHCl$_3$ als interner (Pseudo)Standard in CDCl$_3$ eine Singulett-Resonanz bei 7.26 ppm aufweist, C$_6$HD$_5$ als interner (Pseudo)Standard in C$_6$D$_6$ eine Singulett-Resonanz bei 7.16 ppm,

$HD_2C–S(=O)–CD_3$ als interner (Pseudo)Standard in $D_3C–S(=O)–CD_3$ eine Fünf-Linien-Resonanz bei 2.50 ppm und $HD_2C–OD$ als interner (Pseudo)Standard in $D_3C–OD$ eine Fünf-Linien-Resonanz bei 3.31 ppm.

[17] Ehrlich sein! Eluens-Gehalte >5 Mol-% sind zu berechnen, hier anzugeben und bei der Ausbeuteberechnung erstens anzugeben und zweitens explizit abzuziehen.

[18] ^{1}H-NMR-Verschiebungen werden immer mit 2 Nachkommastellen angegeben. Sofern das NMR-Gerät bzw. das NMR-Auswertungsprogramm den Resonanzfrequenzen nicht bereits δ-Werte, sondern Hz-Werte zuordnet, müssen die Letzteren in die Ersteren umgerechnet werden. Hierbei sollte man nicht einfach von der nominellen Spektrometerfrequenz seines NMR-Spektrometers ausgehen (100 MHz, 200 MHz, 250 MHz, 300 MHz, 400 MHz oder 500 MHz), sondern die tatsächliche Frequenz des Gerätes zugrundelegen, die man dem Parameterblock des ausgedruckten Spektrums entnehmen kann. In Freiburg beträgt z. B. die Spektrometerfrequenz des nominellen 500-MHz-Spektrometers tatsächlich (nur) 499.73 MHz (Resonanzfrequenz für den ^{1}H-Kern von $CHCl_3$ in $CDCl_3$).

Die Hyperfeinstruktur jeder ^{1}H-NMR-Resonanz wird anhand eines geeignet gedehnten Ausdrucks sichtbar und nachvollziehbar gemacht; im Allgemeinen reichen dafür 10 Hz pro cm, doch manchmal müssen es auch 5 Hz/cm sein. Bei komplizierten Signalen bringt man einen Kopplungsschlüssel an, der sich von oben nach unten von der größten bis zur kleinsten Kopplung verästelt. Die spätestens jetzt ablesbaren Kopplungskonstanten werden mit einer Nachkommastelle und von groß nach klein sortiert angegeben.

Die ermittelte Hyperfeinstruktur wird nach dem δ-Wert einer Resonanz und von der bzw. den Kopplungskonstanten in der folgenden Terminologie angegeben:

s = Singulett,

d = Dublett (nicht „Duplett"!),

t = Triplett,

q = Quartett,

dd = Dublett von Dubletts,

dt = Dublett von Tripletts (so muss es heißen, wenn $J_{Dublett} > J_{Triplett}$ ist),

td = Triplett von Dubletts (so muss es heißen, wenn $J_{Triplett} > J_{Dublett}$ ist),

dqt = Dublett eines Quartetts von Tripletts (wie es heißen muss, wenn $J_{Dublett} > J_{Quartett} > J_{Triplett}$ ist),
   usw., usw. bis zum

m_c (für „zentriertes Multiplett"; die Lage seines Mittelpunkts wird – ebenso wie diejenige aller vorangehenden Signale – mit *einem* δ-Wert charakterisiert); zu guter Letzt gibt es das

m (für „Multiplett"; im Gegensatz zu allen vorangehenden Signalen werden für diese Hyperfeinstruktur *zwei* δ-Werte angegeben, nämlich die Tieffeld- und die Hochfeld-Begrenzung).

AB-Spektren müssen mit den „AB-Formeln" (siehe unten und Folgeseite) ausgewertet werden. Gleiches gilt für die (empfohlene!) näherungsweise Auswertung der AB-Teile von ABX- oder ABXY-Spektren; dazu müssen Sie aus den Letzteren zuvor die Kopplung von H_A und/oder H_B mit H_X (bzw. deren Kopplungen mit H_X und H_Y) nach den Aufspaltungsregeln erster Ordnung herausrechnen.

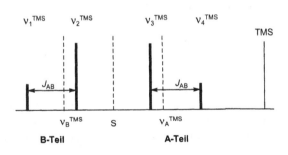

Berechnung von S:

$$S = \frac{\nu_2^{TMS} + \nu_3^{TMS}}{2} \quad [Hz]$$

und auch

$$= \frac{\nu_1^{TMS} + \nu_4^{TMS}}{2} \quad [Hz]$$

Berechnung von v_A^{TMS} und v_B^{TMS} eines AB-Signals:

$$v_A^{TMS} = S - \sqrt{(v_1^{TMS} - v_3^{TMS})^2 - J_{AB}^2} \quad [Hz]$$

und auch

$$= S - \sqrt{(v_2^{TMS} - v_4^{TMS})^2 - J_{AB}^2} \quad [Hz]$$

$$v_B^{TMS} = S + \sqrt{(v_1^{TMS} - v_3^{TMS})^2 - J_{AB}^2} \quad [Hz]$$

und auch

$$= S - \sqrt{(v_2^{TMS} - v_4^{TMS})^2 - J_{AB}^2} \quad [Hz]$$

[19] Bei vielfach aufgespaltenen Signalen kann es in Abhängigkeit von der spektralen Auflösung angemessen sein, anstelle einer vorbehaltlos spezifischen Multiplizitätsbezeichnung (hier: „qdd") mit einem relativierenden Interpretationszusatz zu arbeiten (hier: „m_c, ggf. auswertbar als qdd").

[20] Achten Sie darauf, dass man J_{gem}, J_{vic}, J_{cis} und J_{trans} mit tiefgestellten Kursivbuchstaben schreibt.

[21] Wenn zur Kennzeichnung eines absorbierenden Protons ein Formelfragment wiedergegeben wird, das auch nicht-absorbierende Protonen enthält, wird das absorbierende Proton bzw. werden die absorbierenden Protonen kursiv gesetzt (oder bei handschriftlichen Protokollen einfach unterstrichen).

[22] Bei longrange-Kopplungen, d. h. Kopplungen, die weiter reichen als bis zu einem geminalen oder vicinalen Proton, wird die Reichweite der Kopplung über n ≥ 4 Bindungen angeben als $^nJ_{Proton-1,Proton-2}$.

[23] Hinter dem letzten δ-Wert eines NMR-Spektrums wird die Einheit ppm eingefügt.

[24] Bei APT-Spektren muss die Phase der Signale durch ein vorgestelltes „+" (CH_3, CH) bzw. „–" (CH_2, $C_{quart.}$) gekennzeichnet werden. Bei DEPT-Spektren (die nur bei gleichzeitigem Vorliegen eines Standard-^{13}C-NMR-Spektrums Sinn machen) muss die Phase der Signale durch ein vorgestelltes „+" (CH_3, CH), „–" (CH_2) bzw. „=" ($C_{quart.}$) gekennzeichnet werden.

[25] Auch bei dieser Angabe darf man analog zu Anmerkung [18] nicht einfach von der nominellen Spektrometerfrequenz seines NMR-Geräts ausgehen (vor allem nicht dann, wenn man eine Nachkommastelle hinzufügen würde). Die hier vermerkte ^{13}C-Resonanzfrequenz ergibt sich größenordnungsmäßig, wenn man die nominelle NMR-Spektrometerfrequenz (für ^{1}H-Kerne) mit dem Frequenzfaktor (Ξ, griech. Xi) für den ^{13}C-Kern [Ξ = 0.25145020 (R. K. Harris, E. D. Becker, S. M. Cabral De Menezes, P. Granger, K. W. Zilm, *Pure Appl. Chem.* **2008**, *80*, 59–84)] multipliziert; die Resonanzfrequenz für den ^{13}C-Kern beträgt auf einem 500-MHz-Spektrometer folglich größenordnungsmäßig 500 MHz × 0.25145020 = 125.726 MHz. Strenggenommen muss aber die tatsächliche NMR-Spektrometerfrequenz zugrunde gelegt werden. Diese beträgt z. B. in Freiburg für das nominelle 500-MHz-Spektrometer (nur) 499.73 MHz, sodass die Resonanzfrequenz für den ^{13}C-Kern auf *genau diesem* Gerät 499.73 MHz × 0.25145020 = 125.657 MHz ≈ 126 MHz beträgt. Die für das verwendete NMR-Gerät exakte Resonanzfrequenz für den ^{13}C-Kern kann man alternativ ebenfalls dem Parameterblock des gemessenen ^{13}C-NMR-Spektrums entnehmen.

[26] ^{13}C-NMR-Proben ausgesprochener Forschungspräparate setzt man häufig kein TMS als internen Standard zu. Das verhindert die Ermittlung zuverlässiger δ-Werte, worauf Spektroskopiker eindrücklich hinwiesen (R. K. Harris, E. D. Becker, S. M. Cabral De Menezes, R. Goodfellow, P. Granger, *Pure Appl. Chem.* **2001**, *73*, 1795–1818). Nichtsdestoweniger ist diese Vorgehensweise gängige Praxis. Zum näherungsweisen Kalibrieren einer δ-Skala unter derartigen Voraussetzungen sucht man die ^{13}C-Resonanz des deuterierten NMR-Lösungsmittels auf und ordnet ihm den δ-Wert zu, der dafür in der Liste von H. E. Gottlieb, V. Kotlyar und A. Nudelman verzeichnet ist (*J. Org. Chem.* **1997**, *62*, 7512–7515). Ihr entnimmt man z. B., dass $CDCl_3$ als interner (Pseudo)Standard in $CDCl_3$ eine Drei-Linien-^{13}C-NMR-Resonanz bei

77.16 ±0.06 ppm aufweist, C_6D_6 als interner (Pseudo)Standard in C_6D_6 eine Drei-Linien-Resonanz bei 128.06 ± 0.06 ppm, $(CD_3)_2SO$ als interner (Pseudo)Standard in $(CD_3)_2SO$ eine Sieben-Linien-Resonanz bei 39.52 ± 0.06 ppm und CD_3OD als interner (Pseudo)Standard in CD_3OD eine Sieben-Linien-Resonanz bei 49.00 ± 0.01 ppm.

[27] ^{13}C-NMR-Verschiebungen werden meistens mit 2 Nachkommastellen angegeben, gelegentlich aber auch nur mit einer.

[28] Alternativen: „Film" oder „$CDCl_3$" oder ein anderes „[Lösungsmittel]".

[29] FT-IR-Absorptionen auf Fünfer gerundet angeben! Beachten Sie, dass man naturwissenschaftlich ggf. anders rundet als beim Berechnen von Durchschnittsnoten nach so mancher Prüfungsordnung: Beispielsweise ergeben 2857.5 cm^{-1} bei dieser Art des Rundens 2860 cm^{-1}, nicht 2855 cm^{-1}.

[30] Hinter dem letzten $\tilde{v}$-Wert wird die Einheit cm^{-1} eingefügt.

[31] Literaturzitate bilden den Abschluss Ihres Versuchsprotokolls. Es gibt geringfügig differierende Formate, diese anzugeben. Eine *zweckmäßige* Form bei Zeitschriften, die keine Jahrgangs-Nummer besitzen, ist: M. Cherest, H. Felkin, N. Prudent, *Tetrahedron Lett.* **1968**, 2199–2202. Eine analoge Zitierweise aus Zeitschriften mit einem nummerierten Jahrgang ist: L. A. Paquette, W. H. Ham, *Tetrahedron Lett.* **1986**, *27*, 2341–2342. Auf Vorschriften aus *Org. Synth.* bezieht man sich in analoger Form.

[32] Verwenden Sie die üblichen Zeitschriftenabkürzungen:

Angew. Chem.	*J. Am. Chem. Soc.*	*Org. Lett.*
Ber. Dtsch. Chem. Ges.	*J. Chem. Soc.*	*Org. Synth.*
Chem. Ber.	*J. Chem. Soc., Chem. Commun.*	*Synlett*
Chem. Eur. J.	*J. Chem. Soc., Perkin Trans. 1*	*Synthesis*
Chem. Lett.	*J. Org. Chem.*	*Tetrahedron*
Eur. J. Org. Chem.	*Liebigs Ann. Chem.*	*Tetrahedron: Asymmetry*
Helv. Chim. Acta	*Org. Biomol. Chem.*	*Tetrahedron Lett.*

Kapitel IV

Ausgewählte Arbeitstechniken im Fortgeschrittenenpraktikum (in alphabetischer Reihenfolge)

Die Experimentiervorschriften dieses Praktikumsbuchs legen den Schwerpunkt auf das Arbeiten unter Inertgas – (meist) unter Stickstoff oder (gelegentlich) unter Argon statt an der (Labor-)Luft – und bei Gewährleistung von absolutem Feuchtigkeitsausschluss. Daher beschreibt dieses Kapitel, welche apparativen Voraussetzungen am Arbeitsplatz diese Schwerpunktsetzung mit sich bringt und welche Arbeitstechniken sie erfordert, die über grundlegende Labortechniken hinausgehen. Die Letzteren wurden beispielsweise im ersten Band vom *Praktikum Präparative Organische Chemie* – (*Organisch-Chemisches Grundpraktikum*, Spektrum Akademischer Verlag, Heidelberg, **2008**, 49–64, im Folgenden als „Band 1" abgekürzt) behandelt* und sollten von Ihnen als Experimentator sicher beherrscht werden.

Auch wenn der Fokus dieses zweiten Bandes – *Organisch-Chemisches Fortgeschrittenenpraktikum* – unseres dreiteiligen *Praktikums Präparative Organische Chemie* auf Arbeiten unter Inertgas und bei Gewährleistung von absolutem Feuchtigkeitsausschluss liegt, heißt dies nicht, dass die damit verbundenen Maßnahmen bei jeder in diesem „Band 2" beschriebenen Reaktion anzuwenden sind. Vielmehr sind Sie als Experimentator im Fortgeschrittenenpraktikum aufgefordert, zum einen mit Ihrem Wissen aus dem Grundpraktikum, zum anderen aufgrund einer geeigneten theoretischen Vorbereitung der jeweiligen Reaktion(ssequenz) selbst zu entscheiden, welche Schritte unter Inertgas und Feuchtigkeitsausschluss durchgeführt werden müssen und welche nicht; einen Hinweis geben im Allgemeinen die zu verwendenden Chemikalien und das Wissen um den Reaktionsmechanismus. Neben der Versuchsbeschreibung finden Sie in diesem Band 2 – anders als im Band 1 – generell keine Apparaturen mehr abgebildet. Mit Ihren Kenntnissen aus dem Grundpraktikum und den im Folgenden beschriebenen Geräten und Arbeitstechniken im Fortgeschrittenenpraktikum sollten Sie imstande sein, die für die jeweilige Synthese erforderliche Apparatur selbst zusammenzustellen.

---

* Dieser Kanon grundlegender Labortechniken der präparativen organischen Chemie vermittelt(e), …
  wie man …
  - absaugt,
  - eine Reaktionsapparatur aufbaut,
  - eine Dünnschichtchromatographie oder eine Säulenchromatographie nach dem Schwerkraftprinzip durchführt,
  - ein Lösungsmittel am Rotationsverdampfer entfernt,
  - bei Normaldruck oder im Vakuum – und ggf. fraktionierend – destilliert,
  - extrahiert und anschließend die vereinigten organischen Phasen trocknet,
  - filtriert,
  - ein Reaktionsgemisch heizt oder kühlt und
  - Feststoffe durch Umkristallisieren reinigt.

Abzugsausstattung

Für die Durchführung von Reaktionen unter Inertgas und Feuchtigkeitsausschluss empfiehlt sich eine Ausstattung des Abzugs, wie sie in den meisten organisch-chemischen Forschungslaboratorien verwendet wird und im Folgenden abgebildet ist:

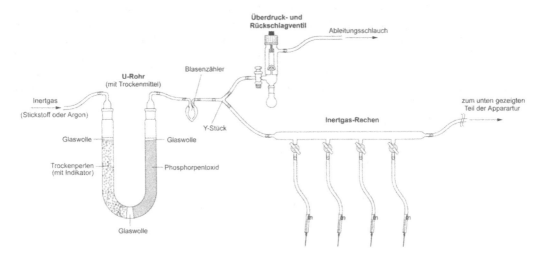

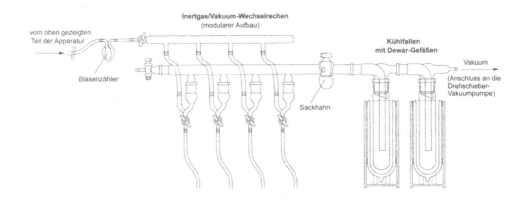

Ausstattung eines Abzugs im Fortgeschrittenenpraktikum
(aus Platzgründen sind der linke und der rechte Teil der Apparatur voneinander getrennt und übereinander statt nebeneinander gezeichnet)

Das benötigte Inertgas (Stickstoff oder Argon; siehe → **Inertgas**) wird zum Trocknen durch ein breitschenkliges U-Rohr geleitet. Ein Schenkel dieses U-Rohrs ist zum Vortrocknen des Gases mit Trockenperlen {„Silica Gel Orange"; enthält als Indikator einen Farbstoff [Farbwechsel von orange (trocken) nach farblos (feucht)]} gefüllt, der andere Schenkel zum „Feintrocknen" des Gases mit Phosphorpentoxid (P_4O_{10}). Die Trockenperlen und das Phosphorpentoxid sind durch einen Bausch Glaswolle voneinander getrennt. Schon beim Befüllen des U-Rohrs muss darauf geachtet werden, dass die Glaswolle den Gasstrom nicht behindert; andernfalls baut sich beim Anschließen an die Inertgas-Leitung ein Überdruck im U-Rohr auf (***Berstgefahr!***). Vor jeder Benutzung dieser Trockenvorrichtung muss überprüft werden, ob die U-Rohr-Füllung für den Inertgas-Strom ausreichend durchlässig ist; vor allem das Phosphorpentoxid kann leicht zusammensintern und/oder der Übergangsbereich Trockenperlen/Glaswolle/Phosphorpentoxid aufgrund von eingeschleppter Feuchtigkeit „verkleben" (**Berstgefahr!**). Daher sollte in Abhängigkeit von den örtlichen Gegebenheiten und der jeweiligen Organisation des Praktikums von der Praktikumsleitung entschieden werden, ob zum Trocknen des Inertgases Phosphorpentoxid benutzt wird oder lediglich die nicht so gut trocknenden Trockenperlen verwendet werden.

Der getrocknete Inertgas-Strom gelangt über das Y-Stück zum Inertgas-Rechen (siehe → **Inertgas-Rechen**) und dann zum Inertgas/Vakuum-Wechselrechen (siehe → **Inertgas/Vakuum-Wechselrechen**). Das ebenfalls am Y-Stück angeschlossene Überdruck- und Rückschlagventil (Funktionsweise siehe → **Überdruck- und Rückschlagventil**) verhindert, dass sich hinter dem U-Rohr in den Inertgas führenden Bauteilen ein Überdruck aufbaut; falls im selben Apparaturteil ein Unterdruck entsteht, unterbindet die Rückschlagsicherung des Ventils überdies, dass (feuchte) Luft eindringt. Der Inertgas/Vakuum-Wechselrechen ist über zwei Kühlfallen mit einer Drehschieber-Vakuumpumpe (Vakuum < 0.5 mbar) verbunden.

Ausheizen von Reaktionsgefäßen

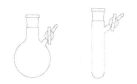

Schlenk-Kolben   Schlenk-Rohr

Reaktionen mit luft- und/oder feuchtigkeitsempfindlichen Verbindungen werden – wenn möglich – entweder in Schlenk-Kolben oder in Schlenk-Rohren durchgeführt. Schlenk-Rohre haben den Vorteil, dass kleine Substanzmengen nach dem Entfernen des Lösungsmittels auf einer kleineren Innenfläche verteilt sind als in Schlenk-Kolben; das vereinfacht die Weiterverarbeitung (durch Umkristallisieren, Sammeln oder Umfüllen). Statt in Schlenk-Gefäßen kann man ersatzweise in Zweihalskolben arbeiten, wobei eine der Schliffhülsen mit einem Hahn mit Schliffkern und Olive bestückt wird.

Das jeweilige Glasgefäß nach Schlenk wird vor dem Gebrauch mit einem Glasstopfen oder einer Schliffkappe verschlossen und im Vakuum am Inertgas/Vakuum-Wechselrechen (siehe → **Inertgas/Vakuum-Wechselrechen**) mit einem Heißluftgebläse ausgeheizt. *Die Verwendung eines Bunsenbrenners hierfür ist in organisch-chemischen Laboratorien aus Sicherheitsgründen nicht statthaft.* Um letzte Wasserspuren aus einem Schlenk-Gefäß zu entfernen, reicht es, wenn man es auf die geschilderte Weise eine Minute lang auf ca. 150–200°C erhitzt. Dabei muss darauf geachtet werden, dass das Schlenk-Rohr bzw. der Schlenk-Kolben *gleichmäßig erhitzt* wird, weil andernfalls Spannungen im Glas auftreten können und dann eine *Implosion* droht. Man lässt das ausgeheizte Schlenk-Gefäß unter Vakuum erkalten. Anschließend befüllt man es über den Inertgas/Vakuum-Wechselrechen mit Inertgas und tauscht den Glasstopfen gegen eine Septumkappe aus (*Hinweis*: Weil Septenkappen weder vakuum- nocht hitzebeständig sind, dürfen sie erst nach dem Ausheizen aufgesetzt werden). Diese Septumkappe ermöglicht eine einfache und sichere Zugabe bzw. Entnahme von Flüssigkeiten mit Hilfe von Spritzen und Kanülen (siehe → **Septum-/ Kanülen-Technik**), ohne dass man das Schlenk-Gefäß öffnen müsste. Jedes andere vakuumfeste Glasgerät wird auf analoge Weise im Vakuum durch Heizen von Wasserspuren befreit und mit Inertgas befüllt.

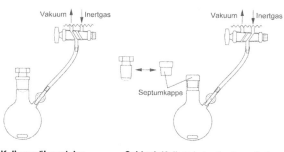

Schlenk-Kolben während des Ausheizens und Erkaltens

Schlenk-Kolben beim Austausch des Glasstopfens gegen die Septumkappe

Durchführung einer Birch-Reduktion

Apparatur: siehe → **Reaktionen in flüssigem Ammoniak**

Entgasen einer Lösung oder eines Lösungsmittels

In Flüssigkeiten, seien es Lösungsmittel, Lösungen oder flüssige Reagenzien, ist immer etwas Gas gelöst. Nachdem solch eine Flüssigkeit dem Kontakt mit Luft ausgesetzt worden ist, ist eines dieser Gase Sauerstoff. Er kann bei manchen Reaktionen stören. In derlei Fällen muss die Flüssigkeit vor der Durchführung der eigentlichen Reaktion entgast werden. Hierfür gibt es mehrere Methoden: Zum einen kann ein kräftiger Inertgas-Strom für mehrere Minuten durch die Flüssigkeit geleitet werden; er „verdrängt" den größten Teil des gelösten Sauerstoffs aus der Flüssigkeit. Zum anderen – und dies ist die bessere Methode – kann das Entgasen durch mehrmaliges Evakuieren der Flüssigkeit und anschließendes Belüften mit Inertgas erfolgen. Hierzu wird der Kolben, in dem sich die Flüssigkeit befindet, an die Inertgas-Linie des Inertgas/Vakuum-Wechselrechens (siehe → **Inertgas/Vakuum-Wechselrechen**) angeschlossen und die Flüssigkeit mit Hilfe eines Kältebads [siehe → **Kühlen (mit Kältebädern)**] eingefroren. Danach wird der Kolben über die Vakuum-Linie des Inertgas/Vakuum-Wechselrechens evakuiert. Dann wird der Kolben durch Drehen des Patenthahns am Inertgas/Vakuum-Wechselrechen von der Vakuum-Linie abgekoppelt (aber *weder* mit *Inertgas* befüllt *noch abgenommen*). Nun lässt man die Flüssigkeit auftauen. Dabei entweichen in der Flüssigkeit gelöste Gase zusammen mit etwas Lösungsmittel aus der flüssigen Phase in den evakuierten Gasraum des Kolbens. Ist die Flüssigkeit vollständig aufgetaut, wird mit Inertgas „belüftet". Anschließend wird die Flüssigkeit erneut eingefroren und die eben beschriebene Prozedur mehrfach wiederholt. – Drittens findet man auch Vorschriften, nach denen die Flüssigkeit vor dem Evakuieren nicht eingefroren wird. Stattdessen wird der Kolben mit der Flüssigkeit bei Raumtemp. mehrfach evakuiert, bis die Flüssigkeit jeweils „aufschäumt", und dann mit Inertgas „belüftet". Diese Methode hat gegenüber den zuvor beschriebenen jedoch den Nachteil, dass ggf. ein erheblicher Anteil des Lösungsmittels durch das Evakuieren entfernt wird; sie bietet sich allerdings beim Entgasen von *wässrigen* Lösungen an (vergleichsweise hoher Siedepunkt und geringer Dampfdruck des Wassers – außerdem vermeidet man, dass es als Eis auskristallisiert).

Filtrieren (in Varianten, die Sie im Grundpraktikum noch nicht benutzt haben)

Filtrieren unter Inertgas

Zum Filtrieren unter Inertgas verwendet man eine sogenannte **Umkehrfritte**, also ein Glasrohr mit Schliffkernen an den Enden, einer eingeschmolzenen Glasfilterplatte in der Nähe des einen Endes und einem Schliffhahn in der Nähe des anderen. Umkehrfritten gibt es in unterschiedlichen Größen und mit unterschiedlichen Porendurchmessern der Filterplatte.

Zur Vorbereitung des Filtrierens unter Inertgas wird eine Umkehrfritte derart an einer Stativstange befestigt, dass sich die Glasfilterplatte oben und der Schliffhahn unten befindet. Diese Umkehrfritte wird am oberen Ende, also auf der Seite der Glasfilterplatte, mit einem Schlenk-Kolben versehen und am unteren Ende, also auf der Seite des Schliffhahns, mit einem Einhalsrundkolben (in der Abbildung nicht gezeigt). Diese Apparatur wird am Inertgas/Vakuum-Wechselrechen (siehe → **Inertgas/Vakuum-Wechselrechen**) zuerst evakuiert, dann ausgeheizt (siehe → **Ausheizen**) und danach mit Inertgas geflutet. Als letztes wird der Einhalsrundkolben im Inertgas-Gegenstrom durch einen Rundkolben – vorzugsweise einen Schlenk-Kolben – ersetzt, in dem sich das zu filtrierende Gemisch befindet (Abbildungsteil I).

Zum Filtrieren unter Inertgas wird die Apparatur vorsichtig um die horizontale Achse gedreht, wodurch das zu filtrierende Gemisch in die Umkehrfritte hineinfließt (Abbildungsteil II). Damit die Flüssigkeit danach zügig durch die Glasfilterplatte fließt, kann entweder ein schwaches Vakuum am Hahn **C** (Abbildungsteil II) oder – bei geöffnetem Hahn **C** – ein Inertgas-Überdruck am Hahn **B** (Abbildungsteil II) angelegt werden. Wenn die gesamte Flüssigkeit aus der Umkehrfritte gesaugt oder aus ihr hinausgedrückt wurde (Abbildungsteil III), kann es nötig sein, den Schlenk-Kolben, in dem sich das Gemisch zuvor befand, und/oder den Feststoff, der in der Umkehrfritte zurückgehalten wurde, mit getrocknetem Lösungsmittel zu waschen. Dazu wird der Apparatur über die Hähne **A** und **B** (Abbildungsteil III) Inertgas zugeführt. Danach wird der untere Schlenk-Kolben im Inertgas-Gegenstrom gegen einen getrockneten, leeren ausgetauscht (Abbildungsteil IV). Anschließend wird die Schliffverbindung zu dem oberen (Schlenk-)Kolben gelöst. Dieser Kolben wird abgenommen, im Inertgas-Gegenstrom mit getrocknetem Lösungsmittel beschickt und erneut mit der Umkehrfritte verbunden, wobei diese gekippt werden muss (bedenken Sie hierbei, dass es in dem mit Lösungsmittel gefüllten Kolben keinen „Berg" geben wird…). Das Lösungsmittel wird nach vorsichtigem Zurückdrehen der Apparatur in die Lotrechte, wie bereits beschrieben, durch die Umkehrfritte gesaugt oder mit Inertgas durch sie gedrückt.

Die weitere Vorgehensweise hängt davon ob, ob man das Filtrat weiterverarbeiten oder den Feststoff isolieren möchte. Wenn das Filtrat benötigt wird und es weiterhin unter Inertgas gehandhabt werden muss, wird der Apparatur über den Hahn **C** (Abbildungsteil III) Inertgas zugeführt und anschließend der Schlenk-Kolben mit dem Filtrat abgenommen und mit einem Schliffstopfen verschlossen. Wenn stattdessen der Feststoff benötigt wird und dieser weiterhin unter Inertgas gehandhabt werden muss, wird der Apparatur am Hahn **A** (Abbildungsteil III) Inertgas zugeführt und der Schlenk-Kolben mit dem Filtrat gegen einen trockenen Schlenk-Kolben ausgetauscht (Abbildungsteil IV). Der Feststoff in der Umkehrfritte wird jetzt von Lösungsmittelresten befreit, indem man den Hahn **A** schließt und am Hahn **C** (Abbildungsteil IV) Vakuum anlegt. Anschließend belüftet man die Apparatur über den Hahn **A** mit Inertgas. Ist der Feststoff zu diesem Zeitpunkt rieselfähig, wird die Apparatur vorsichtig um 180° gedreht; dadurch gelangt der Feststoff in den Schlenk-Kolben (Abbildungsteil V). Ist der Feststoff nicht rieselfähig, führt man das Inertgas außer über den Hahn **A** auch über den Hahn **B** zu (Abbildungsteil IV); danach wird der obere Schlenk-Kolben im Inertgas-Gegenstrom abgenommen und der Feststoff mit einem Spatel oder Glasstab gelockert. Dann wird der Schlenk-Kolben wieder auf die Apparatur aufgesetzt und der Feststoff, wie zuvor beschrieben, aus der Umkehrfritte in den Schlenk-Kolben überführt (Abbildungsteil V).

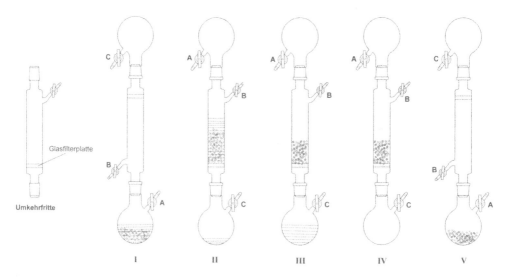

Filtrieren unter Inertgas mit Hilfe einer Umkehrfritte

Filtrieren über Celite® (Kieselgur)

Muss ein Gemisch, gleichgültig ob homogen oder heterogen, über Celite® *„filtriert"* werden, wird mit einem geeigneten Lösungsmittel, z. B. dem, das sich im Gemisch befindet, eine Aufschlämmung von Celite® hergestellt. Diese wird in eine **Glasfilternutsche** gegossen (siehe Abbildung), deren Glasfilterplatte („Glasfritte") eine adäquate Porenweite aufweist, und durch Anlegen eines schwachen Vakuums zu einer **Celite®-Schicht** verdichtet; man bezeichnet sie im Laborjargon gelegentlich als „Celite®-Pad". Durch Andrücken mit einem umgedrehten Glasstopfen werden eventuelle Risse in der Celite®-Schicht beseitigt. Für die meisten Anwendungen ist eine Celite®-Schichtdicke von 2–3 cm ausreichend. Anschließend wird das Gemisch über diese Schicht abgesaugt und das Filtermaterial mit Lösungsmittel gewaschen.

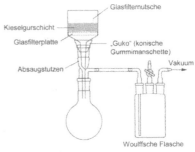

Filtrieren über Celite®

Wenn ein Gemisch *unter Inertgas* über Celite® filtriert werden soll, muss eine **Umkehrfritte** verwendet werden. Zuerst wird unter Inertgas, z. B. in einem Schlenk-Kolben, eine Aufschlämmung von getrocknetem Celite® in einem geeigneten, getrockneten Lösungsmittel hergestellt. Diese Aufschlämmung wird unter Inertgas auf dieselbe Weise in die Umkehrfritte eingebracht, die für das Abfiltrieren unter Inertgas (siehe → **Filtrieren unter Inertgas**, Beschreibung der Abbildungsteile I–III) geschildert ist. Die auch hier erforderliche Verdichtung der Celite®-Schicht erreicht man am besten durch Anlegen eines schwachen Vakuums am Hahn **C** (Abbildungsteil II). Das Resultat ist im Abbildungsteil VI gezeigt. Nun wird der Schlenk-Kolben, der das vom Kieselgur abgetrennte Lösungsmittel enthält, im Inertgas-Gegenstrom gegen einen frischen, trockenen Schlenk-Kolben ausgetauscht (siehe Abbildungsteil VII). Der folgende Schritt bedarf einer gewissen Übung: Die Apparatur muss jetzt um 180° gedreht werden, wobei die Celite®-Schicht nicht verrutschen darf. Das ist nur möglich, wenn sie hinreichend verdichtet ist, aber trotzdem noch einen gewissen Lösungsmittelanteil enthält. Der Schlenk-Kolben, der zuvor die Celite®-Aufschlämmung enthielt, befindet sich nun unten. Er wird im Inertgas-Gegenstrom gegen den Schlenk-Kolben ausgetauscht, der das zu filtrierende Gemisch enthält (Abbildungsteil VIII). Die nun folgende Filtration über Celite® wird so durchgeführt, wie es für das Abfiltrieren unter Inertgas (siehe → **Filtrieren unter Inertgas**, Beschreibung der Abbildungsteile I–III) dargestellt ist; hierbei ist zu beachten, dass das, was sich dort auf den Abbildungsteil II bezieht, im hiesigen Kontext auf den Abbildungsteil IX bezogen werden muss; er unterscheidet sich vom Abbildungsteil II nur durch die Anwesenheit der Celite®-Schicht.

Wenn man ein Gemisch über Celite® filtriert hat, wird stets das Filtrat weiterverarbeitet. Aus diesem Grund wäscht man den Fil-

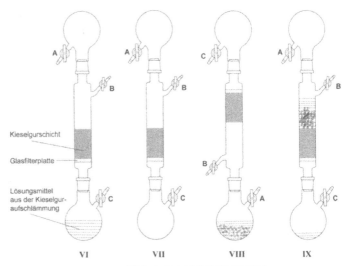

Filtrieren über Celite® unter Inertgas

terkuchen in der Umkehrfritte mit einer ausreichenden Menge an getrocknetem Lösungsmittel und vereinigt die Waschflüssigkeit mit dem Filtrat.

Filtrieren über Kieselgel

Unter dieser Arbeitstechnik versteht man in der Regel eine „stark verkürzte Flash-Chromatographie" (siehe dazu auch → **Flash-Chromatographie**). Sie wird meist dann benutzt, wenn eine dünnschichtchromatographische Analyse im gewählten Eluens für die gewünschte Verbindung einen R_f-Wert > 0.4 ergibt und für *alle* darin enthaltenen Verunreinigungen einen R_f-Wert ≈ 0. Man wählt den Durchmesser der Chromatographiesäule meist etwas kleiner als für die zu trennende Substanzmenge im Fall einer „einfachen Trennung" erforderlich wäre. Außerdem wird die Chromatographiesäule nur ca. 5–10 cm hoch mit Kieselgel gefüllt. Die eigentliche „Filtration über Kieselgel" wird im großen Ganzen wie eine Flash-Chromatographie durchgeführt, doch können die aufgefangenen Fraktionen wesentlich größer gewählt werden. Von einer „Filtration" spricht man in diesem Zusammenhang deshalb, weil – trotz der Überladung der Säule – die Verunreinigungen aufgrund der starken Haftung auf dem Kieselgel wie von einem Filter zurückgehalten werden.

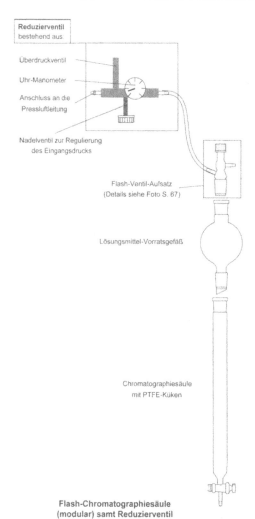

Reduzierventil
bestehend aus:

Überdruckventil

Uhr-Manometer

Anschluss an die
Pressluftleitung

Nadelventil zur Regulierung
des Eingangsdrucks

Flash-Ventil-Aufsatz
(Details siehe Foto S. 67)

Lösungsmittel-Vorratsgefäß

Chromatographiesäule
mit PTFE-Küken

Flash-Chromatographiesäule
(modular) samt Reduzierventil

Flash-Chromatographie

Im Gegensatz zur Säulenchromatographie nach dem Schwerkraftprinzip, die im Band 1 auf den Seiten 51–52 beschrieben wurde, ermöglicht die Flash-Chromatographie (engl. *Flash* = Blitz) nach W. C. Still, M. Kahn und A. Mitra (*J. Org. Chem.* **1978**, *43*, 2923–2925) eine *schnelle* säulenchromatographische Trennung. Bei der Flash-Chromatographie wird das Eluens (Laufmittel) mit einem schwachen Überdruck durch das Kieselgel gepresst. Das vermindert wegen der verkürzten Verweildauer sowohl der gesuchten Substanz(en) als auch der abzutrennenden Verunreinigung(en) für jede Komponente das Ausmaß ihrer Vertikalverteilung auf der Säule („Bandenbreite") und erhöht in der Konsequenz die Trennleistung. Kieselgel, das bei einer Flash-Chromatographie verwendet wird, *muss* eine Korngröße von 40–63 µm (230–400 mesh) aufweisen. Das für die Schwerkraft-Säulenchromatographie am häufigsten verwendete Kieselgel besitzt dagegen eine Korngrößenverteilung von 63–200 µm (70–230 mesh) und ist zum Flash-Chromatographieren *ungeeignet*.

Als Chromatographiesäule dient ein Glasrohr mit Schliffhülse (NS 29) und Hahnauslauf. Für den Hahn sollten im Fortgeschrittenenpraktikum ausschließlich Küken aus *Poly(tetrafluorethylen)* (PTFE) verwendet werden. Ein Glasküken müsste gefettet werden, und das Schlifffett würde durch das Eluens ausgewaschen und dadurch das isolierte Produkt verunreinigt.

Verfügt das Praktikumslabor über eine Leitung mit Pressluft, wird deren Druck auf den für die Flash-Chromatographie erforderlichen Überdruck von 0.4–0.8 bar heruntergeregelt, nachdem man sie über ein „**Reduzierventil**" (siehe Abbildung) und einen „**Flash-Ventil-Aufsatz**" (siehe Foto) mit der Chromatographiesäule verbunden hat. Um ein sicheres Arbeiten zu gewährleisten, enthält das Reduzierventil ein Überdruckventil, das werksseitig auf einen bestimmten Grenzdruck eingestellt ist; es öffnet sich automatisch, sobald dieser Druck in der Apparatur überschritten wird. Die weiteren Bestandteile des Reduzierventils sind ein Nadelventil und ein Uhr-Manometer. An dem Nadelventil kann der Überdruck in der Chromatographiesäule und damit die Fließgeschwindigkeit des Eluens stufenlos geregelt werden. Am Flash-Ventil-Aufsatz zwischen Reduzierventil und Chromatographiesäule gestattet das Drehen des Schraubkopfs, das integrierte Druckentlastungsventil teilweise oder vollständig zu öffnen. Von dieser Möglichkeit macht man zu zwei Zwecken Gebrauch: Einerseits zur Minderung des Überdrucks, den die Einstellung des Nadelventils am Reduzierventil vorgibt; andererseits zum vollständigen Aufheben des in der Chromatographiesäule herrschenden Überdrucks, ohne dass man hierzu die Druckeinstellung am Nadelventil verändern müsste. Das Nutzen der letztgenannten Option am Druckentlastungsventil vereinfacht das Auftragen der Substanz, das Befüllen mit Eluens und das Nachfüllen von Eluens, weil, wenn man das Druckentlastungsventil danach wieder schließt, sich der gleiche Überdruck in der Apparatur aufbaut, den man zuvor eingestellt hatte.

Damit es während einer flash-chromatographischen Trennung zu keinen oder möglichst wenig Unterbrechungen kommt, wird die Verwendung eines Lösungsmittel-Vorratsgefäßes empfohlen. Anstelle der in der Abbildung gezeigten Normschliff-Verbindungen können auch Normschliffe mit einem GL-Außengewinde verwendet werden.

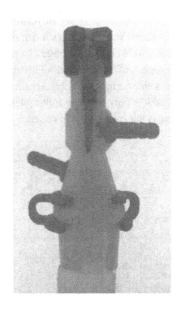

Montierter und mit Keck-Klammer gesicherter Flash-Ventil-Aufsatz einer Flash-Chromatographiesäule (im Querschnitt). Kunststofffolliven zum Verbinden mit dem Reduzierventil (links) bzw. zum Entweichenlassen eines wählbaren Teils der Pressluft (rechts) durch Betätigen des Schraubkopfs (oben) des Druckentlastungsventils

Alle unter Überdruck stehenden Glasteile einer Flash-Chromatographieapparatur müssen aus Sicherheitsgründen mit einem *geeigneten Maschennetz als Splitterschutz* versehen sein.

Stehen keine Pressluftanschlüsse oder keine Regulierventile und Flash-Ventil-Aufsätze zur Verfügung, kann der Überdruck zum Flash-Chromatographieren auch manuell mit Hilfe eines Gummidruckballs erzeugt werden. Bei dieser Variante wird als Chromatographiesäule ein Glasrohr verwendet, das oben mit einem Gewinde mit aufgesetzter Schraubkappe ausgestattet ist, unterhalb davon mit einer aufgesetzten Olive und unten mit einem Hahnauslauf. Für diesen Hahn sollten auch hier ausschließlich Küken aus *Poly(tetrafluorethylen)* (PTFE) verwendet werden. Nachdem die Chromatographiesäule gefüllt worden ist, verbindet man sie über die Olive mit dem Gummidruckball. Durch Drücken desselben wird der erforderliche Überdruck in der Apparatur erzeugt. Er kann durch vorsichtiges Öffnen der Gewinde-Schraubkappe abgelassen werden kann.

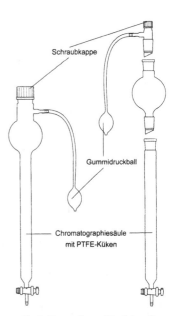

Schraubkappe

Gummidruckball

Chromatographiesäule
mit PTFE-Küken

Flash-Chromatographiesäule mit Gummidruckball einteilig (links) und modular (rechts)

Der Durchmesser der zu verwendenden Chromatographiesäule und die Portionierung („Fraktionsgröße") des Eluats richten sich nach der zu trennenden Substanzmenge *und* danach, ob es sich um eine „einfache" ($\Delta R_f \geq 0.2$) oder „schwierige" Trennung ($0.2 > \Delta R_f \geq 0.1$) handelt (siehe Tabelle). Die Eluiergeschwindigkeit, bezogen auf das Sinken des Flüssigkeitsspiegels in der Säule, sollte 5–10 cm pro min betragen. Man beachte, dass eine geringere Eluiergeschwindigkeit in der Regel zu einer schlechteren Trennung führt! Die eigentliche Flash-Chromatographie sollte folglich vom Auftragen der Substanz auf die Säule bis zum Beenden des Eluierens nur ca. 15–20 min dauern.

Zu trennende Substanzmenge [mg]		Säulen-Durchmesser [mm]	Gesamtvolumen des Eluens [mL]	Fraktions-größe [mL]
„Einfache Trennung" ($\Delta R_f \geq 0.2$)	„Schwierige Trennung" ($0.2 > \Delta R_f \geq 0.1$)			
25	10	10	50	1.5
60	25	15	100	4
180	75	20	250	8
400	150	25	400	14
750	300	30	600	20
1400	600	40	1000	30
2400	1000	50	1400	50
4000	1500	60	2000	80
6500	2800	80	3000	125

Packen der Chromatographiesäule: Falls keine Chromatographiesäule mit einem Glasfritten-Einsatz zur Verfügung steht, der die Kieselgelfüllung und das überschichtete Eluens stützt, wird die Chromatographiesäule bei geschlossenem Hahn mit dem Auslauf an eine Membranvakuumpumpe angeschlossen. Dann lässt man einen kleinen Glaswolle- oder Wattebausch in das untere Ende der Chromatographiesäule fallen und öffnet den Hahn. Der Bausch lässt sich auf diese Weise meist zuverlässig direkt oberhalb des Kükens positionieren. Hierzu bedarf es allerdings einer gewissen Übung: Einerseits darf der Bausch nämlich nicht zu kompakt sein, weil er dann bei der Flash-Chromatographie die Fließgeschwindigkeit des Eluens vermindert; andererseits darf der Bausch auch nicht zu locker sein, denn sonst kann Kieselgel im Eluat mitgeschleppt werden. Man muss überdies darauf achten, dass der Bausch nicht zum Teil in die Bohrung des Kükens gesaugt wird, weil das zu einem Verstopfen der Säule führt oder verhindert, sie verschließen zu können.

Nachdem der Bausch korrekt in Position gebracht ist, füllt man das Kieselgel 15–20 cm hoch (Füllhöhe im Laborjournal protokollieren!) in die Säule ein, was auf zwei verschiedene Arten geschehen kann:

„Aufschlämmverfahren": Beim sogenannten „Aufschlämmverfahren" überführt man das Kieselgel in einen Erlenmeyer-Kolben und fügt Eluens hinzu, bis eine *dünnflüssige* Aufschlämmung entstanden ist. Die senkrecht ausgerichtete Säule wird zu einem Drittel mit Eluens gefüllt, der Hahn geöffnet und die Aufschlämmung zügig in die Säule gegossen. Dann wird die Säule unter Druck gesetzt, wodurch das Kieselgel komprimiert wird. Das auslaufende Eluens wird aufgefangen. Wenn der Flüssigkeitsspiegel bis auf ca. 10 cm oberhalb der Kieselgelschicht abgesunken ist, wird der Überdruck aufgehoben, die Säule mit Eluens aufgefüllt und erneut Druck auf die Apparatur gegeben. Die gesamte Prozedur wird 3–5 Mal wiederholt (dies wird als „Äquilibrieren" einer Chromatographiesäule bezeichnet). Das reicht in der Regel zur Herstellung einer gleichmäßig komprimierten Kieselgelfüllung.

„**Trockenverfahren**": Beim sogenannten „Trockenverfahren" wird in die senkrecht ausgerichtete und mit trockenem Kieselgel beschickte Säule vorsichtig Eluens gefüllt. Der Hahn wird geöffnet, die Säule unter Druck gesetzt und das auslaufende Eluens aufgefangen. Wenn der Flüssigkeitsspiegel bis auf ca. 10 cm oberhalb der Kieselgelschicht abgesunken ist, wird der Überdruck aufgehoben, die Säule mit Eluens aufgefüllt, erneut unter Druck gesetzt und dann diese Prozedur 4–6 Mal wiederholt. Das gewährleistet in der Regel die Herstellung einer gleichmäßig komprimierten Kieselgelfüllung. Einer Chromatographiesäule, die auf diese Weise äquilibriert wurde, fehlt die Transparenz der Kieselgelfüllung, wie sie beim „Aufschlämmverfahren" entsteht.

Achtung: Ist das Kieselgel einmal in die Säule eingebracht und mit Eluens versetzt worden, darf der Flüssigkeitsspiegel niemals unter die Kieselgeloberfläche absinken!

Desaktivieren von Kieselgel: Kieselgel reagiert in einem gewissen Umfang sauer. Dies kann bei der flashchromatographischen Reinigung säureempfindlicher Verbindungen zu deren Zersetzung führen. Setzt man dem Eluens jedoch 5 Volumen-% NEt_3 zu, wird das Kieselgel in einem Maß desaktiviert, das das Chromatographiegut in der Regel vor einer Zersetzung bewahrt. Um eine gleichmäßige Desaktivierung des gesamten Kieselgels zu erzielen, muss die Säule nach dem „Aufschlämmverfahren" gepackt werden. Beim „Trockenverfahren" würde das Kieselgel vom NEt_3-Anteil des Eluens *nur* im oberen Bereich der Säule ausreichend desaktiviert. Das Eluens muss im Übrigen nicht nur zum Äquilibrieren, sondern auch zum Eluieren der Säule mit 5 Volumen-% NEt_3 versetzt werden.

Gemisch auftragen: Nachdem die Chromatographiesäule äquilibriert und der Flüssigkeitsspiegel ein letztes Mal bis auf ca. 10 cm oberhalb der Kieselgelschicht abgesenkt worden ist, wird vorsichtig eine Schicht Seesand (ca. 1 cm) aufgestreut, um bei allen weiteren Eluenszugaben ein Aufwirbeln des Kieselgels zu vermeiden. Man lässt das Eluens durch Anlegen eines Überdrucks bis zur Oberkante der Seesandschicht ablaufen. Das zu trennende Gemisch oder die zu reinigende Substanz wird in wenig Eluens gelöst und die Lösung mit einer langen Pasteur-Pipette entlang der Säuleninnenwand aufgetragen. Man lässt daraufhin den Flüssigkeitsspiegel erneut bis zur Oberkante der Seesandschicht absinken. Anschließend werden, ebenfalls mit einer langen Pasteur-Pipette, an der Innenwand der Säule anhaftende Substanzreste mit einigen mL Eluens heruntergespült. Man lässt den Flüssigkeitsspiegel dann abermals bis zur Oberkante der Seesandschicht absinken, wiederholt den Spülvorgang an der Innenwand der Säule einmal und füllt die Säule anschließend mit *reichlich* Eluens.

Wenn das zu trennende Gemisch oder die zu reinigende Substanz in dem zum Auftragen auf die Säule bestimmten Eluensvolumen (typischerweise 1–5 mL, aber prinzipiell abhängig vom Säulendurchmesser) nur schwer löslich ist, sollte keinesfalls bedeutend mehr Eluens verwendet werden. Dadurch würde nämlich die Trennschärfe der Säule derart vermindert, dass eine schlechte oder gar keine Trennung erzielt würde. In einem solchen Fall wird das Gemisch oder die Substanz vielmehr in einem besser geeigneten Lösungsmittel als dem gewählten Eluens vollständig gelöst und mit einer kleinen Portion trockenen Kieselgels versetzt. Dessen Menge muss so gewählt werden, dass sie, in die Säule eingebracht, einer Füllhöhe von ca. 0.5 cm entspricht. Dann wird das Lösungsmittel bei vermindertem Druck am Rotationsverdampfer *vorsichtig (einen Tropfenfänger verwenden!)*, aber *vollständig* entfernt. Hierbei kann es, gerade wenn nur noch wenig Lösungsmittel übrig und der Kolbeninhalt dickflüssig ist, zu einem sprunghaften Verdampfen von Lösungsmittel kommen. Das wirbelt das Kieselgel heftig auf, und es wird unter Umständen bis in den Tropfenfänger (statt ganz in den Rotationsverdampfer) gezogen.

Das mit dem Gemisch oder der Substanz beladene Kieselgel wird wie folgt auf eine *bereits äquilibrierte, aber noch nicht mit Seesand* überschichtete Säule aufgetragen: Man lässt den Flüssigkeitsspiegel in dieser Säule durch Anlegen eines Überdrucks bis ca. 2–3 cm oberhalb der Kieselgelschicht ablaufen. Dann lässt man das mit dem Gemisch oder der Substanz beladene Kieselgel langsam einrieseln. Man spült mit Hilfe einer Pasteur-Pipette mit wenig Eluens ggf. an der Innenwand der Säule haftendes Kieselgel herunter. Das substanzbehaftete Kieselgel sollte gleichmäßig mit Eluens durchtränkt sein, bevor man durch Anlegen von Druck den Flüssigkeitsspiegel bis knapp über die Kieselgelschicht ablaufen lässt. Diese Maßnahme komprimiert *auch* das zuletzt aufgetragene Kieselgel. Erst dann wird eine Schicht Seesand aufgestreut und die Säule mit reichlich Eluens gefüllt.

Achtung: Ist das Gemisch oder die Substanz auf die Säule aufgetragen, muss die Flash-Chromatographie zügig und ohne Unterbrechung bis zum Ende durchgeführt werden.

Fraktionierung: Durch Anlegen von Druck wird eine Fließgeschwindigkeit – bezogen auf den Eluensspiegel in der Säule – von 5–10 cm pro min eingestellt und das Eluat in den in der Tabelle (Seite 68) angegebenen Fraktionsgrößen gesammelt. Man analysiert jede Fraktion dünnschichtchromatographisch, vereinigt Fraktionen mit gleichem R_f-Wert in einem Rundkolben und entfernt das Lösungsmittel bei vermindertem Druck am Rotationsverdampfer. Man überführt, wenn die Volumenreduktion dies zweckmäßig macht, in einen kleineren Rundkolben und entfernt das Lösungsmittel wie zuvor beschrieben. Lösungsmittelreste, die der gereinigten Substanz ggf. noch anhaften, können im (Hoch)Vakuum (Drehschieber-Vakuumpumpe) entfernt werden, falls die isolierte Substanz unter diesen Bedingungen nicht auch ihrerseits (langsam) verdampft.

Heizen

Die nachfolgend beschriebenen Heizbäder müssen magnetisch gerührt werden, um darin eine einheitliche Temperatur zu gewährleisten. Eine empfehlenswerte Alternative zu einem Magnetrührstab ist eine Büroklammer (der Badgröße angemessen), weil diese flach ist und als Konsequenz davon der Kolben bis knapp über den Boden des Bades abgesenkt werden kann. Wird eine Kristallisierschale als Heizbad verwendet, darf ihr Außendurchmesser den Durchmesser der Heizplatte nicht überschreiten. Aluminiumgefäße als Heizbäder dürfen hingegen auch einen größeren Durchmesser als die Heizplatte haben. Die Temperatur eines Ölbads muss immer mit einem Stabthermometer überwacht werden.

Mit einem **Wasserbad** kann eine maximale Heizbadtemperatur von 100°C erreicht werden. Diese Möglichkeit nutzt man aber – wenn überhaupt – nur bis zu einer Temperatur von 80°C; oberhalb dieser Temperatur verdampft nämlich zuviel Wasser (und kondensiert an der Reaktionsapparatur und dringt dann eventuell an einer benetzten Schliffverbindung in die Apparatur ein).

Das **Paraffinölbad** ist wohl das meist eingesetzte Heizbad, weil Paraffinöl vergleichsweise kostengünstig ist. Man muss jedoch beachten, dass ein Paraffinölbad auf maximal 140–160°C (160°C nur kurzzeitig) aufgeheizt werden sollte, weil sich Paraffinöl bei längerer thermischer Belastung anteilig zersetzt (Braunfärbung). *Vorsicht:* Oberhalb von ca. 160°C beginnt Paraffinöl zu verdampfen (es „raucht"), und die Dämpfe können sich an einer heißen Fläche entzünden. Daher sollte man oberhalb einer Heizbadtemperatur von 140°C ein Silikonölbad verwenden.

Ein **Silikonölbad** wird häufig für Heizbadtemp. von 140–180°C (kurzzeitig 200°C) eingesetzt. Hierbei sollte man ein Silikonöl verwenden, das mindestens bis 200°C (Herstellerangabe) thermostabil ist.

Sicherheitshinweis: Wenn ein Paraffin- oder Silikonölbad mit Wasser kontaminiert ist, darf es unter keinen Umständen mehr verwendet werden (*es besteht Verbrennungsgefahr durch herausspritzendes heißes Öl/ Wasser und das Risiko einer Entzündung des Heizbads*).

Inertgas (Schutzgas) verwenden

Eine Reaktion wird immer dann unter einer Inertgas-Atmosphäre – man spricht in diesem Zusammenhang auch häufig von einer Schutzgas-Atmosphäre – durchgeführt, wenn die eingesetzten Reagenzien, die gebildeten Intermediate und/oder das gesuchte Produkt empfindlich gegen Luftsauerstoff und/oder Luftfeuchtigkeit sind bzw. ist.

Als Inertgase werden Stickstoff und Argon verwendet. Man kann bei **Stickstoff** jedoch nicht uneingeschränkt von einem „inerten Gas" sprechen, und zwar immer dann nicht, wenn er über längere Zeit und bei erhöhter Temperatur mit elementarem Lithium in Berührung kommt: Unter diesen Bedingungen setzen sich nämlich Stickstoff und Lithium zu Lithiumnitrid um. Von dieser Ausnahme abgesehen, verhält sich Stickstoff gegenüber allen Reaktanden in diesem Band *Organisch-Chemisches Fortgeschrittenenpraktikum* von *Praktikum Präparative Organische Chemie* jedoch ausreichend inert, um als Schutzgas verwendet werden zu können. Das gilt sogar für die Darstellung von Alkyllithium-Reagenzien aus Lithium und *reaktiven* Alkylhalogeniden!

Argon ist teurer als Stickstoff, diesem als Inertgas aber eindeutig überlegen: Argon ist nicht nur *vollständig* inert, sondern auch spezifisch schwerer als Luft, sodass es den Inhalt eines Kolbens selbst dann noch recht wirkungsvoll schützt, wenn man ihn an der Luft kurz (!) öffnet.

In der Praxis verwendet man aufgrund der geringeren Kosten routinemäßig Stickstoff als Inertgas (und Argon nur, wo unabdingbar). Dies gilt besonders dann, wenn trockener Stickstoff über ein Rohrleitungssystem aus dem Verdampfer eines Flüssigstickstofftanks zur Verfügung steht. Der Stickstoff aus Flüssigstickstofftanks, aber auch der aus Druckgasflaschen, kann zwar meist ohne weitere Reinigung verwendet werden. Dennoch verzichtet man in der Praxis oft *nicht* darauf, den Stickstoff durch ein mit Trockenperlen und Phosphorpentoxid gefülltes U-Rohr zu leiten (→ siehe **Abzugausstattung**), bevor er in die Reaktionsapparatur eingeleitet wird.

Inertgas-Rechen

Der Inertgas-Rechen wird zum Arbeiten unter Inertgas verwendet (siehe auch → **Inertgas/Vakuum-Wechselrechen**). Er besteht aus einem Glasrohr, dessen Enden mit Oliven versehen sind. Die senkrecht zum Glasrohr angebrachten Schliffhähne mit Oliven werden üblicherweise mit einem Kunststoffschlauch versehen, an dessen anderem Ende immer eine 1-mL-Einwegspritze mit Kanüle befestigt wird. Mit der Kanüle kann ein Septum (siehe → **Septen/Kanülen-Technik**) durchstochen werden, um eine Flüssigkeit aus einem mit einem Septum verschlossenen Gefäß zu entnehmen oder eine Flüssigkeit in ein mit einem Septum verschlossenes Gefäß zu überführen (siehe → **Septen/Kanülen-Technik**).

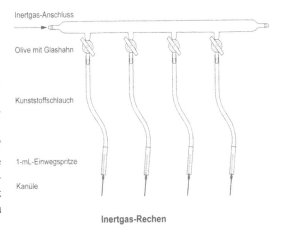

Inertgas-Anschluss

Olive mit Glashahn

Kunststoffschlauch

1-mL-Einwegspritze

Kanüle

Inertgas-Rechen

Inertgas/Vakuum-Wechselrechen

Ein Inertgas/Vakuum-Wechselrechen ist in einem Abzug unverzichtbar (siehe → **Abzugsausstattung**), wenn dort unter Inertgas und unter Feuchtigkeitsausschluss gearbeitet werden soll. Man unterscheidet zwischen einem „modularen Inertgas/Vakuum-Wechselrechen" (siehe Abbildungen Seite 72) und einem „starren Inertgas/Vakuum-Wechselrechen" (siehe Abbildungen Seite 72). Jeder Inertgas/Vakuum-Wechselrechen besteht aus zwei Glasrohren, von denen das eine an die Inertgasleitung und das andere an die Vakuumpumpe angeschlossen ist. Beide Glasrohre sind über sogenannte Patenthähne (mit zweifach schrägwinklig durchbohrtem Zweiwege-Glasküken) miteinander verbunden. Eine mit einem Vakuumschlauch an der Glasolive eines Patenthahns angeschlossene Apparatur kann dank dieser Bauelemente durch Drehen des dazugehörigen Hahnkükens entweder evakuiert oder mit Inertgas gefüllt werden. Bei dieser speziellen Art Patenthahn mit Glasküken sollte übrigens darauf geachtet werden, dass dieses *nur im oder nur entgegen dem Uhrzeigersinn* gedreht wird; andernfalls kann der Schlifffettfilm auf dem Küken reißen und somit die Vakuum-Linie undicht werden.

Zur Ausrüstung eines Praktikums empfiehlt sich eher ein modularer als ein starrer Inertgas/Vakuum-Wechselrechen. Ersterer kann einfach in seine Primärbestandteile – Inertgas-Linie, Vakuum-Linie und 3 bis 5 Patenthahn-Module – zerlegt werden. Dieser Umstand erleichtert die Durchführung von Reparaturen und gestattet in solch einem Fall einen Weiterbetrieb des Wechselrechens, sofern im Praktikum je eines der oben genannten Bauelemente als Reserve zum Auswechseln bereitgehalten wird. Außerdem kann ein modularer Inertgas/Vakuum-Wechselrechen an beiden Enden erweitert und auf diese Weise spezifischen Bedürfnissen angepasst werden. Es ist beispielsweise praktisch, wenn man an der Vakuum-Linie solch eines modularen Inertgas/Vakuum-Wechselrechens ein zusätzliches Modul mit einem Hochvakuum-Sackhahn (vorzugsweise mit Glasküken NS 34.5 und 12 mm Bohrung) anbringt. Dieses Bauelement ermöglicht es, die Vakuum-Linie von den Kühlfallen und der Drehschieber-Vakuumpumpe zu trennen, ohne die ganze Anlage belüften zu müssen (siehe → **Abzugsausstattung**). Auch ist es zweckmäßig, an dem anderen Ende der Vakuum-Linie einen Hahn mit Schliff anzubringen. Er gestattet, z. B. nach dem Ausschalten der Vakuumpumpe, die Vakuum-Linie unabhängig von den Patenthahn-Modulen, die möglicherweise gerade den Kontakt zum Inertgas gewährleisten sollen, zu belüften.

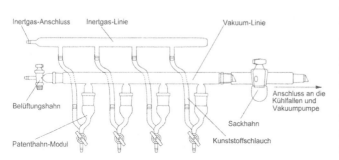

Modularer Inertgas/Vakuum-Wechselrechen (von vorne)

Patenthahn-Modul (von der Seite)

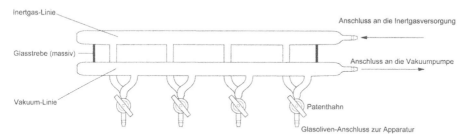

Starrer Inertgas/Vakuum-Wechselrechen (von vorne)

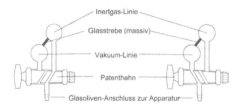

Kükenposition: Inertgas-Linie   Kükenposition: Vakuum-Linie

Starrer Inertgas/Vakuum-Wechselrechen (von der Seite)

Inverser Wasserabscheider

Ein *inverser* Wasserabscheider wird benutzt, wenn im Verlauf einer Gleich-
gewichtsreaktion eine größere Wassermenge entsteht, die als Azeotrop mit
einem Lösungsmittel, dessen Dichte größer als die des Wassers ist, aus dem
Gleichgewicht entfernt werden muss. Der in der Abbildung gezeigte Umbau
eines „normalen" Wasserabscheiders ermöglicht die Rückführung eines
derartigen Lösungsmittels – mit einer Dichte von > 1 g/mL also – aus dem
Kondensat, worin es das Wasser *unterschichtet*, in den Reaktionskolben.

Kugelrohr-Destillation

Die Kugelrohr-Destillationsapparatur (Firma Büchi, Flawil, Schweiz) besteht aus einem horizontalen Glasofen mit einer Irisblende als Verschluss
und einer Reihe von Kolben, die über Kegelschliffe miteinander verbunden
sind und im hiesigen Kontext als „Kugeln" bezeichnet werden. Diese „Ku-
gelreihe" ist mit einem Motor verbunden, der es gestattet, sie um ihre gemeinsame Achse zu drehen. Der Motor ist auf einer Gleitschiene montiert.
Die ermöglicht, eine wählbare Zahl an Kugeln in den Glasofen (Ofen mit
Glasmantel) hineinzuschieben oder aus dem Glasofen herauszuziehen.

Inverser Wasserabscheider mit
Rücklauf für die organische Phase

Die Kugelrohr-Destillation erlaubt vor allem, sehr kleine Substanzmengen
(ab ca. 100 mg) zu destillieren. Die Substanz wird in die endständige Kugel **A**
gegeben, die über die Kugeln **B–D** mit der Antriebswelle am Motor verbunden
wird. Anfangs bleibt nur die Kugel **D** – als Vorlage für die flüchtigste Komponente – außerhalb des Glasofens.
Nach Schließen der Irisblende wird der Motor gestartet, ggf. ein Vakuum an die Apparatur angelegt und dann der
Glasofen schrittweise aufgeheizt, bis die Destillation beginnt. Die als Vorlage dienende Kugel **D** wird in einem
in die Apparatur integrierten Kältebad gekühlt, um Substanzverluste (durch Verdampfen in die Vakuumleitung)
zu vermeiden. Die Destillation von Kugel **A** zu Kugel **D** verläuft sehr schnell und schonend, weil, ähnlich wie in
einem Rotationsverdampfer, aufgrund der Rotation die Kugelinnenfläche ständig erneut benetzt wird.

Substanzen mit einem Siedepunktsunterschied von ca. 40°C können mittels Kugelrohr-Destillation auch
fraktionierend destilliert werden. Dazu wird die Substanz mit dem niedrigsten Siedepunkt in der Kugel **D**
kondensiert. Danach wird die Irisblende geöffnet und mit Hilfe der Gleitschiene (auch) die Kugel **C** aus dem
Glasofen gezogen. Diese dient nach dem Schließen der Irisblende und beim weiteren schrittweisen Aufhei-
zen als neue Vorlage. Analog kann danach mit der Kugel **B** verfahren und darin eine dritte Fraktion gesammelt werden. Häufig empfiehlt es sich
aber, nach dem Sammeln einer Fraktion die Kugel zu entfernen, in der
sie sich befindet, um zu vermeiden,
dass sich ein Teil des bis zu diesem
Zeitpunkt gesammelten Materials
während des Sammelns weiterer Fraktionen verflüchtigt. Die gewünschte(n)
Fraktion(en) wird (werden) mit einem
Lösungsmittel in einen Rundkolben
gespült. Das Lösungsmittel wird anschließend unter vermindertem Druck
am Rotationsverdampfer entfernt.

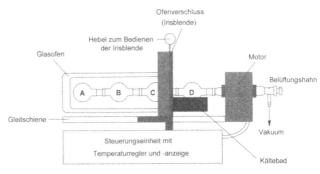

Kugelrohr-Destillationsapparatur (schematisch)

Kühlen (mit Kältebädern)

Für Reaktionen, die unterhalb der Raumtemperatur durchgeführt werden, sind Kühlbäder erforderlich. Für eine Reaktionstemperatur zwischen 0°C und Raumtemperatur verwendet man ein Wasserbad, das durch Zusatz von Eis auf die geforderte Temperatur eingestellt wird.

Ist eine Reaktionstemperatur zwischen 0°C und –20°C gefordert, kann man folgende **Kältemischungen auf Eis-Basis** einsetzen:

Zusatz	Mischungsverhältnis Eis:Zusatz	Kältebadtemp.
Wasser	1:1	ca. 0°C
Aceton	1:1	bis –10°C
NaCl	3:1	bis –20°C

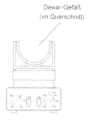

Dewar-Gefäß
(im Querschnitt)

Ist eine Reaktionstemperatur zwischen –10°C und –78°C vorgeschrieben, kann man auf **Kältemischungen aus Trockeneis und einem Lösungsmittel** zurückgreifen. Als Lösungsmittel verwendet man EtOH (bis –72°C) oder Aceton (bis –78°C); Letzteres ist leichtflüchtig, sodass es bei Reaktionszeiten von mehr als 12 h nicht verwendet werden sollte. Die genannten niedrigsten Temperaturen werden erreicht, wenn das Trockeneis als Bodenkörper im Lösungsmittel liegt und die Mischung nicht mehr sprudelt. Temperaturen von –10°C bis ca. –60°C kann man durch portionsweises Einbringen von Trockeneis in EtOH, das viskoser als Aceton ist und infolgedessen vom freiwerdenden CO_2 weniger leicht zum Überschäumen gebracht wird, erreichen (Temperaturkontrolle mit einem Tieftemperatur-Thermometer). Als Gefäße für Lösungsmittel/Trockeneis-Mischungen dürfen nur speziell isolierte Behälter (Dewar-Gefäße) verwendet werden. Soll das Reaktionsgemisch mit einem Magnetrührer gerührt werden, darf das Dewar-Gefäß nicht mit einem magnetischen Material ummantelt sein.

Sind Reaktionstemperaturen zwischen –84°C und –131°C vorgeschrieben, kann man auf **Kältemischungen aus flüssigem Stickstoff und einem Lösungsmittel** zurückgreifen. Dazu wird in einem Dewar-Gefäß dem jeweiligen Lösungsmittel unter Rühren mit einem Glasstab so lange flüssiger Stickstoff zugefügt, bis die Mischung eine cremig-halbfeste (eiscremeartige) Konsistenz aufweist; das ist beim Erreichen des Schmelzpunkts des betreffenden Lösungsmittels der Fall:

Kältemischungen aus Lösungsmittel und flüssigem Stickstoff	
Lösungsmittel	**Kältebadtemp.**
Essigsäureethylester	–84°C
Isopropanol	–89°C
Toluol	–95°C
Methanol	–98°C
Diethylether	–105°C
Ethanol	–116°C
Methylcyclohexan	–126°C
n-Pentan	–131°C

Neben den hier beschriebenen Kältemischungen werden zunehmend technische Geräte zur Erzeugung von Temperaturen unterhalb der Raumtemperatur eingesetzt. Diese sogenannten **Kryostaten** können stufenlos geregelt werden und erzeugen Badtemperaturen bis etwa –90°C. Bei der Durchführung von Reaktionen, bei denen über längere Zeit – z. B. über Nacht oder einige Tage lang – bei einer Temperatur unterhalb der Raumtemperatur gerührt werden muss, ist der Einsatz eines Kryostaten unerlässlich.

Sicherheitshinweis: Ein Dewar-Gefäß enthält einen verspiegelten, *evakuierten* Glashohlkörper; es besteht *Verletzungsgefahr bei Implosion*.

„Miniquench"

siehe: → **Reaktionskontrolle**

Molekularsieb aktivieren

siehe → **Trocknen (Aktivieren) von Molekularsieb**

Organolithium-Verbindungen

Werden in einer Synthese Lösungen der Organolithium-Reagenzien n-Butyllithium (n-BuLi), sec-Butyllithium (s-BuLi), tert-Butyllithium (t-BuLi), Methyllithium (MeLi) oder Phenyllithium (PhLi) eingesetzt, **muss zuvor** deren Konzentration (RLi-Gehalt) durch Titration bestimmt werden. Die Synthesen von zwei üblicherweise verwendeten Indikatoren und dazugehörige Vorschriften für die RLi-Titration finden Sie in Kapitel 1. Derlei Konzentrationsbestimmungen sind unerlässlich, weil einerseits Organolithium-Reagenzien in Lösung nicht unbegrenzt haltbar sind und andererseits ein Aufkonzentrieren durch Lösungsmittelverlust auftreten kann. Gerade bei Flaschen, denen bereits Organolithium-Reagenz entnommen wurde, sollte in regelmäßigen Abständen erneut eine Konzentrationsbestimmung durchgeführt und nicht unkritisch dem zuletzt festgestellten Gehalt vertraut werden.

Meist werden Lösungen von Organolithium-Reagenzien in größeren Gebinden gekauft. Es empfiehlt sich dann, die betreffende „Stammlösung" in kleinere Gebinde umzufüllen – z. B. in Glasflaschen mit einem seitlich angesetzten sogenannten GL-Gewinde mit einer durchbohrten GL-Schraubkappe mit Septum und mit einem seitlich angesetzten Poly(tetrafluorethylen)-Eckventil (siehe Abbildung). Danach sollte man nur jeweils *eines* dieser kleineren Gebinde in Gebrauch haben. Die beschriebene Glasflasche mit dem Organolithium-Reagenz wird über das Eckventil an den Inertgas/Vakuum-Wechselrechen angeschlossen, sodass die Reagenzlösung unter Inertgas durch das Septum entnommen werden kann (siehe → **Septum-/Kanülen-Technik**).

Poly(tetrafluorethylen)-Eckventil

durchbohrte GL-Schraubkappe mit Septum

Abhängig vom Organolithium-Reagenz, vom Lösungsmittel, in dem es zur Reaktion gebracht wird, und von der Temperatur liegen die Haltbarkeiten von Organolithium-Reagenzien – quantifizierbar als ihre Halbwertszeit $\tau_{1/2}$ – zwischen zwei Minuten und einigen Tagen (P. Stanetty, M. D. Mihovilovic, *J. Org. Chem.* **1997**, *62*, 1514–1515):

Reagenz	Lösungsmittel	$\tau_{1/2}$ (−70°C)	$\tau_{1/2}$ (−40°C)	$\tau_{1/2}$ (−20°C)	$\tau_{1/2}$ (0°C)	$\tau_{1/2}$ (+20°C)
n-BuLi	Et$_2$O	∞	∞	∞	∞	150 h
	THF	∞	∞	∞	17 h	1.8 h
	DMF	∞	∞	1.9 h	Zersetzung	Zersetzung
s-BuLi	Et$_2$O	∞	∞	20 h	2.3 h	Zersetzung
	THF	∞	∞	1.3 h	Zersetzung	Zersetzung
	DMF	2 h	2 min	Zersetzung	Zersetzung	Zersetzung
t-BuLi	Et$_2$O	∞	∞	8 h	1 h	Zersetzung
	THF	∞	5.6 h	40 min	Zersetzung	Zersetzung
	DMF	11 min	< 2 min	Zersetzung	Zersetzung	Zersetzung

Ozonolyse

Vorsicht: Ozon ist sehr giftig, und die daraus hervorgehenden Sekundärozonide neigen ebenso wie die Hydroperoxide, die in Methanol stattdessen entstehen, zur Explosion!

Mit einem sogenannten **Ozongenerator** („Ozonisator"), der im Laborfachhandel angeboten wird, kann man Ozon erzeugen. Wegen der unterschiedlichen Ausführungen gebräuchlicher Ozongeneratoren wird auf eine spezifische Beschreibung solch eines Geräts und seiner Bedienung an dieser Stelle verzichtet.

Der Ozongenerator wird meist mit reinem Sauerstoff statt mit Luft betrieben, um einen möglichst ozonreichen Gasstrom zu erhalten. Beim Arbeiten mit einem Ozongenerator müssen deshalb nicht nur die Sicherheitsbestimmungen für das Arbeiten mit Ozon beachtet werden, sondern auch diejenigen für das Arbeiten mit Sauerstoff. So dürfen alle *Bauteile* der Apparatur, die mit dem ozonhaltigen Sauerstoff-Strom in Berührung kommen, *nicht gefettet* werden, weil reiner Sauerstoff mit Ölen und Fetten unter Entzündung reagiert. *Alle Schlauchverbindungen müssen aus Poly(tetrafluorethylen)* bestehen, weil andere Schlauchmaterialien (z. B. Polyethylen oder Gummi) von Ozon angegriffen und als Konsequenz davon undicht werden. Der Sauerstoff muss vor dem Einleiten in den Ozonisator getrocknet werden. Für die anschließende Ozonolyse dürfen nur getrocknete Lösungsmittel verwendet werden, d. h. getrocknetes MeOH und/oder getrocknetes CH$_2$Cl$_2$.

Die **Apparatur für eine Ozonolyse** (siehe Abbildung Seite 77) besteht aus zwei Sicherheitswaschflaschen, die über einen Drei-Wege-Hahn [Küken aus *Poly(tetrafluorethylen)*!] mit dem Gaseinleitungsrohr des Reaktionskolbens verbunden sind. Die Gaswaschflaschen verhindern, dass bei einem Zurücksteigen von Reaktionslösung durch das Gaseinleitungsrohr die Letztere in den Ozongenerator gelangt. Der mittlere Hals des Reaktionskolbens ist mit einem Anschütz-Aufsatz bestückt, der mit einer Septumkappe und einer Schliffolive versehen wird. Um das im Abgasstrom enthaltene restliche Ozon unschädlich zu machen, ist die Schliffolive über zwei weitere Sicherheitswaschflaschen mit einem 1-L-Rundkolben mit Waschflaschenaufsatz verbunden. Dieser Kolben enthält eine wässrige Na$_2$S$_2$O$_3$-Lösung, die aus dem Reaktionskolben austretendes Ozon zu Sauerstoff reduziert.

Die **Ozonolyse** wird wie folgt durchgeführt: Im Reaktionskolben wird eine Lösung des Edukts (in aller Regel eines Olefins) in MeOH und/oder CH$_2$Cl$_2$ vorgelegt und unter einer Inertgas-Atmosphäre – zu der der Kontakt über den Drei-Wege-Hahn geregelt wird – auf die in der Vorschrift angegebene Temperatur gekühlt. Durch Drehen des Hahns wird die Apparatur mit dem Ozongenerator verbunden, in den man ab diesem Zeitpunkt Sauerstoff einströmen lässt und den man dann anschaltet. Man leitet so lange ozonhaltigen Sauerstoff

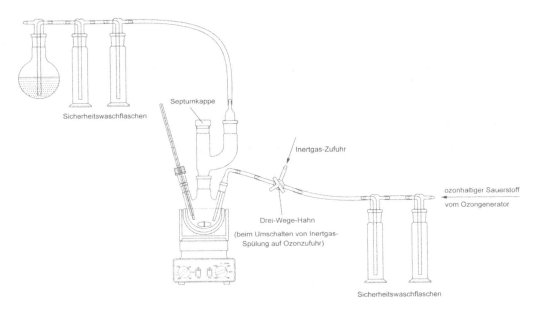

Apparatur zur Durchführung einer Ozonolyse

durch die Reaktionslösung, bis die Ozonolyse beendet ist und kein Ozon mehr verbraucht wird. Wird MeOH und/oder CH_2Cl_2 als Lösungsmittel verwendet, erkennt man diesen Zeitpunkt am Auftreten einer charakteristischen, schwachen Blaufärbung der Lösung durch überschüssiges Ozon. Sie tritt allerdings nur bei tiefen Temperaturen auf: in MeOH unterhalb von −50°C und in CH_2Cl_2 unterhalb von −10°C. Muss der Reaktionsverlauf präziser verfolgt werden, entnimmt man dem Reaktionsgemisch durch die Septumkappe Proben und analysiert deren Zusammensetzung dünnschichtchromatographisch (siehe → **Reaktionskontrolle**). Ist die Ozonolyse beendet, werden der Ozongenerator und die Sauerstoffzufuhr abgestellt. Über den Drei-Wege-Hahn wird Inertgas durch das Reaktionsgemisch geleitet, bis alles überschüssige Ozon entfernt ist. *Danach müssen die dann (immer noch) vorliegenden Ozonide und/oder Hydroperoxide, je nach gewünschtem Produkt, oxidativ oder reduktiv aufgearbeitet werden.*

    Bestimmung der vom Ozonisator erzeugten Ozonmenge [O. Liebknecht, W. Katz, S. Kahan, F. Tödt, *Handbuch der Analytischen Chemie, Band III* (*Quantitative Analyse*)*, Unterband VIaα* (*Elemente der sechsten Hauptgruppe I*), Springer Verlag, Berlin – Göttingen – Heidelberg, **1953**, 109–126]: Möchte man die Ozonmenge bestimmen, die der Ozonisator pro Zeiteinheit (mmol Ozon pro min bzw. g Ozon pro min) bei definierten Geräteeinstellungen [Sauerstoff-Durchfluss in L pro h, Sauerstoffdruck (bar), verwendete Stromstärke (A)] freisetzt, leitet man den ozonhaltigen Sauerstoff-Strom während eines definierten Zeitraums durch eine wässrige Kaliumiodid-Maßlösung, die mit $HPO_4^{2\ominus}/H_2PO_4^{\ominus}$ gepuffert (pH ≈ 7) ist [z. B. Kaliumiodid (20.8 g), Dinatriumhydrogenphosphat-Dihydrat (71.3 g) und Natriumdihydrogenphosphat-Dihydrat (39.1 g) in 1000 mL wässr. Lösung]. Solange das Iodid im Überschuss vorliegt, wird es vom Ozon zu elementarem Iod oxidiert ($O_3 + 2 \, I^\ominus + H_2O \rightarrow O_2 + I_2 + 2 \, OH^\ominus$). Das freigesetzte Iod wird mit einer $Na_2S_2O_3$-Maßlösung (0.1 M) titriert. Aus dem $Na_2S_2O_3$-Verbrauch wird die gebildete Ozonmenge berechnet, wobei 1 mL verbrauchter 0.1 M $Na_2S_2O_3$-Lösung 50 µmol oder 2.4 mg eingeleitetem Ozon entsprechen.

Wichtig hierbei ist, dass die Kaliumiodid-Maßlösung pH ≈ 7 aufweist (was durch den angegebenen Phosphatpuffer erreicht wird). Andernfalls würde die Kaliumiodid-Lösung beim Durchleiten des Ozons basisch (siehe obige Redoxgleichung), und das freigesetzte Iod würde in Iodat und Iodid überführt ($6 \, OH^\ominus + 3 \, I_2 \rightarrow IO_3^\ominus + 5 \, I^\ominus + 3 \, H_2O$). Eine Iodfärbung würde also gar nicht auftreten. Man könnte sie allerdings im Nachhinein dadurch wieder erzeugen, dass man mit HCl oder H_2SO_4 ansäuert, denn dann würden Iodat und Iodid in Umkehrung ihrer Bildungsreaktion wieder zu elementarem Iod komproportionieren. Das Problem bei solch einer Vorgehensweise wäre, dass die Lösung bei zu starkem Ansäuern einen zu hohen $Na_2S_2O_3$-Verbrauch zur Folge hätte (weil sich $Na_2S_2O_3$ im Sauren zersetzt) und damit eine größere Ozonmenge vorspiegeln würde als tatsächlich vorhanden ist.

Reaktionen in flüssigem Ammoniak

Vorsicht: Ammoniak ist giftig und als Gas entflammbar. Alle Arbeiten mit (flüssigem) Ammoniak müssen daher in einem Abzug so durchgeführt werden, dass jeder Kontakt mit dem Ammoniak, sei er flüssig oder gasförmig, vermieden wird.

Bei **Birch-Reduktionen** und anderen Reduktionen mit sich auflösenden bzw. gelösten Alkalimetallen und bei Reaktionen, in denen Lithium- oder Natriumamid als Base fungiert, wird flüssiger Ammoniak (Sdp. −33°C) als Lösungsmittel oder als Hauptkomponente eines Lösungsmittelgemischs verwendet. Ammoniak wird in Druckgasflaschen gehandelt und muss aufgrund seines niedrigen Siedepunkts bei tiefen Temperaturen in den Reaktionskolben einkondensiert werden (Apparatur siehe Seite 79 oben). Dazu ist ein **Trockeneiskühler** erforderlich, der mit einem Überdruck- und Rückschlagventil versehen ist und, wie in der Abbildung gezeigt, mit dem Reaktionskolben verbunden wird. Da im Verlauf vieler Reaktionen in flüssigem Ammoniak ein viskoses Gemisch entsteht, ist zum Rühren ein KPG-Rührwerk zu empfehlen. Nur bei kleinen Ansätzen sollte man sich darauf verlassen, das Reaktionsgemisch mit einem Magnetrührstab rühren zu können. Dabei ist zu berücksichtigen, dass Lösungen von Alkalimetallen in flüssigem Ammoniak – im Gegensatz zu Lösungen von Alkalimetallamiden in flüssigem Ammoniak – die Poly(tetrafluorethylen)-Hülle eines Magnetrührstabs zerstören. Wenn man den Metallkern eines Standard-Magnetrührstabs durch Abschälen des Poly(tetrafluorethylen)-Mantels freilegt und ihn in ein kurzes Stück Glasrohr einschmilzt, erhält man ein „Birch-kompatibles" Rührinstrument für den kleinen Maßstab. Allerdings läuft solch ein von Glas ummantelter Magnetrührstab nicht „so rund" wie ein glasfreier. Alternativ behilft man sich mit dem nackten Metallkern eines Magnetrührstabs als Rührwerkzeug oder lässt ihn *in-situ* entstehen, indem man das Entfernen des Poly(tetrafluorethylen)s von einem Standard-Magnetrührstab einem Überschuss des Reduktionsmittels überlässt.

Die in der Abbildung gezeigten Waschflaschen **A** und **C** dienen als Sicherheitswaschflaschen. Die Waschflasche **A** wird mit der Ammoniak-Druckgasflasche und die Waschflasche **C** mit dem Gaseinleitungsrohr des Reaktionskolbens verbunden. Die Waschflasche **B** enthält festes KOH, das zum Trocknen des Ammoniakgas-Stroms dient. Vor dem Einkondensieren des Ammoniaks als Flüssigkeit wird die Apparatur kurz mit gasförmigem Ammoniak gespült. Dann wird der Trockeneiskühler mit Aceton und Trockeneis gefüllt und der Reaktionskolben in einem ebenfalls mit Aceton und Trockeneis beschickten Kältebad auf −78°C gekühlt. Unter diesen Bedingungen wird das Ammoniakgas am Trockeneiskühler – er *muss immer wieder neu* mit Trockeneis beschickt werden! – bis zum Kondensationspunkt abgekühlt. Wenn sich im Reaktionskolben das in der Versuchsvorschrift angegebene Ammoniakvolumen angesammelt hat, wird die eigentliche „Reaktion in flüssigem Ammoniak" anschließend entsprechend der jeweiligen Vorschrift durchgeführt. Wenn dort angegeben ist, dass der „Ammoniak unter Rückfluss sieden" soll, wird das Kältebad derart temperiert bzw. die Eintauchtiefe des Reaktionskolbens darin derart verändert, dass ein schwacher Rückfluss am Trockeneiskühler zu beobachten ist.

Eine Reaktion in flüssigem Ammoniak wird meist durch Zugabe von festem NH_4Cl beendet. Danach belässt man den Reaktionskolben zunächst im Kältebad. In dem Maß, wie das Trockeneis im Kältebad und im Kühler nach und nach verdampft, entweicht der Ammoniak gasförmig über das „Überdruck- und Rückschlagventil" am Kühler (siehe Abbildung). Man kann die Geschwindigkeit dieses Vorgangs – am dahintergeschalteten Blasen-

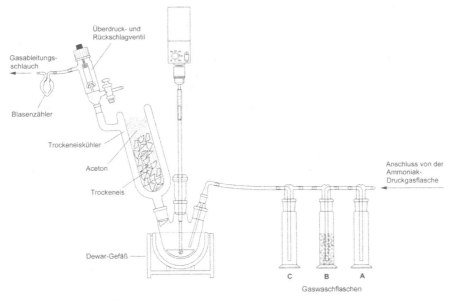

Apparatur zum Einkondensieren von und Arbeiten mit flüssigem Ammoniak

zähler beobachtbar – regulieren, indem man die Eintauchtiefe des Reaktionskolbens im Kältebad variiert, bis das Ammoniakgas so rasch wie gewünscht entweicht; bei großen Ansätzen dauert das durchaus „über Nacht".

Reaktionskontrolle

Bevor die Möglichkeiten der Reaktionskontrolle beschrieben werden, ist zunächst zu erklären, wie man eine Probe des Reaktionsgemischs unter Inertgas entnimmt, weil man zur Probennahme das Reaktionsgefäß natürlich *nicht* einfach *öffnen* darf. Das Reaktionsgefäß ist üblicherweise mit einer Septumkappe (siehe → **Septum-/Kanülen-Technik**) verschlossen und entweder an den Inertgas-Rechen oder an den Inertgas/Vakuum-Wechselrechen angeschlossen. Zur **Probennahme** durchsticht man das Septum der Septumkappe mit einer kurzen Kanüle, die einen großen Innendurchmesser besitzen muss (z. B. 40 mm Länge und 1.2 mm Innendurchmesser). Man führt durch diese Kanüle eine dünne Glaskapillare, die man mit Hilfe eines Bunsenbrenners aus dem dicken Teil einer Pasteur-Pipette gezogen hat, in das Reaktionsgefäß so ein, dass sie noch nicht in das Reaktionsgemisch eintaucht. Dann unterbricht man

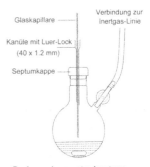

Probennahme unter Inertgas

am Rechen für den sehr kurzen Zeitraum der eigentlichen Probennahme die Inertgas-Zufuhr, taucht die Glaskapillare *ganz kurz* in das Reaktionsgemisch und zieht sie zügig, aber ohne sie abzubrechen, wieder aus der Kanüle heraus. *Während der Probennahme muss die Inertgas-Zufuhr abgestellt werden, weil andernfalls nach dem Eintauchen der Glaskapillare in das Reaktionsgemisch das letztere infolge eines zwar geminderten, aber immer noch vorhandenen Überdrucks die ganze Glaskapillare füllen oder sogar durch sie aus dem Reaktionsgefäß herausgedrückt werden könnte.* Unmittelbar nach dem Herausziehen der Kapillare aus der Kanüle stellt man die Inertgas-Zufuhr zum Reaktionsgefäß wieder her und zieht zum Schluss die Kanüle aus dessen Septumkappe.

Es ist im Fortgeschrittenenpraktikum ebenso wie im Forschungslabor *zwingend erforderlich*, den Verlauf einer Reaktion zu kontrollieren. Diese Kontrolle erfolgt in der Regel **dünnschichtchromatographisch**. Hierzu wird nach etwa ¼ bis ⅓ der angegebenen Reaktionszeit eine Probe des Reaktionsgemischs entnommen. Diese wird auf ein Dünnschichtchromatographie-Glasplättchen oder eine Dünnschichtchromatographie-Folie aufgetragen – neben einer gleichstark verdünnten Probe des Ausgangsmaterials und ggf. einer dritten Substanzprobe, die aus gleichen Mengen der beiden zuvor aufgetragenen Proben besteht. Durch Vergleich der **Retentionsfaktoren** (R_f-Werte) in einem Eluens(gemisch) geeigneter Polarität lässt sich feststellen, ob im Reaktionsgemisch noch Ausgangsverbindung vorhanden ist. Wird die Dünnschichtchromatographie in regelmäßigen Zeitabständen wiederholt, kann man nicht nur anhand der R_f-Werte, sondern auch anhand der Intensitäten der Substanzflecken das Fortschreiten der Reaktion verfolgen. Ein Reaktionsgemisch wird erst dann aufgearbeitet, wenn dünnschichtchromatographisch (fast) keine Ausgangsverbindung mehr nachzuweisen ist, oder nachdem über mehrere Dünnschichtchromatogramme hinweg kein weiterer Umsatz der Ausgangsverbindung beobachtet wurde. Die tatsächlich benötigte Reaktionszeit kann von der in der Vorschrift angegebenen Zeit sowohl „nach unten" als auch „nach oben" abweichen. Deswegen ist das selbständige Durchführen von Reaktionskontrollen in regelmäßigen Zeitabständen für eine ausbeuteoptimierende Arbeitsweise unerlässlich. *Alle Dünnschichtchromatogramme müssen zur Dokumentation in das Laborjournal übertragen werden.*

Die Reaktionskontrolle kann nicht immer dünnschichtchromatographisch erfolgen. Bei einer kinetischen Racematspaltung z. B. kann man anhand von Dünnschichtchromatogrammen nicht zuverlässig feststellen, wann der angestrebte Umsatz von ca. 50% erreicht ist. Hier muss die Reaktionskontrolle z. B. **gaschromatographisch** erfolgen. Den Reaktionsumsatz kann man allerdings auch per Gaschromatographie nur dann quantifizieren, wenn man zuvor einerseits die Retentionszeiten sowohl der Ausgangsverbindung als auch des gesuchten Produkts und eines (inerten) internen Standards bestimmt hat; andererseits muss man zuvor ermittelt haben, auf welches Molverhältnis von Ausgangsmaterial und Endprodukt (und ggf. internem Standard) das Peakflächenverhältnis zurückschließen lässt, das der Gaschromatograph für das Ausgangsmaterial und das Endprodukt (und ggf. den internen Standard) aufzeichnet.

Nur in Ausnahmefällen übrigens kann man eine Probe des Reaktionsgemischs unbehandelt auf die Kapillarsäule des Gaschromatographen auftragen. Definitiv unmöglich ist diese Art des Vorgehens z. B., wenn das Reaktionsgemisch Schwebstoffe enthält, weil sie die Trennsäule verstopfen können, oder wenn das Reaktionsgemisch hochreaktive Verbindungen enthält, weil die Letzteren die anderen Reaktionsteilnehmer schon bei Raumtemperatur oder spätestens in der Injektionskammer des Gaschromatographen in anderer Weise als (bis dahin) unter den Reaktionsbedingungen verändern können. In solchen Fällen muss zunächst ein sogenannter „**Miniquench**" durchgeführt werden: Dem Reaktionsgemisch wird eine kleine Probe entnommen und diese in der Regel so aufgearbeitet, wie das in der Versuchsvorschrift für die Aufarbeitung (*nur die Aufarbeitung, nicht auch die Reinigung!*) am Ende der Reaktion vorgesehen ist. Nach einer wässrigen Aufarbeitung kann die getrocknete organische Phase des „Miniquench" ohne Risiko auf den Gaschromatographen gespritzt werden. Nach einer nichtwässrigen Aufarbeitung müssen vorhandene Schwebstoffe mit einem Spritzenfilter (unter diesem Begriff in jedem Laborbedarfskatalog angeboten) abgetrennt werden, bevor die gaschromatographische Untersuchung möglich ist.

Wenn die Ausgangsverbindung und das Reaktionsprodukt weder dünnschicht- noch gaschromatographisch trennbar sind – was nur sehr selten vorkommt –, kann der Fortschritt der betreffenden Reaktion z. B. auch mit Hilfe der **NMR- oder IR-Spektroskopie** untersucht werden. Beide Methoden setzen jedoch voraus, dass man während der Reaktionsdauer die entsprechenden Spektrometer jederzeit nutzen kann *und* dass sowohl das Ausgangsmaterial als auch das Produkt entweder charakteristische Resonanzsignale von bestimmten Protonen(gruppen) aufweisen oder unterschiedliche IR-aktive-Gruppen enthalten. Bei beiden Analysenverfahren ist zur Gewinnung des Rohprodukts der „Miniquench" erforderlich.

Septum-/Kanülen-Technik

Für die Durchführung von Reaktionen unter Inertgas und bei Feuchtigkeitsausschluss hat sich der Einsatz von Septen bewährt. Septen sind mit einer Kanüle durchstechbare Dichtungen; sie bestehen aus Natur- und

Silikonkautschuk und sind mit einer Poly(tetrafluorethylen)-Beschichtung versehen. Septen werden entweder unter einer durchbohrten Schraubkappe eingesetzt oder sind Bestandteil einer sogenannten Septumkappe (siehe Foto). **Septen in Kombination mit einer durchbohrten Schraubkappe** finden sich gewöhnlich auf Glasflaschen, in den Lösungen von Organometall- oder Hydridometall-Verbindungen *in den Handel* kommen, während Normschliff-Gefäße der Laborausrüstung – also Rundkolben, Mehrhalskolben, Schlenk-Kolben oder Schlenk-Rohre – im Bedarfsfall *von einem selbst* mit einer Septumkappe verschlossen werden. **Eine Septumkappe** hat einen umstülpbaren Rand und wird in den gängigen Normschliff-Größen (NS-Größen) angeboten. Eine zur Normschliff-Größe (Abbildungsteil **A**) passende Septumkappe wird wie ein Gummistopfen in den Schliff gedrückt (**B**) und anschließend ihr überstehender Rand über den Schliff gestülpt (**C**).

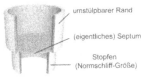

Septumkappe (im Querschnitt)

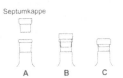

Einsetzen einer Septumkappe in eine Normschliffhülse

In ein ausgeheiztes, mit Inertgas gefülltes und mit einer Septumkappe verschlossenes Reaktionsgefäß (siehe → **Ausheizen von Reaktionsgefäßen**), das an einen Inertgas/Vakuum-Wechselrechen oder einen Inertgas-Rechen angeschlossen ist, können nun mit Hilfe von Spritzen und Kanülen Lösungsmittel oder flüssige Reagenzien gegeben werden, ohne dass das Reaktionsgefäß geöffnet und damit die Inertgas-Atmosphäre aufgehoben werden muss.

Vorbereitung der Spritzen und Kanülen

Es können sowohl **Glasspritzen mit Luer-Lock-Anschluss und Edelstahlkanüle** als auch **Einwegspritzen aus Kunststoff und Einwegkanüle** verwendet werden. Glasspritzen besitzen den Nachteil, dass ihr Kolben nach dem Aufziehen von hydrolyseempfindlichen Substanzen – z. B. Lösungen von BuLi oder LiAlH$_4$ – mit dem Spritzenzylinder verkleben kann, wenn die Spritze nicht unmittelbar nach der Benutzung gereinigt wird. Damit man unter möglichst vollständigem Feuchtigkeitsausschluss arbeitet, müssen Glasspritzen und Edelstahlkanülen *bis zur Benutzung* im Trockenschrank bei ca. 120°C aufbewart werden. Vor der Verwendung lässt man sie in einem Exsikkator unter Vakuum erkalten. Bei der Benutzung originalverschweißter Einwegspritzen und Einwegkanülen stellt Feuchtigkeit in der Regel kein Problem dar. Einwegspritzen und Einwegkanülen, die bereits einmal benutzt und danach gereinigt wurden, muss man vor der erneuten Verwendung im Trockenschrank bei 50–70°C aufbewaren und dann ebenfalls im Exsikkator unter Vakuum auf Raumtemperatur erkalten lassen.

Damit man auch *in* der Spritze unter Inertgas arbeitet, muss sie zunächst mit aufgesetzter Kanüle mit dem Inertgas gespült werden (siehe Abbildung). Dazu kann ein ausgeheizter Schlenk-Kolben verwendet werden, der mit einer Septumkappe verschlossen und an den Inertgas-Rechen angeschlossen ist. Das Septum wird mit der aufgesetzten Kanüle durchstochen, die Spritze mit Inertgas aufgezogen, die Spritze samt Kanüle aus dem Septum gezogen und dann das Inertgas aus der Spritze herausgedrückt. Nachdem die Spritze, wie beschrieben, zwei bis drei Mal mit Inertgas gespült wurde, wird erneut Inertgas aufgezogen. Man kann eine derart präparierte Spritze vor der eigentlichen Verwendung eine gewisse Zeit liegenlassen, wenn man sie mit der Kanülenspitze in einen Gummistopfen bohrt.

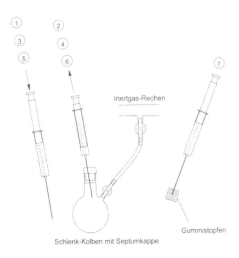

Schlenk-Kolben mit Septumkappe

Sieben Schritte des Spülens einer Spritze mit Inertgas

Flüssigkeit unter Inertgas mit einer Spritze entnehmen

Die Spritze mit aufgesetzter Kanüle wird vorbereitet wie bereits beschrieben, und liegt, mit Inertgas gefüllt und mit der Kanülenspitze in einen Gummistopfen gebohrt, bereit. Die Flasche mit der zu entnehmenden Flüssigkeit wird mit einer Kühlerklemme gegen Umfallen gesichert. Ist diese Flasche mit einem Septum verschlossen – etliche Gebinde werden im Chemikalienhandel so angeboten –, bedarf es keiner weiteren Vorbereitung. Das Septum wird mit einer Kanüle durchstochen, die über einen Schlauch mit dem Inertgas-Rechen (siehe → **Inertgas-Rechen**) verbunden ist. Die Flasche wird dadurch unter schwachen Überdruck gesetzt (Abbildungsteil **D**). Nun wird der Gummistopfen von der bereitgelegten Spritze entfernt, das Inertgas aus ihr hinausgedrückt, die Spritze mit der Kanüle unverzüglich durch das Septum der Flasche gestochen und etwas mehr als die gewünschte Flüssigkeitsmenge durch langsames Herausziehen des Spritzenkolbens aufgezogen (Abbildungsteil **E**). Die Kanüle wird nun bis über den Flüssigkeitsspiegel nach oben gezogen (aber *nicht* aus dem Septum heraus!) und dann an dem Ende, das mit der Spritze verbunden ist, nach unten gebogen. Daraufhin drückt man die evtl. vorhandene Gasblase und die überschüssige Flüssigkeit in die Flasche zurück (Abbildungsteil **F**). Anschließend wird vor dem Herausziehen der Spritze etwas Inertgas aufgezogen. Der Spritzenkolben wird dann mit einer Hand weiterhin nach schräg oben gehalten, während man die Kanüle mit den Fingern der anderen Hand vorsichtig aus dem Septum zieht und die Kanülenspitze unverzüglich durch das Septum des Reaktionskolbens sticht (Abbildungsteil **G**), der ebenfalls an eine Inertgas-Linie (siehe → **Inertgas/Vakuum-Wechselrechen** oder **Inertgas-Rechen**) angeschlossen ist. Die derart abgemessene Flüssigkeit kann nun *bei unverändert aufrechter Orientierung der Spritze* durch Aufwärtsdrücken des Spritzenkolbens in den Reaktionskolben getropft werden.

Ist die Flasche mit der zu entnehmenden Flüssigkeit lediglich mit einem Schraubdeckel (ohne darunter befestigtem Septum) verschlossen, wird dieser zunächst durch eine Septumkappe geeigneter Größe ersetzt. Dann wird ihr Septum mit einer Kanüle durchstochen, die über einen Schlauch mit dem Inertgas-Rechen (siehe → **Inertgas-Rechen**) verbunden ist. Danach wird eine zweite Kanüle durch das Septum gestochen. Sie ermöglicht, dass das in die Flasche geströmte bzw. ab diesem Zeitpunkt weiter in die Flasche strömende Inertgas in den Abzug entweicht. Auf diese Weise wird der Gasraum in der Flasche mit Inertgas gespült und von ihm allein erfüllt. Bevor nun, wie im vorigen Absatz beschrieben, eine bestimmte Menge Flüssigkeit aus dieser Flasche entnommen wird, muss die zweite Kanüle wieder entfernt werden.

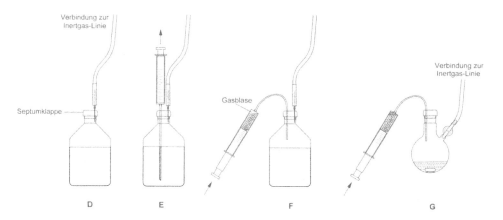

Flüssigkeit unter Inertgas mit einer Spritze entnehmen

„Umdrücken" von Flüssigkeiten mit einer Transferkanüle

Wenn unter Inertgas größere Flüssigkeitsvolumina, die sich mit einer Spritze nicht mehr handhaben lassen, aus einem Gefäß entnommen werden müssen, oder wenn ein großes Volumen Reagenzlösung, z. B. die Lösung eines Grignard-Reagenzes, unter Inertgas zu einem Reaktionsgemisch in einem anderen Kolben getropft werden muss, verwendet man eine sogenannte **Transferkanüle**. Darunter versteht man eine lange (> 20 cm) Edelstahlkanüle, die auf *beiden* Seiten angespitzt ist, und mit deren Hilfe man Flüssigkeiten unter Inertgas von einem Gefäß in ein anderes überführen („umdrücken") kann. Beide Gefäße müssen mit einem Septum verschlossen und an eine Inertgas-Linie (siehe → **Inertgas/Vakuum-Wechselrechen** oder **Inertgas-Rechen**) angeschlossen sein. Es kann, wie die folgende Beschreibung verdeutlicht, von Vorteil sein, das Auffanggefäß an den

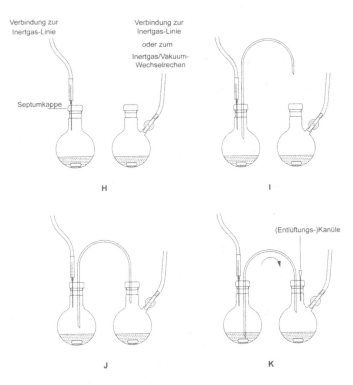

"Umdrücken" von Flüssigkeiten mit einer Transferkanüle

Inertgas/Vakuum-Wechselrechen und das Entnahmegefäß an den Inertgas-Rechen anzuschließen. Beide Gefäße werden so nah wie möglich zueinander positioniert (Abbildungsteil **H**) und müssen mit Kühlerklemmen gesichert sein. Das eine Ende der Transferkanüle wird durch das Septum des Entnahmegefäßes gestochen, *ohne dass dabei die Kanüle in die Flüssigkeit eintaucht* (Abbildungsteil **I**). Am anderen Ende der Transferkanüle wird überprüft, ob das Inertgas sie durchströmt. Dann wird dieses zweite Ende der Transferkanüle durch das Septum des Auffanggefäßes gestochen (Abbildungsteil **J**). *Erst dann wird die Transferkanüle in die Flüssigkeit des Entnahmegefäßes eingetaucht.* Falls es im Abzug nur einen Inertgas-Anschluss gibt, über den sowohl der Inertgas/Vakuum-Wechselrechen als auch der Inertgas-Rechen angeschlossen sind, fließt die Flüssigkeit zu diesem Zeitpunkt noch nicht von dem einen Gefäß in das andere, denn der (Inertgas)Druck in beiden Gefäßen ist identisch. Um den (Über)Druck im Auffanggefäß in Bezug auf das Entnahmegefäß zu vermindern, sticht man eine zusätzliche Kanüle (*mit Luer-Lock-Anschluss!*) durch das Septum des Auffanggefäßes, sodass das Inertgas durch sie in den Abzug ausströmen kann (Abbildungsteil **K**; *nicht* die Inertgas-Versorgung des Auffanggefäßes abstellen!). Diese zweite Kanüle kann man dann durch Öffnen und Schließen des Luer-Lock-Anschlusses mit einem Finger wie ein Ventil verwenden und so die Tropfgeschwindigkeit steuern.

In der Praxis bewährt sich die beschriebene Prozedur zum Flüssigkeitstransfer im Regelfall, auch wenn sie zur Folge hat, dass sich der (Über)Druck im Entnahmegefäß ebenfalls verringert, was den Flüssigkeitstransfer verlangsamt. Sollte dennoch einmal *keine* Flüssigkeit durch die Transferkanüle fließen, kann man zunächst versuchen, durch Drehen des Hahns an dem ggf. als Auffanggefäß benutzten Schlenk-Kolben oder durch Drehen des Patenthahns am Inertgas/Vakuum-Wechselrechen die in das Auffanggefäß einströmende Inertgasmenge zu reduzieren. Erst wenn (auch) diese Maßnahme nicht zum Erfolg führt, kann man mit Hilfe der Vakuum-Linie kurzzeitig einen schwachen Unterdruck im Auffanggefäß erzeugen; *zuvor muss aber unbedingt die dortige (Entlüftungs-)Kanüle entfernt werden.*

Trockeneiskühler

Siehe unter: → **Reaktionen mit flüssigem Ammoniak**

Trocknen

Trocknen von Lösungsmitteln

Sollen im Rahmen dieses Praktikums Lösungsmittel von Ihnen selbst getrocknet werden, sei an dieser Stelle auf folgende Literatur hingewiesen:

- S. Hünig, P. Kreitmeier, G. Märkl, J. Sauer, *Arbeitsmethoden in der Organischen Chemie (mit Einführungspraktikum)*, Lehmanns Media, Berlin, **2006**, 247–273.
- J. Leonard, B. Lygo, G. Procter, *Praxis der Organischen Chemie – Ein Handbuch*, VCH-Verlagsgesellschaft, Weinheim, **1996**, 58–65 (leider vergriffen, aber vielleicht in Ihrer Bibliothek vorhanden).

Trocknen (Aktivieren) von Molekularsieb

Kugelförmiges oder gepulvertes Molekularsieb wird mehrere Stunden im Vakuum einer Drehschieber-Vakuumpumpe bei 200–300°C getrocknet (aktiviert). Zum Aktivieren von Molekularsieb sollte ein Molekularsieb-Trockenofen mit entsprechendem Glaseinsatz verwendet werden. Steht ein solcher Ofen nicht zur Verfügung, kann man kleinere Mengen Molekularsieb auch in einem Rundkolben unter Vakuum (Vakuum-Linie des Inertgas/Vakuum-Wechselrechens) im Silikonölbad bei 180°C aktivieren. Dabei muss man beachten, dass gepulvertes Molekularsieb beim Evakuieren und vor allem beim Belüften heftig aufgewirbelt werden kann. Um eine dadurch bedingte Kontamination der Vakuum-Linie zu verhindern, sollte der Kolben, in dem sich das Molekularsieb befindet, über ein Glasrohr, das mit Normschliffen an den Enden und einer eingelassenen Glasfilterplatte in der Mitte ausgestattet ist, mit dem Inertgas/Vakuum-Wechselrechen verbunden werden; aufgewirbeltes Molekularsieb wird dann von der Glasfilterplatte zurückgehalten.

Umkondensieren

Der Begriff „Umkondensieren" (wahrscheinlich Laborjargon!) beschreibt eine Technik zur Reinigung von leichtflüchtigen und/oder thermolabilen Verbindungen. Die fragliche Substanz wird hierbei zuerst in den gasförmigen Zustand überführt und anschließend wieder zu einer Flüssigkeit (oder ggf. zunächst sogar zu einem Feststoff) kondensiert. Dieselben Phasenübergänge nimmt man zwar auch beim Destillieren vor, doch unterscheidet sich die Vorgehensweise beim Umkondensieren vom praktischen Standpunkt her deutlich: Anders als beim Destillieren führt man nämlich beim Umkondensieren (meist) nicht *aktiv* Wärme zum Verdampfen des zu reinigenden Stoffs zu und baut auch keinen Kühler (z. B. Liebig-Kühler) auf. Stattdessen lässt man die Substanz (meist) bei einer Temperatur ≤ Raumtemperatur im Vakuum verdampfen und

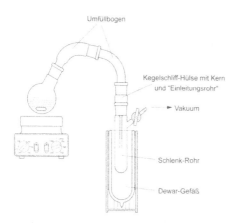

Apparatur zum Umkondensieren

anschließend in einer Kühlfalle bei −78°C (Kühlmittel: Aceton/Trockeneis) oder −196°C (Kühlmittel: flüssiger Stickstoff) kondensieren (oder ausfrieren). Die Siedepunkte der zu trennenden Substanzen müssen sich so stark voneinander unterscheiden, dass beim gewählten Vakuum (meist Drehschieberpumpen-Vakuum) ausschließlich die flüchtige(re) Komponente verdampft.

Der Kolben mit dem zu reinigenden Substanzgemisch wird über einen oder zwei sogenannte **Umfüllbögen** (d. h. gebogene Glasrohre mit je 2 Kegelschliffen) mit einer Kühlfalle verbunden, die in einem Kältebad gekühlt wird. Alternativ verbindet man den Kolben per Umfüllbögen mit einem Schlenk-Rohr, das in einem Kältebad gekühlt wird und auf das ein **„Einleitungsrohr"** aufgesetzt ist (siehe Abbildung Seite 84). Als Einleitungsrohr eignet sich z. B. eine modifizierte „Siedekapillare", die mit einem Kegelschliff-Kern im Schlenk-Rohr und mit einer Kegelschliffhülse im Umfüllbogen steckt. Nach Anlegen eines Vakuums an der Olive der Kühlfalle bzw. des Schlenk-Rohrs verdampft die flüchtigere Komponente des Gemischs und kondensiert oder friert (wenn die Kältebadtemperatur den Schmelzpunkt unterschreitet) in der Kühlfalle bzw. dem Schlenk-Rohr aus.

Es wird auch umkondensiert, wenn man mit Chemikalien wie Vinylbromid oder Brommethan arbeitet, die in einem Stahlzylinder geliefert werden, weil ihr Siedepunkt knapp unterhalb der Raumtemperatur liegt. Um derartige Verbindungen sicher zu entnehmen und zu handhaben, schließt man den betreffenden Stahlzylinder mit einen Schlauch (meist) aus Poly(tetrafluorethylen) an eine Kühlfalle bzw. an ein Schlenk-Rohr mit aufgesetztem „Einleitungsrohr" an. Nach Anlegen eines schwachen Vakuums kondensiert die leichtflüchtige Chemikalie aus dem Stahlzylinder in die Kühlfalle bzw. in das Schlenk-Rohr um. Wenn man zuvor an dieser Kühlfalle oder an diesem Schlenk-Rohr eine entsprechende Markierung angebracht hat, lässt sich aus der Stahlflasche die benötigte Substanzmenge recht genau entnehmen. Anschließend wird man die entnommene Substanz im Allgemeinen mit einem Lösungsmittel verdünnen. In der dann vorliegenden Lösung lässt sich die benötigte Chemikalie sicher und bequem handhaben.

Überdruck- und Rückschlagventil

Als kombiniertes Überdruck- und Rückschlagventil dient das rechts wiedergegebene Bauteil. Den Überdruck – bis zum Erreichen des Grenzdrucks – fängt eine Kugelschliff-Hülse auf, die im Inneren des Bauteils mit einer Metallfeder auf einen Kugelschliff-Kern gedrückt wird. Das geschieht in einer viskosen Sperrflüssigkeit (z. B. in Silikonöl), was gewährleistet, dass dieser Kugelschliffkontakt dicht ist. Der Anpressdruck der Metallfeder im Geräte-Inneren wird über einen Schraubstempel an der Gewindekappe eingestellt. Er gestattet, einen Überdruck von max. 0.1 bar aufzubauen; oberhalb dieses Grenzdrucks öffnet sich das Überdruckventil.

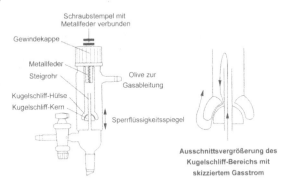

Überdruck- und Rückschlagventil

Das abgebildete Gerät hat interessanterweise eine zweite Nutzungsmöglichkeit: Es kann zum Verschließen einer Apparatur unter Vakuum eingesetzt werden. Dabei verhindert das Steigrohr im Inneren, dass die Sperrflüssigkeit in die evakuierte Apparatur zurückgezogen wird. Beim Belüften solch einer Apparatur mit Inertgas profitiert man davon, dass, sobald der Innendruck den oben genannten Grenzdruck überschreitet, er dank der Überdruckventil-Funktion abgelassen wird.

Waschen von Natriumhydrid und Kaliumhydrid

Natriumhydrid (NaH) wird im Handel zumeist als ca. 60%-ige Dispersion in Mineralöl angeboten, Kalium-hydrid (KH) zumeist als ca. 30%-ige Dispersion in Mineralöl. Für viele Reaktionen, vor allem bei kleinen Ansätzen, ist die Angabe „ca." zu ungenau, um die korrekte NaH- bzw. KH-Menge einzuwiegen; in einer Reihe von Fällen würde außerdem das enthaltene Mineralöl die spätere Reinigung der Zielverbindung unmöglich machen oder erschweren. Daher verwendet man als Reagenzien bevorzugt vom Mineralöl befreites NaH bzw. KH. Man gewinnt das betreffende Material durch das sogenannte Waschen der Mineralöldispersion. Dazu wird zunächst die ca. 60%-ige bzw. ca. 30%-ige Dispersion von NaH bzw. KH in Mineralöl unter Inertgas in getrocknetem Petrolether oder Cyclohexan aufgeschlämmt, wobei das Mineralöl vom Lösungsmittel aus der Dispersion herausgelöst wird. Das NaH bzw. KH muss dann unter Inertgas über eine Umkehrfritte von der überstehenden Lösung abfiltriert werden (siehe → **Filtrieren unter Inertgas**). Danach wird der NaH- bzw. KH-Filterkuchen unter Inertgas mehrmals mit getrocknetem Petrolether oder Cyclohexan gewaschen, wodurch man noch anhaftende Mineralölreste entfernt. Anschließend wird das NaH bzw. KH in der Umkehrfritte unter Vakuum getrocknet, in einen Schlenk-Kolben überführt und unter Inertgas aufbewahrt.

Vorsicht: Gewaschenes NaH bzw. KH reagiert bereits mit der Feuchtigkeit aus der Luft unter Bildung des leichtentzündlichen Gases H_2. Im Gemisch mit Luft (→ Knallgas!) kann es zu einer explosiven Abreaktion kommen. Da KH in Bezug auf diese H_2-Bildung „dramatisch" reaktiver als NaH ist, sollte es konsequent unter Argon gehandhabt werden.

Weiterführende Literatur

Es gibt umfangreiche Literatur über die Arbeitstechniken der Organischen Chemie. Besonders zu empfehlen ist das Studium folgender Quellen:

- S. Hünig, P. Kreitmeier, G. Märkl, J. Sauer, *Arbeitsmethoden in der Organischen Chemie (mit Einführungs-praktikum)*, Lehmanns Media, Berlin, **2006**.
- GUV-I 8553, *Sicheres Arbeiten in chemischen Laboratorien – Einführung für Studierende* (in der neuesten Fassung), Hrsg. Bundesverband der Unfallkassen.
- J. Leonard, B. Lygo, G. Procter, *Praxis der Organischen Chemie – Ein Handbuch*, VCH-Verlagsgesell-schaft, Weinheim, **1996** (leider vergriffen, aber vielleicht in Ihrer Bibliothek vorhanden).
- L. M. Harwood, C. J. Moody, J. M. Percy, *Experimental Organic Chemistry – Standard and Microscale*. 2nd Ed., Blackwell Science, Oxford, **1999**.

Kapitel 1

Titration von Metallorganylen und Darstellung der dazu benötigten Indikatoren

N-(2-Tolyl)pivalinsäureamid, ein Indikator zur Konzentrationsbestimmung von Li-Organylen [1]

Reaktionstyp: Acylierung von Heteroatom-Nucleophil mit Carbonsäurederivat
Syntheseleistung: Synthese von Carbonsäureamid

C_7H_9N (107.15) C_5H_9ClO (120.58) $C_{12}H_{17}NO$ (191.27)
$C_6H_{15}N$ (101.19)

Zu einer Lösung von 2-Methylanilin (9.97 g, 93.0 mmol) und NEt$_3$ (9.41 g, 93.0 mmol, 1.0 Äquiv.) in CH$_2$Cl$_2$ (50 mL) wird bei 0°C eine Lösung von Pivalinsäurechlorid (11.2 g, 93.0 mmol, 1.0 Äquiv.) in CH$_2$Cl$_2$ (10 mL) langsam zugetropft. Danach wird weitere 30 min bei 0°C gerührt. Anschließend lässt man das Reaktionsgemisch auf Raumtemp. erwärmen und gießt es dann auf H$_2$O (200 mL). Die organische Phase wird abgetrennt und die wässrige Phase mit CH$_2$Cl$_2$ (3 × 100 mL) extrahiert. Die vereinigten organischen Phasen werden über Na$_2$SO$_4$ getrocknet. Das Lösungsmittel wird bei vermindertem Druck entfernt und der Rückstand zweimal aus CH$_2$Cl$_2$/Cyclohexan umkristallisiert. Die Titelverbindung (80–85%) wird als farbloser Feststoff (Schmp. 109–110°C) erhalten.

Literatur:

[1] J. Suffert, *J. Org. Chem.* **1989**, *54*, 509–510.

Titrimetrische Konzentrationsbestimmung von Li-Organylen [1]

Labortechnik: Arbeiten mit Li-Organylen
Reaktionstyp: Benzylische Lithiierung

C$_{12}$H$_{17}$NO (191.27)   farblos   gelb

In einem 25-mL-Rundkolben mit Septum und Magnetrührstab [2] wird *N*-(2-Tolyl)pivalinsäureamid (250–380 mg [3]) eingewogen und durch Zugabe von THF (5–10 mL) gelöst. Von der zu titrierenden Lösung des Li-Organyls wird mit einer 1-mL-Spritze (0.02 mL Einteilung) 1.00 mL abgemessen und langsam zu der kräftig gerührten *N*-(2-Tolyl)pivalinsäureamid-Lösung zugetropft, bis ein Farbumschlag von farblos nach gelb erfolgt. Die Konzentration des Li-Organyls wird aus der Einwaage des *N*-(2-Tolyl)pivalinsäureamids und dem Verbrauch der Li-Organyl-Lösung berechnet [4].

Anmerkungen:
1) MeLi reagiert mit *N*-(2-Tolyl)pivalinsäureamid unter Ausbildung eines weniger intensiven Farbtons als man ausgehend von *n*-BuLi oder *t*-BuLi beobachtet. Für die Gehaltsbestimmung von PhLi, das weniger basisch als Alkyllithium-Reagenzien ist, eignet sich *N*-(2-Tolyl)pivalinsäureamid nicht; ein geeigneter Indikator ist hingegen *N*-(2-Benzylphenyl)-pivalinsäureamid [1].
2) Der Kolben mit dem Magnetrührstab muss zuvor sorgfältig unter Vakuum ausgeheizt und anschließend mit Inertgas gefüllt worden sein. Nach dem Einwiegen des *N*-(2-Tolyl)pivalinsäureamids muss der Kolben erneut mit Inertgas gefüllt werden.
3) Die hier angegebene Indikatormenge sollte verwendet werden, wenn man erwartet, dass die Konzentration des Li-Organyls 1.0–1.6 M beträgt. Bei einer höheren Konzentration des Li-Organyls muss mehr *N*-(2-Tolyl)pivalinsäureamid eingewogen werden.
4) Die Titration sollte zweimal wiederholt und als Konzentration der Mittelwert aus allen drei Messungen verwendet werden.

Literatur:
[1] J. Suffert, *J. Org. Chem.* **1989**, *54*, 509–510.

2-Hydroxybenzaldehyd-*N*-phenylhydrazon, ein Indikator zur Konzentrationsbestimmung von Grignard-Verbindungen und Li-Organylen [1]

Reaktionstyp: Umsetzung von Carbonylverbindung mit Heteroatom-Nucleophil
Syntheseleistung: Synthese von Hydrazon

$C_7H_6O_2$ (122.12) $C_6H_8N_2$ (108.14) $C_{13}H_{12}N_2O$ (212.25)

Zu einer Lösung von Phenylhydrazin (5.84 g, 54.0 mmol, 1.0 Äquiv.) in EtOH (95%ig, 20 mL) wird bei Raumtemp. eine Lösung von 2-Hydroxybenzaldehyd (6.60 g, 54.0 mmol) in EtOH (95%ig, 30 mL) zugetropft. Anschließend wird das Reaktionsgemisch 45 min bei Raumtemp. gerührt [1)] und dann auf –15°C gekühlt. Der Niederschlag wird abgesaugt, mit kaltem EtOH (2 × 5 mL) gewaschen und im Vakuum getrocknet. Das Rohprodukt [2)] wird aus CHCl₃ umkristallisiert und die Titelverbindung (70–75%) als Feststoff (Schmp. 141–143°C) erhalten.

Anmerkungen:

1) Innerhalb kürzester Zeit bildet sich ein weißer Niederschlag (sofern er nicht schon beim Zutropfen des 2-Hydroxy-benzaldehyds entstanden ist).
2) Die Rohausbeute beträgt 80–85%. In der Originalliteratur [1] wird darauf hingewiesen, dass das Rohprodukt häufig bereits derart rein erhalten wird, dass es sogar ohne Umkristallisieren als Indikator eingesetzt werden kann.

Literatur:
[1] B. E. Love, E. G. Jones, *J. Org. Chem.* **1999**, *64*, 3755–3756.

Titrimetrische Konzentrationsbestimmung von Grignard-Verbindungen oder Li-Organylen [1]

Labortechniken: Arbeiten mit Mg-Organylen — Arbeiten mit Li-Organylen

$C_{13}H_{12}N_2O$ (212.25) gelb (dunkel) orange

In einem 25-mL-Rundkolben mit Septum und Magnetrührstab [1]) wird 2-Hydroxybenzaldehyd-*N*-phenylhydrazon (60.0–80.0 mg [2])) eingewogen und durch Zugabe von THF (10 mL) gelöst. Von der zu titrierenden Lösung der Grignard-Verbindung oder des Li-Organyls wird mit einer 1-mL-Spritze (0.02 mL-Einteilung) 1.00 mL abgemessen und langsam zu der kräftig gerührten 2-Hydroxybenzaldehyd-*N*-phenylhydrazon-Lösung zugetropft [3]), bis ein Farbumschlag von gelb nach (dunkel) orange erfolgt. Die Konzentration der Grignard-Verbindung oder des Li-Organyls wird aus der Einwaage des 2-Hydroxybenzaldehyd-*N*-phenylhydrazons und dem Verbrauch der zu bestimmenden Lösung der Grignard-Verbindung oder des Li-Organyls berechnet [4]).

Anmerkungen:
1) Der Kolben mit dem Magnetrührstab muss zuvor sorgfältig unter Vakuum ausgeheizt und anschließend mit Inertgas gefüllt worden sein. Nach Einwiegen des 2-Hydroxybenzaldehyd-*N*-phenylhydrazons muss der Kolben erneut mit Inertgas gefüllt werden.
2) Die hier angegebene Indikatormenge sollte verwendet werden, wenn man damit rechnet, dass die Konzentration der Grignard-Verbindung oder des Li-Organyls 0.5–1.0 M beträgt. Bei höheren Konzentrationen muss mehr 2-Hydroxybenzaldehyd-*N*-phenylhydrazon eingewogen werden.
3) Bereits nach Zugabe nur eines Tropfens der Grignard-Verbindung oder des Li-Organyls wird eine Gelbfärbung (Monoanion) sichtbar. Der Endpunkt der Titration ist erreicht, wenn die Lösung dunkel orange ist.
4) Die Titration sollte zweimal wiederholt und als Konzentration der Mittelwert aus allen drei Messungen verwendet werden.

Literatur:
[1] B. E. Love, E. G. Jones, *J. Org. Chem.* **1999**, *64*, 3755–3756.

Querverweis auf andere Gehaltsbestimmungen, die in diesem Band 2 von *Praktikum Präparative Organische Chemie* beschrieben sind:
t-BuOOH: Seite 171
NaHMDS: Seite 156 (Anmerkung 10)
NaOCl: Seite 240 (Anmerkung 1)
O$_3$: Seite 77

Kapitel 2

Reaktionen mit Li-Organylen

Sequenz 1: Darstellung von 1-Phenylhexan-1-on

Labortechniken: Arbeiten mit Li-Organylen — Arbeiten mit Mg-Organylen

1-1 *N*-Methoxy-*N*-methylcarbamidsäureethylester [1]

Reaktionstyp: Acylierung von Heteroatom-Nucleophil mit Kohlensäurederivat
Syntheseleistung: Synthese von Weinreb-Amid

$C_3H_5ClO_2$ (108.52) C_2H_8ClNO (97.54) $C_5H_{11}NO_3$ (133.15)
                          $C_7H_{10}N_2$ (122.17)
                          C_5H_5N (79.10)

Zu einem Gemisch [1]) aus *N,O*-Dimethylhydroxylamin-Hydrochlorid (1.95 g, 20.0 mmol) in CH_2Cl_2 (18 mL) wird bei 0°C 4-(Dimethylamino)pyridin (DMAP, 73.3 mg, 600 µmol, 0.03 Äquiv.) und Chlorameisensäureethylester (2.17 g, 20.0 mmol, 1.0 Äquiv.) zugegeben. Bei 0°C wird zu diesem Gemisch Pyridin (3.48 g,

44.0 mmol, 2.2 Äquiv.) innerhalb von 10 min zugetropft [2]. Danach wird das Reaktionsgemisch weitere 10 min bei 0°C gerührt, dann innerhalb von 15 min auf Raumtemp. erwärmt und anschließend über Nacht bei Raumtemp. gerührt. Die Suspension wird erneut auf 0°C gekühlt, über eine Glasfilternutsche (Porosität 3) abgesaugt und der Filterkuchen mit CH_2Cl_2 (4 × 10 mL) gewaschen. Die vereinigten Filtrate werden mit eiskalter wässriger HCl (3 M, 2 × 12 mL) gewaschen. Die organische Phase wird über $MgSO_4$ getrocknet, das Lösungsmittel bei schwach vermindertem Druck entfernt [3] und der Rückstand im Vakuum fraktionierend destilliert (Sdp.$_{55\,mbar}$ 74–76°C). Die Titelverbindung (75–80%) wird als farblose Flüssigkeit erhalten.

1-2   1-Phenylhexan-1-on [2]

Reaktionstypen: Acylierung von C-Nucleophil mit Carbonsäurederivat — Acylierung von C-Nucleophil mit Kohlensäurederivat

Syntheseleistung: Synthese von Keton

C$_5$H$_{11}$NO$_3$ (133.15)   C$_{12}$H$_{16}$O (176.25)

Zu einem Gemisch aus Mg-Spänen (292 mg, 12.0 mmol, 1.2 Äquiv.) und THF (30 mL) wird langsam 1-Brompentan (1.81 g, 12.0 mmol, 1.2 Äquiv.) zugetropft [4]. Anschließend wird das Gemisch unter schwachem Rückfluss erhitzt, bis das Mg (fast) vollständig umgesetzt ist [5].

Zu einer Lösung von *N*-Methoxy-*N*-methylcarbamidsäureethylester (Präparat **1-1**, 1.33 g, 10.0 mmol) in THF (30 mL) wird bei 0°C eine Pentylmagnesiumbromid-Lösung (zuvor bereitete Lösung in THF [5], 10.0 mmol, 1.0 Äquiv.) innerhalb von 30 min zugetropft und danach weitere 15 min bei 0°C gerührt. Anschließend wird bei 0°C PhLi (Lösung in Dibutylether, 12.0 mmol, 1.2 Äquiv.) zugesetzt und weitere 30 min bei 0°C gerührt. Man lässt die Lösung langsam auf Raumtemp. erwärmen, versetzt mit wässriger HCl (1 M, 5 mL) und entfernt das Lösungsmittel bei vermindertem Druck. Der Rückstand wird in HCl (1 M, 30 mL) aufgenommen und mit CH_2Cl_2 (3 × 30 mL) extrahiert. Die vereinigten organischen Phasen werden über $MgSO_4$ getrocknet. Das Lösungsmittel wird bei vermindertem Druck entfernt und der Rückstand durch Flash-Chromatographie (Eluens: Cyclohexan/AcOEt) gereinigt. Die Titelverbindung (65–70%) wird als farblose Flüssigkeit erhalten.

Anmerkungen:
1) Während der Reaktion wird das Reaktionsgemisch sehr dickflüssig. Daher sollte ein ausreichend dimensionierter Magnetrührstab verwendet werden.
2) Während der Zugabe des Pyridins wird das Gemisch sehr dickflüssig und lässt sich nur schwer rühren (siehe Anmerkung 1).
3) Das gesuchte Produkt ist unter diesen Bedingungen leichtflüchtig, was hinsichtlich Druck und Temperatur beim Entfernen des Lösungsmittels zu berücksichtigen ist.
4) Die Bildung des Grignard-Reagenzes macht sich durch eine leichte Trübung der Lösung und durch das Erwärmen des THF (kondensiert im Dimroth-Kühler!) bemerkbar.
5) Die Konzentration der Pentylmagnesiumbromid-Lösung in THF sollte 0.2–0.5 M betragen und *muss* vor der Verwendung durch Titration (siehe Kapitel 1, Seite 90) bestimmt werden.

Literatur zu Sequenz 1:
[1] In Anlehnung an: D. J. Hlasta, J. J. Court, *Tetrahedron Lett.* **1989**, *30*, 1773–1776.
[2] Prozedur: N. R. Lee, J. I. Lee, *Synth. Commun.* **1999**, *29*, 1249–1255.

„Sequenz" 2: Darstellung von 2,2-Dimethyl-1-phenylpropan-1-on [1] [1]

Labortechnik: Arbeiten mit Li-Organylen

Reaktionstypen: Acylierung von C-Nucleophil mit Kohlendioxid — Acylierung von C-Nucleophil mit Carbonsäuresalz

CO$_2$ (44.01)

2-1

C$_{11}$H$_{14}$O (162.23)

Zu einem Gemisch aus zerstoßenem Trockeneis (CO$_2$) [2] (132 g, 3.00 mol, 60 Äquiv.) und Et$_2$O (50 mL) wird bei −40°C *t*-BuLi (Lösung in Pentan, 50.0 mmol, ebenfalls auf −40°C vorgekühlt) innerhalb von 10 min zugetropft. Nachdem alles CO$_2$ umgesetzt oder in Lösung gegangen ist, wird 1 h bei −10°C gerührt und anschließend noch 15 min unter Rückfluss erhitzt.

Nachdem alles überschüssige CO$_2$ entfernt ist [3], wird die Lösung auf 0°C gekühlt und PhLi (Lösung in Dibutylether, 60.0 mmol, 1.2 Äquiv.) innerhalb von 1 min zugesetzt. Danach lässt man auf Raumtemp. erwärmen und erhitzt anschließend 5 h unter Rückfluss [4]. Das Reaktionsgemisch wird auf Raumtemp. abgekühlt und in 2 mL-Portionen in kalte, wässrige ges. NH$_4$Cl-Lösung (50 mL) gegeben [5]. Danach wird die organische Phase abgetrennt und die wässrige Phase mit Et$_2$O (3 × 40 mL) extrahiert. Die vereinigten organischen Phasen werden über MgSO$_4$ getrocknet. Das Lösungsmittel wird bei vermindertem Druck entfernt und der Rückstand im Vakuum fraktionierend destilliert (Sdp.$_{0.8 \text{ mbar}}$ 71–73°C). Die Titelverbindung (80–85%) wird als farblose Flüssigkeit erhalten.

Anmerkungen:
1) Die Reaktion muss unter einer Inertgas-Atmosphäre, vorzugsweise einer Argon-Atmosphäre, durchgeführt werden.
2) Die dem Trockeneis anhaftende (Wasser-)Eisschicht muss zuerst unter einer Argon-Atmosphäre abgeschabt werden (keine Stickstoff-Atmosphäre, weil diese das Trockeneis nicht abdeckt). Erst dann wird das Trockeneis unter einer Argon-Atmosphäre zerstoßen.
3) Es ist wichtig, dass sich vor dem Weiterarbeiten kein überschüssiges CO$_2$ mehr in der Lösung befindet. Die Apparatur und die Lösung müssen daher mit einem Argon-Strom CO$_2$-frei gespült werden; der Erfolg dieser Maßnahme muss an der Gasableitung von Zeit zu Zeit mit dem Versuch überprüft werden, noch vorhandenes CO$_2$ mit einer jeweils frisch hergestellten Ba(OH)$_2$ • 8 H$_2$O-Lösung durch Ausfällen von BaCO$_3$ nachzuweisen.
4) Falls sich eine Suspension gebildet hat, sollte diese 10–24 h statt 5 h unter Rückfluss erhitzt werden.
5) Das Reaktionsgemisch muss in kleinen Portionen *zu der* NH$_4$Cl-Lösung gegeben werden. *Man verfahre auf keinen Fall umgekehrt!*

Literatur zu „Sequenz" 2:
[1] G. Zadel, E. Breitmaier, *Angew. Chem.* **1992**, *104*, 1070–1071.

Sequenz 3:   Darstellung von 3,3,5-Dimethyl-5-phenylcyclo-hexanon

Labortechniken: Arbeiten mit Li-Organylen — Arbeiten mit Mg-Organylen — Arbeiten mit Cu-Organylen

3-1a   3-Ethoxy-5,5-dimethylcyclohex-2-en-1-on (Darstellungs-variante 1) [1]

Reaktionstyp: Umsetzung von Carbonylverbindung mit Heteroatom-Nucleophil
Syntheseleistung: Synthese von α,β-ungesättigtem β-Alkoxyketon

$C_8H_{12}O_2$ (140.18) $C_7H_{16}O_3$ (148.20) $C_{10}H_{16}O_2$ (168.23)
                              $C_7H_8O_3S \cdot H_2O$ (190.22)

Eine Lösung von 5,5-Dimethylcyclohexan-1,3-dion (4.21 g, 30.0 mmol) in EtOH (60 mL) wird bei Raumtemp. mit Triethylorthoformiat (4.45 g, 30.0 mmol, 1.0 Äquiv.) und 4-Toluolsulfonsäure-Monohydrat (p-TsOH $\cdot$ H$_2$O, 29 mg, 0.15 mmol, 0.50 Mol-%) versetzt und 15 h bei 80°C (Ölbadtemp.) gerührt. Die Lösung wird bei vermindertem Druck auf ca. 15 mL eingeengt, H$_2$O (25 mL) zugegeben und mit t-BuOMe (3 × 25 mL) extrahiert. Die vereinigten organischen Phasen werden mit wässriger ges. NaHCO$_3$-Lösung (2 × 15 mL) gewaschen und über Na$_2$SO$_4$ getrocknet. Das Lösungsmittel wird bei vermindertem Druck entfernt und der Rückstand durch Flash-Chromatographie (Eluens: Cyclohexan/AcOEt, dem 5 Vol.-% NEt$_3$ zugesetzt werden[1]) gereinigt. Die Titelverbindung wird als farblose Flüssigkeit (65–70%) erhalten.

3-1b   3-Ethoxy-5,5-dimethylcyclohex-2-en-1-on (Darstellungs-variante 2) [2]

Reaktionstyp: Umsetzung von Carbonylverbindung mit Heteroatom-Nucleophil
Syntheseleistung: Synthese von α,β-ungesättigtem β-Alkoxyketon

$C_8H_{12}O_2$ (140.18) C_2H_6O (46.07) $C_{10}H_{16}O_2$ (168.23)
                                $C_7H_8O_3S \cdot H_2O$
                                  (190.22)

Ein Gemisch aus 5,5-Dimethylcyclohexan-1,3-dion (4.21 g, 30.0 mmol), EtOH (4.84 g, 105 mmol, 3.5 Äquiv.) und 4-Toluolsulfonsäure-Monohydrat (p-TsOH $\cdot$ H_2O, 57 mg, 0.30 mmol, 1.0 Mol-%) in Cyclohexan (130 mL) wird am Wasserabscheider so lange unter Rückfluss erhitzt, bis sich kein H_2O mehr abscheidet. Das Lösungsmittel wird dann bei vermindertem Druck entfernt und der Rückstand im Vakuum fraktionierend destilliert (Sdp. $_{0.1\,mbar}$ 75–78°C). Die Titelverbindung (75–80%) wird als farblose Flüssigkeit erhalten.

3-2   5,5-Dimethyl-3-phenylcyclohex-2-en-1-on [3]

Reaktionstypen: Addition von C-Nucleophil an Carbonylverbindung — Hydrolyse von Enolether (bei der Aufarbeitung)

Syntheseleistung: Synthese von α,β-ungesättigtem Keton

          $C_{10}H_{16}O_2$ (168.23) $C_{14}H_{16}O$ (200.28)

Zu einem Gemisch aus Mg-Spänen (347 mg, 14.3 mmol, 1.10 Äquiv.) und Et_2O (20 mL) wird eine Lösung von Brombenzol (2.36 g, 15.0 mmol, 1.15 Äquiv.) in Et_2O (15 mL) zugetropft [2]. Anschließend wird das Gemisch gerührt, bis praktisch alles Mg gelöst ist [3].

Zu der hergestellten Phenylmagnesiumbromid-Lösung wird eine Lösung von 3-Ethoxy-5,5-dimethylcyclo-hex-2-en-1-on (Präparat **3-1**, 2.19 g, 13.0 mmol) in Et_2O (20 mL) zugetropft. Danach wird das Reaktionsgemisch 4 h unter Rückfluss erhitzt und anschließend über Nacht bei Raumtemp. gerührt. Die Lösung wird vorsichtig mit wässriger HCl (2 M, 30 mL) versetzt, die organische Phase abgetrennt und die wässrige Phase mit t-BuOMe (3 × 30 mL) extrahiert. Die vereinigten organischen Phasen werden mit wässriger ges. $NaHCO_3$-Lösung (15 mL) gewaschen und über $MgSO_4$ getrocknet. Das Lösungsmittel wird bei vermindertem Druck entfernt und der Rückstand durch Flash-Chromatographie (Eluens: Cyclohexan/AcOEt) gereinigt. Die Titelverbindung (60–65%) wird als farbloser Feststoff (Schmp. 53–54°C) erhalten.

3-3   3,3,5-Dimethyl-5-phenylcyclohexanon [4]

Reaktionstyp: 1,4-Addition eines Gilman-Cuprats an α,β-ungesättigtes Keton
Syntheseleistung: Synthese von Keton

$C_{14}H_{16}O$ (200.28)   CuI (190.45) $C_{15}H_{20}O$ (216.32)

Zu einem Gemisch aus Kupfer(I)-iodid (1.43 g, 7.50 mmol, 1.5 Äquiv.) und Et$_2$O (20 mL) wird bei 0°C MeLi (Lösung in Et$_2$O, 15.0 mmol, 3.0 Äquiv.) langsam zugetropft. Danach wird das Gemisch 30 min bei 0°C gerührt und dann eine Lösung von 5,5-Dimethyl-3-phenylcyclohex-2-en-1-on (Präparat **3-2**, 1.00 g, 5.00 mmol) in Et$_2$O (10 mL) bei 0°C *sehr langsam* zugetropft. Anschließend wird das Gemisch 3 h bei 0°C gerührt, dann bei 0°C mit einem wässrigen NH$_4$Cl/NH$_3$-Puffer (pH 8, 20 mL) versetzt und weitere 10 min kräftig gerührt. Die organische Phase wird abgetrennt und die wässrige Phase mit *t*-BuOMe (3 × 15 mL) extrahiert. Die vereinigten organischen Phasen werden mit wässriger ges. NaCl-Lösung (10 mL) gewaschen und über Na$_2$SO$_4$ getrocknet. Das Lösungsmittel wird bei vermindertem Druck entfernt und der Rückstand durch Flash-Chromatographie (Eluens: Cyclohexan/AcOEt) gereinigt. Die Titelverbindung (60–70%) wird als farbloses Öl erhalten.

Anmerkungen:
1) Kieselgel reagiert sauer, wodurch der Enolether bei der Flash-Chromatographie hydrolysiert wird. Um das zu verhindern, *muss* das Kieselgel mit NEt$_3$ desaktiviert werden (Details siehe Seite 69). Alternativ kann die Reinigung auch durch Destillation (siehe Darstellungsvariante 2) erfolgen.
2) Die Bildung des Grignard-Reagenzes macht sich durch eine schwache Trübung der Lösung und durch das Erwärmen des Et$_2$O (Kondensation im Dimroth-Kühler!) bemerkbar.
3) Gegen Ende der Reaktion kann es erforderlich sein, das Gemisch im Wasserbad unter Rückfluss zu erwärmen, um die Bildung des Grignard-Reagenzes zu vervollständigen.

Literatur zu Sequenz 3:
[1] In Anlehnung an: K. Takahashi, T. Tanaka, T. Suzuki, M. Hirama, *Tetrahedron* **1994**, *50*, 1327–1340.
[2] C. Wawrzeńczk, S. Lochyński, *Monatsh. Chem.* **1985**, *116*, 99–110.
[3] A. A. Frimer, P. Gilinsky-Sharon, G. Aljadeff, H. E. Gottlieb, J. Hameiri-Buch, V. Marks, R. Marks, R. Philosof, Z. Rosental, *J. Org. Chem.* **1989**, *54*, 4853–4866.
[4] In Anlehnung an: H. O. House, J. M. Wilkins, *J. Org. Chem.* **1978**, *43*, 2443–2454. – H. E. Zimmerman, E. E. Nesterov, *J. Am. Chem. Soc.* **2003**, *125*, 5422–5430.

Sequenz 4: Darstellung von 3-(2,6,6-Trimethylcyclohex-1-en-1-yl)prop-2-insäuremethylester

Labortechniken: Arbeiten mit Li-Organylen — Arbeiten mit P-substituierten C-Nucleophilen — Arbeiten mit Ozon

4-1   (2,6,6-Trimethylcyclohex-1-en-1-yl)carbaldehyd [1]

Reaktionstypen: Oxidative Spaltung von Olefin — Ozonolyse
Syntheseleistung: Synthese von α,β-ungesättigtem Aldehyd

$C_{13}H_{20}O$ (192.30)   Zn (65.39) $C_{10}H_{16}O$ (152.23)

Durch eine Lösung von β-Ionon (7.69 g, 40.0 mmol) in MeOH (70 mL) wird bei –78°C ein Ozon/Sauerstoff-Gasstrom [1] geleitet und der Reaktionsverlauf dünnschichtchromatographisch verfolgt [2]. Ist die Reaktion beendet, wird ca. 30 min Inertgas durch die Lösung geleitet, um überschüssiges Ozon zu entfernen. Dann wird unter weiterer Kühlung portionsweise Zn-Pulver (3.92 g, 60.0 mmol, 1.5 Äquiv.) und wässrige HOAc (50%ig, 40 mL) innerhalb von 30 min zugesetzt [3]. Anschließend lässt man das Gemisch langsam auf Raumtemp. erwärmen [4], filtriert es danach über Celite® und wäscht das Filtermaterial mit MeOH. Die Filtrate werden vereinigt, und das MeOH wird bei vermindertem Druck entfernt. Das im wässrigen Rückstand ausgefallene Salz wird durch Zugabe von H_2O gelöst und die wässrige Lösung dann mit CH_2Cl_2 (3 × 70 mL) extrahiert. Die vereinigten organischen Phasen werden mit wässriger ges. $NaHCO_3$-Lösung (je 20 mL) neutral gewaschen, anschließend mit H_2O (20 mL) und wässriger ges. NaCL-Lösung (20 mL) gewaschen und über $MgSO_4$ getrocknet. Das Lösungsmittel wird bei vermindertem Druck entfernt und der Rückstand im Vakuum fraktionierend destilliert (Sdp.$_{0.1\ mbar}$ 36–38°C). Die Titelverbindung (55–65%) wird als farbloses Öl erhalten.

4-2   Trichlormethylphosphonsäurediethylester [2]

Reaktionstyp: Arbusow-Reaktion
Syntheseleistung: Synthese von Phosphonsäureester

$$(EtO)_3P \quad \xrightarrow{\quad CCl_4 \quad} \quad (EtO)_2P(=O)CCl_3 \qquad \textbf{4-2}$$

$C_6H_{15}O_3P$ (166.16) CCl_4 (153.82) $C_5H_{10}Cl_3O_3P$ (255.46)

Ein Gemisch aus Triethylphosphit (8.31 g, 50.0 mmol) und CCl_4 (55.4 g, 360 mmol, 7.2 Äquiv.) wird 12–18 h unter Rückfluss erhitzt. Überschüssiger CCl_4 wird bei vermindertem Druck abdestilliert und der Rückstand im Vakuum fraktionierend destilliert (Sdp.$_{17\,mbar}$ 126–129°C). Die Titelverbindung (75–80%) wird als farblose Flüssigkeit erhalten.

4-3   1-(2,2-Dichlorethenyl)-2,6,6-trimethylcyclohex-1-en [3]

Reaktionstyp: Horner-Wadsworth-Emmons-Reaktion
Syntheseleistung: Synthese von Halogenolefin

$(EtO)_2P(=O)CCl_3$ **4-2**

n-BuLi;

4-1   **4-3**

$C_{10}H_{16}O$ (152.23) $C_5H_{10}Cl_3O_3P$ (255.46) $C_{11}H_{16}Cl_2$ (219.15)

Zu einer Lösung von Trichlormethylphosphonsäurediethylester (Präparat **4-2**, 5.62 g, 22.0 mmol, 1.1 Äquiv.) in THF (15 mL) und Et$_2$O (20 mL) wird bei –105°C [5)] *n*-BuLi (Lösung in Hexan, 22.0 mmol, 1.1 Äquiv.) sehr langsam zugetropft. Danach wird das Gemisch 10 min gerührt und dann, ebenfalls bei –105°C, eine Lösung von (2,6,6-Trimethylcyclohex-1-en-1-yl)carbaldehyd (Präparat **4-1**, 3.05 g, 20.0 mmol) in THF (2 mL) innerhalb von 15 min zugetropft. Anschließend lässt man das Gemisch *langsam* auf Raumtemp. erwärmen und erhitzt danach 1 h unter Rückfluss. Das Reaktionsgemisch wird dann auf –50°C abgekühlt und zügig mit wässriger H$_2$SO$_4$ (2 M, 20 mL) versetzt. Die organische Phase wird abgetrennt und die wässrige Phase mit *t*-BuOMe (3 × 15 mL) extrahiert. Die vereinigten organischen Phasen werden über MgSO$_4$ getrocknet. Das Lösungsmittel wird bei vermindertem Druck entfernt und der Rückstand durch Flash-Chromatographie [Petrolether (Sdp. 30–50°C)] gereinigt. Die Titelverbindung (40–50%) wird als farbloses Öl erhalten.

4-4   3-(2,6,6-Trimethylcyclohex-1-en-1-yl)prop-2-insäuremethylester [4]

Reaktionstypen: Halogen/Lithium-Austausch — Fritsch-Buttenberg-Wiechell-Umlagerung — Acylierung von C-Nucleophil mit Kohlensäurederivat

Syntheseleistung: Synthese von α,β-doppelt ungesättigtem Carbonsäureester („Propiolester")

4-3

$C_{11}H_{16}Cl_2$ (219.15) $C_2H_3ClO_2$ (94.50) $C_{13}H_{18}O_2$ (206.28)

4-4

Zu einer Lösung von 1-(2,2-Dichlorethenyl)-2,6,6-trimethylcyclohex-1-en (Präparat **4-3**, 1.75 g, 8.00 mmol) in THF (12 mL) und Et_2O (12 mL) wird bei –78°C n-BuLi (Lösung in Hexan, 17.6 mmol, 2.2 Äquiv.) zugetropft. Anschließend lässt man die Lösung *langsam* auf –5°C erwärmen [6]. Diese Lösung wird dann mit Hilfe einer Transferkanüle zu einer ebenfalls auf –5°C gekühlten Lösung von Chlorameisensäuremethylester (15.1 g, 160 mmol, 20 Äquiv.) in Et_2O (40 mL) zugetropft [7]. Danach wird die Lösung 45 min bei –5°C gerührt und dann mit H_2O (20 mL) versetzt. Die organische Phase wird abgetrennt und die wässrige Phase mit t-BuOMe (3 × 15 mL) extrahiert. Die vereinigten organischen Phasen werden über $MgSO_4$ getrocknet. Das Lösungsmittel wird bei vermindertem Druck entfernt und der Rückstand durch Flash-Chromatographie (Eluens: Cyclohexan/AcOEt) gereinigt. Die Titelverbindung (80–85%) wird als farbloses Öl erhalten.

Anmerkungen:
1) Apparatur und experimentelle Details einer Ozonolyse: siehe Seite 76). Das Ozon wurde mit einem Labor-Ozonisator (Firma: Erwin Sander Elektroapparatebau GmbH, Braunschweig; Modell: 301.19) unter Einsatz von Sauerstoff (Reinheit: 2.8) generiert. Geräteeinstellungen: O_2-Druck am Ozonisator: 1.25 bar; O_2-Durchfluss: 100 L/h; Stromstärke: 0.75 A. Die Ozonkonzentration beträgt bei diesen Einstellungen 65–70 mg O_3/L.
2) Die Ozonolyse sollte abgebrochen werden, wenn dünnschichtchromatograpisch das Edukt gerade noch nachweisbar ist. Wird die Ozonolyse länger durchgeführt – bis dünnschichtchromatographisch gar kein Edukt mehr detektiert wird oder die Lösung blau gefärbt ist –, entstehen Nebenprodukte, die auf die Ozonolyse der Cyclohexen-Doppelbindung zurückzuführen und äußerst schwierig abtrennbar sind. Bei Verwendung des unter Anmerkung 1 beschriebenen Ozongenerators beträgt die Reaktionszeit 0.5 bis 1.5 h.
3) Die Reduktion durch das essigsaure Zink verläuft exotherm, und folglich wird ein Temperaturanstieg im Reaktionskolben (auf ca. –25 bis –5°C) beobachtet.
4) Man kann ohne weiteres über Nacht auf Raumtemp. erwärmen lassen.
5) Dieser Reaktionsschritt gelingt nur, wenn die Temp. von –105°C ganz konsequent eingehalten wird (Kältebad aus Et_2O und flüssigem N_2).
6) Das langsame Erwärmen unter Belassen des Reaktionskolbens im Kältebad ist hier sehr wichtig. Für diese Temperaturänderung müssen ca. 3–4 h veranschlagt werden. Man sollte aber *nicht über Nacht* auf –5°C erwärmen lassen.
7) Diese sogenannte *inverse Zugabe* der Reaktanden ist hier essentiell. *Keinesfalls* darf der Chlorameisensäuremethylester zu der Lösung des Lithioalkins zugetropft werden.

Literatur zu Sequenz 4:
[1] M. W. Tjepkema, P. D. Wilson, H. Audrain, A. G. Fallis, *Can. J. Chem.* **1997**, *75*, 1215–1224. – B. S. Crombie, C. Smith, C. Z. Varnavas, T. W. Wallace, *J. Chem. Soc. Perkin Trans. 1* **2001**, 206–215.
[2] G. M. Kosolapoff, *J. Am. Chem. Soc.* **1947**, *69*, 1002–1003.
[3] Prozedur: J. Villieras, P. Perriot, J. F. Normant, *Synthesis* **1975**, 458–461.
[4] In Anlehnung an: J. Villieras, P. Perriot, J. F. Normant, *Synthesis* **1975**, 458–461.

Sequenz 5: Darstellung von 3-Cyclohexyliden-1-(trimethyl-silyl)prop-1-in

Labortechniken: Arbeiten mit Li-Organylen — Arbeiten mit Brom — Arbeiten mit Si-Organylen

5-1   *rel*-2*R*,3*S*-2,3-Dibrombuttersäure [1]

Reaktionstyp: Diastereoselektive Bromaddition
Syntheseleistung: Synthese von Alkylhalogenid

$C_4H_6O_2$ (86.09) Br_2 (159.81) $C_4H_6Br_2O_2$ (245.90)

Zu einer Lösung [1] von *trans*-Crotonsäure (28.4 g, 330 mmol) in Cyclohexan (180 mL) wird bei 30°C [2] Brom (55.3 g, 346 mmol, 1.05 Äquiv.) so langsam zugetropft, dass die Innentemp. 30–35°C beträgt [3]. Anschließend wird bei 30–35°C (Innentemp.) gerührt, bis keine exotherme Reaktion mehr beobachtet wird [4]. Das Gemisch wird danach auf Raumtemp. abgekühlt, weitere 16 h bei Raumtemp. gerührt und dann im Eisbad gekühlt (ca. 30–60 min), um die Kristallisation der Titelverbindung zu vervollständigen. Der Niederschlag wird abgesaugt, mit Cyclohexan gewaschen und im Vakuum bei Raumtemp. getrocknet. Die Titelverbindung (80–85%) wird als farbloser Feststoff (Schmp. 86–88°C) erhalten.

5-2   *cis*-1-Bromprop-1-en [5] [1, 2]

Reaktionstypen: Grob-Fragmentierung — Stereoselektive Synthese
Syntheseleistung: Synthese von Halogenolefin

5-1 $C_4H_6Br_2O_2$ (245.90)   NEt$_3$ $C_6H_{15}N$ (101.19) C_3H_5Br (120.98)   5-2

In einem Reaktionskolben [6] wird NEt$_3$ (83.6 g, 826 mmol, 4.13 Äquiv.) vorgelegt und unter kräftigem Rühren *rel*-2*R*,3*S*-2,3-Dibrombuttersäure (Präparat **5-1**, 49.2 g, 200 mmol) in zehn Portionen in Intervallen von 5 min eingetragen [7]. Anschließend wird das Gemisch erst 1.5 h bei Raumtemp. und dann weitere 1.5 h bei 40°C (Innentemp.) gerührt, bis keine Gasentwicklung mehr beobachtet wird. Das Gemisch wird auf Raumtemp. abgekühlt und mit H$_2$O (70 mL) versetzt [8]. Danach wird dieses Gemisch auf 0°C gekühlt und unter kräftigem Rühren langsam mit konz. HCl (50 mL) versetzt, sodass die Temp. nicht über 2°C steigt. Die organische Phase [9] wird abgetrennt, zweimal mit einem äquivalenten Volumen wässriger ges. NaHCO$_3$-Lösung und einmal mit einem äquivalenten Volumen wässriger ges. NaCl-Lösung gewaschen und über Na$_2$SO$_4$ [10] getrocknet. Nach einer fraktionierenden Destillation bei Atmosphärendruck (Sdp. 58–60°C) wird die Titelverbindung (50–55%) als farblose Flüssigkeit erhalten [11].

5-3   1,3-Bis(trimethylsilyl)prop-1-in [3]

Reaktionstypen: Lithiierung — β-Eliminierung — Silylierung von C-Nucleophil
Syntheseleistungen: Synthese von Alkin — Synthese von Organosiliciumverbindung

5-2 C_3H_5Br (120.98)   2 *n*-BuLi; 1 *t*-BuLi;   Me$_3$SiCl C_3H_9ClSi (108.64)   5-3 $C_9H_{20}Si_2$ (184.43)

Zu einer Lösung von *cis*-1-Bromprop-1-en (Präparat **5-2**, 2.42 g, 20.0 mmol) in THF (20 mL) wird bei –78°C *n*-BuLi (Lösung in Hexan, 42.0 mmol, 2.1 Äquiv.) langsam zugetropft und anschließend 2 h bei –78°C gerührt. Danach wird bei –78°C *t*-BuLi (Lösung in Pentan, 22.0 mmol, 1.1 Äquiv.) langsam zugetropft und dann 1 h bei –5°C gerührt. Anschließend wird bei –15°C Chlortrimethylsilan (4.78 g, 44.0 mmol, 2.20 Äquiv.) zugetropft. Danach lässt man *langsam* auf Raumtemp. erwärmen [12] und rührt weitere 12 h bei Raumtemp. Das Reaktionsgemisch wird vorsichtig mit H$_2$O (20 mL) versetzt, die organische Phase abgetrennt und die wässrige Phase mit *t*-BuOMe (3 × 15 mL) extrahiert. Die vereinigten organischen Phasen werden über Na$_2$SO$_4$ getrocknet. Das Lösungsmittel wird bei Atmosphärendruck abdestilliert [13] und der Rückstand im Vakuum fraktionierend destilliert (Sdp. $_{40\,mbar}$ 86–88°C). Die Titelverbindung (65–70%) wird als farblose Flüssigkeit erhalten.

5-4   3-Cyclohexyliden-1-(trimethylsilyl)prop-1-in [4]

Reaktionstyp: Peterson-Olefinierung
Syntheseleistungen: Synthese von 1,3-Enin — Synthese von Organosiliciumverbindung

$C_6H_{10}O$ (98.14) $C_9H_{20}Si_2$ (184.43) $C_{12}H_{20}Si$ (192.37)

Zu einer Lösung von 1,3-Bis(trimethylsilyl)prop-1-in (Präparat **5-3**, 1.15 g, 6.25 mmol, 1.25 Äquiv.) in THF (20 mL) wird bei –78°C t-BuLi (Lösung in Pentan, 6.25 mmol, 1.25 Äquiv.) langsam zugetropft. Anschließend wird 1 h bei –78°C gerührt und dann Cyclohexanon (491 mg, 5.00 mmol) zugetropft. Danach wird 15 min bei –78°C gerührt und anschließend auf Raumtemp. erwärmt. Das Gemisch wird 2–4 h bei 50–55°C (Innentemp.) gerührt [4], dann auf 0°C abgekühlt, mit einer wässrigen ges. NH$_4$Cl-Lösung (8 mL) versetzt und weitere 20 min bei 0°C gerührt. Die organische Phase wird abgetrennt und die wässrige Phase mit t-BuOMe (3 × 20 mL) extrahiert. Die vereinigten organischen Phasen werden mit wässriger KHSO$_4$-Lösung (0.5 M, 8 mL) und H$_2$O (2 × 8 mL) gewaschen und über Na$_2$SO$_4$ getrocknet. Das Lösungsmittel wird bei vermindertem Druck entfernt und der Rückstand durch Flash-Chromatographie (Eluens: Cyclohexan) gereinigt. Die Titelverbindung (70–80%) wird als farblose Flüssigkeit erhalten.

Anmerkungen:
1) Für diese Reaktion sollte ein KPG-Rührwerk verwendet werden, weil das Produkt während der Reaktion ausfällt.
2) Innentemp.; anstelle eines Ölbads sollte ein Wasserbad verwendet werden, weil im weiteren Verlauf der Reaktion ggf. eine Kühlung des Reaktionsgemischs mit einem anderen Wasserbad erforderlich ist.
3) Die Zutropfzeit beträgt ca. 40 min. Der angegebene Temperaturbereich sollte mit Hilfe eines Wasserbads eingehalten werden.
4) Etwa 5 min nach beendeter Zugabe fällt die Titelverbindung aus.
5) Die Literatur [2] beschreibt eine andere Methode. Dort wird statt NEt$_3$ als Base DMF als ionisierendes Lösungsmittel verwendet und statt bei 40°C bei 70°C fragmentiert. Unter den letzteren Bedingungen destilliert das Brompropen aus dem Reaktionsgemisch ab und muss in einer Kühlfalle kondensiert werden.
6) Die Apparatur sollte statt mit einem Dimroth-Kühler mit einem Trockeneiskühler versehen sein. Andernfalls können wegen der Exothermie dieses Reaktionsschrittes NEt$_3$ und das gesuchte Produkt in die Atmosphäre entweichen. Die Apparatur sollte insofern auch mit einem Blasenzähler ausgestattet sein, um zu überprüfen, dass nichts Flüchtiges hinausgelangt.
7) Während der Zugabe sind ein Temperaturanstieg und eine Gasentwicklung zu beobachten.
8) Nach der Zugabe von H$_2$O sollte im Bedarfsfall so lange gerührt werden, bis das ggf. vorhandene Niederschlag in Lösung gegangen ist.
9) Es handelt sich bei der organischen Phase im Wesentlichen um das lösungsmittelfreie Rohprodukt. Die Rohausbeute beträgt ca. 70–75%.
10) Da die organische Phase hier im Wesentlichen dem Rohprodukt gleichzusetzen ist, sollte möglichst wenig Trockenmittel verwendet werden, um Ausbeuteverluste zu minimieren.
11) Das *cis*-konfigurierte 1-Brompropen wird mit einer Isomerenreinheit >95% erhalten. Nach der Destillation muss das Produkt unter Inertgas in einem gut verschlossenen, lichtgeschützten Gefäß bei –20°C aufbewahrt werden; andernfalls kann es zu einer *cis→trans*-Isomerisierung kommen.

12) Der Reaktionskolben sollte im Kältebad belassen werden und auf diese Weise zusammen mit der Kühlflüssigkeit Raumtemp. erreichen.

13) Die Titelverbindung ist leichtflüchtig, sodass zum Entfernen des Lösungsmittels anstelle eines Rotationsverdampfers eine Liebig-Brücke verwendet werden sollte.

14) Die erhöhte Temp. ist für die Eliminierung zwingend erforderlich. Die Innentemp. sollte aber den angegebenen Bereich nicht überschreiten.

Literatur zu Sequenz 5:

[1] C. E. Fuller, D. G. Walker, *J. Org. Chem.* **1991**, *56*, 4066–4067.

[2] W. P. Norris, *J. Org. Chem.* **1959**, *24*, 1579–1580.

[3] In Anlehnung an: E. J. Corey, C. Rücker, *Tetrahedron Lett.* **1982**, *23*, 719–722. – P. E. Peterson, R. L. Breedlove Leffew, *J. Org. Chem.* **1986**, *51*, 1948–1954. – J. Suffert, D. Toussaint, *J. Org. Chem.* **1995**, *60*, 3550–3553.

[4] Y. Yamakado, M. Ishiguro, N. Ikeda, H. Yamamoto, *J. Am. Chem. Soc.* **1981**, *103*, 5568–5570.

Sequenz 6: Darstellung von 4-Methoxy-1*H*-naphtho[2,1-c]-furan-3-on

Labortechniken: Arbeiten mit Li-Organylen — Arbeiten mit komplexen Metallhydriden

6-1

6-2

6-3

6-1 *N,N*-Diethyl-3-methoxynaphthalin-2-carbonsäureamid [1]

Reaktionstypen: *ortho*-Lithiierung — Acylierung von C-Nucleophil mit Kohlensäurederivat
Syntheseleistungen: Synthese von Aromat — Synthese von Carbonsäureamid

$C_{11}H_{10}O$ (158.20) $C_6H_{16}N_2$ (116.20) $C_{16}H_{19}O_2$ (257.33)
$C_5H_{10}ClNO$ (135.59)

Im Reaktionskolben wird *s*-BuLi (Lösung in Cyclohexan, 22.0 mmol, 1.1 Äquiv.) vorgelegt, im Eisbad gekühlt und *N,N,N',N'*-Tetramethylethylendiamin [1)] (TMEDA, 2.56 g, 22.0 mmol, 1.1 Äquiv.) so zugetropft, dass die Innentemp. nicht über 15°C steigt. Danach wird das Gemisch auf 0°C gekühlt und eine Lösung von 2-Methoxynaphthalin (3.16 g, 20.0 mmol) in THF (10 mL) in einer Portion zugesetzt. Anschließend wird das Gemisch 30 min bei 40°C gerührt [2)], dann mit THF (8 mL) verdünnt und auf –78°C gekühlt. Man tropft zu der Suspension bei –78°C Diethylcarbamoylchlorid (5.42 g, 40.0 mmol, 2.0 Äquiv.) langsam zu und rührt danach weitere 10 min bei –78°C. Dann lässt man das Gemisch über Nacht auf Raumtemp. erwärmen. Nach Zugabe von wässriger ges. NH₄Cl-Lösung (55 mL) wird das organische Lösungsmittel bei vermindertem Druck entfernt und die Suspension mit CH₂Cl₂ (5 × 20 mL) extrahiert. Die vereinigten organischen Phasen werden mit wässriger ges. NaCl-Lösung (10 mL) gewaschen und über Na₂SO₄ getrocknet. Das Lösungsmittel wird bei vermindertem Druck entfernt und der Rückstand durch Flash-Chromatographie (Eluens: Cyclohexan/AcOEt) gereinigt. Die Titelverbindung (70–75%) wird als farbloser Feststoff (Schmp. 109–110°C) erhalten.

6-2   *N,N*-Diethyl-1-formyl-3-methoxynaphthalin-2-carbon-säureamid [2]

Reaktionstypen: *ortho*-Lithiierung — Acylierung von C-Nucleophil mit Carbonsäurederivat
Syntheseleistungen: Synthese von Aromat — Synthese von Aldehyd

6-1   s-BuLi, TMEDA;   H–C(=O)NMe$_2$ 6-2

$C_{16}H_{19}O_2$ (257.33) $C_6H_{16}N_2$ (116.20) $C_{17}H_{19}NO_3$ (285.34)
C_3H_7NO (73.09)

Zu einer Lösung von *N,N,N',N'*-Tetramethylethylendiamin [1] (TMEDA, 1.51 g, 13.0 mmol, 1.3 Äquiv.) in THF (40 mL) wird bei –78°C *s*-BuLi (Lösung in Cyclohexan, 13.0 mmol, 1.3 Äquiv.) zugetropft. Anschließend wird 20 min bei –78°C gerührt und dann eine Lösung von *N,N*-Diethyl-3-methoxynaphthalin-2-carbonsäure-amid (Präparat **6-1**, 2.57 g, 10.0 mmol) in THF (9 mL) tropfenweise so zugesetzt, dass die Innentemp. nicht über –70°C steigt. Danach wird 1 h bei –78°C gerührt [3] und dann DMF (877 mg, 12.0 mmol, 1.2 Äquiv.) langsam zugetropft. Das Gemisch wird weitere 10 min bei –78°C gerührt. Danach lässt man es innerhalb von 16 h langsam auf Raumtemp. erwärmen. Die Lösung wird bei vermindertem Druck auf ca. 10–15 mL eingeengt, auf 0°C gekühlt, mit wässriger HCl (6 M) angesäuert (pH 4–5) und anschließend mit AcOEt (5 × 15 mL) extrahiert. Die vereinigten organischen Phasen werden mit H$_2$O (8 mL) und wässriger ges. NaCl-Lösung (2 × 8 mL) gewaschen und über MgSO$_4$ getrocknet. Das Lösungsmittel wird bei vermindertem Druck entfernt und der Rückstand durch Flash-Chromatographie (Eluens: Cyclohexan/AcOEt) gereinigt. Die Titelverbindung (80–85%) wird als Feststoff (Schmp. 118–119°C) erhalten.

6-3   4-Methoxy-1*H*-naphtho[2,1-*c*]furan-3-on [3]

Reaktionstyp: Reduktion von Carbonylverbindung zu Alkohol
Syntheseleistungen: Synthese von Alkohol — Synthese von Lacton

6-2   NaBH$_4$, MeOH   6-3

$C_{17}H_{19}NO_3$ (285.34)   BH$_4$Na (37.83) $C_{13}H_{10}O_3$ (214.22)

Zu einer Lösung von *N,N*-Diethyl-1-formyl-3-methoxynaphthalin-2-carbonsäureamid (Präparat **6-2**, 1.14 g, 4.00 mmol) in MeOH (15 mL) wird bei 0°C NaBH$_4$ (242 mg, 6.40 mmol, 1.6-fache Molmenge) in kleinen Portionen zugesetzt. Anschließend wird das Gemisch 18 h bei Raumtemp. gerührt. Das Reaktionsgemisch wird auf 0°C gekühlt und vorsichtig mit wässriger HCl (6 M) angesäuert (pH 4–5). Nach Zugabe weiterer wässriger

HCl (6 M, 1.4 mL, 8.4 mmol, 2.1 Äquiv.) wird das Gemisch 12 h unter Rückfluss erhitzt. Das Gemisch wird auf Raumtemp. abgekühlt und das MeOH bei vermindertem Druck weitgehend entfernt. Der Rückstand wird in CH_2Cl_2 (12 mL) aufgenommen. Die organische Phase wird abgetrennt, mit wässriger ges. NH_4Cl-Lösung (3 × 6 mL) und H_2O (4 mL) gewaschen und über $MgSO_4$ getrocknet. Das Lösungsmittel wird bei vermindertem Druck entfernt und der Rückstand aus AcOEt/Cyclohexan umkristallisiert [4]. Die Titelverbindung (70–75%) wird als blassgelber Feststoff (Schmp. 149–150°C) erhalten.

Anmerkungen:

1) *N,N,N',N'*-Tetramethylethylendiamin muss zuvor über CaH_2 getrocknet und danach unter Inertgas frisch destilliert werden.
2) Diese Maßnahme dient zur Vervollständigung der Reaktion; während des Rührens bildet sich ein Niederschlag.
3) Während des Rührens verschwindet die anfangs zu beobachtende Gelb-Fluoreszenz des Reaktionsgemischs, und es bildet sich ein farbloser Niederschlag.
4) Alternativ kann der Rückstand durch Flash-Chromatographie (Eluens: Cyclohexan/AcOEt) gereinigt werden.

Literatur zu Sequenz 6:

[1] In Anlehnung an: L. Brandsma, H. Verkruijsse, *Preparative Polar Organometallic Chemistry Volume 1*, Springer Verlag, Berlin – Heidelberg – New York, **1987**, 198–200.
[2] In Anlehnung an: R. J. Mills, N. T. Taylor, V. Snieckus, *J. Org. Chem.* **1989**, *54*, 4372–4385.
[3] In Anlehnung an: X. Wang, S. O. de Silva, J. N. Reed, R. Billadeau, E. J. Griffen, A. Chan, V. Snieckus, *Org. Synth.* **1995**, *72*, 163–172.

„Sequenz" 7: Darstellung von Tetrahydro-5,14-[1,2]:7,12-[1,2]dibenzenopentacen [1]

Labortechnik: Arbeiten mit Li-Organylen
Reaktionstypen: Halogen/Lithium-Austausch — Diels-Alder-Reaktion
Syntheseleistung: Synthese von Triptycen

2   +   **5-5 (Band 1)**   2 *n*-BuLi   **7-1**

$C_{14}H_{10}$ (178.23) $C_6H_2Br_4$ (393.70) $C_{34}H_{22}$ (430.54)

Zu einem Gemisch aus 1,2,4,5-Tetrabrombenzol [1)] (1.97 g, 5.00 mmol) und Anthracen (1.78 g, 10.0 mmol, 2.0 Äquiv.) in Toluol (250 mL) wird bei Raumtemp. eine Lösung von *n*-BuLi (Lösung in Hexan, 12.5 mmol, 2.5 Äquiv.) in Hexan (100 mL) innerhalb von 3 h [2)] zugetropft. Anschließend wird das Gemisch 5 h bei Raumtemp. gerührt und danach mit MeOH (10 mL) versetzt. Die Lösungsmittel werden bei vermindertem Druck entfernt. Der Rückstand [3)] wird durch Flash-Chromatographie (Eluens: Cyclohexan, danach Toluol) gereinigt. Zuerst eluiert nicht umgesetztes Anthracen vollständig und nach dem Wechsel zu Toluol die Titelverbindung, die mit einer Ausbeute von 15–25% [4)] als farbloser Feststoff (Schmp. 478–481°C) erhalten wird.

Anmerkungen:

1) Die Synthese von 1,2,4,5-Tetrabrombenzol wird im Band *Organisch-Chemisches Grundpraktikum* von *Praktikum Präparative Organische Chemie* (dort Versuch **5-5**) beschrieben.
2) Die *sehr langsame* Zugabe des *n*-BuLi ist zwingend erforderlich. Sofern verfügbar, sollte ein Spritzenmotor verwendet werden.
3) Der gelbe, halbfeste Rückstand wird im Eluens (Cyclohexan) für die Flash-Chromatographie gelöst und auf die Chromatographiesäule aufgetragen.
4) Die Ausbeute beträgt 80–90%, wenn man das reisolierte Anthracen berücksichtigt.

Literatur zu „Sequenz" 7:

[1] H. Hart, S. Shamouilian, Y. Takehira, *J. Org. Chem.* **1981**, *46*, 4427–4432.

Sequenz 8: Darstellung von 3-Oxohexansäure-2,2,2-trifluorethylester

Labortechniken: Arbeiten mit Li-Organylen — Arbeiten mit Li-Amiden — Arbeiten mit Li-Enolaten — Arbeiten mit Schutzgruppen

8-1 3-Oxohexansäure-*tert*-butylester [1]

Reaktionstyp: Acylierung von C-Nucleophil mit Carbonsäurederivat — Claisen-Kondensation
Syntheseleistung: Synthese von β-Ketoester

$C_6H_{12}O_2$ (116.16) $C_5H_{10}O_2$ (102.13) $C_{10}H_{18}O_3$ (186.25)

Zu einer Lösung von *i*-Pr$_2$NH (5.31 g, 52.5 mmol, 2.1 Äquiv.) in THF (100 mL) wird bei –10°C *n*-BuLi (Lösung in Hexan, 52.5 mmol, 2.1 Äquiv.) zugetropft. Anschließend wird das Gemisch 30 min bei –10°C gerührt und danach auf –78°C gekühlt; dann wird Essigsäure-*tert*-butylester (6.10 g, 52.5 mmol, 2.1 Äquiv.) innerhalb von 10 min zugetropft und das Gemisch danach 45 min bei –78°C gerührt. Dann lässt man das Gemisch auf –40°C erwärmen und tropft danach eine Lösung von Buttersäuremethylester (2.55 g, 25.0 mmol) in THF (3 mL) innerhalb von 10 min zu. Das Gemisch wird weitere 2 h bei –40°C gerührt und dann mit wässriger ges. NH$_4$Cl-Lösung (35 mL) versetzt. Anschließend lässt man auf Raumtemp. erwärmen. Die organische Phase wird abgetrennt und die wässrige Phase mit *t*-BuOMe (3 × 25 mL) extrahiert. Die vereinigten organischen Phasen werden mit wässriger ges. NaCl-Lösung (20 mL) gewaschen und über MgSO$_4$ getrocknet. Das Lösungsmittel wird bei vermindertem Druck entfernt und der Rückstand im Vakuum fraktionierend destilliert (Sdp.$_{1\ mbar}$ 115–120°C). Die Titelverbindung (80–85%) wird als 90:10-Gemisch [1] aus 3-Oxohexansäure-*tert*-butylester und seinem Tautomer Z-3-Hydroxyhexen-2-säure-*tert*-butylester erhalten.

8-2   2,2-Dimethyl-6-propyl-1,3-dioxin-4-on [2]

Reaktionstyp: Kondensation von Carbonylverbindung mit C-Nucleophil

Syntheseleistung: Synthese von Acylierungsmittel

$C_{10}H_{18}O_3$ (186.25) $C_4F_6O_3$ (210.03) $C_9H_{14}O_3$ (170.21)

Zu einem Gemisch aus 3-Oxohexansäure-*tert*-butylester (Präparat **8-1**, 2.24 g, 12.0 mmol), Aceton (2.79 g, 48.0 mmol, 4.0 Äquiv.) und Trifluoressigsäureanhydrid (10.1 g, 48.0 mmol, 4.0 Äquiv.) wird bei Raumtemp. Trifluoressigsäure (20.5 g, 180 mmol, 15 Äquiv.) zugegeben. Das Reaktionsgemisch wird 2 Tage bei Raumtemp. gerührt, danach auf eine wässrige Puffer-Lösung (Na_2HPO_4/KH_2PO_4, pH 7, 200 mL) gegossen und dann mit CH_2Cl_2 (5 × 50 mL) extrahiert. Die vereinigten organischen Phasen werden über $MgSO_4$ getrocknet. Das Lösungsmittel wird bei vermindertem Druck entfernt und der Rückstand durch Flash-Chromatographie (Eluens: Cyclohexan/AcOEt) gereinigt. Die Titelverbindung (75–80%) wird als farblose Flüssigkeit erhalten.

8-3   3-Oxohexansäure-2,2,2-trifluorethylester [3]

Reaktionstyp: Acylierung von Heteroatom-Nucleophil mit Carbonsäurederivat

Syntheseleistung: Synthese von β-Ketoester

$C_9H_{14}O_3$ (170.21) $C_2H_3F_3O$ (100.04) $C_8H_{11}F_3O_3$ (212.17)

Ein Gemisch aus 2,2-Dimethyl-6-propyl-1,3-dioxin-4-on (Präparat **8-2**, 1.0 g, 5.9 mmol), 2,2,2-Trifluorethanol (1.2 g, 12 mmol, 2.0 Äquiv.) und Toluol (20 mL) wird 5 h unter Rückfluss erhitzt. Anschließend wird nochmals 2,2,2-Trifluorethanol (0.59 g, 5.9 mmol, 1.0 Äquiv.) zugegeben und das Gemisch weitere 2 h unter Rückfluss erhitzt. Das Lösungsmittel wird bei vermindertem Druck entfernt und der Rückstand durch Flash-Chromatographie (Eluens: Cyclohexan/AcOEt) gereinigt. Die Titelverbindung (75–80%) wird als 85:15-Gemisch[2]) aus 3-Oxohexansäure-2,2,2-trifluorethylester und seinem Tautomer Z-3-Hydroxyhex-2-ensäure-2,2,2-trifluorethylester erhalten.

Anmerkungen:

1) Bestimmt anhand eines Intensitätsvergleichs der 4-H_2-Resonanzsignale beider Tautomere im ^{1}H-NMR-Spektrum ($CDCl_3$).

2) Bestimmt anhand eines Intensitätsvergleichs der 4-H_2-Resonanzsignale beider Tautomere und anhand eines Intensitätsvergleichs des 2-H_2-Resonanzsignals (Keto-Form) mit dem 2-H-Resonanzsignal (Enol-Form) im ^{1}H-NMR-Spektrum ($CDCl_3$).

Literatur zu Sequenz 8:

[1] R. Kramer, R. Brückner, *Angew. Chem.* **2007**, *119*, 6657–6661 (supporting information).

[2] R. Kramer, R. Brückner, *Chem. Eur. J.* **2007**, *13*, 9076–9086. – Prozedur: M. Sato, H. Ogasawara, K. Oi, T. Kato, *Chem. Pharm. Bull.* **1983**, *31*, 1896–1901. – J. D. Winkler, P. M. Hershberger, J. P. Springer *Tetrahedron Lett.* **1986**, *27*, 5177–5180. – J. D. Winkler, P. M. Hershberger, *J. Org. Chem.* **1989**, *111*, 4852–4856.

[3] R. Kramer, R. Brückner, *Angew. Chem.* **2007**, *119*, 6657–6661 (supporting information). – Prozedur: R. J. Clemens, J. A. Hyatt, *J. Org. Chem.* **1985**, *50*, 2431–2435.

Sequenz 9:   Darstellung von Isopropylidencyclohexan

Labortechniken: Arbeiten mit Li-Organylen — Arbeiten mit Li-Amiden — Arbeiten mit Li-Enolaten

9-1   Isobuttersäurephenylester [1]

Reaktionstyp: Acylierung von Heteroatom-Nucleophil mit Carbonsäurederivat
Syntheseleistung: Synthese von Carbonsäureester

C_4H_7ClO (106.55) C_6H_6O (94.11) $C_{10}H_{12}O_2$ (164.20)

Eine Lösung von Phenol (4.71 g, 50.0 mmol, 1.0 Äquiv.) in Toluol (45 mL) wird mit konz. H_2SO_4 (0.07 mL, 0.13 g, 1.3 mmol, 0.03 Äquiv.) versetzt und anschließend bei Raumtemp. eine Lösung von Isobuttersäurechlorid (5.33 g, 50.0 mmol) in Toluol (7 mL) innerhalb von 15 min zugetropft. Danach wird das Gemisch 5 h unter Rückfluss erhitzt. Nach dem Erkalten wird die Lösung mit wässriger ges. $NaHCO_3$-Lösung (15 mL), eiskalter NaOH-Lösung (1 M, 2 × 15 mL) und wässriger ges. NaCl-Lösung (15 mL) gewaschen und über Na_2SO_4 getrocknet. Das Lösungsmittel wird bei Atmosphärendruck abdestilliert und der Rückstand im Vakuum fraktionierend destilliert (Sdp.$_{15\ mbar}$ 90–93°C). Die Titelverbindung (85–90%) wird als farblose Flüssigkeit erhalten.

9-2   3,3-Dimethyl-1-oxaspiro[3.5]nonan-2-on [2]

Reaktionstyp: Aldoladdition
Syntheseleistungen: Synthese von β-Hydroxycarbonsäurederivat — Synthese von Lacton

$C_{10}H_{12}O_2$ (164.20) $C_6H_{10}O$ (98.14) $C_{10}H_{16}O_2$ (168.23)

Zu einer Lösung von i-Pr$_2$NH (1.16 g, 11.5 mmol, 1.15 Äquiv.) in THF (20 mL) wird bei –20°C n-BuLi (Lösung in Hexan, 10.5 mmol, 1.05 Äquiv.) innerhalb von 5 min zugetropft. Anschließend lässt man die Lösung innerhalb von ca. 20 min auf Raumtemp. erwärmen und kühlt danach auf –90°C. Zu dieser Lösung wird bei

–90°C eine auf –70°C vorgekühlte Lösung von Isobuttersäurephenylester (Präparat **9-1**, 1.72 g, 10.5 mmol, 1.05 Äquiv.) in THF (4 mL) mit Hilfe einer Transferkanüle innerhalb von 10 min zugetropft[1]. Anschließend wird das Reaktionsgemisch 30 min bei –90°C gerührt und danach eine auf –70°C vorgekühlte Lösung von Cyclohexanon (981 mg, 10.0 mmol) in THF (3 mL) mit Hilfe einer Transferkanüle innerhalb von 5 min zugetropft[1]. Das Reaktionsgemisch wird weitere 30 min bei –90°C gerührt. Dann lässt man es langsam auf Raumtemp. erwärmen und rührt über Nacht bei Raumtemp.[2]. Das Reaktionsgemisch wird auf eine wässrige NaOH-Lösung (1 M, 12 mL) gegossen, mit *t*-BuOMe (12 mL) versetzt und 10 min gerührt. Die organische Phase wird abgetrennt und die wässrige Phase mit *t*-BuOMe (3 × 15 mL) extrahiert. Die vereinigten organischen Phasen werden mit einer wässrigen NaOH-Lösung (1 M, 2 × 10 mL) und wässriger ges. NaCl-Lösung (10 mL) gewaschen und über Na_2SO_4 getrocknet. Das Lösungsmittel wird bei vermindertem Druck entfernt und der Rückstand aus Et_2O/Cyclohexan umkristallisiert. Die Titelverbindung (75–80%) wird als farbloser Feststoff (Schmp. 99–101°C) erhalten.

9-3   Isopropylidencyclohexan [3]

Reaktionstyp: β-Lacton-Pyrolyse
Syntheseleistung: Synthese von Olefin

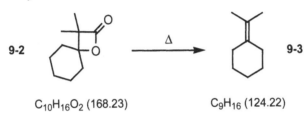

9-2   Δ   **9-3**

$C_{10}H_{16}O_2$ (168.23) C_9H_{16} (124.22)

3,3-Dimethyl-1-oxaspiro[3.5]nonan-2-on (Präparat **9-2**, 1.18 g, 7.01 mmol) wird auf 140–160°C erhitzt, bis keine CO_2-Entwicklung mehr beobachtet wird (ca. 1–1.5 h) und danach weitere 20 min bei 140–160°C gerührt. Anschließend wird das Rohprodukt durch eine Kugelrohr-Destillation (Sdp. 160°C) gereinigt und die Titelverbindung (85–95%) als farbloses Öl erhalten.

Anmerkungen:
1) Die Innentemp. muss während der Reaktion –85°C bis –90°C betragen.
2) Das Reaktionsgemisch sollte im Kältebad belassen werden und zusammen mit dem Kältebad über Nacht auftauen. Das Reaktionsgemisch kann am folgenden Tag aufgearbeitet werden.

Literatur zu Sequenz 9:
[1] T. I. Briggs, G. G. S. Dutton, E. Merler, *Can. J. Chem.* **1956**, *34*, 851–855.
[2] C. Wedler, H. Schick, *Org. Synth.* **1998**, *75*, 116–123.
[3] W. Adam, J. Baeza, J.-C. Liu, *J. Am. Chem. Soc.* **1972**, *94*, 2000–2006.

Sequenz 10:   Darstellung von Cyclohexylidencycloheptan

Labortechniken: Arbeiten mit Li-Organylen — Arbeiten mit Li außerhalb von flüssigem Ammoniak — Arbeiten mit Li-Amiden — Arbeiten mit Li-Enolaten — Arbeiten mit „ungewöhnlichen" Enolaten

10-1   1-(1-Hydroxycycloheptyl)cyclohexan-1-carbonsäure [1]

Reaktionstyp: Aldoladdition
Syntheseleistung: Synthese von β-Hydroxycarbonsäure

Eine Suspension von Lithium [1)] (174 mg, 25.0 mmol, 2.5 Äquiv.) in Et$_2$O (25 mL) und THF (5 mL) wird mit *i*-Pr$_2$NH (2.53 g, 25.0 mmol, 2.5 Äquiv.) und frisch destilliertem 2-Phenylpropen (1.48 g, 12.5 mmol, 1.25 Äquiv.) versetzt und 3 h unter Rückfluss erhitzt. Nach dem Erkalten wird das Gemisch auf –30°C gekühlt und eine Lösung von Cyclohexancarbonsäure (1.28 g, 10.0 mmol) in THF (2 mL) innerhalb von 30 min zugetropft. Anschließend lässt man das Gemisch auf Raumtemp. erwärmen und erhitzt dann 1 h unter Rückfluss. Nach dem Erkalten wird das Gemisch auf –50°C gekühlt und eine Lösung von Cycloheptanon (2.80 g, 25.0 mmol, 2.5 Äquiv.) in THF (10 mL) innerhalb von 30 min zugetropft. Danach wird das Gemisch 1 h bei –50°C gerührt und anschließend eine Lösung von H_2O (2 mL) in THF (8.5 mL) so zugetropft, dass die Temp. nicht über –40°C steigt. Dann wird das Lösungsmittel bei vermindertem Druck bei *Raumtemp.* entfernt, der Rückstand mit H_2O (22 mL) versetzt und mit *t*-BuOMe (3 × 6 mL) gewaschen. Die wässrige Phase wird mit wässriger HCl (4 M) angesäuert (pH 1–2), danach mit NaCl gesättigt und dann mit *t*-BuOMe (5 × 25 mL) extrahiert. Die fünf *t*-BuOMe-Extrakte werden vereinigt und über Na_2SO_4 getrocknet. Das Lösungsmittel wird bei vermindertem Druck entfernt und die Titelverbindung (75–80%) als farbloser Feststoff (Schmp. 155–156°C) erhalten.

10-2   14-Oxadispiro[5.0.6.2]pentadecan-15-on [1]

Reaktionstyp: Acylierung von Heteroatom-Nucleophil mit Carbonsäure
Syntheseleistungen: Synthese von β-Hydroxycarbonsäurederivat — Synthese von Lacton

$C_{14}H_{24}O_3$ (240.34) $C_6H_5ClO_2S$ (176.62) $C_{14}H_{22}O_2$ (222.32)
C_5H_5N (79.10)

Zu einer Lösung von 1-(1-Hydroxycycloheptyl)cyclohexan-1-carbonsäure (Präparat **10-1**, 1.20 g, 4.99 mmol) in Pyridin (30 mL) wird bei 0°C Benzolsulfonsäurechlorid (1.77 g, 10.0 mmol, 2.0 Äquiv.) langsam zugetropft. Anschließend wird das Gemisch bei 0°C über Nacht gerührt. Das Reaktionsgemisch wird auf Eis (100 g) gegossen und mit *t*-BuOMe (3 × 50 mL) extrahiert. Die vereinigten organischen Phasen werden mit wässriger ges. $NaHCO_3$-Lösung (2 × 25 mL) und H_2O (2 × 25 mL) gewaschen und über $MgSO_4$ getrocknet. Das Lösungsmittel wird bei vermindertem Druck entfernt und der Rückstand aus Et_2O/Cyclohexan umkristallisiert. Die Titelverbindung (65–75%) wird als farbloser Feststoff (Schmp. 105–107°C) erhalten.

10-3 Cyclohexylidencycloheptan [2]

Reaktionstyp: β-Lacton-Pyrolyse
Syntheseleistung: Synthese von Olefin

$C_{14}H_{22}O_2$ (222.32) $C_{13}H_{22}$ (178.31)

14-Oxadispiro[5.0.6.2]-pentadecan-15-on (Präparat **10-2**, 556 mg, 2.50 mmol) wird auf 140–160°C erhitzt, bis keine CO_2-Entwicklung mehr beobachtet wird (ca. 1–1.5 h) und danach weitere 20 min bei 140–160°C gerührt. Anschließend wird das Rohprodukt durch eine Kugelrohr-Destillation (Sdp.$_{20\,mbar}$ 120–122°C) gereinigt und die Titelverbindung (85–95%) als farbloses Öl erhalten.

Anmerkung:
1) Lithiumdraht zuvor unter Petrolether in kleine Stücke schneiden!

Literatur zu Sequenz 10:
[1] Prozedur: J. Mulzer, M. Zippel, G. Brüntrup, J. Segner, J. Finke, *Liebigs Ann. Chem.* **1980**, 1108–1134. – Details zur Gewinnung von hexanfreiem LDA: R. Brückner, *Dissertation*, Universität München, **1984**, 516–517.
[2] Prozedur: W. Adam, J. Baeza, J.-C. Liu, *J. Am. Chem. Soc.* **1972**, *94*, 2000–2006.

Sequenz 11: Darstellung von *rel-R,R*-Cyclopropan-1,2-dicarbonsäure und *S,S*-(+)-Cyclopropan-1,2-dicarbonsäure [1)]

Labortechniken: Arbeiten mit Li-Organylen — Arbeiten mit Li-Amiden — Arbeiten mit Li-Enolaten — Arbeiten mit Hydrazin

11-1   Bernsteinsäurediisopropylester [1]

Reaktionstyp: Acylierung von Heteroatom-Nucleophil mit Carbonsäurederivat
Syntheseleistung: Synthese von Carbonsäureester

C$_4$H$_4$O$_3$ (100.07)   C$_3$H$_8$O (60.10)   C$_{10}$H$_{18}$O$_4$ (202.25)
                            C$_7$H$_8$O$_3$S • H$_2$O (190.22)

Eine Lösung von Bernsteinsäureanhydrid (10.0 g, 100 mmol), *i*-PrOH (60.1 g, 1.00 mol, 10 Äquiv.) und 4-Toluolsulfonsäure-Monohydrat (*p*-TsOH • H$_2$O, 380 mg, 2.00 mmol, 2.0 Mol-%) in CHCl$_3$ (400 mL) wird am inversen Wasserabscheider erhitzt, bis sich kein H$_2$O mehr abscheidet[2]. Das Lösungsmittel wird bei vermindertem Druck entfernt, der Rückstand in *t*-BuOMe (150 mL) aufgenommen und mit wässriger ges. NaHCO$_3$-Lösung (2 × 20 mL), H$_2$O (20 mL) und wässriger ges. NaCl-Lösung (20 mL) gewaschen. Die organische Phase wird über MgSO$_4$ getrocknet, das Lösungsmittel bei vermindertem Druck entfernt und der Rückstand im Vakuum fraktionierend destilliert (Sdp.$_{4\,mbar}$ 81–83°C). Die Titelverbindung (85–95%) wird als farbloses Öl erhalten.

11-2   *rel-R,R*-Cyclopropan-1,2-dicarbonsäurediisopropylester [2]

Reaktionstyp: Diastereoselektive Alkylierung von C-Nucleophil
Syntheseleistungen: Synthese von Carbonsäureester — Synthese von Cycloalkan

C$_9$H$_{19}$N (141.25)

C$_{10}$H$_{18}$O$_4$ (202.25)   CH$_2$BrCl (129.38)   C$_{11}$H$_{18}$O$_4$ (214.26)

Zu einer Lösung von *n*-BuLi (Lösung in Hexan, 22.0 mmol, 2.2 Äquiv.) in THF (35 mL) wird bei 0°C 2,2,6,6-Tetramethylpiperidin (Präparat **11-4**[3], 3.11 g, 22.0 mmol, 2.2 Äquiv.) langsam zugetropft. Anschließend wird die Lösung auf –78°C gekühlt und 20 min bei dieser Temp. gerührt. Danach wird bei –78°C eine Lösung von Bernsteinsäurediisopropylester (Präparat **11-1**, 2.02 g, 10.0 mmol) in THF (10 mL) innerhalb von 30 min zugetropft [4] und noch 1 h bei −78°C gerührt. Anschließend wird eine Lösung von Bromchlormethan (1.29 g, 10.0 mmol, 1.0 Äquiv.) in THF (3 mL) innerhalb von 10 min zugetropft und weitere 2 h bei −78°C gerührt [5]. Zur Lösung wird Isobutyraldehyd (0.29 g, 4.0 mmol, 0.4 Äquiv.) langsam zugetropft [6] und dieses Gemisch weitere 30 min bei −78°C gerührt. Das Reaktionsgemisch wird auf eisgekühlte wässrige HCl (1 M, 45 mL) gegossen und mit t-BuOMe (4 × 20 mL) extrahiert. Die vereinigten organischen Phasen werden mit wässriger ges. NaCl-Lösung (10 mL) gewaschen und über Na_2SO_4 getrocknet. Das Lösungsmittel wird bei vermindertem Druck entfernt und der Rückstand durch Flash-Chromatographie (Eluens: Cyclohexan/AcOEt) gereinigt. Die Titelverbindung (30–40%) wird als farbloses Öl erhalten.

11-3   rel-R,R-Cyclopropan-1,2-dicarbonsäure [1] [2]

Reaktionstyp: Verseifung von Carbonsäureester
Syntheseleistung: Synthese von Carbonsäure

$C_{11}H_{18}O_4$ (214.26)   KOH (56.11) $C_5H_6O_4$ (130.10)

rel-R,R-Cyclopropan-1,2-dicarbonsäurediisopropylester (Präparat **11-2**, 750 mg, 3.50 mmol) wird mit wässriger KOH-Lösung (1.5 M, 10.3 mL, 15.4 mmol, 4.4 Äquiv.) [7] versetzt und ca. 20 h [8] bei Raumtemp. gerührt. Das Reaktionsgemisch wird mit t-BuOMe (2 × 4 mL) gewaschen und die wässrige Phase unter Eiskühlung mit wässriger $KHSO_4$ (1 M) angesäuert (pH 1–2). Die saure, wässrige Phase wird mit t-BuOMe (4 × 10 mL) extrahiert. Diese vier t-BuOMe-Extrakte werden vereinigt und über Na_2SO_4 getrocknet. Das Lösungsmittel wird bei vermindertem Druck entfernt und die Titelverbindung (75–85%) als farbloser Feststoff (Schmp. 171–173°C) erhalten.

11-4   2,2,6,6-Tetramethylpiperidin [3, 9] [3]

Reaktionstypen: Wolff-Kishner-Reduktion — Defunktionalisierung
Syntheseleistung: Synthese von „Alkan"

$C_9H_{17}NO$ (155.24) $N_2H_4 \cdot H_2O$ (50.07) $C_9H_{19}N$ (141.25)
                         KOH (56.11)

Ein Gemisch aus 2,2,6,6-Tetramethyl-4-piperidon (27.9 g, 180 mmol), Hydrazin-Monohydrat (27.0 g, 540 mmol, 3.0 Äquiv.) und KOH (85%ig [10], 47.5 g, 720 mmol, 4.0 Äquiv.) in Triethylenglykol (200 mL) wird

4 h auf 135°C erhitzt. Anschließend wird das Reaktionsgemisch auf Raumtemp. abgekühlt, mit H_2O (30 mL) versetzt, der Dimroth-Kühler gegen eine Destillationsbrücke ausgetauscht und ein Produkt/H_2O-Gemisch abdestilliert [11]. Die organische Phase des Destillats wird abgetrennt und die wässrige Phase mit t-BuOMe (3 × 30 mL) extrahiert. Die vereinigten organischen Phasen werden über Na_2SO_4 getrocknet. Das Lösungsmittel wird bei Atmosphärendruck über eine Destillationsbrücke abdestilliert. Durch anschließende fraktionierende Destillation (Sdp. 151–153°C) über eine Vigreux-Kolonne (10 cm) wird die Titelverbindung (55–65%) als farblose Flüssigkeit erhalten.

11-5   (–)-Bernsteinsäuredi-(1R,2S,5R-menthylester) [4]

Reaktionstyp: Acylierung von Heteroatom-Nucleophil mit Carbonsäurederivat
Syntheseleistung: Synthese von Carbonsäureester

$C_4H_4O_3$ (100.07) $C_{10}H_{20}O$ (156.27) $C_{24}H_{42}O_4$ (394.59)
                        $C_7H_8O_3S \cdot H_2O$ (190.22)

Ein Gemisch aus Bernsteinsäureanhydrid (5.00 g, 50.0 mmol), (–)-Menthol (16.4 g, 105 mmol, 2.1 Äquiv.) und 4-Toluolsulfonsäure-Monohydrat (p-TsOH · H_2O, 143 mg, 0.75 mmol, 1.5 Mol-%) in Toluol (150 mL) wird am Wasserabscheider erhitzt, bis sich kein H_2O mehr abscheidet [2]. Das Reaktionsgemisch wird auf Raumtemp. abgekühlt und nach Verdünnen mit Pentan (50 mL) in ein Gemisch aus wässriger ges. $NaHCO_3$-Lösung (60 mL), MeOH (25 mL) und H_2O (50 mL) gegossen. Die organische Phase wird abgetrennt und die wässrige Phase mit Pentan (2 × 50 mL) extrahiert. Die vereinigten organischen Phasen werden mit wässriger ges. NaCl-Lösung (30 mL) gewaschen und über Na_2SO_4 getrocknet. Das Lösungsmittel wird bei vermindertem Druck entfernt, der Rückstand in MeOH (25 mL) gelöst und diese Lösung dann 24 h im Kühlschrank/Eisfach aufbewahrt [12]. Die Kristalle werden abgesaugt und aus MeOH umkristallisiert. Die Titelverbindung (70–80%) wird als farbloser Feststoff (Schmp. 64–65°C) erhalten; $[\alpha]_D^{25} = -88.7$ ($c = 1.02$, $CHCl_3$).

11-6   *S,S*-(+)-Cyclopropan-1,2-dicarbonsäuredi-(1*R*,2*S*,5*R*-menthyl)ester [4, 5]

Reaktionstyp: Diastereoselektive Alkylierung von C-Nucleophil
Syntheseleistungen: Synthese von Carbonsäureester — Synthese von Cycloalkan

$C_9H_{19}N$ (141.25)

$C_{24}H_{42}O_4$ (394.59) CH_2BrCl (129.38) $C_{25}H_{42}O_4$ (406.60)

Zu einer Lösung von *n*-BuLi (Lösung in Hexan, 22.0 mmol, 2.2 Äquiv.) in THF (35 mL) wird bei 0°C 2,2,6,6-Tetramethylpiperidin (Präparat **11-4** [3)], 3.11 g, 22.0 mmol, 2.2 Äquiv.) langsam zugetropft. Anschließend wird die Lösung auf –78°C gekühlt und 20 min bei dieser Temp. gerührt. Danach wird bei –78°C eine Lösung von (–)-Bernsteinsäuredi-(1*R*,2*S*,5*R*-menthylester) (Präparat **11-5**, 3.95 g, 10.0 mmol) in THF (10 mL) innerhalb von 30 min zugetropft [4)] und noch 1 h bei –78°C gerührt. Anschließend wird eine Lösung von Bromchlormethan (1.29 g, 10.0 mmol, 1.0 Äquiv.) in THF (3 mL) innerhalb von 10 min zugetropft und das Gemisch weitere 2 h bei –78°C gerührt [5)]. Danach wird Isobutyraldehyd (0.29 g, 4.0 mmol, 0.4 Äquiv.) langsam zugetropft [6)] und weitere 30 min bei –78°C gerührt. Das Reaktionsgemisch wird auf eisgekühlte, wässrige HCl (1 M, 45 mL) gegossen und mit *t*-BuOMe (4 × 20 mL) extrahiert. Die vereinigten organischen Phasen werden mit wässriger ges. NaCl-Lösung (10 mL) gewaschen und über Na_2SO_4 getrocknet. Das Lösungsmittel wird bei vermindertem Druck entfernt und der Rückstand durch Flash-Chromatographie (Eluens: Cyclohexan/AcOEt) gereinigt. Die Titelverbindung (30–40%) wird als farbloser Feststoff (Schmp. 93–95°C) erhalten [13)].

11-7   *S*,*S*-(+)-Cyclopropan-1,2-dicarbonsäure [4]

Reaktionstyp: Verseifung von Carbonsäureester — in summa: enantioselektive Synthese
Syntheseleistung: Synthese von Carbonsäure

$C_{25}H_{42}O_4$ (406.60)   KOH (56.11) $C_5H_6O_4$ (130.10)

(+)-*S*,*S*-Cyclopropan-1,2-dicarbonsäuredi-(1*R*,2*S*,5*R*-menthyl)ester (Präparat **11-6**, 1.42 g, 3.50 mmol) wird mit einer Lösung von KOH (85%ig[10], 1.02 g, 15.4 mmol, 4.4 Äquiv.) in EtOH (10 mL) versetzt und 4 h [8] bei Raumtemp. gerührt. Das Reaktionsgemisch wird bei vermindertem Druck vom Lösungsmittel befreit. Der Rückstand wird in H_2O (15 mL) aufgenommen und mit *t*-BuOMe (3 × 10 mL) gewaschen [14]. Die wässrige Phase wird unter Eiskühlung mit wässriger $KHSO_4$ (1 M) angesäuert (pH 1–2) und dann mit *t*-BuOMe (4 × 10 mL) extrahiert. Diese vier *t*-BuOMe-Extrakte werden vereinigt und über Na_2SO_4 getrocknet. Das Lösungsmittel wird bei vermindertem Druck entfernt und die Titelverbindung (75–85%) als farbloser Feststoff (Schmp. 172–173°C) erhalten; $[\alpha]_D^{25} = +228$ ($c = 1.0$, EtOH) [15].

Anmerkungen:

1) rel-*R*,*R*-Cyclopropan-1,2-dicarbonsäure = racemische *trans*-Cyclopropan-1,2-dicarbonsäure. *S*,*S*-(+)-Cyclopropan-1,2-dicarbonsäure = *S*,*S*-Enantiomer der *trans*-Cyclopropan-1,2-dicarbonsäure.
2) Für die vollständige Wasserabscheidung muss eine Zeit von 8–24 h veranschlagt werden.
3) 2,2,6,6-Tetramethylpiperidin ist auch im Handel erhältlich.
4) Die Lösung verfärbt sich gelb, was die Bildung des Diendiolats [Bis(enolat) des Bernsteinsäurediesters] anzeigt.
5) Dünnschichtchromatographisch kann zu diesem Zeitpunkt noch Edukt nachgewiesen werden.
6) Isobutyraldehyd hydroxyalkyliert nicht umgesetztes Enolat. Die Zugabe von Isobutyraldehyd ist nicht zwingend erforderlich, erleichtert aber später die Reinigung durch Flash-Chromatographie.
7) Alternativ kann man die Verseifung in MeOH/Wasser (9:1 v:v), worin dieselbe Menge KOH (*Beachten:* Sogar KOH der Qualität „p.a." hat nur einen Gehalt von 85 Gew.-%) gelöst ist, durchführen. Mit der methanolfreien KOH-Lösung wurden aber die besseren Erfahrungen gemacht.
8) Im Verlauf der Reaktion wird dünnschichtchromatographisch neben dem Edukt und Produkt eine dritte Verbindung, und zwar der Monoester, detektiert.
9) Für die Synthese von 2,2,6,6-Tetramethylpiperidin in einem erheblich größeren, nämlich kg-Maßstab sollte folgende Versuchsvorschrift verwendet werden: D. Kampmann, G. Stuhlmüller, R. Simon, F. Cottet, F. Leroux, M. Schlosser, *Synthesis* **2005**, 1028–1029.
10) Sogar KOH der Qualität „p.a." hat nur einen Gehalt von 85 Gew.-%.
11) *Vorsicht:* Das Produkt/H_2O-Gemisch kann erstaunlicherweise im Kühler fest werden. ***Gefahr einer Druckerhöhung durch Arbeiten in einer geschlossenen Apparatur!*** In diesem Fall erwärmt man den Kühlmantel (zuvor Kühlwasser abstellen!) vorsichtig mit einem Heißluftgebläse, bis der Feststoff flüssig geworden ist. Gegen Ende der Destillation sollte die Heizbadtemp. auf 195°C erhöht werden.
12) Als Folge des Abkühlens kristallisiert (−)-Bernsteinsäuredi-(1*R*,2*S*,5*R*-menthylester) aus. Die Kristallisation verläuft rasch, wenn das Rohprodukt nur geringfügig verunreinigt ist. Enthält das Rohprodukt reichlich Verunreinigungen, z. B. nicht umgesetztes (−)-Menthol, verläuft die Kristallisation sehr langsam.
13) Der Diastereomerenüberschuss der Titelverbindung liegt bei der Verwendung von 1 Äquiv. Bromchlormethan bei 80–90%. Durch Umkristallisieren aus MeOH lässt sich der Diastereomerenüberschuss auf 99% erhöhen; das betreffende Material weist die folgenden Daten auf: $[\alpha]_D^{25} = +17.8$ ($c = 1.0$, $CHCl_3$); Schmp. 98–100°C.

14) Aus den vereinigten organischen Phasen kann (–)-Menthol zurückgewonnen werden.
15) Dieser Drehwert wird nur erhalten, wenn als Substrat S,S-(+)-Cyclopropan-1,2-dicarbonsäuredi-($1R,2S,5R$-menthyl)-ester eingesetzt wird, dessen Diastereomerenüberschuss zuvor gemäß Anmerkung 13 von den anfänglichen 80–90% auf 99% erhöht wurde.

Literatur zu Sequenz 11:
[1] Prozedur: J. R. Stille, B. D. Santarsiero, R. H. Grubbs, *J. Org. Chem.* **1990**, *55*, 843–862.
[2] In Anlehnung an: K. Furuta, K. Iwanaga, H. Yamamoto, *Org. Synth. Coll. Vol. VIII*, **1993**, 141–145.
[3] N. J. Nelson, J. Leonard, E. W. Nommensen, *J. Am. Chem. Soc.* **1949**, *71*, 2808–2813.
[4] K. Furuta, K. Iwanaga, H. Yamamoto, *Org. Synth. Coll. Vol. VIII*, **1993**, 141–145.
[5] A. Misumi, K. Iwanaga, K. Furuta, H. Yamamoto, *J. Am. Chem. Soc.* **1985**, *107*, 3343–3345.

„Sequenz" 12: Darstellung von *rel*-1*R*,2*R*,4*S*-1,5,5-Trimethyl-8-oxo-bicyclo[2.2.2]octan-2-carbonsäuremethylester [1]

Labortechniken:	Arbeiten mit Li-Organylen — Arbeiten mit Li-Amiden — Arbeiten mit Li-Enolaten
Reaktionstypen:	Anionische Diels-Alder-Reaktion — Diastereoselektive Synthese
Syntheseleistung:	Synthese von Cycloalkanoncarbonester

12-1

$C_9H_{14}O$ (138.21) $C_4H_6O_2$ (86.09) $C_{13}H_{20}O_3$ (224.30)

Zu einer Lösung von *i*-Pr$_2$NH (1.32 g, 13.0 mmol, 1.3 Äquiv.) in THF (35 mL) wird bei –78°C *n*-BuLi (Lösung in Hexan, 13.0 mmol, 1.3 Äquiv.) langsam zugetropft, und es wird anschließend 30 min bei –78°C gerührt. Danach wird bei –78°C eine Lösung von Isophoron (1.38 g, 10.0 mmol) in THF (15 mL) innerhalb von 15 min zugetropft, das Gemisch weitere 30 min bei –78°C gerührt [1)] und dann Acrylsäuremethylester (3.44 g, 40.0 mmol, 4.0 Äquiv.) [2)] innerhalb von 2 min zugetropft. Anschließend wird die Lösung noch 15 min bei –78°C gerührt und danach das Kältebad entfernt; man lässt die Lösung auf Raumtemp. erwärmen und rührt 2 h bei Raumtemp. [3)]. Das Reaktionsgemisch wird mit wässriger HCl (1 M) auf pH 2–3 angesäuert und dann mit Et$_2$O (3 × 50 mL) extrahiert. Die vereinigten organischen Phasen werden über MgSO$_4$ getrocknet. Das Lösungsmittel wird unter schwach vermindertem Druck entfernt und der Rückstand durch Flash-Chromatographie (Eluens: Cyclohexan/AcOEt) gereinigt [4)]. Die Titelverbindung (75–85%) wird als farbloser Feststoff (Schmp. 53–54°C) erhalten.

Anmerkungen:
1) Die Bildung des Lithium-Dienolats wird durch das Gelbwerden der Lösung angezeigt.
2) Ein geringer Teil des Acrylsäuremethylesters polymerisiert unter den Reaktionsbedingungen, sodass er im Überschuss eingesetzt werden muss. Nicht umgesetzter Acrylsäuremethylester wird nach der Aufarbeitung zusammen mit dem Lösungsmittel bei vermindertem Druck entfernt.
3) Eine dünnschichtchromatographische Reaktionskontrolle ist nicht möglich, weil die R$_f$-Werte von Edukt und Produkt identisch sind.
4) Alternativ kann der Rückstand auch durch eine Kugelrohr-Destillation im Vakuum (0.2 mbar, Ofentemp. 120°C) und anschließendes Umkristallisieren aus Pentan gereinigt werden. In diesem Fall wird die Titelverbindung in Form farbloser Nadeln erhalten, und die Ausbeute beträgt 55–65%.

Literatur zu „Sequenz" 12:
[1] R. A. Lee, *Tetrahedron Lett.* **1973**, 3333–3336. – K. B. White, W. Reusch, *Tetrahedron* **1978**, *34*, 2439–2443. – Prozedur: D. Spitzner, A. Engler, *Org. Synth. Coll. Vol. VIII*, **1993**, 219–222.

Sequenz 13: Darstellung von *rel-R,R,R*-4-Methyl-2,5-dioxo-perhydronaphthalin-4a-carbonsäuremethylester

Labortechniken: Arbeiten mit Li-Organylen — Arbeiten mit Li-Amiden — Arbeiten mit Li-Enolaten — Arbeiten mit KH — Arbeiten mit Schwermetalloxiden und verwandten Reagenzien — Arbeiten mit hypervalenten Iodverbindungen — Arbeiten mit Selenverbindungen — Arbeiten mit Wasserstoffperoxid

13-1   2-Oxo-1-(phenylselenyl)cyclohexan-1-carbonsäure-methylester [1]

Reaktionstypen: Acylierung von C-Nucleophil mit Kohlensäurederivat — Selenylierung von C-Nucleophil

Syntheseleistungen: Synthese von β-Ketoester — Synthese von Organoselenverbindung

C$_6$H$_{10}$O (98.14)   KH (40.11)   C$_6$H$_5$ClSe (191.52) C$_{14}$H$_{16}$O$_3$Se (311.24)
C$_3$H$_6$O$_3$ (90.08)

Eine Suspension von gewaschenem KH [1] (197 mg, 4.90 mmol, 1.2 Äquiv.) in THF (8 mL) wird mit Dimethyl-carbonat (1.03 g, 11.4 mmol, 2.8 Äquiv.) versetzt und 30 min unter Rückfluss erhitzt. Anschließend wird zu der siedenden Lösung Cyclohexanon (400 mg, 4.08 mmol) tropfenweise zugegeben und das Gemisch dann weitere 2 h unter Rückfluss erhitzt. Das Gemisch wird zunächst auf Raumtemp. abgekühlt, dann auf 0°C gekühlt und Phenylselenylchlorid (939 mg, 4.90 mmol, 1.2 Äquiv.) in einer Portion zugesetzt und weitere 45 min bei 0°C gerührt. Das gelbliche Reaktionsgemisch wird unter Rühren zu einem Gemisch aus Petrolether (Sdp. 30–50°C, 20 mL), Et$_2$O (20 mL) und wässriger ges. NaHCO$_3$-Lösung (20 mL) gegeben. Die organische Phase wird abgetrennt und die wässrige Phase mit einer Petrolether (Sdp. 30–50°C)/Et$_2$O-Mischung (1:1 v:v, 2 × 50 mL) extrahiert. Die vereinigten organischen Phasen werden mit wässriger ges. NaCl-Lösung (40 mL) gewaschen und über Na$_2$SO$_4$ getrocknet. Das Lösungsmittel wird bei vermindertem Druck entfernt und der Rückstand durch Flash-Chromatographie (Eluens: Cyclohexan/AcOEt) gereinigt. Die Titelverbindung (80–85%) wird als farbloser Feststoff (Schmp. 53–54°C) erhalten.

13-2   6-Oxocyclohex-1-en-1-carbonsäuremethylester [2]

Reaktionstypen: Oxidation von Alkylarylselenid zu Selenoxid — β-Eliminierung

Syntheseleistungen: Synthese von α,β-ungesättigtem Keton — Synthese von α,β-ungesättigtem Carbon-säureester

C$_{14}$H$_{16}$O$_3$Se (311.24) H$_2$O$_2$ (34.01)   C$_8$H$_{10}$O$_3$ (154.16)

Eine Lösung von 2-Oxo-1-(phenylselenyl)cyclohexan-1-carbonsäuremethylester (Präparat **13-1**, 934 mg, 3.00 mmol) in CH$_2$Cl$_2$ (8 mL) wird bei Raumtemp. mit 0.2 mL einer Lösung von H$_2$O$_2$ (30%ig in H$_2$O, 850 mg,

7.50 mmol, 2.5 Äquiv.) in H$_2$O (1.0 mL) versetzt. Anschließend wird das Gemisch auf 0°C gekühlt und die restliche H$_2$O$_2$-Lösung bei dieser Temp. innerhalb von 15 min zugetropft. Danach wird das Gemisch weitere 15 min bei 0°C und anschließend 50 min bei Raumtemp. gerührt. Das Reaktionsgemisch wird mit CH$_2$Cl$_2$ (6 mL) verdünnt und bei 0°C wässrige ges. NaHCO$_3$-Lösung (8 mL) langsam zugegeben. Die organische Phase wird abgetrennt und die wässrige Phase mit CH$_2$Cl$_2$ (3 × 20 mL) extrahiert. Die vereinigten organischen Phasen werden mit wässriger ges. NaCl-Lösung (30 mL) gewaschen [2], über Na$_2$SO$_4$ getrocknet und das Lösungsmittel wird bei vermindertem Druck entfernt [3]. Die Titelverbindung (90–95%) wird als gelbliches Öl erhalten und ohne weitere Reinigung unmittelbar in der Folgestufe (Präparat 13-5) eingesetzt [4].

13-3   *trans*-3-Hydroxyhex-4-encarbonsäure-*tert*-butylester [3]

Reaktionstyp: Aldoladdition
Syntheseleistung: Synthese von β-Hydroxycarbonsäurederivat

C$_6$H$_{12}$O$_2$ (116.16)   C$_4$H$_6$O (70.09)   C$_{10}$H$_{18}$O$_3$ (186.25)

Zu einer Lösung von *i*-Pr$_2$NH (1.62 g, 16.0 mmol, 1.1 Äquiv.) in THF (160 mL) wird bei –78°C *n*-BuLi (Lösung in Hexan, 16.0 mmol, 1.1 Äquiv.) zugetropft. Das Gemisch wird 1 h bei –78°C gerührt und dann Essigsäure-*tert*-butylester (1.70 g, 14.6 mmol) innerhalb von 10 min tropfenweise zugegeben. Anschließend wird das Reaktionsgemisch 1 h bei –78°C gerührt, dann eine Lösung von Crotonaldehyd (1.02 g, 14.6 mmol) in THF (20 mL) innerhalb von 30 min zugetropft und danach weitere 45 min bei –78°C gerührt. Man entfernt das Kältebad, lässt auf Raumtemp. erwärmen und rührt weitere 50 min bei Raumtemp. Das Reaktionsgemisch wird bei 0°C mit einer wässrigen ges. NH$_4$Cl-Lösung (40 mL) versetzt, 5 min gerührt und dann mit Et$_2$O (2 × 80 mL) extrahiert. Die vereinigten organischen Phasen werden mit wässriger ges. NaCl-Lösung (2 × 150 mL) gewaschen und über Na$_2$SO$_4$ getrocknet, und das Lösungsmittel wird bei vermindertem Druck entfernt. Die Titelverbindung (90–95%) wird als farbloses Öl erhalten und ohne weitere Reinigung in der Folgestufe (Präparat 13-4) eingesetzt [5].

13-4a *trans*-3-Oxohex-4-encarbonsäure-*tert*-butylester [4]

Reaktionstyp: Oxidation von Alkohol zu Carbonylverbindung
Syntheseleistungen: Synthese von β-Ketoester — Synthese von α,β-ungesättigtem Keton

$C_{10}H_{18}O_3$ (186.25) MnO_2 (86.94) $C_{10}H_{16}O_3$ (184.23)

Eine Lösung von *trans*-3-Hydroxyhex-4-encarbonsäure-*tert*-butylester (Präparat **13-3**, 2.33 g, 12.5 mmol) in CH_2Cl_2 (175 mL) wird mit MnO_2 (30.4 g, 350 mmol, 28 Äquiv.) versetzt und 3 Tage bei Raumtemp. kräftig gerührt. Das Reaktionsgemisch wird über Celite® filtriert und das Filtermaterial mit CH_2Cl_2 gewaschen. Die Filtrate werden vereinigt und über Na_2SO_4 getrocknet. Das Lösungsmittel wird bei vermindertem Druck entfernt und der Rückstand durch Flash-Chromatographie (Eluens: Cyclohexan/AcOEt) gereinigt. Die Titelverbindung [6] (65–70%) wird als farbloses Öl erhalten.

13-4b *trans*-3-Oxohex-4-encarbonsäure-*tert*-butylester [5]

Reaktionstyp: Oxidation von Alkohol zu Carbonylverbindung
Syntheseleistungen: Synthese von β-Ketoester — Synthese von α,β-ungesättigtem Keton

$C_{10}H_{18}O_3$ (186.25) $C_7H_5IO_4$ (280.02) $C_{10}H_{16}O_3$ (184.23)

Ein Gemisch aus *trans*-3-Hydroxyhex-4-encarbonsäure-*tert*-butylester (Präparat **13-3**, 1.30 g, 7.00 mmol), CH_2Cl_2 (36 mL) und DMSO (18 mL) wird mit 2-Iodoxybenzoesäure (IBX [7], 95%ig [8]), 4.90 g, 16.6 mmol, 2.4 Äquiv.) versetzt und danach 4 h bei Raumtemp. gerührt. Das Reaktionsgemisch wird zu einer wässrigen ges. $NaHCO_3$-Lösung (55 mL) zugetropft und dann 15 min gerührt. Die wässrige Phase wird abgetrennt und die organische Phase mit CH_2Cl_2 (3 × 15 mL) extrahiert. Die vereinigten organischen Phasen werden mit H_2O (2 × 10 mL) gewaschen und über $MgSO_4$ getrocknet. Das Lösungsmittel wird bei vermindertem Druck entfernt und der Rückstand durch Flash-Chromatographie (Eluens: Cyclohexan/AcOEt) gereinigt. Die Titelverbindung [6] (90–95%) wird als farblose Flüssigkeit erhalten.

13-5   *rel-R,R,R*-2-Hydroxy-4-methyl-5-oxo-3,4,4a,5,6,7,8,8a-octahydronaphthalin-1,4a-dicarbonsäure-1-*tert*-butyles-ter-4a-methylester [6]

Reaktionstypen: Anionische Diels-Alder-Reaktion — Deslongchamps-Anellierung — Diastereose-lektive Synthese

Syntheseleistung: Synthese von Cycloalkanoncarbonester

13-2   +   *t*-BuO   **13-5**

13-4

$C_8H_{10}O_3$ (154.16) $C_{10}H_{16}O_3$ (184.23) CCs_2O_3 (325.82) $C_{18}H_{26}O_6$ (338.40)

Eine Lösung von *trans*-3-Oxohex-4-encarbonsäure-*tert*-butylester (Präparat **13-4**, 1.01 g, 5.50 mmol, 1.1 Äquiv.) in CH_2Cl_2 (120 mL) wird bei 0 °C mit $CsCO_3$ (3.26 g, 10.0 mmol, 2.0 Äquiv.) versetzt und 15 min bei 0 °C gerührt. Anschließend wird ebenfalls bei 0 °C eine Lösung von 6-Oxocyclohex-1-en-1-carbonsäuremethylester (Präparat **13-2**, 771 mg, 5.00 mmol) in CH_2Cl_2 (20 mL) innerhalb von 35 min tropfenweise zugegeben und da-nach 1.5 h bei 0 °C gerührt. Dann lässt man das Reaktionsgemisch auf Raumtemp. erwärmen und rührt 18 h bei Raumtemp. Das Reaktionsgemisch wird über eine kurze Kieselgel-Säule filtriert und die Säule mit AcOEt (ca. 300 mL) eluiert. Die Eluate werden vereinigt. Das Lösungsmittel wird bei vermindertem Druck entfernt und der Rückstand durch Flash-Chromatographie (Cyclohexan/AcOEt) gereinigt. Die Titelverbindung [9] (80–85 %) wird als farbloser Feststoff (Schmp. 101–102 °C) erhalten.

13-6   *rel-R,R,R*-4-Methyl-2,5-dioxoperhydronaphthalin-4a-car-bonsäuremethylester [6]

Reaktionstyp: Decarboxylierung von β-Ketosäure
Syntheseleistung: Synthese von Keton

13-5 F_3CCO_2H **13-6**

$C_{18}H_{26}O_6$ (338.40) $C_2HF_3O_2$ (114.02) $C_{13}H_{18}O_4$ (238.28)

Ein Gemisch aus *rel-R,R,R*-2-Hydroxy-4-methyl-5-oxo-3,4,4a,5,6,7,8,8a-octahydronaphthalin-1,4a-dicarbon-säure-1-*tert*-butylester-4a-methylester (Präparat **13-5**, 1.35 g, 4.00 mmol) und Trifluoressigsäure (20 mL) wird

10 min bei Raumtemp. gerührt. Anschließend wird das Reaktionsgemisch bei vermindertem Druck auf ca. 2–3 mL eingeengt, mit Benzol (60 mL) versetzt und dann 3 h unter Rückfluss erhitzt. Danach lässt man das Gemisch auf Raumtemp. erkalten und entfernt das Lösungsmittel bei vermindertem Druck. Der Rückstand wird durch Flash-Chromatographie (Eluens: Cyclohexan/AcOEt) gereinigt und die Titelverbindung (90–95%) als farbloser Feststoff (Schmp. 70–72°C) erhalten.

Anmerkungen:
1) KH ist als Dispersion in Mineralöl erhältlich und muss mehrfach mit getrocknetem Hexan oder Cyclohexan gewaschen werden (Details siehe Seite 86). *Vorsicht: Gewaschenes KH ist extrem pyrophor. Alle Arbeiten mit KH müssen unter einer Argon-Atmosphäre durchgeführt werden.*
2) Wenn an dieser Stelle ein Peroxid-Test positiv ausfällt, wird die organische Phase mit wässriger $FeSO_4$-Lösung (50 mL) gewaschen und der Peroxid-Test wiederholt. Fällt dieser negativ aus, wird vor dem Trocknen nochmals mit wässriger ges. NaCl-Lösung (50 mL) gewaschen.
3) Beim Entfernen des Lösungsmittels darf die Wasserbadtemp. max. 30°C betragen, weil sich andernfalls das Produkt zu zersetzen beginnt.
4) Die Titelverbindung ist nicht lagerungsstabil und muss unverzüglich in der Folgestufe (Präparat **13-5**) eingesetzt werden. Zuvor sollte allerdings noch ein ^1H-NMR-Spektrum gemessen werden, um die Verbindung zu charakterisieren.
5) Die Titelverbindung neigt zur β-Eliminierung von H_2O. Deshalb sollte auf eine Reinigung verzichtet werden. Vor der weiteren Umsetzung sollte aber selbstverständlich ein ^1H-NMR-Spektrum gemessen werden, um die Verbindung zu charakterisieren.
6) Die Titelverbindung liegt in $CDCl_3$ als 82:18-Gemisch aus Keto- und Enol-Form vor.
7) IBX erhielt sein Kürzel für 2-Iodoxybenzoesäure, was der veraltete Name für 2-Iodylbenzoesäure ist und für 2-O_2I-C_6H_4-CO_2H steht. Dieser Name passt allerdings keineswegs zu der heterocyclischen Struktur: 1-Hydroxy-1,2-benziodoxol-1*H*-3-on. *Vorsicht: IBX kann sich bei Schlag oder beim Erhitzen auf mehr als 130°C explosionsartig zersetzen.*
8) Das in dieser Reaktion verwendete IBX mit einer Reinheit von 95% kann aus 2-Iodbenzoesäure und Oxon® (2 $KHSO_5$ • $KHSO_4$ • K_2SO_4) nach einer Versuchsvorschrift von M. Frigerio, M. Santagostino und S. Sputore (*J. Org. Chem.* **1999**, *64*, 4537–4538) hergestellt werden. Alternativ kann das im Handel angebotene IBX verwendet werden; dessen Reinheit erreicht allerdings nicht unbedingt 50%, was berücksichtigt werden muss, weil bei der Verwendung von weniger als 2.4 Äquiv. IBX eine geringere Ausbeute der Titelverbindung beobachtet wurde.
9) Die Titelverbindung liegt in $CDCl_3$ als ein 91:9-Gemisch aus Enol- und Keto-Form vor.

Literatur zu Sequenz 13:
[1] D. Petrovic, *Diplomarbeit*, Universität Freiburg, **2007**, 40, 111. – Beispiele für „Eintopf"-Alkoxycarbonylierungen/ Selenierungen ausgehend von Ketonen, Lithiumamiden und Chlorameisensäureestern: M. Amat, J. Bosch, J. Hidalgo, M. Cantó, M. Pérez, N. Llor, E. Molins, C. Miravitlles, M. Orozco, J. Luque, *J. Org. Chem.* **2000**, *65*, 3074–3084. – J. Cossy, O. Mirquet, D. G. Pardo, J.-R. Desmurs, *Eur. J. Org. Chem.* **2002**, 3543–3551.
[2] Prozedur: H. J. Reich, J. M. Renga, I. L. Reich, *J. Am. Chem. Soc.* **1975**, *97*, 5434–5447.
[3] U. Schwörer, *Diplomarbeit*, Universität Freiburg **2007**, 66–67. – Prozedur: R. Zibuck, J. M. Streiber, *J. Org. Chem.* **1989**, *54*, 4717–4719.
[4] U. Schwörer, *Diplomarbeit*, Universität Freiburg **2007**, 57.
[5] D. Petrovic, geplante *Dissertation*, Universität Freiburg.
[6] J.-F. Lavallée, C. Spino, R. Ruel, K. T. Hogan, P. Deslongchamps, *Can. J. Chem.* **1992**, *70*, 1406–1426.

Kapitel 3

Reaktionen von Li-Enolaten und verwandten C-Nucleophilen

Sequenz 14: **Darstellung von *Z*- bzw. *E*-3,7-Dimethylocta-2,6-diensäuremethylester**

Labortechniken: Arbeiten mit Li-Organylen — Arbeiten mit Mg-Organylen — Arbeiten mit Cu-Organylen — Arbeiten mit „ungewöhnlichen" Enolaten — Arbeiten mit NaH

14-1   7-Methyl-3-oxooct-6-ensäuremethylester [1]

Reaktionstyp: Acylierung von C-Nucleophil mit Kohlensäurederivat
Syntheseleistung: Synthese von β-Ketoester

$C_8H_{14}O$ (126.20)   NaH (24.00) $C_{10}H_{16}O_3$ (184.23)
                                    $C_3H_6O_3$ (90.08)

Eine Suspension von NaH [1] (792 mg, 33.0 mmol, 2.2 Äquiv.) in Et_2O (5 mL) wird mit Dimethylcarbonat (2.70 g, 30.0 mmol, 2.0 Äquiv.) versetzt und unter Rückfluss erhitzt. Zu dem siedenden Gemisch wird 6-Methylhept-5-en-2-on (1.89 g, 15.0 mmol) innerhalb von 1.5 h zugetropft. Anschließend wird das Reaktionsgemisch weitere 2.5 h unter Rückfluss erhitzt und danach über Nacht bei Raumtemp. stehen gelassen [2]. Das Reaktionsgemisch [3] wird im Eisbad gekühlt, mit MeOH (3.0 mL) und Et_2O (15 mL) versetzt und 2 h unter weiterer Kühlung im Eisbad gerührt. Diese Suspension wird auf ein Gemisch aus Eis (25 g) und konz. HCl (6 mL) gegossen, die organische Phase abgetrennt und die wässrige Phase mit *t*-BuOMe (3 × 20 mL) extrahiert. Die vereinigten organischen Phasen werden mit wässriger ges. $NaHCO_3$-Lösung (15 mL) gewaschen und über $MgSO_4$ getrocknet. Das Lösungsmittel wird bei vermindertem Druck entfernt und der Rückstand im Vakuum fraktionierend destilliert (Sdp.$_{1\,mbar}$ 72–75°C). Die Titelverbindung (60–65%) wird als farbloses Öl erhalten.

14-2   *E*-3-(Diethoxyphosphoryl)oxy-7-methylocta-2,6-diensäuremethylester [2]

Reaktionstypen: O-Funktionalisierung von Enolat — Stereoselektive Synthese
Syntheseleistung: Synthese von Enolphosphat

$C_{10}H_{16}O_3$ (184.23) $C_6H_{15}N$ (101.19) $C_{14}H_{25}O_6P$ (320.32)
                                          $C_7H_{10}N_2$ (122.17)
                                          $C_6H_{12}N_2O$ (128.17)
                                          $C_4H_{10}ClO_3P$ (172.55)

Zu einer Lösung von 4-(Dimethylamino)pyridin (DMAP, 36.7 mg, 300 µmol, 0.1 Äquiv.) und NEt_3 (334 mg, 3.30 mmol, 1.1 Äquiv.) in 1,3-Dimethyl-3,4,5,6-tetrahydro-1*H*-pyrimidin-2-on (DMPU [4], 6 mL) wird bei 0°C eine Lösung von 7-Methyl-3-oxooct-6-ensäuremethylester (Präparat **14-1**, 553 mg, 3.00 mmol) in DMPU [4] (6 mL) zugetropft. Das Gemisch wird 50 min bei 0°C gerührt. Anschließend wird auf –20°C gekühlt und dann bei –20°C Diethylchlorphosphat (569 mg, 3.30 mmol, 1.1 Äquiv.) langsam zugetropft [5]. Danach lässt man das orange-gelbe Reaktionsgemisch langsam auf Raumtemp. erwärmen und rührt über Nacht. Das Reaktionsgemisch wird mit t-BuOMe (15 mL) verdünnt und mit wässriger HCl (1 M, 15 mL) versetzt[6]. Die organische Phase wird abgetrennt und die wässrige Phase mit t-BuOMe (4 × 15 mL) extrahiert. Die vereinigten organischen Phasen werden mit H_2O (2 × 8 mL) gewaschen und über $MgSO_4$ getrocknet. Das Lösungsmittel wird bei vermindertem Druck vollständig entfernt. Das Rohprodukt (85–95%) kann in der Regel ohne weitere Reinigung in der Folgestufe (Präparat 14-4) eingesetzt werden[7, 8].

14-3 Z-3-(Diethoxyphosphoryl)oxy-7-methylocta-2,6-diensäuremethylester [3]

Reaktionstypen: O-Funktionalisierung von Enolat — Stereoselektive Synthese
Syntheseleistung: Synthese von Enolphosphat

14-1   NaH, Et_2O;   14-3
                     ClP(=O)(OEt)$_2$

$C_{10}H_{16}O_3$ (184.23)   NaH (24.00) $C_{14}H_{25}O_6P$ (320.32)
                               $C_4H_{10}ClO_3P$ (172.55)

Zu einer Suspension von NaH[1] (82.8 mg, 3.45 mmol, 1.15 Äquiv.) in Et_2O (12 mL) wird bei 0°C eine Lösung von 7-Methyl-3-oxooct-6-ensäuremethylester (Präparat 14-1, 553 mg, 3.00 mmol) in Et_2O (7 mL) innerhalb von 10 min zugetropft. Anschließend wird das Gemisch 30 min bei Raumtemp. gerührt. Dann wird bei 0°C Diethylchlorphosphat (777 mg, 4.50 mmol, 1.5 Äquiv.) innerhalb von 5 min zugetropft, das Reaktionsgemisch anschließend 30 min bei 0°C gerührt und danach mit wässriger ges. NH_4Cl-Lösung (15 mL) versetzt. Die organische Phase wird abgetrennt und die wässrige Phase mit t-BuOMe (3 × 15 mL) extrahiert. Die vereinigten organischen Phasen werden mit wässriger ges. $NaHCO_3$-Lösung (2 × 10 mL) und wässriger ges. $NaCl$-Lösung (2 × 10 mL) gewaschen und über $MgSO_4$ getrocknet. Das Lösungsmittel wird bei vermindertem Druck vollständig entfernt. Das Rohprodukt (75–85%) kann in der Regel ohne weitere Reinigung in der Folgestufe (Präparat 14-5) eingesetzt werden[7, 8].

14-4 Z-3,7-Dimethylocta-2,6-diensäuremethylester [9, 10) [4]

Reaktionstyp: Stereoselektive C,C-Kupplung eines „higher-order-Cuprats"
Syntheseleistung: Synthese von α,β-ungesättigtem Carbonsäureester

14-2   "higher-order-Cuprat"   14-4
                 aus MeLi +
                 MeMgCl + CuI

$C_{14}H_{25}O_6P$ (320.32)   CuI (190.45) $C_{11}H_{18}O_2$ (182.26)

Zu einer Suspension von Kupfer(I)-iodid (1.04 g, 5.46 mmol, 3.03 Äquiv.) in THF (30 mL) wird bei 0°C MeLi (Lösung in Et_2O, 5.89 mmol, 3.27 Äquiv.) innerhalb von 20 min zugetropft und anschließend weitere 20 min bei 0°C gerührt. Bei –30°C wird zu diesem Gemisch MeMgCl (Lösung in THF, 11.6 mmol, 6.43 Äquiv.) innerhalb von 20 min zugetropft und danach weitere 20 min bei –30°C gerührt. Anschließend wird zu der beigefarbenen

Suspension bei –30°C eine Lösung von *E*-3-(Diethoxyphosphoryl)oxy-7-methylocta-2,6-diensäuremethylester (Präparat **14-2**, 577 mg, 1.80 mmol) in THF (10 mL) innerhalb von 40 min zugetropft [11] und danach weitere 3 h bei –30°C gerührt. Das Reaktionsgemisch wird dann bei –30°C mit einem Gemisch aus wässriger ges. NH$_4$Cl-Lösung (72 mL) und wässriger NH$_3$-Lösung (28%ig, 18 mL) versetzt, das Kältebad entfernt und das Gemisch 45 min gerührt. Die organische Phase wird abgetrennt und die wässrige Phase mit *t*-BuOMe (3 × 30 mL) extrahiert. Die vereinigten organischen Phasen werden mit wässriger ges. NH$_4$Cl-Lösung (10%ig, 20-mL-Portionen) [12], H$_2$O (2 × 20 mL) und wässriger ges. NaCl-Lösung (2 × 20 mL) gewaschen und über MgSO$_4$ getrocknet. Das Lösungsmittel wird bei vermindertem Druck entfernt und der Rückstand [13] durch Flash-Chromatographie (Eluens: Cyclohexan/AcOEt) gereinigt. Die Titelverbindung (65–70%) wird als farbloses Öl erhalten.

14-5   *E*-3,7-Dimethylocta-2,6-diensäuremethylester [14] [5]

Reaktionstyp: Stereoselektive C,C-Kupplung eines Gilman-Cuprats
Syntheseleistung: Synthese von α,β-ungesättigtem Carbonsäureester

14-3   O-P(=O)(OEt)$_2$, CO$_2$Me $\xrightarrow[\substack{\text{(aus 2 MeLi + CuI);}\\ \text{MeI}}]{\text{Me}_2\text{CuLi}}$ CO$_2$Me   **14-5**

C$_{14}$H$_{25}$O$_6$P (320.32)   CuI (190.45)   C$_{11}$H$_{18}$O$_2$ (182.26)
                                CH$_3$I (141.94)

Zu einer Suspension von Kupfer(I)-iodid (606 mg, 3.18 mmol, 1.77 Äquiv.) in Et$_2$O (25 mL) wird bei 0°C MeLi (Lösung in Et$_2$O, 6.37 mmol, 3.54 Äquiv.) zugetropft. Das Gemisch wird bei 0°C gerührt, bis der gelbe Niederschlag gelöst ist (mindestens jedoch 30 min). Anschließend wird zu dem nahezu klaren Gemisch bei –78°C eine Lösung von *Z*-3-(Diethoxyphosphoryl)oxy-7-methylocta-2,6-diensäuremethylester (Präparat **14-3**, 577 mg, 1.80 mmol) in Et$_2$O (6 mL) so zugetropft, dass die Innentemp. nicht über –65°C steigt (ca. 10–15 min). Danach wird zunächst 2 h bei –78°C und dann weitere 2 h bei –45°C gerührt. Das Reaktionsgemisch wird dann bei –45°C mit Iodmethan [15] (511 mg, 3.60 mmol, 2.0 Äquiv.) versetzt und weitere 10 min bei –45°C gerührt. Anschließend wird bei –45°C ein Gemisch aus wässriger ges. NH$_4$Cl-Lösung (14.4 mL) und wässriger NH$_3$-Lösung (28%ig, 3.6 mL) langsam zugegeben. Man lässt das Gemisch auf 0°C erwärmen und rührt bei 0°C [16], bis alle ausgefallenen Kupfersalze in Lösung gegangen sind. Die organische Phase wird abgetrennt und die wässrige Phase mit *t*-BuOMe (3 × 25 mL) extrahiert. Die vereinigten organischen Phasen werden mit wässriger ges. NH$_4$Cl-Lösung (10%ig, 10-mL-Portionen) [12], H$_2$O (2 × 10 mL) und wässriger ges. NaCl-Lösung (2 × 10 mL) gewaschen und über MgSO$_4$ getrocknet. Das Lösungsmittel wird bei vermindertem Druck entfernt und der Rückstand durch Flash-Chromatographie (Eluens: Cyclohexan/AcOEt) gereinigt. Die Titelverbindung (65–70%) wird als farbloses Öl erhalten.

Anmerkungen:
1) Das im Handel angebotene NaH ist eine Dispersion in Mineralöl. Es muss gewaschen und anschließend getrocknet werden (Details siehe Seite 86), bevor es in der Reaktion eingesetzt wird.
2) Das Reaktionsgemisch erstarrt in dieser Zeit zu einer festen Masse.
3) Es empfiehlt sich, die feste Masse vorab zu zerkleinern, damit während des anschließenden Rührens eine Suspension entstehen kann, die eingeschlossenes, nicht umgesetztes NaH leichter der Methanolyse preisgibt.
4) Die Abkürzung DMPU leitet sich von dem englischen Namen *N,N'*-d̲imethyl-*N,N'*-p̲ropylene u̲rea ab, der hervorhebt, dass diese Verbindung ein Harnstoff ist. Der IUPAC-Name von DMPU ist 1,3-Dimethyl-3,4,5,6-tetrahydro-1*H*-pyrimidin-2-on. DMPU muss vor Gebrauch über CaH$_2$ frisch destilliert werden (Sdp.$_{58\text{ mbar}}$ 142–144°C).
5) Es bildet sich sofort ein Niederschlag.

6) Sollte der pH-Wert der wässrigen Phase größer als pH 2–3 sein, muss weitere HCl (1 M) zugesetzt werden.

7) Vom Rohprodukt sollte aber durchaus ein ^{1}H-NMR-Spektrum gemessen werden, um die Verbindung zu charakterisieren.

8) Eine Reinigung, falls erwünscht, kann durch Flash-Chromatographie (Eluens: Cyclohexan/AcOEt) erfolgen.

9) Mit dem angegebenen „higher-order-Cuprat" entsteht das Kupplungsprodukt als 90:10-Gemisch von Z- und E-Isomer. Ausgehend von dem entsprechenden „lower-order-" bzw. Gilman-Cuprat, d. h. von Me$_2$CuLi, erhielten wir nur ein 60:40-Z:E-Gemisch.

10) Alternativ zu der hier angegebenen Vorschrift kann das Enolphosphat **14-2** auch Pd(0)-katalysiert mit AlMe$_3$ zu dem Z-konfigurierten Ester **14-4** gekuppelt werden; die katalytisch wirksame Spezies wird dabei aus (Ph$_3$P)$_2$PdCl$_2$ und DIBAH erzeugt (K. Asao, H. Iio, T. Tokoroyama, *Synthesis* **1990**, 382–386).

11) Die Innentemp. muss während des Zutropfens *genau* –30°C betragen. Eine auch nur geringfügige Erwärmung darüber hinaus ginge zu Lasten der Z:E-Selektivität.

12) Die organische Phase wird so oft mit der angegebenen Menge NH$_4$Cl-Lösung gewaschen, bis die organische Phase nicht mehr blau gefärbt ist.

13) Erfolgt die Reinigung erst am folgenden Praktikumstag, muss das Rohprodukt im Tiefkühlfach aufbewahrt werden.

14) Diese Reaktion ergibt die Titelverbindung als Hauptkomponente eines > 95:5-E:Z-Gemischs.

15) Durch Zugabe von Iodmethan wird restliches Me$_2$CuLi alkyliert und dadurch die Reaktion beendet [Y. Jin, F. G. Roberts, R. M. Coates, *Org. Synth.* **2007**, *84*, 43–57 (verwenden in derselben Weise ebenfalls Iodmethan); F.-W. Sum, L. Weiler, *Can. J. Chem.* **1979**, *57*, 1431–1441 (verwenden zu demselben Zweck Iodbutan)].

16) Die Temperatur des Gemischs sollte nicht über 0°C steigen.

Literatur zu Sequenz 14:

[1] J. D. White, R. W. Skeean, G. L. Trammell, *J. Org. Chem.* **1985**, *50*, 1939–1948.

[2] Prozedur: R. C. D. Brown, C. J. Bataille, R. M. Hughes, A. Kenney, T. J. Luker, *J. Org. Chem.* **2002**, *67*, 8079–8085 (mit DMPU); M. Alderdice, C. Spino, L. Weiler, *Can. J. Chem.* **1993**, *71*, 1955–1963 (mit HMPT statt DMPU).

[3] Prozedur: M. Alderdice, C. Spino, L. Weiler, *Can. J. Chem.* **1993**, *71*, 1955–1963.

[4] Prozedur: M. Alderdice, C. Spino, L. Weiler, *Can. J. Chem.* **1993**, *71*, 1955–1963; R. C. D. Brown, C. J. Bataille, R. M. Hughes, A. Kenney, T. J. Luker, *J. Org. Chem.* **2002**, *67*, 8079–8085. – Eine detaillierte mechanistische Analyse dieses Reaktionstyps findet sich in: N. Yoshikai, E. Nakamura, *J. Am. Chem. Soc.* **2004**, *126*, 12264–12265.

[5] Prozedur: F.-W. Sum, L. Weiler, *Can. J. Chem.* **1979**, *57*, 1431–1441 (MeLi:CuI:Substrat = 4.0:2.0:1.0); K. Eis, H.-G. Schmalz, *Synthesis* **1997**, 202–206 (MeLi:CuI:Substrat = 4.4:1.1:1.0). – Eine detaillierte mechanistische Analyse dieses Reaktionstyps findet sich in: N. Yoshikai, E. Nakamura, *J. Am. Chem. Soc.* **2004**, *126*, 12264–12265.

Sequenz 15: Darstellung von *2Z,6E*- bzw. *E,E*-3,7,11-Trimethyldodeca-2,6,10-triensäuremethylester

Labortechniken: Arbeiten mit Li-Organylen — Arbeiten mit Mg-Organylen — Arbeiten mit Cu-Organylen — Arbeiten mit „ungewöhnlichen" Enolaten — Arbeiten mit NaH — Arbeiten mit den Oxidantien von Redoxkondensationen nach Mukaiyama oder verwandten Reaktionen

15-1 *E*-1-Chlor-3,7-dimethylocta-2,6-dien [1] [1]

Reaktionstypen: Alkylierung von Heteroatom-Nucleophil — Redoxkondensation nach Mukaiyama
oder verwandte Reaktionen

Syntheseleistung: Synthese von Alkylhalogenid

NCS, Me₂S → ... Cl **15-1**

(andere Darst.: 2-6 in Band 1)

C₁₀H₁₈O (154.25)   C₄H₄ClNO₂ (133.53)   C₁₀H₁₇Cl (172.69)

C₂H₆S (62.14)

Zu einer Lösung von *N*-Chlorsuccinimid (NCS, 6.01 g, 45.0 mmol, 1.5 Äquiv.) in CH₂Cl₂ (50 mL) wird zunächst Dimethylsulfid (3.91 g, 63.0 mmol, 2.1 Äquiv.) bei –10°C innerhalb von 20 min zugetropft und danach bei –50°C Geraniol (4.63 g, 30.0 mmol) innerhalb von 20 min tropfenweise zugefügt. Anschließend lässt man das Reaktionsgemisch auf Raumtemp. erwärmen und rührt dann weitere 2.5 h bei Raumtemp. Das Reaktionsgemisch wird auf H₂O (150 mL) gegossen, die organische Phase abgetrennt und die wässrige Phase mit CH₂Cl₂ (3 × 25 mL) extrahiert. Die vereinigten organischen Phasen werden mit eiskalter, wässriger ges. NaCl-Lösung (25 mL) gewaschen und über MgSO₄ getrocknet. Das Lösungsmittel wird bei vermindertem Druck entfernt und der Rückstand im Vakuum fraktionierend destilliert (Sdp.₀.₇ mbar 46–48°C). Die Titelverbindung (70–75%) wird als farblose Flüssigkeit erhalten.

15-2 *E*-7,11-Dimethyl-3-oxododeca-6,10-diensäuremethylester [2]

Reaktionstyp: Alkylierung von C-Nucleophil
Syntheseleistung: Synthese von β-Ketoester

C₅H₈O₃ (116.12)   NaH (24.00)

15-1 ... Cl

(andere Darst.: 2-6 in Band 1)

C₁₀H₁₇Cl (172.69)   C₁₅H₂₄O₃ (252.35)

Zu einer Suspension von NaH [2] (787 mg, 32.8 mmol, 3.28 Äquiv.) in THF (20 mL) wird bei 0°C Acetessigsäuremethylester (3.48 g, 30.0 mmol, 3.0 Äquiv.) innerhalb von 15 min zugetropft. Die Lösung des Monoanions wird 15 min bei 0°C gerührt und anschließend *n*-BuLi (Lösung in Hexan, 31.3 mmol, 3.13 Äquiv.)

innerhalb von 15 min tropfenweise zugefügt. Die orangefarbene Lösung des Dianions wird 15 min bei 0°C gerührt und anschließend eine Lösung von *E*-1-Chlor-3,7-dimethylocta-2,6-dien [1] (Präparat **15-1**, 1.73 g, 10.0 mmol) in THF (10 mL) innerhalb von 10 min zugetropft [3]. Danach wird das Gemisch 15 min bei 0°C gerührt und dann vorsichtig mit wässriger HCl (1 M, 50 mL) versetzt [4]. Die organische Phase wird abgetrennt und die wässrige Phase mit *t*-BuOMe (3 × 25 mL) extrahiert. Die vereinigten organischen Phasen werden mit wässriger ges. NaHCO$_3$-Lösung (2 × 20 mL) und wässriger ges. NaCl-Lösung (2 × 20 mL) gewaschen und über MgSO$_4$ getrocknet. Das Lösungsmittel wird bei vermindertem Druck entfernt und der Rückstand durch Flash-Chromatographie (Eluens: Cyclohexan/AcOEt) gereinigt. Die Titelverbindung (60–70%) wird als farbloses Öl erhalten.

15-3 *E,E*-(Diethoxyphosphoryl)oxy-7,11-dimethyldodeca-2,6,10-triensäuremethylester [5] [3]

Reaktionstypen: O-Funktionalisierung von Enolat — Stereoselektive Synthese
Syntheseleistung: Synthese von Enolphosphat

15-2

C$_{15}$H$_{24}$O$_3$ (252.35)

stöchiom. NEt$_3$,
kat. DMAP,
DMPU;
ClP(=O)(OEt)$_2$

C$_6$H$_{15}$N (101.19)
C$_7$H$_{10}$N$_2$ (122.17)
C$_6$H$_{12}$N$_2$O (128.17)
C$_4$H$_{10}$ClO$_3$P (172.55)

15-3

C$_{19}$H$_{33}$O$_6$P (388.44)

Zu einer Lösung von 4-(Dimethylamino)pyridin (DMAP, 30.5 mg, 250 µmol, 0.1 Äquiv.) und NEt$_3$ (278 mg, 2.75 mmol, 1.1 Äquiv.) in 1,3-Dimethyl-3,4,5,6-tetrahydro-1*H*-pyrimidin-2-on (DMPU [6], 5 mL) wird bei 0°C eine Lösung von *E*-7,11-Dimethyl-3-oxododeca-6,10-diensäuremethylester (Präparat **15-2**, 631 mg, 2.50 mmol) in DMPU [6] (5 mL) zugetropft. Das Gemisch wird 50 min bei 0°C gerührt. Anschließend wird auf –20°C gekühlt und dann bei –20°C Diethylchlorphosphat (475 mg, 2.75 mmol, 1.1 Äquiv.) langsam zugetropft [5, 7]. Danach lässt man das orange-gelbe Reaktionsgemisch langsam auf Raumtemp. erwärmen und rührt über Nacht. Das Reaktionsgemisch wird mit *t*-BuOMe (15 mL) verdünnt und mit wässriger HCl (1 M, 12 mL) versetzt [4]. Die organische Phase wird abgetrennt und die wässrige Phase mit *t*-BuOMe (4 × 15 mL) extrahiert. Die vereinigten organischen Phasen werden mit H$_2$O (2 × 8 mL) gewaschen und über MgSO$_4$ getrocknet. Das Lösungsmittel wird bei vermindertem Druck vollständig entfernt. Das Rohprodukt (85–95%) kann in der Regel ohne weitere Reinigung in der Folgestufe (Präparat **15-5**) eingesetzt werden [8, 9].

15-4 2Z,6E-(Diethoxyphosphoryl)oxy-7,11-dimethyldodeca-2,6,10-triensäuremethylester [4]

Reaktionstypen: O-Funktionalisierung von Enolat — Stereoselektive Synthese
Syntheseleistung: Synthese von Enolphosphat

15-2

$C_{15}H_{24}O_3$ (252.35)

NaH, Et₂O;
ClP(=O)(OEt)₂

HNa (24.00)
$C_4H_{10}ClO_3P$ (172.55)

15-4

$C_{19}H_{33}O_6P$ (388.44)

Zu einer Suspension von NaH[2] (68.9 mg, 2.87 mmol, 1.15 Äquiv.) in Et₂O (9.5 mL) wird bei 0°C eine Lösung von E-7,11-Dimethyl-3-oxododeca-6,10-diensäuremethylester (Präparat **15-2**, 631 mg, 2.50 mmol) in Et₂O (5.5 mL) innerhalb von 10 min zugetropft. Anschließend wird das Gemisch 30 min bei Raumtemp. gerührt. Dann wird bei 0°C Diethylchlorphosphat (647 mg, 3.75 mmol, 1.5 Äquiv.) innerhalb von 5 min zugetropft, das Reaktionsgemisch anschließend 30 min bei 0°C gerührt und danach mit wässriger ges. NH₄Cl-Lösung (12 mL) versetzt. Die organische Phase wird abgetrennt und die wässrige Phase mit t-BuOMe (3 × 12 mL) extrahiert. Die vereinigten organischen Phasen werden mit wässriger ges. NaHCO₃-Lösung (2 × 8 mL) und wässriger ges. NaCl-Lösung (2 × 8 mL) gewaschen und über MgSO₄ getrocknet. Das Lösungsmittel wird bei vermindertem Druck vollständig entfernt. Das Rohprodukt (70–80%) kann in der Regel ohne weitere Reinigung in der Folgestufe (Präparat **15-6**) eingesetzt werden[8, 9].

15-5 2Z,6E-3,7,11-Trimethyldodeca-2,6,10-triensäuremethylester[10, 11] [5]

Reaktionstyp: Stereoselektive C,C-Kupplung eines „higher-order-Cuprats"
Syntheseleistung: Synthese von α,β-ungesättigtem Carbonsäureester

15-3

$C_{19}H_{33}O_6P$ (388.44)

"higher-order-Cuprat" aus
MeLi + MeMgCl + CuI

CuI (190.45)

15-5

$C_{16}H_{26}O_2$ (250.38)

Zu einer Suspension von Kupfer(I)-iodid (863 mg, 4.53 mmol, 3.02 Äquiv.) in THF (24 mL) wird bei 0°C MeLi (Lösung in Et₂O, 4.91 mmol, 3.27 Äquiv.) innerhalb von 15 min zugetropft und anschließend weitere 15 min bei 0°C gerührt. Bei –30°C wird zu diesem Gemisch MeMgCl (Lösung in THF, 7.50 mmol, 5.0 Äquiv.) innerhalb von 20 min zugetropft und danach weitere 20 min bei –30°C gerührt. Anschließend wird zu der beigefarbenen Suspension bei –30°C eine Lösung von E,E-(Diethoxyphosphoryl)oxy-7,11-dimethyldodeca-2,6,10-triensäuremethylester (Präparat **15-3**, 583 mg, 1.50 mmol) in THF (8 mL) innerhalb von 40 min zugetropft[12] und dann weitere 3 h bei –30°C gerührt. Das Reaktionsgemisch wird dann bei –30°C mit einem

Gemisch aus wässriger ges. NH$_4$Cl-Lösung (60 mL) und wässriger NH$_3$-Lösung (28%ig, 15 mL) versetzt, das Kältebad entfernt und das Gemisch 45 min gerührt. Die organische Phase wird abgetrennt und die wässrige Phase mit *t*-BuOMe (3 × 25 mL) extrahiert. Die vereinigten organischen Phasen werden mit wässriger ges. NH$_4$Cl-Lösung (10%ig, 20-mL-Portionen) [13], H$_2$O (2 × 20 mL) und wässriger ges. NaCl-Lösung (2 × 20 mL) gewaschen und über MgSO$_4$ getrocknet. Das Lösungsmittel wird bei vermindertem Druck entfernt und der Rückstand [14] durch Flash-Chromatographie (Eluens: Cyclohexan/AcOEt) gereinigt. Die Titelverbindung (55–65%) wird als farbloses Öl erhalten.

15-6   *E,E*-3,7,11-Trimethyldodeca-2,6,10-triensäuremethyl-ester [15] [6]

Reaktionstyp: Stereoselektive C,C-Kupplung eines Gilman-Cuprats

Syntheseleistung: Synthese von α,β-ungesättigtem Carbonsäureester

15-4

C$_{19}$H$_{33}$O$_6$P (388.44)

Me$_2$CuLi

(aus 2 MeLi + CuI); MeI

CuI (190.45)
CH$_3$I (141.94)

15-6

C$_{16}$H$_{26}$O$_2$ (250.38)

Zu einer Suspension von Kupfer(I)-iodid (507 mg, 2.66 mmol, 1.77 Äquiv.) in Et$_2$O (20 mL) wird bei 0°C MeLi (Lösung in Et$_2$O, 5.31 mmol, 3.54 Äquiv.) innerhalb von 5 min zugetropft. Das Gemisch wird bei 0°C gerührt, bis der gelbe Niederschlag gelöst ist (mindestens jedoch 30 min). Anschließend wird zu dem nahezu klaren Gemisch bei –78°C eine Lösung von 2*Z*,6*E*-(Diethoxyphosphoryl)oxy-7,11-dimethyldodeca-2,6,10-triensäuremethylester (Präparat **15-4**, 583 mg, 1.50 mmol) in Et$_2$O (5 mL) so zugetropft, dass die Innentemp. nicht über –65°C steigt (ca. 10–15 min). Danach wird zunächst 2 h bei –78°C und dann weitere 2 h bei –45°C gerührt. Das Reaktionsgemisch wird dann bei –45°C mit Iodmethan [16] (426 mg, 3.00 mmol, 2.0 Äquiv.) versetzt und weitere 10 min bei –45°C gerührt. Anschließend wird bei –45°C ein Gemisch aus wässriger ges. NH$_4$Cl-Lösung (12 mL) und wässriger NH$_3$-Lösung (28%ig, 3 mL) langsam zugegeben. Man lässt das Gemisch auf 0°C erwärmen und rührt bei 0°C [17], bis alle ausgefallenen Kupfersalze in Lösung gegangen sind. Die organische Phase wird abgetrennt und die wässrige Phase mit *t*-BuOMe (3 × 20 mL) extrahiert. Die vereinigten organischen Phasen werden mit wässriger ges. NH$_4$Cl-Lösung (10%ig, 10-mL-Portionen) [13], H$_2$O (2 × 10 mL) und wässriger ges. NaCl-Lösung (2 × 10 mL) gewaschen und über MgSO$_4$ getrocknet. Das Lösungsmittel wird bei vermindertem Druck entfernt und der Rückstand durch Flash-Chromatographie (Eluens: Cyclohexan/AcOEt) gereinigt. Die Titelverbindung (55–65%) wird als farbloses Öl erhalten.

Anmerkungen:

1) Ein anderer Syntheseweg für *E*-1-Chlor-3,7-dimethylocta-2,6-dien wird im Band *Organisch-Chemisches Grundprakti-kum* von *Praktikum Präparative Organische Chemie* (dort Versuch **2-6**) beschrieben.

2) Das im Handel angebotene NaH ist eine Dispersion in Mineralöl. Es muss gewaschen und anschließend getrocknet werden (Details siehe Seite 86), bevor es in der Reaktion eingesetzt wird.

3) Das Reaktionsgemisch wird gegen Ende des Zutropfens hell-orangefarben, und es bildet sich ein Niederschlag.

4) Sollte der pH-Wert der wässrigen Phase größer als 2–3 sein, muss weitere HCl (1 M) zugesetzt werden.

5) Das Reaktionsgemisch wird bei der Zugabe von Diethylchlorphosphat sehr viskos. Deshalb sollte für diese Reaktion ein ausreichend dimensionierter Magnetrührstab verwendet werden.

6) Die Abkürzung DMPU leitet sich von dem englischen Namen *N,N'*-dimethyl-*N,N'*-propylene urea ab, der hervorhebt, dass diese Verbindung ein Harnstoff ist. Der IUPAC-Name von DMPU ist 1,3-Dimethyl-3,4,5,6-tetrahydro-1*H*-pyrimidin-2-on. DMPU muss vor Gebrauch über CaH_2 frisch destilliert werden (Sdp.$_{58\ mbar}$ 142–144°C).

7) Es bildet sich sofort ein Niederschlag.

8) Eine Reinigung, falls erwünscht, kann durch Flash-Chromatographie (Eluens: Cyclohexan/AcOEt) erfolgen.

9) Vom Rohprodukt sollte aber durchaus ein ^{1}H-NMR-Spektrum gemessen werden, um die Verbindung zu charakterisieren.

10) Mit dem angegebenen „higher-order-Cuprat" entsteht das Kupplungsprodukt als 90:10-Gemisch von *Z*- und *E*-Isomer. Ausgehend von dem entsprechenden „lower-order-" bzw. Gilman-Cuprat, d. h. von Me_2CuLi, erhielten wir nur ein 60:40-*Z*:*E*-Gemisch.

11) Alternativ zu der hier angegebenen Vorschrift kann das Enolphosphat **15-3** auch Pd(0)-katalysiert mit $AlMe_3$ zu dem *Z*-konfigurierten Ester **15-5** gekuppelt werden; die katalytisch wirksame Spezies wird dabei aus $(Ph_3P)_2PdCl_2$ und DIBAH erzeugt (K. Asao, H. Iio, T. Tokoroyama, *Synthesis* **1990**, 382–386).

12) Die Innentemp. muss während des Zutropfens *genau* –30°C betragen. Eine auch nur geringfügige Erwärmung darüber hinaus ginge zu Lasten der *Z*:*E*-Selektivität.

13) Die organische Phase wird so oft mit der angegebenen Menge NH_4Cl-Lösung gewaschen, bis die organische Phase nicht mehr blau gefärbt ist.

14) Erfolgt die Reinigung erst am folgenden Praktikumstag, muss das Rohprodukt im Tiefkühlfach aufbewahrt werden.

15) Diese Reaktion ergibt die Titelverbindung als Hauptkomponente eines > 95:5-*E*:*Z*-Gemischs. Das *Z*-Isomer kann durch Flash-Chromatographie abgetrennt werden.

16) Durch Zugabe von Iodmethan wird restliches Me_2CuLi alkyliert und dadurch die Reaktion beendet [Y. Jin, F. G. Roberts, R. M. Coates, *Org. Synth.* **2007**, *84*, 43–57 (verwenden in derselben Weise ebenfalls Iodmethan); F.-W. Sum, L. Weiler, *Can. J. Chem.* **1979**, *57*, 1431–1441 (verwenden zu demselben Zweck Iodbutan)].

17) Die Temperatur des Gemischs sollte nicht über 0°C steigen.

Literatur zu Sequenz 15:

[1] Prozedur: V. J. Davisson, A. B. Woodside, T. R. Neal, K. E. Stremler, M. Muehlbacher, C. D. Poulter, *J. Org. Chem.* **1986**, *51*, 4768–4779.

[2] S. N. Huckin, L. Weiler, *J. Am. Chem. Soc.* **1974**, *96*, 1082–1087. – R. C. D. Brown, C. J. Bataille, R. M. Hughes, A. Kenney, T. J. Luker, *J. Org. Chem.* **2002**, *67*, 8079–8085.

[3] R. C. D. Brown, C. J. Bataille, R. M. Hughes, A. Kenney, T. J. Luker, *J. Org. Chem.* **2002**, *67*, 8079–8085 (mit DMPU); M. Alderdice, C. Spino, L. Weiler, *Can. J. Chem.* **1993**, *71*, 1955–1963 (mit HMPT statt DMPU).

[4] Prozedur: M. Alderdice, C. Spino, L. Weiler, *Can. J. Chem.* **1993**, *71*, 1955–1963.

[5] Prozedur: M. Alderdice, C. Spino, L. Weiler, *Can. J. Chem.* **1993**, *71*, 1955–1963; R. C. D. Brown, C. J. Bataille, R. M. Hughes, A. Kenney, T. J. Luker, *J. Org. Chem.* **2002**, *67*, 8079–8085. – Eine detaillierte mechanistische Analyse dieses Reaktionstyps findet sich in: N. Yoshikai, E. Nakamura, *J. Am. Chem. Soc.* **2004**, *126*, 12264–12265.

[6] Prozedur: F.-W. Sum, L. Weiler, *Can. J. Chem.* **1979**, *57*, 1431–1441 (MeLi:CuI:Substrat = 4.0:2.0:1.0); K. Eis, H.-G. Schmalz, *Synthesis* **1997**, 202–206 (MeLi:CuI:Substrat = 4.4:1.1:1.0). – Eine detaillierte mechanistische Analyse dieses Reaktionstyps findet sich in: N. Yoshikai, E. Nakamura, *J. Am. Chem. Soc.* **2004**, *126*, 12264–12265.

Sequenz 16:   Darstellung von *Z,Z*- bzw. 2*E*,6*Z*-3,7,11-Trimethyldodeca-2,6,10-triensäuremethylester

Labortechniken: Arbeiten mit Li-Organylen — Arbeiten mit Mg-Organylen — Arbeiten mit Cu-Organylen — Arbeiten mit „ungewöhnlichen" Enolaten — Arbeiten mit NaH — Arbeiten mit den Oxidantien von Redoxkondensationen nach Mukaiyama oder verwandten Reaktionen

16-1

(andere Darst.: 2-7 in Band 1)

3) stöchiom. NEt₃, kat. DMAP, DMPU; ClP(=O)(OEt)₂

16-2

4) NaH, Et₂O; ClP(=O)(OEt)₂

16-3

16-4

5) "higher-order-Cuprat" aus MeLi + MeMgCl + CuI

6) Me₂CuLi (aus 2 MeLi + CuI); MeI

16-5   CO₂Me

16-6

16-1   Z-1-Chlor-3,7-dimethylocta-2,6-dien [1] [1]

Reaktionstypen: Alkylierung von Heteroatom-Nucleophil — Redoxkondensation nach Mukaiyama oder verwandte Reaktionen

Syntheseleistung: Synthese von Alkylhalogenid

(andere Darst.: 2-7 in Band 1)

C_10H_18O (154.25)   C_4H_4ClNO_2 (133.53)   C_10H_17Cl (172.69)
$C_{10}H_{18}O$ (154.25)

C_4H_4ClNO_2 (133.53)
C_2H_6S (62.14)

Zu einer Lösung von *N*-Chlorsuccinimid (NCS, 6.01 g, 45.0 mmol, 1.5 Äquiv.) in CH_2Cl_2 (50 mL) wird zunächst Dimethylsulfid (3.91 g, 63.0 mmol, 2.1 Äquiv.) bei –10°C innerhalb von 20 min zugetropft und danach Nerol (4.63 g, 30.0 mol) bei –50°C innerhalb von ebenfalls 20 min zugefügt. Anschließend lässt man das Reaktionsgemisch auf Raumtemp. erwärmen und rührt dann weitere 2.5 h bei Raumtemp. Das Reaktionsgemisch wird auf H_2O (150 mL) gegossen, die organische Phase abgetrennt und die wässrige Phase mit CH_2Cl_2 (3 × 25 mL) extrahiert. Die vereinigten organischen Phasen werden mit eiskalter, wässriger ges. NaCl-Lösung (25 mL) gewaschen und über MgSO_4 getrocknet. Das Lösungsmittel wird bei vermindertem Druck entfernt und der Rückstand im Vakuum fraktionierend destilliert (Sdp._0.7 mbar 44–46°C). Die Titelverbindung (70–75%) wird als farblose Flüssigkeit erhalten.

16-2   Z-7,11-Dimethyl-3-oxododeca-6,10-diensäuremethyl-   ester [2]

Reaktionstyp: Alkylierung von C-Nucleophil
Syntheseleistung: Synthese von β-Ketoester

C_5H_8O_3 (116.12)   NaH (24.00)
n-BuLi;
NaH;

(andere Darst.: 2-7 in Band 1)
16-1

C_10H_17Cl (172.69)   **16-2**

C_15H_24O_3 (252.35)

Zu einer Suspension von NaH [2] (787 mg, 32.8 mmol, 3.28 Äquiv.) in THF (20 mL) wird bei 0°C Acetessigsäuremethylester (3.48 g, 30.0 mmol, 3.0 Äquiv.) innerhalb von 15 min zugetropft. Die Lösung des Monoanions wird 15 min bei 0°C gerührt und anschließend *n*-BuLi (Lösung in Hexan, 31.3 mmol, 3.13 Äquiv.) innerhalb von 15 min tropfenweise zugesetzt. Die orangefarbene Lösung des Dianions wird 15 min bei 0°C gerührt und anschließend eine Lösung von *Z*-1-Chlor-3,7-dimethylocta-2,6-dien [1]) (Präparat **16-1**, 1.73 g, 10.0 mmol) in THF (10 mL) innerhalb von 10 min zugetropft [3]). Danach wird das Gemisch 15 min bei 0°C gerührt und dann vorsichtig mit wässriger HCl (1 M, 50 mL) versetzt [4]). Die organische Phase wird abgetrennt und die wässrige Phase mit *t*-BuOMe (3 × 25 mL) extrahiert. Die vereinigten organischen Phasen werden mit wässriger ges. NaHCO$_3$-Lösung (2 × 20 mL) und wässriger ges. NaCl-Lösung (2 × 20 mL) gewaschen und über MgSO$_4$ getrocknet. Das Lösungsmittel wird bei vermindertem Druck entfernt und der Rückstand durch Flash-Chromatographie (Eluens: Cyclohexan/AcOEt) gereinigt. Die Titelverbindung (60–70%) wird als farbloses Öl erhalten.

16-3   2*E*,6*Z*-3-(Diethoxyphoshoryl)oxy-7,11-dimethyldodeca-2,6,10-triensäuremethylester [5] [3]

Reaktionstypen: O-Funktionalisierung von Enolat — Stereoselektive Synthese
Syntheseleistung: Synthese von Enolphosphat

stöchiom. NEt$_3$,
kat. DMAP,
DMPU;
ClP(=O)(OEt)$_2$

16-2

C$_{15}$H$_{24}$O$_3$ (252.35)

C$_6$H$_{15}$N (101.19)
C$_7$H$_{10}$N$_2$ (122.17)
C$_6$H$_{12}$N$_2$O (128.17)
C$_4$H$_{10}$ClO$_3$P (172.55)

O-P(=O)(OEt)$_2$

CO$_2$Me

16-3

C$_{19}$H$_{33}$O$_6$P (388.44)

Zu einer Lösung von 4-(Dimethylamino)pyridin (DMAP, 30.5 mg, 250 µmol, 0.1 Äquiv.) und NEt$_3$ (278 mg, 2.75 mmol, 1.1 Äquiv.) in 1,3-Dimethyl-3,4,5,6-tetrahydro-1*H*-pyrimidin-2-on (DMPU [6]), 5 mL) wird bei 0°C eine Lösung von *Z*-7,11-Dimethyl-3-oxododeca-6,10-diensäuremethylester (Präparat **16-2**, 631 mg, 2.50 mmol) in DMPU [6]) (5 mL) zugetropft. Das Gemisch wird 50 min bei 0°C gerührt. Anschließend wird auf –20°C gekühlt und dann bei –20°C Diethylchlorphosphat (475 mg, 2.75 mmol, 1.1 Äquiv.) langsam zugetropft [5, 7]). Danach lässt man das orange-gelbe Reaktionsgemisch langsam auf Raumtemp. erwärmen und rührt über Nacht. Das Reaktionsgemisch wird mit *t*-BuOMe (15 mL) verdünnt und mit wässriger HCl (1 M, 12 mL) versetzt [4]). Die organische Phase wird abgetrennt und die wässrige Phase mit *t*-BuOMe (4 × 15 mL) extrahiert. Die vereinigten organischen Phasen werden mit H$_2$O (2 × 8 mL) gewaschen und über MgSO$_4$ getrocknet. Das Lösungsmittel wird bei vermindertem Druck vollständig entfernt. Das Rohprodukt (85–95%) kann in der Regel ohne weitere Reinigung in der Folgestufe (Präparat **16-5**) eingesetzt werden [8, 9]).

16-4   Z,Z-(Diethoxyphosphoryl)oxy-7,11-dimethyldodeca-2,6,10-triensäuremethylester [4]

Reaktionstypen: O-Funktionalisierung von Enolat — Stereoselektive Synthese
Syntheseleistung: Synthese von Enolphosphat

16-2	NaH, Et$_2$O;	16-4
	CIP(=O)(OEt)$_2$	
C$_{15}$H$_{24}$O$_3$ (252.35)	NaH (24.00)	C$_{19}$H$_{33}$O$_6$P (388.44)
	C$_4$H$_{10}$ClO$_3$P (172.55)	

Zu einer Suspension von NaH[2] (68.9 mg, 2.87 mmol, 1.15 Äquiv.) in Et$_2$O (9.5 mL) wird bei 0°C eine Lösung von Z-7,11-Dimethyl-3-oxododeca-6,10-diensäuremethylester (Präparat **16-2**, 631 mg, 2.50 mmol) in Et$_2$O (5.5 mL) innerhalb von 10 min zugetropft. Anschließend wird das Gemisch 30 min bei Raumtemp. gerührt. Dann wird bei 0°C Diethylchlorphosphat (647 mg, 3.75 mmol, 1.5 Äquiv.) innerhalb von 5 min zugetropft, das Reaktionsgemisch anschließend 30 min bei 0°C gerührt und danach mit wässriger ges. NH$_4$Cl-Lösung (12 mL) versetzt. Die organische Phase wird abgetrennt und die wässrige Phase mit t-BuOMe (3 × 12 mL) extrahiert. Die vereinigten organischen Phasen werden mit wässriger ges. NaHCO$_3$-Lösung (2 × 8 mL) und wässriger ges. NaCl-Lösung (2 × 8 mL) gewaschen und über MgSO$_4$ getrocknet. Das Lösungsmittel wird bei vermindertem Druck vollständig entfernt. Das Rohprodukt (70–80%) kann in der Regel ohne weitere Reinigung in der Folgestufe (Präparat **16-6**) eingesetzt werden[8, 9].

16-5   Z,Z-3,7,11-Trimethyldodeca-2,6,10-triensäuremethylester [10, 11] [5]

Reaktionstyp: Stereoselektive C,C-Kupplung eines „higher-order-Cuprats"
Syntheseleistung: Synthese von α,β-ungesättigtem Carbonsäureester

16-3	"higher-order-Cuprat" aus	16-5
	MeLi + MeMgCl	
C$_{19}$H$_{33}$O$_6$P (388.44)	+ CuI	C$_{16}$H$_{26}$O$_2$ (250.38)
	CuI (190.45)	

Zu einer Suspension von Kupfer(I)-iodid (863 mg, 4.53 mmol, 3.02 Äquiv.) in THF (24 mL) wird bei 0°C MeLi (Lösung in Et$_2$O, 4.91 mmol, 3.27 Äquiv.) innerhalb von 15 min zugetropft und anschließend weitere 15 min bei 0°C gerührt. Bei –30°C wird zu diesem Gemisch MeMgCl (Lösung in THF, 9.65 mmol, 6.43 Äquiv.) innerhalb von 20 min zugetropft und danach weitere 20 min bei –30°C gerührt. Anschließend wird zu der beigefarbenen Suspension bei –30°C eine Lösung von 2E,6Z-3-(Diethoxyphosphoryl)oxy-7,11-

dimethyldodeca-2,6,10-triensäuremethylester (Präparat **16-3**, 583 mg, 1.50 mmol) in THF (8 mL) innerhalb von 40 min zugetropft [12)] und dann weitere 3 h bei –30°C gerührt. Das Reaktionsgemisch wird dann bei –30°C mit einem Gemisch aus wässriger ges. NH$_4$Cl-Lösung (60 mL) und wässriger NH$_3$-Lösung (28%ig, 15 mL) versetzt, das Kältebad entfernt und das Gemisch 45 min gerührt. Die organische Phase wird abgetrennt und die wässrige Phase mit *t*-BuOMe (3 × 25 mL) extrahiert. Die vereinigten organischen Phasen werden mit wässriger ges. NH$_4$Cl-Lösung (10%ig, 20-mL-Portionen) [13)], H$_2$O (2 × 20 mL) und wässriger ges. NaCl-Lösung (2 × 20 mL) gewaschen und über MgSO$_4$ getrocknet. Das Lösungsmittel wird bei vermindertem Druck entfernt und der Rückstand [14)] durch Flash-Chromatographie (Eluens: Cyclohexan/AcOEt) gereinigt. Die Titelverbindung (55–65%) wird als farbloses Öl erhalten.

16-6   2*E*,6*Z*-3,7,11-Trimethyldodeca-2,6,10-triensäuremethylester [15) [6]]

Reaktionstyp:	Stereoselektive C,C-Kupplung eines Gilman-Cuprats
Syntheseleistung:	Synthese von α,β-ungesättigtem Carbonsäureester

16-4   O-P(=O)(OEt)$_2$ CO$_2$Me

Me$_2$CuLi
(aus 2 MeLi
+ CuI); MeI

16-6   CO$_2$Me

C$_{19}$H$_{33}$O$_6$P (388.44)   CuI (190.45)   C$_{16}$H$_{26}$O$_2$ (250.38)
CH$_3$I (141.94)

Zu einer Suspension von Kupfer(I)-iodid (507 mg, 2.66 mmol, 1.77 Äquiv.) in Et$_2$O (20 mL) wird bei 0°C MeLi (Lösung in Et$_2$O, 5.31 mmol, 3.54 Äquiv.) innerhalb von 5 min zugetropft. Das Gemisch wird bei 0°C gerührt, bis der gelbe Niederschlag gelöst ist (mindestens jedoch 30 min). Anschließend wird zu dem nahezu klaren Gemisch bei –78°C eine Lösung von *Z,Z*-(Diethoxyphosphoryl)oxy-7,11-dimethyldodeca-2,6,10-triensäuremethylester (Präparat **16-4**, 583 mg, 1.50 mmol) in Et$_2$O (5 mL) so zugetropft, dass die Innentemp. nicht über –65°C steigt (ca. 10–15 min). Danach wird zunächst 2 h bei –78°C und dann weitere 2 h bei –45°C gerührt. Das Reaktionsgemisch wird dann bei –45°C mit Iodmethan [16)] (426 mg, 3.00 mmol, 2.0 Äquiv.) versetzt und weitere 10 min bei –45°C gerührt. Anschließend wird bei –45°C ein Gemisch aus wässriger ges. NH$_4$Cl-Lösung (12 mL) und wässriger NH$_3$-Lösung (28%ig, 3 mL) langsam zugegeben. Man lässt das Gemisch auf 0°C erwärmen und rührt bei 0°C [17)], bis alle ausgefallenen Kupfersalze in Lösung gegangen sind. Die organische Phase wird abgetrennt und die wässrige Phase mit *t*-BuOMe (3 × 20 mL) extrahiert. Die vereinigten organischen Phasen werden mit wässriger ges. NH$_4$Cl-Lösung (10%ig, 10-mL-Portionen) [13)], H$_2$O (2 × 10 mL) und wässriger ges. NaCl-Lösung (2 × 10 mL) gewaschen und über MgSO$_4$ getrocknet. Das Lösungsmittel wird bei vermindertem Druck entfernt und der Rückstand durch Flash-Chromatographie (Eluens: Cyclohexan/AcOEt) gereinigt. Die Titelverbindung (55–65%) wird als farbloses Öl erhalten.

Anmerkungen:
1) Ein anderer Syntheseweg für *E*-1-Chlor-3,7-dimethylocta-2,6-dien wird im Band *Organisch-Chemisches Grundpraktikum* von *Praktikum Präparative Organische Chemie* (dort Versuch **2-6**) beschrieben.
2) Das im Handel angebotene NaH ist eine Dispersion in Mineralöl. Es muss gewaschen und anschließend getrocknet werden (Details siehe Seite 86), bevor es in der Reaktion eingesetzt wird.
3) Das Reaktionsgemisch wird gegen Ende des Zutropfens hell-orangefarben, und es bildet sich ein Niederschlag.
4) Sollte der pH-Wert der wässrigen Phase größer als 2–3 sein, muss weitere HCl (1 M) zugesetzt werden.

5) Das Reaktionsgemisch wird bei der Zugabe von Diethylchlorphosphat sehr viskos. Deshalb sollte für diese Reaktion ein ausreichend dimensionierter Magnetrührstab verwendet werden.

6) Die Abkürzung DMPU leitet sich von dem englischen Namen *N,N'*-dimethyl-*N,N'*-propylene urea ab, der hervorhebt, dass diese Verbindung ein Harnstoff ist. Der IUPAC-Name von DMPU ist 1,3-Dimethyl-3,4,5,6-tetrahydro-1*H*-pyrimidin-2-on. DMPU muss vor Gebrauch über CaH_2 frisch destilliert werden (Sdp.$_{58\,mbar}$ 142–144°C).

7) Es bildet sich sofort ein Niederschlag.

8) Eine Reinigung, falls erwünscht, kann durch Flash-Chromatographie (Eluens: Cyclohexan/AcOEt) erfolgen.

9) Vom Rohprodukt sollte aber durchaus ein ^{1}H-NMR-Spektrum gemessen werden, um die Verbindung zu charakterisieren.

10) Mit dem angegebenen „higher-order-Cuprat" entsteht das Kupplungsprodukt als 90:10-Gemisch von *Z*- und *E*-Isomer. Ausgehend von dem entsprechenden „lower-order-" bzw. Gilman-Cuprat, d. h. von Me_2CuLi, gelangten wir nur zu einem 60:40-*Z:E*-Gemisch.

11) Alternativ zu der hier angegebenen Vorschrift kann das Enolphosphat **16-3** auch Pd(0)-katalysiert mit $AlMe_3$ zu dem *Z*-konfigurierten Ester **16-5** gekuppelt werden; die katalytisch wirksame Spezies wird dabei aus $(Ph_3P)_2PdCl_2$ und DIBAH erzeugt (K. Asao, H. Iio, T. Tokoroyama, *Synthesis* **1990**, 382–386).

12) Die Innentemp. muss während des Zutropfens *genau* –30°C betragen. Eine auch nur geringfügige Erwärmung darüber hinaus ginge zu Lasten der *Z:E*-Selektivität.

13) Die organische Phase wird so oft mit der angegebenen Menge NH_4Cl-Lösung gewaschen, bis die organische Phase nicht mehr blau gefärbt ist.

14) Erfolgt die Reinigung erst am folgenden Praktikumstag, muss das Rohprodukt im Tiefkühlfach aufbewahrt werden.

15) Diese Reaktion ergibt die Titelverbindung als Hauptkomponente eines > 95:5-*E:Z*-Gemischs. Das *Z*-Isomer kann durch Flash-Chromatographie abgetrennt werden.

16) Durch Zugabe von Iodmethan wird restliches Me_2CuLi alkyliert und dadurch die Reaktion beendet [Y. Jin, F. G. Roberts, R. M. Coates, *Org. Synth.* **2007**, *84*, 43–57 (verwenden in derselben Weise ebenfalls Iodmethan); F.-W. Sum, L. Weiler, *Can. J. Chem.* **1979**, *57*, 1431–1441 (verwenden zu demselben Zweck Iodbutan)].

17) Die Temperatur des Gemischs sollte nicht über 0°C steigen.

Literatur zu Sequenz 16:

[1] Prozedur: V. J. Davisson, A. B. Woodside, T. R. Neal, K. E. Stremler, M. Muehlbacher, C. D. Poulter, *J. Org. Chem.* **1986**, *51*, 4768–4779.

[2] S. N. Huckin, L. Weiler, *J. Am. Chem. Soc.* **1974**, *96*, 1082–1087. – R. C. D. Brown, C. J. Bataille, R. M. Hughes, A. Kenney, T. J. Luker, *J. Org. Chem.* **2002**, *67*, 8079–8085.

[3] R. C. D. Brown, C. J. Bataille, R. M. Hughes, A. Kenney, T. J. Luker, *J. Org. Chem.* **2002**, *67*, 8079–8085 (mit DMPU); M. Alderdice, C. Spino, L. Weiler, *Can. J. Chem.* **1993**, *71*, 1955–1963 (mit HMPT statt DMPU).

[4] Prozedur: M. Alderdice, C. Spino, L. Weiler, *Can. J. Chem.* **1993**, *71*, 1955–1963.

[5] Prozedur: M. Alderdice, C. Spino, L. Weiler, *Can. J. Chem.* **1993**, *71*, 1955–1963; R. C. D. Brown, C. J. Bataille, R. M. Hughes, A. Kenney, T. J. Luker, *J. Org. Chem.* **2002**, *67*, 8079–8085. – Eine detaillierte mechanistische Analyse dieses Reaktionstyps findet sich in: N. Yoshikai, E. Nakamura, *J. Am. Chem. Soc.* **2004**, *126*, 12264–12265.

[6] Prozedur: F.-W. Sum, L. Weiler, *Can. J. Chem.* **1979**, *57*, 1431–1441 (MeLi : CuI : Substrat = 4.0 : 2.0 : 1.0); K. Eis, H.-G. Schmalz, *Synthesis* **1997**, 202–206 (MeLi : CuI : Substrat = 4.4 : 1.1 : 1.0). – Eine detaillierte mechanistische Analyse dieses Reaktionstyps findet sich in: N. Yoshikai, E. Nakamura, *J. Am. Chem. Soc.* **2004**, *126*, 12264–12265.

Sequenz 17:   Darstellung von *S,S*-4-Amino-3-hydroxy-6-methylheptansäure [1) und *trans,S*-4-[*N*-(*tert*-Butoxycarbonyl)amino]-6-methyl-1-phenylhept-1-en-3-on

Labortechniken: Arbeiten mit Li-Organylen — Arbeiten mit Li-Amiden — Arbeiten mit Li-Enolaten — Arbeiten mit P-substituierten C-Nucleophilen — Arbeiten mit komplexen Metallhydriden — Arbeiten mit Schutzgruppen

17-1   *S*-2-[*N*-(*tert*-Butoxycarbonyl)amino]-*N*-methoxy-*N*-methyl-4-methylpentansäureamid [2] [1]

Reaktionstypen: Acylierung von Heteroatom-Nucleophil mit Kohlensäurederivat — Acylierung von
Heteroatom-Nucleophil mit Carbonsäurederivat

Syntheseleistung: Synthese von Weinreb-Amid

C$_{11}$H$_{21}$NO$_4$ (231.29)   C$_3$H$_5$ClO$_2$ (108.52)   C$_{13}$H$_{26}$N$_2$O$_4$ (274.36)
C$_7$H$_{15}$N (113.20)
C$_2$H$_8$ClNO (97.54)

Zu einem Gemisch aus *N,O*-Dimethylhydroxylamin-Hydrochlorid (975 mg, 10.0 mmol, 1.0 Äquiv.) und
CH$_2$Cl$_2$ (6 mL) wird *N*-Ethylpiperidin (1.17 g, 10.3 mmol, 1.03 Äquiv.) bei 2°C so zugetropft, dass die Innentemp. bei 2°C (±2°C) gehalten wird. Die Lösung wird bis zur weiteren Verwendung gekühlt.

In einem zweiten Kolben wird Boc-L-Leucin (2.31 g, 10.0 mmol) in einem Gemisch aus THF (12 mL) und
CH$_2$Cl$_2$ (45 mL) vorgelegt und auf –20°C (±2°C) gekühlt. Zu dieser Lösung wird *N*-Ethylpiperidin (1.17 g,
10.3 mmol, 1.03 Äquiv.) bei –20°C zügig zugetropft [3]. Anschließend lässt man die Lösung auf –12°C (±2)°C
erwärmen und tropft Chlorameisensäureethylester (1.09 g, 10.0 mmol, 1.0 Äquiv.) unter kräftigem Rühren zu.
Danach wird bei –12°C (±2°C) 2 min gerührt und dann das zuvor bereitete kalte Gemisch aus *N,O*-Dimethylhy-
droxylamin-Hydrochlorid und *N*-Ethylpiperidin zugetropft. Anschließend lässt man die Lösung innerhalb von
2–3 h langsam auf Raumtemp. erwärmen [4]. Die Lösung wird dann auf 5°C abgekühlt und mit wässriger HCl
(0.2 M, 2 × 13 mL) und wässriger NaOH-Lösung (0.5 M, 2 × 13 mL) extrahiert [5]. Die organische Phase wird
mit wässriger ges. NaCl-Lösung (2 × 10 mL) gewaschen, über MgSO$_4$ getrocknet und das Lösungsmittel bei
vermindertem Druck vollständig entfernt [6]. Die Titelverbindung (85–90%) wird als farbloses Öl erhalten, das
ohne weitere Reinigung in den Folgestufen (Präparat **17-2** und Präparat **17-5**) eingesetzt wird [7].

17-2   *S*-2-[*N*-(*tert*-Butoxycarbonyl)amino]-4-methylpentanal [8] [1, 2]

Reaktionstyp: Reduktion von Carbonsäurederivat zu Carbonylverbindung

Syntheseleistung: Synthese von Aldehyd

C$_{13}$H$_{26}$N$_2$O$_4$ (274.36)   LiAlH$_4$ (37.95)   C$_{11}$H$_{21}$NO$_3$ (215.29)

Eine Suspension von LiAlH$_4$ (134 mg, 3.54 mmol, 1.1-fache Molmenge) in Et$_2$O (12 mL) wird 1 h bei
Raumtemp. gerührt [9], anschließend auf –45°C gekühlt und dann eine Lösung von *S*-2-[*N*-(*tert*-Butoxycarbonyl)

amino]-*N*-methoxy-*N*-methyl-4-methylpentansäureamid (Präparat **17-1**, 883 mg, 3.22 mmol) in Et₂O (2.5 mL) tropfenweise zugesetzt [10]. Danach lässt man das Reaktionsgemisch auf +5°C erwärmen, kühlt anschließend auf –35°C und versetzt das Gemisch dann so langsam mit einer Lösung von $KHSO_4$ (776 mg, 5.70 mmol, 1.77 Äquiv.) in H_2O (2.1 mL), dass die Temp. nicht über –2°C steigt. Anschließend wird das Kältebad entfernt und das Gemisch 1 h gerührt. Danach wird das Gemisch über Celite® filtriert und das Filtermaterial mit *t*-BuOMe (3 × 5 mL) gewaschen. Die vereinigten Filtrate werden mit kalter, wässriger HCl (max. 5°C, 1 M, 3 × 3 mL), wässriger ges. $NaHCO_3$-Lösung (2 × 3 mL) und wässriger ges. NaCl-Lösung (3 mL) gewaschen und über $MgSO_4$ getrocknet. Das Lösungsmittel wird bei vermindertem Druck vollständig entfernt [11, 6]. Die Titelverbindung (80–85%) wird als blassgelbes Öl erhalten [12] und ohne weitere Reinigung in der Folgestufe (Präparat **17-3**) eingesetzt [13].

17-3   *S,S*- und 3*R*,4*S*-4-[*N*-(*tert*-Butoxycarbonyl)amino]-3-hydroxy-6-methylheptansäure-*tert*-butylester [3]

Reaktionstyp: Aldoladdition
Syntheseleistungen: Synthese von β-Hydroxycarbonsäurederivat — Synthese von 1,2-Aminoalkohol

$C_{11}H_{21}NO_3$ (215.29) $C_6H_{12}O_2$ (116.16) $C_{17}H_{33}NO_5$ (331.45)

Zu einer Lösung von *i*-Pr₂NH (329 mg, 3.25 mmol, 1.3 Äquiv.) in THF (14 mL) wird bei –20°C *n*-BuLi (Lösung in Hexan, 3.18 mmol, 1.27 Äquiv.) zugetropft. Die Lösung wird 1 h bei –20°C gerührt, dann auf –78°C gekühlt und Essigsäure-*tert*-butylester (369 mg, 3.18 mmol, 1.27 Äquiv.) tropfenweise bei –78°C zugesetzt. Danach wird das Gemisch 20 min bei –78°C gerührt und dann eine Lösung von *S*-2-[*N*-(*tert*-Butoxycarbonyl)amino]-4-methylpentanal (Präparat **17-2**, 538 mg, 2.50 mmol) in THF (2.5 mL) tropfenweise zugesetzt. Anschließend wird die Lösung 20–60 min bei –78°C gerührt und dann mit einem Gemisch aus MeOH (1.5 mL) und wässriger ges. NH₄Cl-Lösung (1.5 mL) versetzt. Man lässt das Reaktionsgemisch langsam auf Raumtemp. erwärmen und gibt dann AcOEt (30 mL) und H_2O (10 mL) zu. Die organische Phase wird abgetrennt, mit wässriger ges. NaCl-Lösung (10 mL) gewaschen und über $MgSO_4$ getrocknet. Das Lösungsmittel wird bei vermindertem Druck entfernt und der Rückstand durch Flash-Chromatographie (Eluens: Cyclohexan/AcOEt) gereinigt. Der zuerst eluierende *S,S*-4-[*N*-(*tert*-Butoxycarbonyl)amino]-3-hydroxy-6-methylheptansäure-*tert*-butylester (**17-3a**; 35–40%) wird als farbloses Öl erhalten; $[\alpha]_D^{20} = -15$ (*c* = 1.1, CHCl₃). Der 3*R*,4*S*-4-[*N*-(*tert*-Butoxycarbonyl)amino]-3-hydroxy-6-methylheptansäure-*tert*-butylester (**17-3b**; 35–40%) eluiert nachfolgend und wird ebenfalls als farbloses Öl erhalten; $[\alpha]_D^{20} = -8.7$ (*c* = 1.2, CHCl₃).

17-4   *S,S*-4-Amino-3-hydroxy-6-methylheptansäure [1] [4]

Reaktionstyp: β-Eliminierung
Syntheseleistungen: Synthese von Carbonsäure — Entschützen eines Amins

C$_{17}$H$_{33}$NO$_5$ (331.45)   C$_2$HF$_3$O$_2$ (114.02)   C$_3$H$_6$O (58.08)   C$_8$H$_{17}$NO$_3$ (175.23)
                                                                    C$_5$H$_7$F$_3$O$_3$ (172.10)

Eine Lösung von *S,S*-4-[*N*-(*tert*-Butoxycarbonyl)amino]-3-hydroxy-6-methylheptansäure-*tert*-butylester (Präparat **17-3a**, 282 mg, 851 µmol) in Trifluoressigsäure (11.5 g, 101 mmol, 119 Äquiv.) wird bei Raumtemp. 1.5 h gerührt. Das Lösungsmittel wird bei vermindertem Druck entfernt. Der Rückstand wird in MeOH (2 × 9 mL) aufgenommen und das Lösungsmittel jeweils bei vermindertem Druck entfernt. Der farblose, feste Rückstand wird mit EtOH (13 mL) und 1,2-Epoxypropan (4.60 g, 79.2 mmol, 93 Äquiv.) versetzt und unter Rückfluss erhitzt [14]. Das Lösungsmittel wird bei vermindertem Druck entfernt und der Rückstand durch Flash-Chromatographie (CH$_2$Cl$_2$/MeOH/NH$_4$OH, 6:4:1 v:v:v) gereinigt. Die Titelverbindung (60–70%) wird als farbloser Feststoff (Schmp. 197–199°C) erhalten [15].

17-5   *S*-3-[*N*-(*tert*-Butoxycarbonyl)amino]-5-methyl-2-oxohex-ylphosphonsäuredimethylester [5]

Reaktionstyp: Acylierung von C-Nucleophil mit Carbonsäurederivat
Syntheseleistung: Synthese von Phosphonsäureester

C$_{13}$H$_{26}$N$_2$O$_4$ (274.36)   C$_3$H$_9$O$_3$P (124.08)   C$_{14}$H$_{28}$NO$_6$P (337.35)

Zu einer Lösung von *i*-Pr$_2$NH (652 mg, 6.44 mmol, 2.0 Äquiv.) in THF (18 mL) wird bei –20°C *n*-BuLi (Lösung in Hexan, 6.44 mmol, 2.0 Äquiv.) zugetropft. Anschließend wird die Lösung 1 h bei –20°C gerührt, dann auf –78°C gekühlt und Methylphosphonsäuredimethylester (799 mg, 6.44 mmol, 2.0 Äquiv.) tropfenweise zugesetzt. Danach wird das Gemisch 20 min bei –78°C gerührt und dann eine Lösung von *S*-2-[*N*-(*tert*-Butoxycarbonyl)amino]-*N*-methoxy-*N*-methyl-4-methylpentansäureamid (Präparat **17-1**, 883 mg, 3.22 mmol) in THF (3 mL) tropfenweise zugesetzt. Man rührt dieses Gemisch 20–60 min bei –78°C, fügt anschließend ein Gemisch aus MeOH (2 mL) und wässriger ges. NH_4Cl-Lösung (2 mL) zu und lässt dann langsam auf Raumtemp. erwärmen. Das Gemisch wird mit AcOEt (30 mL) und H_2O (10 mL) versetzt. Die organische Phase wird abgetrennt, mit wässriger ges. NaCl-Lösung (10 mL) gewaschen, über $MgSO_4$ getrocknet und das Lösungsmittel bei vermindertem Druck vollständig entfernt[6]. Die Titelverbindung (80–85%) wird als farbloses Öl erhalten und ohne weitere Reinigung in der Folgestufe (Präparat **17-6**) eingesetzt[16].

17-6   *trans,S*-4-[*N*-(*tert*-Butoxycarbonyl)amino]-6-methyl-1-phenylhept-1-en-3-on [6]

Reaktionstyp: Stereoselektive Horner-Wadsworth-Emmons-Reaktion
Syntheseleistung: Synthese von α,β-ungesättigtem Keton

$C_{14}H_{28}NO_6P$ (337.35)   ClLi (42.39) $C_{19}H_{27}NO_3$ (317.42)
                                 $C_9H_{16}N_2$ (152.24)
                                 C_7H_6O (106.12)

Eine Suspension von Lithiumchlorid[17] (91.6 mg, 2.16 mmol, 1.2 Äquiv.) in Acetonitril (22 mL) wird bei Raumtemp. nacheinander mit *S*-3-[*N*-(*tert*-Butoxycarbonyl)amino]-5-methyl-2-oxohexylphosphonsäuredime-thylester (Präparat **17-5**, 729 mg, 2.16 mmol, 1.2 Äquiv.), 1,8-Diazabicyclo[5.4.0]undec-7-en (DBU, 274 mg, 1.80 mmol, 1.0 Äquiv.) und Benzaldehyd (191 mg, 1.80 mmol) versetzt und bei Raumtemp. gerührt[18]. Danach wird dem Reaktionsgemisch *t*-BuOMe (30 mL) und H_2O (8 mL) zugefügt. Die organische Phase wird abgetrennt und die wässrige Phase mit *t*-BuOMe (2 × 15 mL) extrahiert. Die vereinigten organischen Phasen werden mit wässriger ges. NaCl-Lösung (10 mL) gewaschen und über $MgSO_4$ getrocknet. Das Lösungsmittel wird bei vermindertem Druck entfernt und der Rückstand durch Flash-Chromatographie (Eluens: Cyclohexan/AcOEt) gereinigt. Die Titelverbindung (65–70%) wird als farbloses Öl erhalten.

Anmerkungen:
1) *S,S*-4-Amino-3-hydroxy-6-methylheptansäure („*S,S*-Statin") liegt als Zwitterion *S,S*-4-Ammonio-3-hydroxy-6-methyl-heptanoat vor.
2) *N*-Boc-L-Leucin-Weinreb-Amid.
3) Während der Zugabe darf die Innentemp. bereits ansteigen, aber –12°C (± 2°C) nicht überschreiten.
4) Alternativ kann man die Lösung auch über Nacht auf Raumtemp. erwärmen lassen; hierzu muss man das Kältebad am Ende des Praktikumstags ggf. noch einmal erneuern.
5) Während der Extraktion sollte die Temp. der organischen Phase 5–15°C betragen; die wässrigen Lösungen müssen aus diesem Grund vorgekühlt werden.
6) Die letzten Lösungsmittelreste werden im Vakuum (<0.1 mbar) entfernt.
7) Die Reinheit des Rohprodukts beträgt ca. 95–99%. Es sollte unbedingt ein ^{1}H-NMR-Spektrum gemessen und damit die Verbindung charakterisiert werden; $[\alpha]_D^{23}$ = –24 bis –25 (c = 1.2, MeOH).
8) *N*-Boc-L-Leucinal.
9) Durch das Rühren wird das $LiAlH_4$ in Et_2O anteilig gelöst und anteilig zu „Körnchen" mit einer größeren spezifischen Oberfläche als zu Anfang zerkleinert.

10) Während der Zugabe sollte die Innentemp. nicht über –40°C steigen.

11) Die Temp. des Wasserbads darf max. 25°C betragen.

12) Die Titelverbindung racemisiert bei Raumtemp. Aus diesem Grund sollte die Folgestufe (Präparat **17-3**) zeitnah durchgeführt und die Titelverbindung bis zur weiteren Umsetzung unterhalb von –30°C aufbewahrt werden; bei dieser Temp. beobachtet man nach 9 Tagen Lagerung bis zu 5% Racemisierung (K. E. Rittle, C. F. Homnick, G. S. Ponticello, B. E. Evans, *J. Org. Chem.* **1982**, *47*, 3016–3018).

13) Die Reinheit des Rohprodukts beträgt ca. 95–99%. Es sollte unbedingt ein ^{1}H-NMR-Spektrum gemessen und damit die Verbindung charakterisiert werden; $[\alpha]_D^{23} = -49$ bis -51 ($c = 1.32$, MeOH).

14) Die Reaktionszeit kann variieren, weshalb hier ausdrücklich auf die Notwendigkeit einer dünnschichtchromatographischen Reaktionskontrolle hingewiesen wird.

15) Das ^{1}H-NMR-Spektrum sollte in Methanol-d$_4$ gemessen werden. – $[\alpha]_D^{20} = -18$ ($c = 0.5$, H$_2$O); dieser Drehwert ist allerdings abhängig von der Enantiomerenreinheit des Aldehyds, der zur Darstellung von Präparat **17-3a** eingesetzt wurde.

16) Auf eine Reinigung durch Flash-Chromatographie sollte verzichtet werden, weil die Titelverbindung im Kontakt mit Kieselgel anteilig racemisiert. Es sollte nichtsdestoweniger unbedingt ein ^{1}H-NMR-Spektrum gemessen und damit die Verbindung charakterisiert werden; $[\alpha]_D^{20} = -45$ bis -50 ($c = 1.0$, MeOH).

17) Zuvor aus MeOH umkristallisieren und über Nacht im Vakuum (0.5 mbar) bei 140°C trocknen!

18) Die Reaktionszeit beträgt ca. 3 h, kann aber variieren, weshalb auch hier ausdrücklich auf die Notwendigkeit einer dünnschichtchromatographischen Reaktionskontrolle hingewiesen wird. Die Reaktion sollte erst beendet werden, wenn (fast) kein Edukt mehr zu detektieren ist.

Literatur zu Sequenz 17:

[1] O. P. Goel, U. Krolls, M. Stier, S. Kesten, *Org. Synth. Coll. Vol. VIII*, **1993**, 68–71.

[2] J.-A. Fehrentz, B. Castro, *Synthesis* **1983**, 676–678. – H. Konno, E. Toshiro, N. Hinoda, *Synthesis* **2003**, 2161–2164.

[3] Prozedur: Y. Ohfune, H. Nishio, *Tetrahedron Lett.* **1984**, *25*, 4133–4136; R. Zibuck, J. M. Streiber, *J. Org. Chem.* **1989**, *54*, 4717–4719; J. E. Baldwin, M. G. Moloney, A. F. Parsons, *Tetrahedron* **1990**, *46*, 7263–7282; R. D. Walkup, S. Woong Kim, S. D. Wagy, *J. Org. Chem.* **1993**, *58*, 6486–6490.

[4] Prozedur: J. M. Andrés, R. Pedrosa, A. Pérez, A. Pérez-Encabo, *Tetrahedron* **2001**, *57*, 8521–8530.

[5] M.-N. Dufour, P. Jouin, P. Poncet, A. Pantaloni, B. Castro, *J. Chem. Soc., Perkin Trans. 1* **1986**, 1895–1899. – D. Lucet, T. Le Gall, C. Mioskowski, O. Ploux, A. Marquet, *Tetrahedron: Asymmetry* **1996**, *7*, 985–988.

[6] Prozedur: M. A. Blanchette, W. Choy, J. R. Davis, A. P. Essenfeld, S. Masamune, W. R. Roush, R. Sakai, *Tetrahedron Lett.* **1984**, *25*, 2183–2186.

Sequenz 18:   Darstellung von *cis*- bzw. *trans*-1-(3,4,5-Tri-methoxyphenyl)but-1-en

Labortechniken: Arbeiten mit Edelmetall-Heterogenkatalysatoren — Arbeiten mit Na- oder K-Ami-den — Arbeiten mit elementarem Wasserstoff — Arbeiten mit Wasserstoffperoxid — Arbeiten mit den Oxidantien von Redoxkondensationen nach Mukaiyama oder verwandten Reaktionen

18-1   3,4,5-Trimethoxybenzoylchlorid [1]

Reaktionstyp: Acylierung von Heteroatom-Nucleophil mit Carbonsäurederivat
Syntheseleistung: Synthese von Carbonsäurechlorid

$C_{10}H_{12}O_5$ (212.20) $SOCl_2$ (118.97) $C_{10}H_{11}ClO_4$ (230.64)

Ein Gemisch aus 3,4,5-Trimethoxybenzoesäure (4.24 g, 20.0 mmol) und Thionylchlorid (7.14 g, 60.0 mmol, 3.0 Äquiv.) wird 3 h unter Rückfluss erhitzt. Das überschüssige Thionylchlorid wird abdestilliert und der feste Rückstand im Vakuum fraktionierend destilliert (Sdp. $_{1\,mbar}$ 112–115°C) [1,2]. Die Titelverbindung (90–95%) wird als farbloser Feststoff (Schmp. 80–82°C) erhalten.

18-2   3,4,5-Trimethoxybenzaldehyd [2]

Reaktionstyp: Rosenmund-Reduktion
Syntheseleistung: Synthese von Aldehyd

$C_{10}H_{11}ClO_4$ (230.64)   Pd (106.42) $C_{10}H_{12}O_4$ (196.20)

Das Reaktionsgefäß einer Hydrierapparatur [3] wird mit Toluol (100 mL), wasserfreiem Natriumacetat [4] (4.43 g, 54.0 mmol, 3.0 Äquiv.), wasserfreiem Palladium auf Aktivkohle [5] (10% Pd, 750 mg, 75.0 mg Pd, 705 μmol, 3.9 Mol-%), 3,4,5-Trimethoxybenzoylchlorid [6] (Präparat **18-1**, 4.15 g, 18.0 mmol) und „Chinolin S" (0.23 mL) [7] beschickt, mit der Hydrierapparatur verbunden und dreimal mit H_2 (3.5 bar) gespült. Das Gemisch wird bei einem H_2-Druck von 3.5 bar 16 h bei Raumtemp. geschüttelt. Das Reaktionsgemisch wird dann über Celite® filtriert und das Filtermaterial mit Toluol (20 mL) gewaschen. Die vereinigten Filtrate werden mit wässriger Na_2CO_3-Lösung (5%ig, 20 mL) und H_2O (15 mL) gewaschen und über Na_2SO_4 getrocknet. Das Lösungsmittel wird bei vermindertem Druck entfernt und der Rückstand im Vakuum fraktionierend destilliert (Sdp.$_{0.5\,mbar}$ 126–128°C) [1]. Die Titelverbindung (70–80%) wird als farbloser Feststoff (Schmp. 74–75°C) erhalten.

18-3   *cis*-1-(3,4,5-Trimethoxyphenyl)but-1-en [8] [3]

Reaktionstyp: Stereoselektive Wittig-Reaktion
Syntheseleistung: Synthese von Olefin

C$_{10}$H$_{12}$O$_4$ (196.20)   C$_{21}$H$_{22}$BrP (385.28)   C$_{13}$H$_{18}$O$_3$ (222.28)

Zu einer Suspension von Triphenylpropylphosphoniumbromid (2.89 g, 7.50 mmol, 1.5 Äquiv.) in THF (22 mL) wird Natriumbis(trimethylsilyl)amid [9, 10] (NaHMDS, Lösung in THF, 7.00 mmol, 1.4 Äquiv.) gegeben und 10 min bei Raumtemp. gerührt. Die leuchtend rote [11] Lösung wird auf –78°C gekühlt und eine Lösung von 3,4,5-Trimethoxybenzaldehyd (Präparat **18-2**, 981 mg, 5.00 mmol) in THF (3 mL) langsam zugetropft. Anschließend wird die Lösung 15 min bei –78°C gerührt. Danach lässt man die Lösung zusammen mit dem Kältebad langsam auf Raumtemp. erwärmen. Nach Zugabe von H$_2$O (25 mL) und Petrolether (Sdp. 30–50°C, 20 mL) wird die organische Phase abgetrennt und die wässrige Phase mit Petrolether (Sdp. 30–50°C, 3 × 20 mL) extrahiert. Die vereinigten organischen Phasen werden mit wässriger ges. NaCl-Lösung (15 mL) gewaschen und über MgSO$_4$ getrocknet. Das Lösungsmittel wird bei vermindertem Druck entfernt und der Rückstand durch Flash-Chromatographie (Eluens: Cyclohexan/AcOEt) gereinigt. Die Titelverbindung (85–90%) wird als farbloses Öl erhalten.

18-4   (1-Phenyl-1*H*-1,2,3,4-tetrazol-5-yl)propylsulfid [4, 5]

Reaktionstypen: Alkylierung von Heteroatom-Nucleophil — Redoxkondensation nach Mukaiyama
Syntheseleistung: Synthese von Sulfid

C$_3$H$_8$O (60.10)   C$_8$H$_{14}$N$_2$O$_4$ (202.21)   C$_{10}$H$_{12}$N$_4$S (220.29)
                            C$_{18}$H$_{15}$P (262.29)
                            C$_7$H$_6$N$_4$S (178.21)

Zu einer Lösung von 1-Phenyl-1*H*-tetrazol-5-thiol (936 mg, 5.25 mmol, 1.05 Äquiv.) und Propan-1-ol (301 mg, 5.00 mmol) in THF (20 mL) wird Triphenylphosphan (1.38 g, 5.25 mmol, 1.05 Äquiv.) gegeben. Die Lösung wird auf 0°C gekühlt und Diisopropylazodicarboxylat (1.06 g, 5.25 mmol, 1.05 Äquiv.) bei 0°C tropfenweise zugegeben. Anschließend rührt man das Gemisch 20 min bei 0°C, lässt danach langsam auf Raumtemp. erwärmen und rührt 2 h bei Raumtemp. Das Lösungsmittel wird bei vermindertem Druck entfernt und der Rückstand durch Flash-Chromatographie (Eluens: Cyclohexan/AcOEt) gereinigt. Die Titelverbindung (80–90%) wird als farblose, hochviskose Flüssigkeit erhalten.

18-5   (1-Phenyl-1*H*-1,2,3,4-tetrazol-5-yl)propylsulfon [4]

Reaktionstyp: Oxidation von Sulfid zu Sulfon
Syntheseleistung: Synthese von Sulfon

$C_{10}H_{12}N_4S$ (220.29) $H_{24}Mo_7N_6O_{24} \cdot 4\ H_2O$ $C_{10}H_{12}N_4O_2S$ (252.29)
                                                      (1235.86)

Zu einer Lösung von (1-Phenyl-1*H*-1,2,3,4-tetrazol-5-yl)propylsulfid (Präparat **18-4**, 881 mg, 4.00 mmol) in EtOH (20 mL) wird bei Raumtemp. eine Lösung von Ammoniumheptamolybdat-Tetrahydrat (49.4 mg, 40.0 µmol, 1.0 Mol-%) in H_2O_2 (30%ig in H_2O, 4.54 g, 40.0 mmol, 10 Äquiv.) langsam zugetropft. Anschlie-ßend wird die Lösung 2–14 h [12] bei Raumtemp. gerührt und danach mit *t*-BuOMe (30 mL) und H_2O (25 mL) versetzt. Die organische Phase wird abgetrennt und die wässrige Phase mit *t*-BuOMe (3 × 20 mL) extrahiert. Die vereinigten organischen Phasen werden mit einer Lösung von $Na_2S_2O_3$ (6.3 g) in H_2O (20 mL) [13] und wässriger ges. NaCl-Lösung (15 mL) gewaschen und über $MgSO_4$ getrocknet. Das Lösungsmittel wird bei vermindertem Druck entfernt und der Rückstand durch Flash-Chromatographie (Eluens: Cyclohexan/AcOEt) gereinigt. Die Titelverbindung (70–75%) wird als farbloser Feststoff erhalten.

18-6   *trans*-1-(3,4,5-Trimethoxyphenyl)but-1-en [5]

Reaktionstyp: Stereoselektive Julia-Kocienski-Olefinierung
Syntheseleistung: Synthese von Olefin

$C_{10}H_{12}O_4$ (196.20) $C_{10}H_{12}N_4O_2S$ (252.29) $C_{13}H_{18}O_3$ (222.28)

Zu einer Lösung von (1-Phenyl-1*H*-1,2,3,4-tetrazol-5-yl)propylsulfon (Präparat **18-5**, 656 mg, 2.60 mmol) in THF (4 mL) wird bei –78°C Kaliumbis(trimethylsilyl)amid (KHMDS, Lösung in Toluol, 2.86 mmol,

1.1 Äquiv.) sehr langsam zugetropft. Die orange-gelbe Lösung wird danach 10 min bei –78°C gerührt und dann eine Lösung von 3,4,5-Trimethoxybenzaldehyd (Präparat **18-2**, 765 mg, 3.90 mmol, 1.5 Äquiv.) in THF (3 mL) bei –78°C tropfenweise zugegeben. Anschließend rührt man 4 h bei –78°C und lässt das Reaktionsgemisch dann zusammen mit dem Kältebad langsam auf Raumtemp. erwärmen. Die Lösung wird mit *t*-BuOMe (10 mL) und H$_2$O (5 mL) versetzt. Die organische Phase wird abgetrennt und die wässrige Phase mit *t*-BuOMe (3 × 8 mL) extrahiert. Die vereinigten organischen Phasen werden mit H$_2$O (8 mL) und wässriger ges. NaCl-Lösung (8 mL) gewaschen und über MgSO$_4$ getrocknet. Das Lösungsmittel wird bei vermindertem Druck entfernt und der Rückstand durch Flash-Chromatographie (Eluens: Cyclohexan/AcOEt) gereinigt. Die Titelverbindung (80–90%) wird als farbloses Öl erhalten.

Anmerkungen:
1) *Vorsicht:* Die Titelverbindung ist ein Feststoff. Verfestigt sich das Produkt während der Destillation im Kühler, besteht die *Gefahr einer Druckerhöhung durch Arbeiten in einer geschlossenen Apparatur*! In diesem Fall erwärmt man den Kühlmantel (zuvor Kühlwasser abstellen!) vorsichtig mit einem Heißluftgebläse, bis der Feststoff flüssig geworden ist.
2) Die Destillation ist dem Umkristallisieren vorzuziehen, weil in der Folgestufe kleinste Mengen 3,4,5-Trimethoxybenzoesäure stören. Nach dem Umkristallisieren muss deshalb beim Absaugen der Kristalle unter Gewährleistung von absolutem Feuchtigkeitsausschluss [d. h. mit Umkehrfritte, Inertgas-Strom (Details siehe Seite 63)] gearbeitet werden.
3) Z. B. Parr®-Hydrierapparat Modell 3911 („Schüttel-Hydrierapparatur"; bis max. 4.1 bar zugelassen) mit glasfaserummanteltem Glasreaktionsgefäß.
4) Wasserfreies Natriumacetat muss zuvor 48 h im Vakuum bei 115°C getrocknet werden. Bei der Verwendung von weniger als 3 Äquiv. Natriumacetat verringert sich die Ausbeute erheblich.
5) *Vorsicht:* Wasserfreies Palladium auf Aktivkohle ist *pyrophor*.
6) Das verwendete 3,4,5-Trimethoxybenzoylchlorid, das auch im Handel angeboten wird, darf *keine* 3,4,5-Trimethoxybenzoesäure enthalten, weil diese die Reduktion behindert. Die Reinheit kann in einem ^{13}C-NMR-Spektrum (100 MHz) überprüft werden: δ = 167.56 ppm (Carboxylkohlenstoff des Carbonsäurechlorids) bzw. δ = 171.98 ppm (Carboxylkohlenstoff der Carbonsäure).
7) Darstellung von „Chinolin S" [Chinolin/Schwefel-Katalysatorgift (J. W. Williams, *Org. Synth. Coll. Vol. III*, **1955**, 626–631)]: Ein Gemisch aus Chinolin (600 mg) und Schwefel (100 mg) wird 5 h unter Rückfluss erhitzt. Die dunkelbraune Lösung wird dann mit getrocknetem Xylol (7.0 mL) verdünnt.
8) Diese Reaktion kann auch in Anlehnung an M. Schlosser und B. Schaub (*Chimia* **1982**, *36*, 396–397) mit Triphenylpropylphosphoniumbromid/Natriumamid-Gemisch („Instand-Ylid") durchgeführt werden.
9) Natriumbis(trimethylsilyl)amid ist als 1 M Lösung im Handel, kann aber auch nach einer Vorschrift von U. Wannagat und H. Niederprüm (*Chem. Ber.* **1961**, *94*, 1540–1547) selbst hergestellt werden.
10) Die Konzentration einer Natriumbis(trimethylsilyl)amid-Lösung kann durch Titration mit Benzyl(4-phenylbenzyliden)amin bestimmt werden (L. Duhamel, J.-C. Plaquevent, *J. Organomet. Chem.* **1993**, *448*, 1–3).
11) Das leuchtende Rot zeigt an, dass sich das Ylid gebildet hat.
12) Die Reaktionszeit kann variieren, weshalb hier ausdrücklich auf die Notwendigkeit einer dünnschichtchromatographischen Reaktionskontrolle hingewiesen wird.
13) *Vorsicht:* Diese Maßnahme dient zur Vernichtung von überschüssigem H$_2$O$_2$. Mit der Aufarbeitung darf erst fortgefahren werden, wenn ein Peroxid-Test negativ ausgefallen ist.

Literatur zu Sequenz 18:
[1] U. Azzena, T. Denurra, G. Melloni, G. Rassu, *J. Chem. Soc., Chem. Commun.* **1987**, 1549–1550.
[2] I. Rachlin, H. Gurien, D. P. Wagner, *Org. Synth. Coll. Vol. VI*, **1988**, 1007–1009.
[3] In Anlehnung an: C. Sreekumar, K. P. Darst, W. C. Still, *J. Org. Chem.* **1980**, *45*, 4260–4262; S. Jeganathan, M. Tsukamoto, M. Schlosser, *Synthesis* **1990**, 109–111.
[4] Prozedur: M. Seki, K. Mori, *Eur. J. Org. Chem.* **2001**, 503–506.
[5] Prozedur: P. R. Blakemore, W. J. Cole, P. J. Kocieński, A. Morley, *Synlett* **1998**, 26–28.

Kapitel 4

Reaktionen mit Boranen

Sequenz 19: **Darstellung von (1S,2S,3S,5R)-2,6,6-Trimethyl-bicyclo[3.1.1]heptan-3-ol und (1S,2S,3S,5R)-3-Amino-2,6,6-trimethylbicyclo-[3.1.1]heptan** [1)]

Labortechniken: Arbeiten mit Boran oder Alkylboranen — Arbeiten mit komplexen Metall-hydriden — Arbeiten mit Wasserstoffperoxid — Arbeiten mit Hydroxylamin

19-1   (1*S*,2*S*,3*S*,5*R*)-2,6,6-Trimethylbicyclo[3.1.1]hept-an-3-ol [1, 2] [1]

Reaktionstypen: Diastereoselektive Hydroborierung — anti-Markownikow-Hydratisierung von Olefinen

Syntheseleistung: Synthese von Alkohol

80% ee
$C_{10}H_{16}$ (136.23)

$BH_3 \cdot SMe_2$;
C_2H_9BS (75.97)

$\left(\right)_2$
+ *meso*-Isomer

wenig

80% ee

„93% ee"

MeOH;
H_2O_2, NaOH

93% ee
$C_{10}H_{18}O$ (154.25)

19-1

Zu einer Lösung von Boran-Dimethylsulfid-Komplex (94% in Me_2S, 485 mg, 6.00 mmol, 0.5-fache Molmenge) in THF (2.4 mL) wird bei 0°C zuvor frisch destilliertes *S*-(–)-α-Pinen [3] (1.64 g, 12.0 mmol) so zugetropft, dass die Temp. nicht über 3°C steigt (ca. 10–15 min). Anschließend wird die Lösung 3.5 h bei 0°C gerührt [4]. Dimethylsulfid und THF werden bei Raumtemp. im Vakuum entfernt [5]. Der trockene, farblose Rückstand wird bei Raumtemp. in THF (10 mL) aufgenommen und unter Rühren mit weiterem *S*-(–)- α-Pinen (frisch destilliert, 245 mg, 1.80 mmol, 0.15 Äquiv.) versetzt. Die Lösung wird anschließend unter einer Inertgas-Atmosphäre 3 Tage im Kühlschrank bei 4°C aufbewahrt [6].

Danach wird die Lösung in einem Eisbad gekühlt und langsam [7] getrocknetes MeOH (0.5 mL) zugetropft. Nach der Methanolyse wird die Lösung mit wässriger NaOH-Lösung (3 M, 2.2 mL, 6.6 mmol, 1.1 Äquiv. bezogen auf $BH_3 \cdot SMe_2$) in einer Portion versetzt [8]. Unter kräftigem Rühren wird H_2O_2 (30%ige wässrige Lösung, 1.6 mL) so langsam zu der Lösung getropft, dass die Temp. des Reaktionsgemischs 35°C (± 3°C) beträgt [9]. Anschließend wird das Gemisch 1 h bei 50–55°C [10] gerührt und danach auf Raumtemp. abgekühlt. Die wässrige Phase wird mit NaCl gesättigt und dann *t*-BuOMe (5 mL) zugesetzt. Die organische Phase wird abgetrennt und die wässrige Phase mit *t*-BuOMe (2 × 10 mL) extrahiert. Die vereinigten organischen Phasen werden über K_2CO_3 getrocknet, und das Lösungsmittel wird bei vermindertem Druck entfernt. Nach einer Kugelrohr-Destillation (85–100°C Ofentemp., 0.1 mbar) [11] des Rückstands wird die Titelverbindung (70–80%) als farbloser Feststoff (Schmp. 49–55°C) erhalten; $[\alpha]_D^{20} = +27.8$ (c = 0.8, $CHCl_3$).

19-2 (1*S*,2*S*,3*S*,5*R*)-3-Amino-2,6,6-trimethylbicyclo[3.1.1]-heptan [1] [2]

Reaktionstypen: Diastereoselektive Hydroborierung — anti-Markownikow-Aminierung von Olefinen

Syntheseleistung: Synthese von Amin

80% *ee*   + *meso*-Isomer   80% *ee*

                                                                                      19-2

C$_{10}$H$_{16}$ (136.23)   NaBH$_4$ (37.83)   NH$_2$SO$_4$H (113.09)   C$_{10}$H$_{19}$N (153.26)

                           C$_4$H$_{10}$BF$_3$O (141.93)

Ein Gemisch aus NaBH$_4$ (303 mg 8.00 mmol, 0.4-fache Molmenge) und Diethylenglykoldimethylether [12] (10 mL) wird bei 0°C mit *S*-(–)-α-Pinen (frisch destilliert, 2.73 g, 20.0 mmol) [3] versetzt und danach BF$_3$•OEt$_2$ (1.56 g, 11.0 mmol, 0.55-fache Molmenge) innerhalb von 15 min zugetropft [13]. Anschließend wird das Eisbad entfernt und das Gemisch bei Raumtemp. 1.5 h gerührt. Zu dem Reaktionsgemisch wird eine Lösung von Hydroxylamin-*O*-sulfonsäure [14] (2.49 g, 22.0 mmol, 1.1 Äquiv.) in Diethylenglykoldimethylether [12] (15 mL) *langsam* [15] zugetropft. Anschließend wird bei 100°C (Ölbadtemp.) 2–3 h gerührt. Das Gemisch wird auf Raumtemp. abgekühlt, konz. HCl (15 mL) zugetropft, mit H$_2$O (140 mL) verdünnt und mit *t*-BuOMe (2 × 25 mL) gewaschen. Die wässrige Phase wird durch Zugabe von festem NaOH (ca. 10 g) alkalisch gemacht und mit *t*-BuOMe (3 × 40 mL) extrahiert. Die vereinigten Extrakte werden über Na$_2$SO$_4$ getrocknet und das Trockenmittel abfiltriert. Das Filtrat wird im Eisbad gekühlt, eine Lösung von Phosphorsäure (85%ig, 1.20 g, 10.0 mmol, 0.5 Äquiv.) in EtOH (10 mL) zugetropft und 30 min gerührt. Der Niederschlag wird abgesaugt, in H$_2$O (30 mL) aufgenommen und unter Rückfluss erhitzt [16]. Die Lösung wird heiß filtriert, das aus dem Filtrat ausgefallene Phosphatsalz der Titelverbindung abgesaugt und im Vakuum getrocknet (Ausbeute: 35–40%, Schmp. 275–280°C unter Zersetzung) [17]. Das Phosphatsalz der Titelverbindung wird in wässriger NaOH-Lösung (3 M, 3.0 Äquiv.) gelöst und die Lösung dann mit *t*-BuOMe (3 × 40 mL) extrahiert. Die vereinigten organischen Phasen werden über Na$_2$SO$_4$ getrocknet. Nach Entfernen des Lösungsmittels bei vermindertem Druck wird die Titelverbindung (93%, bezogen auf das eingesetzte Phosphat-Salz) als farblose Flüssigkeit (Sdp.$_{17\,mbar}$ 81–85°C) erhalten; $[\alpha]_D^{20} = +35.4$ ($c = 1.16$, CHCl$_3$).

Anmerkungen:

1) (1*S*,2*S*,3*S*,5*R*)-2,6,6-Trimethylbicyclo[3.1.1]heptan-3-ol = (+)-Isopinocampheol; (1*S*,2*S*,3*S*,5*R*)-3-Amino-2,6,6-trimethylbicyclo[3.1.1]heptan = (+)-Isopinocampheylamin.

2) In der Originalliteratur [1] wird *R*-(+)-α-Pinen statt *S*-(–)-α-Pinen verwendet.

3) Es ist lehrreich, *S*-(–)-α-Pinen von „technischer Qualität" einzusetzen, also Material mit lediglich 80% *ee* und $[\alpha]_D^{20} = -41$ (unverdünnt). Man erhält das Präparat **19-1** natürlich mit einer höheren Enantiomerenreinheit (97% *ee*), wenn man *S*-(–)-α-Pinen „purum" einsetzt (*ee* = 97%) und sich den Diisopinocampheylboran-Isomerisierungsschritt erspart.

4) Nach etwa 2 h Rühren bildet sich ein farbloser Niederschlag. Er besteht zu wahrscheinlich 81% aus (+)-Diisopinocampheylboran [siehe Anmerkung 6, Absatz (A)].

5) *Beachten:* Alle verwendeten Reagenzien sind extrem feuchtigkeitsempfindlich. Zum Entfernen des Dimethylsulfids und des THF wird daher der Schlenk-Kolben, in dem man die Umsetzung zweckmäßigerweise durchführt, über einen

Inertgas/Vakuum-Wechselrechen, der wiederum an eine Kühlfalle (gekühlt mit flüssigem N_2) angeschlossen ist, mit einer Drehschieber-Vakuumpumpe verbunden. Durch vorsichtiges Anlegen eines Vakuums bei Raumtemp. wird das Lösungsmittel entfernt und in der Kühlfalle ausgefroren. Im Reaktionskolben bleibt ein trockener, farbloser Feststoff zurück. Der Reaktionskolben wird anschließend mit N_2 belüftet.

6) Das Formelschema macht nicht transparent, worauf die scheinbar wundersame *ee*-Zunahme des (+)-Diisopinocampheylborans von zunächst 80% auf nun 93% *ee* beim Einwirken einer kleinen Menge *S*-(–)-α-Pinens beruht. Die diesbezüglichen Beobachtungen wurden peu à peu angestellt (H. C. Brown, M. C. Desai, P. K. Jadhav, *J. Org. Chem.* **1982**, *47*, 5065–5069; H. C. Brown, B. Singaram, *J. Org. Chem.* **1984**, *49*, 945–947; H. C. Brown, N. N. Joshii, *J. Org. Chem.* **1988**, *53*, 4059–4062), aber weil man ihnen nicht wirklich auf den Grund ging, ist die folgende Interpretation nicht rundum abgesichert:

(A) Die anfängliche Hydroborierung von 2 Äquiv. *S*-(–)-α-Pinen, das 80% *ee* besitzt und folglich ein 90:10-Gemisch aus dem *S*- und dem *R*-Enantiomer darstellt, erfolgt unter kinetischer Kontrolle. Das dürfte derart geschehen, dass die Konfiguration des mit 80% *ee* gebildeten Monoisopinocampheylboran-Zwischenprodukts irrelevant dafür ist, ob bei der Weiterreaktion zu Diisopinocampheylboran *S*-konfiguriertes α-Pinen angegriffen wird (mit 90% Wahrscheinlichkeit) oder *R*-konfiguriertes α-Pinen (mit 10% Wahrscheinlichkeit). Anders ausgedrückt geht man davon aus, dass im zweiten Hydroborierungsschritt keine „gegenseitige chirale Erkennung" auftritt und mithin keine „gegenseitige kinetische Racematspaltung" stattfindet. (Wer Aufschluss darüber gewinnen will, unter welchen Voraussetzungen ein chirales Boran, das nicht enantiomeren*rein* ist, ein chirales Olefin, das ebenfalls nicht enantiomeren*rein* ist, aufgrund einer gegenseitigen chiralen Erkennung diastereoselektiv hydroboriert, findet z. B. im Kap. 3.4.3 des Lehrbuchs „*Reaktionsmechanismen – Organische Reaktionen, Stereochemie, moderne Synthesemethoden*" von R. Brückner eine Antwort.) Unter diesen Bedingungen kommt es also zu einer statistischen Verteilung der spiegelbildlich konfigurierten Isopinocampheylreste im Hydroborierungs-Endprodukt, d. h. zur Bildung von 81.0% (+)-Diisopinocampheylboran, 18.0% *meso*-Diisopinocampheylboran und 1.0% (–)-Diisopinocampheylboran. Diese Zusammensetzung sollte das Diisopinocampheylboran haben, das nach dem Entfernen von Dimethylsulfid und THF vorliegt. Würde man – entgegen der Vorschrift – dieses Material mit H_2O_2/NaOH oxidieren, entstünden aus 81 Teilen (+)-Diisopinocampheylboran 162 Teile (+)-Isopinocampheol, aus 18 Teilen *meso*-Diisopinocampheylboran 18 Teile (+)- und 18 Teile (–)-Isopinocampheol und aus 1 Teil (–)-Diisopinocampheylboran 2 Teile (–)-Isopinocampheol; das entspräche der Bildung von (+)-Isopinocampheol mit 80% *ee*.

(B) Der zweite Hydroborierungsschritt ist bei 4°C auf der Zeitskala mehrerer Tage reversibel. (+)-, *meso*- und (–)-Diisopinocampheylboran dissoziieren dann also zu Monoisopinocampheylboran und Pinen, und die letzteren Komponenten treten wieder zu Diisopinocampheylboranen zusammen. Wenn bei dieser Rückreaktion ein α-Pinenmolekül angegriffen wird, dem die entgegengesetzte Konfiguration zukommt wie dem zuvor abdissoziierten, enthält das neu gebildete Diisopinocampheylboranmolekül „der zweiten Generation" *einen* anders konfigurierten Isopinocampheylrest als sein Vorläufer. Dieses sekundär gebildete ist Diisopinocampheylboranmolekül folglich ein *Diastereomer* seines Vorläufers. Unterläge ein derartiges „sekundär gebildetes" Diisopinocampheylboranmolekül der Abdissoziation seines verbliebenen Original-Isopinocampheylrests und griffe das gleichzeitig gebildete Monoisopinocampheylboranmolekül ein *Enantiomer* des abdissoziierten Pinenmoleküls an, entstünde ein Diisopinocampheylboranmolekül „der dritten Generation". Dieses enthält *zwei* anders konfigurierte Isopinocampheylreste im Vergleich zu seinem Vor-Vorläufermolekül. Folglich ist solch ein Diisopinocampheylboran entweder dasselbe Stereoisomer wie der Vor-Vorläufer (und zwar *meso*-Diisopinocampheylboran), oder es ist das Enantiomer des Vor-Vorläufers (nämlich dann, wenn es chiral ist). *Es können sich unter den geschilderten Voraussetzungen mit anderen Worten alle Stereoisomere des Diisopinocampheylborans ineinander umwandeln.* Das geschieht um so rascher, je wahrscheinlicher ist, dass bei jedem Dissoziations/Hydroborierungs-Prozess ein anderes Pinenmolekül inkorporiert wird als dasjenige, das gerade freigesetzt wurde; *aus diesem Grund unterliegt diese Stereoisomerisierung einer Katalyse durch das neuerlich zugesetzte Pinen!*

Die Umwandelbarkeit aller Diisopinocampheylboran-Stereoisomere ineinander erklärt allerdings nicht per se, warum die nach 3 Tagen vorgenommene H_2O_2/NaOH-Oxidation des gesamten Diisopinocampheylborans – also nicht nur des ausgefallenen Materials, sondern auch des gelösten – (+)-Isopinocampheol von 93% *ee* ergibt: Ein Molekül (+)-Isopinocampheol geht ja aus einem Molekül (–)-Pinen hervor und ein Molekül (–)-Isopinocampheol aus einem Molekül (+)-Pinen. Das anfängliche 90:10-Verhältnis der (–)- und (+)-Pinenbausteine verändert sich aber nicht, wenn diese lediglich zwischen (+)- und (–)-Diisopinocampheylboran und *meso*-Diisopinocampheylboran umverteilt werden. Erst die Tatsache, dass die gegenseitige Umwandlung der Diisopinocampheylboran-Stereoisomere damit einhergeht, dass *zusätzlich angebotene (–)-Pinenmoleküle im Austausch gegen einen Teil der ursprünglich inkorporierten (+)-Pinenmoleküle eingebaut* werden, erklärt die *ee*-Erhöhung des daraus hervorgehenden (+)-Isopinocampheols (auf 93% *ee*). Der *ee* der im Gleichgewicht befindlichen 0.15 Äquiv. (–)-Pinens *sinkt* also kompensatorisch (auf <81%). Dass das Mengenverhältnis von (–)- zu (+)-Pinenbausteinen im Hydroborierungsprodukt demzufolge größer ist als das Mengenverhältnis von (–)- zu (+)-Pinen in der Lösung, beruht auf der Heterogenität des Reaktionsgemischs: Das Diisopinocampheylboran ist zum weitaus größten Teil ungelöst und kristallisiert offenbar bevorzugt als (+)-Diisopinocampheylboran.

7) *Beachten:* Bei der nun folgenden Methanolyse der B–H-Bindung entsteht H_2. Es muss nach dem Blasenzähler sicher in den Abluftkanal des Abzugs geleitet werden. Die Zugabe des MeOH sollte sehr langsam erfolgen, um die H_2-Entwicklung steuern zu können. Die Methanolyse der B–H-Bindung hat gegenüber der Alternative, diese Bindung zu hydrolysieren, den Vorteil, dass die H_2-Entwicklung besser zu kontrollieren ist und eine homogene Lösung erhalten wird.

8) Das Gemisch enthält nun den at-Komplex von Diisopinocamphenylborinsäuremethylester, der im Folgenden mit H_2O_2 zum Isopinocampheol oxidiert wird.

9) Die Oxidation verläuft – besonders bei einem größeren als dem hier beschriebenen Ansatz – stark exotherm. Das H_2O_2 sollte aus diesem Grund *vorsichtig* zugetropft werden. Bei einem größeren als dem hier beschriebenen Ansatz ist ggf. die Kühlung des Reaktionsgemischs mit einem Eisbad erforderlich. Dennoch muss auch dann eine Reaktionstemp. von 35°C (± 3°C) eingehalten werden.

10) *Vorsicht:* Das Erwärmen dient der Zerstörung des überschüssigen H_2O_2. Die Aufarbeitung/Isolierung darf erst fortgesetzt werden, wenn ein Peroxid-Test negativ ausfällt. Sollte nach 1 h Rühren bei 50–55°C ein Peroxid-Test noch positiv ausfallen, muss das Gemisch bei 50–55°C so lange weitergerührt werden, bis ein Peroxid-Test negativ ausfällt. Alternativ kann auch Na_2SO_3 (0.2 g) zugesetzt werden, um noch vorhandenes H_2O_2 schneller zu vernichten. Auch in diesem Fall darf die Aufarbeitung aber erst fortgesetzt werden, wenn ein Peroxid-Test negativ ausfällt.

11) Bei einem größeren als dem hier beschriebenen Ansatz kann eine Aufreinigung durch fraktionierende Destillation (Sdp.$_{0.13\ mbar}$ 60–65°C) erfolgen.

12) Diethylenglykoldimethylether (= Diglyme) muss zuvor über CaH_2 getrocknet und danach über CaH_2 destilliert werden. In der Originalliteratur [1] wird stattdessen $LiAlH_4$ zum Trocknen verwendet, *was aber wegen des pyrophoren Charakters von LiAlH$_4$ (oder seiner Zersetzungsprodukte) beim Erhitzen vermieden werden sollte.*

13) Aus der Lösung kann (+)-Diisopinocampheylboran als farbloser Feststoff ausfallen (vgl. Anmerkung 4).

14) Die Hydroxylamin-*O*-sulfonsäure des Handels ist für diese Reaktion oft nicht geeignet; die Verwendung von zuvor frisch hergestellter Hydroxylamin-*O*-sulfonsäure ist daher zu empfehlen: Zu Hydroxylammoniumhydrogensulfat (6.48 g, 39.5 mmol) wird Chlorsulfonsäure (26.7 g, 229 mmol, 5.8 Äquiv.) bei Raumtemp. innerhalb von 15 min zugetropft. Anschließend wird das Gemisch bei 100°C (Ölbadtemp.) 5 min gerührt. Nach Erkalten auf Raumtemp. wird das Gemisch im Eisbad gekühlt und Et_2O (50 mL) innerhalb von 20 min zugetropft (aus der breiigen Masse wird gegen Ende der Et_2O-Zugabe ein farbloses Pulver). Der Niederschlag wird abgesaugt und erst mit THF (75 mL) und anschließend mit Et_2O (50 mL) gewaschen. Nach Trocknen im Vakuum wird Hydroxylamin-*O*-sulfonsäure (85–90%) als farbloser Feststoff (Schmp. 208–210°C) erhalten, der bis zur weiteren Umsetzung unter einer Stickstoff-Atmosphäre in einem Tiefkühlfach aufbewahrt werden sollte.

15) *Vorsicht:* Das α-Pinen wurde nur bis zur Stufe eines Dialkylborans (R_2BH) hydroboriert (vgl. Anmerkung 7). Bei der nun folgenden Zugabe von Hydroxylamin-*O*-sulfonsäure entsteht H_2. Es muss nach dem Blasenzähler sicher in den Abluftkanal des Abzugs geleitet werden. Die Zugabe der Hydroxylamin-*O*-sulfonsäure-Lösung sollte sehr langsam erfolgen, um die H_2-Entwicklung unter Kontrolle zu halten.

16) Der Feststoff ist nach ca. 20 min gelöst.

17) Die angegebene Ausbeute bezieht sich auf die Gesamtausbeute nach einmaligem Einengen der Mutterlauge und Gewinnen einer zweiten Kristallfraktion. Das Phosphatsalz der Titelverbindung hat die Formel $C_{10}H_{20}N^{\oplus}\ H_2PO_4^{\ominus}$.

Literatur zu Sequenz 19:

[1] C. F. Lane, J. J. Daniels, *Org. Synth. Coll. Vol. VI*, **1988**, 719–721.
[2] M. W. Rathke, A. A. Millard, *Org. Synth. Coll. Vol. VI*, **1988**, 943–946.

„Sequenz" 20: Darstellung von 7-Methyl-3-methylidenoct-6-en-1-ol [1] [1]

Labortechniken:	Arbeiten mit Boran oder Alkylboranen — Arbeiten mit Wasserstoffperoxid
Reaktionstypen:	Regioselektive Hydroborierung von Trien — anti-Markownikow-Hydratisierung von Olefinen
Syntheseleistung:	Synthese von Alkohol

$C_{10}H_{16}$ (136.23) C_5H_{10} (70.13) $C_{10}H_{18}O$ (154.25)

Zu einer Lösung von 2-Methylbut-2-en (351 mg, 5.00 mmol, 2.0 Äquiv.) in THF (5 mL) wird bei 0 °C Boran-Dimethylsulfid-Komplex [2] (Lösung in THF, 2.50 mmol) langsam zugetropft. Anschließend wird die Lösung 3 h bei 0 °C gerührt.

Die Disiamylboran-Lösung [(sia)$_2$BH] wird bei 0 °C mit Hilfe einer Transferkanüle sehr langsam zu einer ebenfalls auf 0 °C gekühlten Lösung von Myrcen (frisch destilliert, 681 mg, 5.00 mmol, 2.0 Äquiv.) in THF (5 mL) zugetropft. Anschließend wird diese Lösung 4 h bei 0 °C gerührt und danach ebenfalls bei 0 °C mit H$_2$O (0.12 mL), wässriger NaOH-Lösung (3 M, 0.8 mL) und wässriger H$_2$O$_2$-Lösung [3] (30%ig, 0.8 mL) versetzt. Das Gemisch wird 2 h bei Raumtemp. gerührt und anschließend mit t-BuOMe (3 × 10 mL) extrahiert. Die vereinigten organischen Phasen werden mit Eiswasser (5 mL) und wässriger ges. NaCl-Lösung (5 mL) gewaschen und über MgSO$_4$ getrocknet [4]. Das Lösungsmittel wird bei vermindertem Druck entfernt und der Rückstand durch Flash-Chromatographie (Eluens: Cyclohexan/AcOEt) gereinigt. Die Titelverbindung (45–55%) wird als farblose Flüssigkeit erhalten.

Anmerkungen:
1) 1-Myrcenol.
2) In der Originalliteratur [1] wird Boran-THF-Komplex anstelle von Boran-Dimethylsulfid-Komplex verwendet. Bei der Verwendung von Boran-THF-Komplex wurden im Praktikum jedoch lediglich niedrige Ausbeuten erzielt. Boran-Dimethylsulfid-Komplex gibt es als ca. 2 M Lösung in THF oder als ca. 94%ige Lösung in Dimethylsulfid im Handel. Wird die 94%ige Lösung verwendet, sollte damit eine 2 M Lösung in THF hergestellt werden.
3) Die H$_2$O$_2$-Lösung sollte sehr langsam zugetropft werden. Bei größeren Ansätzen als dem hier beschriebenen ist mit einer *sehr* exothermen Reaktion zu rechnen.
4) *Vorsicht:* Die organische Phase muss vor dem Trocknen auf Peroxide getestet werden. Sollte ein Peroxid-Test positiv ausfallen, müssen die Peroxide vor dem Entfernen des Lösungsmittels vernichtet werden.

Literatur zu „Sequenz" 20:
[1] H. C. Brown, K. P. Singh, B. J. Garner, *J. Organomet. Chem.* **1963**, *1*, 2–7.

Sequenz 21: *trans,4R,5S,6R,7R*-7-Hydroxy-5-(methoxy-methoxy)-4,6-dimethyloct-2-ensäureethylester

Labortechniken: Arbeiten mit Li-Organylen — Arbeiten mit Li-Amiden — Arbeiten mit einem B-Enolat — Arbeiten mit Boran oder Alkylboranen — Arbeiten mit Diisobutylaluminiumhydrid — Arbeiten mit komplexen Metallhydriden — Arbeiten mit Wasserstoffperoxid — Arbeiten mit Schutzgruppen

21-1

21-2

21-3

21-4

21-5

21-6

21-7

21-8

21-9

21-10

6-12 (Band 1)

21-1 *S*-2-Amino-3-methylbutan-1-ol [1, 2] [1]

Reaktionstyp: Reduktion von Carbonsäure zu Alkohol
Syntheseleistung: Synthese von 1,2-Aminoalkohol

$C_5H_{11}NO_2$ (117.15) $LiAlH_4$(37.95) $C_5H_{13}NO$ (103.16)

Zu einer Suspension von $LiAlH_4$ (7.10 g, 187 mmol, 2.2 Äquiv.) in THF (150 mL) wird unter Kühlung im Eisbad L-Valin (9.96 g, 85.0 mmol) portionsweise zugegeben und das Gemisch anschließend 15 h unter Rückfluss erhitzt. Danach wird unter Kühlung im Eisbad so viel wässrige ges. Kaliumnatriumtartrat-Lösung zugesetzt, bis sich ein fester, farbloser Niederschlag bildet. Die überstehende, klare organische Phase wird abdekantiert. Der Rückstand wird zweimal je 20 min mit THF (je 75 mL) unter Rückfluss erhitzt und nach dem Erkalten die organische Phase jeweils abdekantiert. Die organischen Phasen werden vereinigt. Das Lösungsmittel wird bei vermindertem Druck entfernt und der Rückstand mit $CHCl_3$ (50 mL) [3] versetzt und am inversen Wasserabscheider erhitzt, bis sich kein H_2O mehr abscheidet. Anschließend wird das Lösungsmittel bei vermindertem Druck entfernt und der Rückstand im Vakuum fraktionierend destilliert [4] (Sdp.$_{10\,mbar}$ 94–96°C). Die Titelverbindung (80–85%) wird als farblose Flüssigkeit erhalten, die zu einem Feststoff (Schmp. 30–32°C) erstarrt; $[\alpha]_D^{25} = +27.4$ ($c = 1.1$, $CHCl_3$).

21-2 *S*-4-Isopropyl-1,3-oxazolidin-2-on [1]

Reaktionstyp: Acylierung von Heteroatom-Nucleophil mit Kohlensäurederivat
Syntheseleistung: Synthese von Oxazolidinon

$C_5H_{13}NO$ (103.16) $C_5H_{10}O_3$ (118.13) $C_6H_{11}NO_2$ (129.16)

Ein Gemisch aus *S*-2-Amino-3-methylbutan-1-ol (Präparat **21-1**, 6.71 g, 65.0 mmol), Diethylcarbonat (16.9 g, 143 mmol, 2.2 Äquiv.) und K_2CO_3 (1.62 g, 11.7 mmol, 0.18 Äquiv.) wird in einer Destillationsapparatur mit Vigreux-Kolonne (10 cm) auf 140–150°C (Ölbadtemp.) erhitzt. Innerhalb von 1–2 h destillieren ca. 7–8 mL EtOH über. Nach Abkühlen des Reaktionsgemischs wird mit AcOEt (20 mL) verdünnt und mit wässriger HCl (1 M, ca. 8 mL) neutralisiert. Die organische Phase wird abgetrennt und die wässrige Phase mit AcOEt (2 × 10 mL) extrahiert. Die vereinigten organischen Phasen werden über Na_2SO_4 getrocknet. Das Lösungsmittel wird bei vermindertem Druck entfernt und der Rückstand aus *t*-BuOMe umkristallisiert. Die Titelverbindung (70–75%) wird in Form farbloser Nadeln (Schmp. 65–66°C) erhalten; $[\alpha]_D^{25} = +8.5$ ($c = 2.8$, $CHCl_3$).

21-3   *S*-4-Isopropyl-3-propionyl-1,3-oxazolidin-2-on [2]

Reaktionstyp: Acylierung von Heteroatom-Nucleophil mit Carbonsäurederivat
Syntheseleistung: Synthese von Oxazolidinon

21-2

n-BuLi;

21-3

C$_6$H$_{11}$NO$_2$ (129.16)   C$_3$H$_5$ClO (92.52)   C$_9$H$_{15}$NO$_3$ (185.22)

Zu einer Lösung von *S*-4-Isopropyl-1,3-oxazolidin-2-on (Präparat **21-2**, 5.81 g, 45.0 mmol) in THF (180 mL) wird bei –78°C *n*-BuLi (Lösung in Hexan, 45.0 mmol, 1.0 Äquiv.) so zugetropft, dass die Innentemp. nicht über –55°C steigt. Anschließend wird 30 min bei –78°C gerührt, danach für 10 min das Kältebad entfernt [5], dann erneut auf –78°C gekühlt und bei dieser Temp. Propionylchlorid (4.58 g, 49.5 mmol, 1.1 Äquiv.) zugetropft. Man rührt die Lösung 1–2 h [6] bei –78°C, versetzt anschließend mit wässriger ges. NH$_4$Cl-Lösung (55 mL) und lässt dann langsam auf Raumtemp. erwärmen. Die organische Phase wird abgetrennt und die wässrige Phase mit *t*-BuOMe (3 × 60 mL) extrahiert. Die vereinigten organischen Phasen werden mit wässriger ges. NaCl-Lösung (2 × 30 mL) gewaschen und über MgSO$_4$ getrocknet. Das Lösungsmittel wird bei vermindertem Druck entfernt und der Rückstand im Vakuum fraktionierend destilliert (Sdp.$_{0.1\text{ mbar}}$ 95–105°C). Die Titelverbindung (90–95%) wird als farblose Flüssigkeit erhalten; $[\alpha]_D^{25}$ = +95.1 (*c* = 4.44, CHCl$_3$).

21-4   *S*-3-(*E,S,S*-3-Hydroxy-2,4-dimethylhex-4-enoyl)-4-isopropyl-1,3-oxazolidin-2-on [3]

Reaktionstypen: Evans-Aldoladdition — Diastereoselektive Synthese
Syntheseleistung: Synthese von β-Hydroxycarbonsäurederivat

21-3

NEt$_3$, *n*-Bu$_2$BOTf;

21-4

C$_9$H$_{15}$NO$_3$ (185.22)   C$_5$H$_8$O (84.12)   C$_{14}$H$_{23}$NO$_4$ (269.34)

Zu einer Lösung von *S*-4-Isopropyl-3-propionyl-1,3-oxazolidin-2-on (Präparat **21-3**, 3.70 g, 20.0 mmol) und NEt$_3$ (2.43 g, 24.0 mmol, 1.2 Äquiv.) in CH$_2$Cl$_2$ (60 mL) wird Dibutylboryltrifluormethansulfonat (*n*-Bu$_2$BOTf, Lösung in CH$_2$Cl$_2$, 22.0 mmol, 1.1 Äquiv.) bei –3°C innerhalb von 20 min zugetropft. Anschließend wird die Lösung 1 h bei –3°C gerührt, dann auf –78°C gekühlt und mit einer Lösung von *E*-2,3-Dimethylacrolein

(1.85 g, 22.0 mmol, 1.1 Äquiv.) in CH_2Cl_2 (2 mL) innerhalb von 40 min versetzt. Danach lässt man die Lösung innerhalb von 1 h auf 0°C erwärmen, rührt 1 h bei 0°C und gibt dann ein ebenfalls auf 0°C gekühltes Gemisch aus wässriger Phosphat-Puffer-Lösung (pH 7, 22 mL) und MeOH (68 mL) zu. Anschließend wird ein Gemisch aus H_2O_2 (30%ig in H_2O, 30.5 mL) und MeOH (37 mL) bei 0°C so zugetropft, dass die Innentemp. *nicht* über 2°C steigt. Danach wird das Gemisch 1 h bei 0°C gerührt, mit H_2O (120 mL) verdünnt und mit *t*-BuOMe (4 × 180 mL) extrahiert. Die vereinigten organischen Phasen werden mit wässriger halbges. $NaHCO_3$-Lösung (180 mL) und wässriger ges. NaCl-Lösung (100 mL) gewaschen und über $MgSO_4$ getrocknet [7]. Das Lösungsmittel wird bei vermindertem Druck entfernt und der Rückstand durch Flash-Chromatographie (Eluens: Cyclohexan/AcOEt) gereinigt. Die Titelverbindung (90–95%) wird als farbloses Öl erhalten; $[\alpha]_D^{25} = +59.7$ (c = 1.45, $CHCl_3$).

21-5   *E,S,S*-3-Hydroxy-2,4-dimethylhex-4-ensäuremethylester [3]

Reaktionstypen: Acylierung von Heteroatom-Nucleophil mit Carbonsäurederivat — Enantioselektive Synthese

Syntheseleistung: Synthese von Carbonsäureester

21-4 $C_{14}H_{23}NO_4$ (269.34)   NaOMe, MeOH $C_9H_{16}O_3$ (172.22)   21-5

Eine aus Natrium (554 mg, 24.1 mmol, 1.4 Äquiv.) und MeOH (85 mL) frisch hergestellte NaOMe-Lösung wird bei 0°C möglichst zügig mit einer Lösung von *S*-3-(*E,S,S*-3-Hydroxy-2,4-dimethylhex-4-enoyl)-4-isopropyl-1,3-oxazolidin-2-on (Präparat **21-4**, 4.63 g, 17.2 mmol) in MeOH (15 mL) versetzt. Die Lösung wird 10 min [6] bei 0°C gerührt, anschließend auf eine wässrige Phosphat-Puffer-Lösung (pH 7, 110 mL) gegossen und dann mit CH_2Cl_2 (4 × 200 mL) extrahiert. Die vereinigten organischen Phasen werden über $MgSO_4$ getrocknet. Das Lösungsmittel wird bei vermindertem Druck entfernt und der Rückstand durch Flash-Chromatographie (Eluens: Cyclohexan/AcOEt) gereinigt. Die Titelverbindung (80–85%) wird als farblose Flüssigkeit erhalten; $[\alpha]_D^{25} = -13.8$ (c = 0.84, $CHCl_3$). Durch anschließendes Eluieren der Chromatographiesäule mit AcOEt wird als zweites Reaktionsprodukt *S*-4-Isopropyl-1,3-oxazolidin-2-on (Präparat **21-2**, 75–80%) wiedergewonnen.

21-6 3*S*,4*R*,5*S*,6*R*-4-Hydroxy-3,5,6-trimethyl-3,4,5,6-tetra-hydro-2*H*-pyran-2-on [3]

Reaktionstypen: Diastereoselektive Hydroborierung — anti-Markownikow-Hydratisierung von Olefinen

Syntheseleistungen: Synthese von Alkohol — Synthese von Lacton

21-5

$C_9H_{16}O_3$ (172.22)

21-6

$C_8H_{14}O_3$ (158.19)

Zu einer Lösung von Boran-Dimethylsulfid-Komplex [8] (21.4 mmol, 2.0 Äquiv.) in THF (6 mL) wird bei −10°C eine Lösung von 2,3-Dimethyl-2-buten (1.80 g, 21.4 mmol, 2.0 Äquiv.) in THF (12 mL) innerhalb von 50 min zugetropft. Anschließend lässt man die Lösung auf 0°C erwärmen und rührt 2 h bei dieser Temp.; dann wird eine Lösung von *E*,*S*,*S*-3-Hydroxy-2,4-dimethylhex-4-ensäuremethylester (Präparat 21-5, 1.84 g, 10.7 mmol) in THF (14 mL) innerhalb von 60 min zugetropft. Danach wird das Kältebad entfernt und die Lösung 16 h bei Raumtemp. gerührt. Anschließend wird die Lösung bei 0°C mit einer wässrigen, mit NaCl gesättigten NaOH-Lösung [9] (10 mL, ca. 90 mmol, ca. 8.4 Äquiv.) und mit H₂O₂-Lösung (30%ig in H₂O, 11 g, 98 mmol, 9.2 Äquiv.) versetzt. Dieses Gemisch wird 2 h bei 0°C und anschließend 2 h bei Raumtemp. gerührt und danach mit *t*-BuOMe (4 × 100 mL) extrahiert. Die vereinigten organischen Phasen werden mit H₂O (150 mL) und wässriger ges. NH₄Cl-Lösung (150 mL) gewaschen. Die vereinigten wässrigen Phasen werden mit konz. HCl versetzt (pH ≤ 1) und bis zum Ausbleiben eines positiven Peroxid-Tests mit Na₂SO₃ versetzt (pH-Kontrolle). Die wässrige Phase wird mit *t*-BuOMe (6 × 120 mL) extrahiert. Alle organischen Phasen werden vereinigt und über MgSO₄ getrocknet. Das Lösungsmittel wird bei vermindertem Druck entfernt und der Rückstand durch Flash-Chromatographie (Eluens: Cyclohexan/AcOEt) gereinigt. Die Titelverbindung (55–60%) wird als farbloser Feststoff (Schmp. 116–117°C) erhalten; $[\alpha]_D^{25}$ = +23.1 (*c* = 0.87, CHCl₃).

21-7   3S,4R,5S,6R-4-(Methoxymethoxy)-3,5,6-trimethyl-3,4,5,6-tetrahydro-2H-pyran-2-on [3]

Reaktionstyp: Alkylierung von Heteroatom-Nucleophil
Syntheseleistung: Synthese von Acetal

$C_8H_{14}O_3$ (158.19) C_2H_5ClO (80.51) $C_{10}H_{18}O_4$ (202.25)
                              $C_8H_{19}N$ (129.24)
                              $C_{16}H_{36}IN$ (369.37)

Zu einer Lösung von 3S,4R,5S,6R-4-Hydroxy-3,5,6-trimethyl-3,4,5,6-tetrahydro-2H-pyran-2-on (Präparat **21-6**, 869 mg, 5.49 mmol) und i-Pr₂NEt (4.3 g, 33 mmol, 6.1 Äquiv.) in CH₂Cl₂ (20 mL) wird bei 0°C Chlor-methylmethylether (MOMCl, 2.6 g, 32 mmol, 5.8 Äquiv.) zugetropft. Anschließend wird die Lösung mit Tetrabutylammoniumiodid (22.6 mg, 61.2 µmol, 1.1 Mol-%) versetzt und dieses Gemisch zunächst weitere 20 min bei 0°C und dann 18 h bei Raumtemp. gerührt. Anschließend wird das Gemisch nochmals mit i-Pr₂NEt (1.8 g, 14 mmol, 2.6 Äquiv.) und MOMCl (1.1 g, 13 mmol, 2.4 Äquiv.) versetzt und danach weitere 5 h bei Raumtemp. gerührt. Das Gemisch wird dann mit wässriger ges. NaHCO₃-Lösung (10 mL) versetzt und 1 h gerührt. Die organische Phase wird abgetrennt und die wässrige Phase mit CH₂Cl₂ (3 × 20 mL) extrahiert. Die vereinigten organischen Phasen werden über MgSO₄ getrocknet. Das Lösungsmittel wird bei vermindertem Druck entfernt und der Rückstand durch Flash-Chromatographie (Eluens: Cyclohexan/AcOEt) gereinigt. Die Titelverbindung (95–99%) wird als farblose Flüssigkeit erhalten; $[\alpha]_D^{25}$ = +7.2 (c = 1.16, CHCl₃).

21-8   3S,4R,5S,6R-4-(Methoxymethoxy)-3,5,6-trimethyl-3,4,5,6-tetrahydro-2H-pyran-2-ol [10] [3]

Reaktionstyp: Reduktion von Carbonsäurederivat zu Carbonylverbindung
Syntheseleistung: Synthese von Aldehyd bzw. von cyclischem Halbacetal

$C_{10}H_{18}O_4$ (202.25) $C_{10}H_{20}O_4$ (204.26)

Zu einer Lösung von 3S,4R,5S,6R-4-(Methoxymethoxy)-3,5,6-trimethyl-3,4,5,6-tetrahydro-2H-pyran-2-on (Präparat **21-7**, 318 mg, 1.57 mmol) in Toluol (12.5 mL) wird bei –78°C Diisobutylaluminiumhydrid (DIBAH, Lösung in Toluol, 3.45 mmol, 2.2 Äquiv.) zugetropft. Anschließend wird die Lösung 3 h bei –78°C gerührt und dann auf eine wässrige Kaliumnatriumtartrat-Lösung (50 mL) gegossen. Das Zweiphasen-Gemisch wird 1 h bei Raumtemp. kräftig gerührt. Die organische Phase wird abgetrennt und die wässrige Phase mit *t*-BuOMe (3 × 50 mL) extrahiert. Die vereinigten organischen Phasen werden über $MgSO_4$ getrocknet, und das Lösungsmittel wird bei vermindertem Druck entfernt. Die Titelverbindung [10] (95–99%) wird als farbloses Öl erhalten und ohne weitere Reinigung sofort zur nächsten Stufe (Präparat **21-10**) umgesetzt [11].

21-9   Tributyl[(ethoxycarbonyl)methyl]phosphoniumbromid [3]

Reaktionstyp: Alkylierung von Heteroatom-Nucleophil
Syntheseleistung: Synthese von Phosphoniumsalz

6-2 (Band 1)

$C_4H_7BrO_2$ (167.00) $C_{12}H_{27}P$ (202.32) $C_{16}H_{34}BrO_2P$ (369.32)

Zu einer Lösung von Tributylphosphan (5.06 g, 25.0 mmol) in Toluol (25 mL) wird bei 0°C eine Lösung von Bromessigsäureethylester [12] (4.18 g, 25.0 mmol, 1.0 Äquiv.) in Toluol (5 mL) zugetropft. Anschließend wird das Kältebad entfernt und die Lösung 20 h bei Raumtemp. gerührt. Das ausgefallene Phosphoniumsalz wird abgesaugt und im Vakuum (6 × 10^{-4} mbar) 20 h bei 50°C getrocknet. Die Titelverbindung (80–85%) wird als Feststoff (Schmp. 95–96°C) erhalten.

21-10 *trans*,4*R*,5*S*,6*R*,7*R*-7-Hydroxy-5-(methoxymethoxy)-4,6-dimethyloct-2-ensäureethylester [3]

Reaktionstyp: Stereoselektive Wittig-Reaktion
Syntheseleistung: Synthese von α,β-ungesättigtem Carbonsäureester

21-9

$C_{16}H_{34}BrO_2P$ (369.32)

21-8 (*ds* = 80:20)   kat. $PhCO_2H$ **21-10**

$C_{10}H_{20}O_4$ (204.26) $C_7H_6O_2$ (122.12) $C_{14}H_{26}O_5$ (274.35)

Eine Lösung von Tributyl[(ethoxycarbonyl)methyl]phosphoniumbromid (Präparat **21-9**, 2.20 g, 5.95 mmol, 4.0 Äquiv.) in CH_2Cl_2 (30 mL) wird mit wässriger NaOH-Lösung (1 M, 2 × 15 mL) gewaschen. Die organische Phase wird abgetrennt, über MgSO$_4$ getrocknet und das Lösungsmittel bei vermindertem Druck entfernt. Das erhaltene Ylid wird in Toluol (5 mL) aufgenommen und *unverzüglich* zu einer Lösung von 3*S*,4*R*,5*S*,6*R*-4-(Methoxymethoxy)-3,5,6-trimethyl-3,4,5,6-tetrahydro-2*H*-pyran-2-ol (Präparat **21-8** als 80:20-Gemisch der beiden Anomere, 303.7 mg, 1.487 mmol) und Benzoesäure (54.5 mg, 446 μmol, 30 Mol-%) in Toluol (5 mL) transferiert. Diese Lösung wird bei *exakt* 90°C [13)] 5 h gerührt. Die Reaktionslösung wird anschließend abgekühlt und *sofort* durch Flash-Chromatographie (Säulendurchmesser: 2.5 cm, Cyclohexan/AcOEt 3:1 v:v bis Fraktion 56, dann Cyclohexan/AcOEt 2:1 v:v bis Fraktion 75) [14)] gereinigt. Die Titelverbindung (50–55%) wird als farblose Flüssigkeit erhalten; $[\alpha]_D^{25}$ = +28.9 (*c* = 0.94, CHCl$_3$).

Anmerkungen:
1) L-Valinol.
2) Es sollte kein Magnetrührer, sondern ein KPG-Rührer verwendet werden.
3) Das Lösungsmittelvolumen muss ggf. an das Volumen des zur Verfügung stehenden Wasserabscheiders angepasst werden.
4) *Vorsicht:* Die Titelverbindung ist ein Feststoff. Verfestigt sich das Produkt während der Destillation im Kühler, besteht die *Gefahr einer Druckerhöhung durch Arbeiten in einer geschlossenen Apparatur!* In diesem Fall erwärmt man den Kühlmantel (zuvor Kühlwasser abstellen!) vorsichtig mit einem Heißluftgebläse, bis der Feststoff flüssig geworden ist.
5) Diese Maßnahme dient zur Vervollständigung der Deprotonierung. Das Kältebad sollte aber keinesfalls länger als 10 min entfernt werden.
6) Die Reaktionszeit kann variieren, weshalb hier ausdrücklich auf die Notwendigkeit einer dünnschichtchromatographischen Reaktionskontrolle hingewiesen wird.
7) *Vorsicht:* Die organische Phase muss vor dem Trocknen auf Peroxide getestet werden. Sollte ein Peroxid-Test positiv ausfallen, müssen die Peroxide vor dem Entfernen des Lösungsmittels vernichtet werden.
8) Boran-Dimethylsulfid-Komplex gibt es als ca. 2 M Lösung in THF oder als ca. 94%ige Lösung in Dimethylsulfid im Handel.
9) Die mit NaCl gesättigte wässrige NaOH-Lösung wird wie folgt hergestellt: NaOH (6.67 g) und NaCl (1.11 g) in H$_2$O (20 mL) lösen!
10) 3*S*,4*R*,5*S*,6*R*-4-(Methoxymethoxy)-3,5,6-trimethyl-3,4,5,6-tetrahydro-2*H*-pyran-2-ol wird als 80:20-Gemisch der beiden Anomere erhalten. Das Verhältnis kann aus den Integralen der ^{1}H-NMR-Resonanzsignale bei δ = 3.61 ppm (dd, $J_{4,5}$ = 4.1* Hz $J_{4,3}$ = 2.7* Hz, 4-H, Hauptanomer) und δ = 3.54 ppm (dd, $J_{4,3}$ = $J_{4,5}$ = 2.8 Hz, 4-H, Mindermengenanomer) bestimmt werden; *Zuordnung vertauschbar.
11) Vom Rohprodukt sollte dennoch unbedingt ein ^{1}H-NMR-Spektrum gemessen und damit die Verbindung charakterisiert werden.
12) Die Synthese von Bromessigsäureethylester wird im Band *Organisch-Chemisches Grundpraktikum* von *Praktikum Präparative Organische Chemie* (dort Versuch **6-12**) beschrieben.
13) *Beachten:* Die Titelverbindung neigt unter den Reaktionsbedingungen ausgesprochen zu einer β-Eliminierung von „Methoxymethanol" (→ MeOH + HCHO). Sobald Spuren des Eliminierungsprodukts, also des α,β,γ,δ-ungesättigten Carbonsäureesters, dünnschichtchromatographisch zu beobachten sind, muss das Heizbad **sofort** entfernt und die Reaktion abgebrochen werden. Diese β-Eliminierung kann oberhalb einer Temp. von ca. 95°C innerhalb von wenigen Minuten nahezu quantitativ verlaufen.
14) Hier sind anders als es sonst im Band *Organisch-Chemisches Fortgeschrittenenpraktikum* von *Praktikum Präparative Organische Chemie* üblich ist, die spezifischen Bedingungen für die Flash-Chromatographie angegeben, weil sehr zügig gearbeitet werden muss. Das ggf. entstandene Eliminierungsprodukt (vgl. Anmerkung 13) eluiert vor der Titelverbindung; seine Ausbeute beträgt typischerweise 2–6%.

Literatur zu Sequenz 21:
[1] Optimierte Prozedur: F. Reimnitz, *Dissertation*, Universität Freiburg, **2000**, 127–128.
[2] D. A. Evans, R. L. Dow, T. L. Shih, J. M. Takacs, R. Zahler, *J. Am. Chem. Soc.* **1990**, *112*, 5290–5313.
[3] T. Berkenbusch, R. Brückner, *Chem. Eur. J.* **2004**, *10*, 1545–1557.

Kapitel 5

Asymmetrische Sharpless-Epoxidierungen

„Sequenz" 22: Überführung von *tert*-Butylhydroperoxid aus der Wasser- in die Dichlormethanphase [1] [1]

Vorsicht: Beim Arbeiten mit Hydroperoxiden sind besondere Sicherheitsvorkehrungen zu treffen und zu beachten!

22-1

$C_4H_{10}O_2$ (90.12)

Eine wässrige *tert*-Butylhydroperoxid-Lösung [2] (250 mL) wird mit CH_2Cl_2 (250 mL) im Scheidetrichter extrahiert. Die organische Phase wird abgetrennt und 24 h an einem inversen Wasserabscheider erhitzt [3]. Die erhaltene wasserfreie *tert*-Butylhydroperoxid-Lösung wird in einer trockenen Polyethylenflasche bei 0–5 °C aufbewahrt [4].

Die Konzentration einer *tert*-Butylhydroperoxid-Lösung kann durch Titration [1] oder durch Auswertung der Integrale der Resonanzsignale für die *tert*-Butylgruppe und für CH_2Cl_2 im ^{1}H-NMR-Spektrum [2] bestimmt werden [5].

Anmerkungen:

1) In der Literatur sind auch andere Verfahren beschrieben, um wasserfreies *tert*-Butylhydroperoxid [3] bzw. eine *tert*-Butylhydroperoxid-Lösung z. B. in Toluol [2] herzustellen.

2) Die wässrige *tert*-Butylhydroperoxid-Lösung des Handels enthält 70–80 Gew.-% *tert*-Butylhydroperoxid.

3) *Vorsicht:* Hydroperoxide können sich **explosionsartig** zersetzen. Es ist daher zwingend erforderlich, dass die Apparatur in einem Abzug aufgebaut wird, in dem keine weiteren Arbeiten durchgeführt werden, und dass mit einem adäquaten Splitterschutz für gefahrloses Arbeiten gesorgt ist.

4) Diese *tert*-Butylhydroperoxid-Lösung (ca. 50%ig, d. h. 5–6 M) kann mehrere Monate aufbewahrt werden. Bei der Verwendung von Polyethylenflaschen ist zu beachten, dass bei der Lagerung im Kühlschrank ein Unterdruck in der Flasche entstehen kann und diese sich dabei leicht zusammenzieht. Bei der Entnahme ist dann darauf zu achten, dass beim Öffnen der Flasche keine „feuchte Luft" eintritt und die Lösung mit Wasser kontaminiert. Die Entnahme von *tert*-Butylhydroperoxid aus der Polyethylenflasche sollte aus Sicherheitsgründen nicht mit einer Stahl-/Metall-Kanüle erfolgen, sondern mit einer mit Inertgas gespülten Eppendorf-Pipette.

5) Die Molarität $c_{molar,\ t\text{-BuOOH}}$ einer Lösung von *tert*-Butylhydroperoxid (*t*-BuOOH) in CH_2Cl_2 lässt sich aus einem ^{1}H-NMR-Spektrum in $CDCl_3$ zuverlässig mit einer Genauigkeit von ±5% ermitteln. Hierzu werden das Integral über das Singulett der $C(CH_3)_3$-Gruppe (bei δ = 1.28 ppm) und das Integral über das Singulett des CH_2Cl_2 (bei δ = 5.29 ppm) abgelesen – sofern das NMR-Bearbeitungsprogramm diese Größen numerisch ausweist – oder ausgemessen, indem man die Integralhöhen mit dem Lineal ausmisst; das Ergebnis hält man in Form der Beträge $I_{t\text{-BuOOH}}$ und $I_{CH_2Cl_2}$ fest. Bekannt ist des Weiteren, dass die Dichte $\varrho_{t\text{-BuOOH-Lösung}}$ derart erhaltener *t*-BuOOH-Lösungen in CH_2Cl_2 recht nah bei

1.1 g/mL liegt, die Molmasse $M_{t\text{-BuOOH}}$ von t-BuOOH 90.12 g/mol beträgt und die Molmasse $M_{CH_2Cl_2}$ von CH_2Cl_2 84.93 g/mol. Diese Daten lassen sich in den letzten Ausdruck der hier folgenden Ableitung einsetzen, die gestattet, daraus die gesuchte Molarität $c_{molar, \, t\text{-BuOOH}}$ zu berechnen:

$$c_{molar, \, t\text{-BuOOH}} = \frac{\text{Molmenge}_{t\text{-BuOOH in der Lösung}}}{\text{Volumen}_{t\text{-BuOOH-Lösung}}}$$

$$= \frac{\dfrac{\text{Masse}_{t\text{-BuOOH in Probe}}}{M_{t\text{-BuOOH}}}}{\dfrac{\text{Masse}_{t\text{-BuOOH-Lösung}}}{\varrho_{t\text{-BuOOH-Lösung}}}}$$

$$= \frac{\varrho_{t\text{-BuOOH-Lösung}}}{M_{t\text{-BuOOH}}} \times \frac{\text{Masse}_{t\text{-BuOOH in Probe}}}{\text{Masse}_{t\text{-BuOOH-Lösung}}}$$

$$= \frac{\varrho_{t\text{-BuOOH-Lösung}}}{M_{t\text{-BuOOH}}} \times \frac{\text{Masse}_{t\text{-BuOOH in Probe}}}{\text{Masse}_{t\text{-BuOOH in Probe}} + \text{Masse}_{CH_2Cl_2 \text{ in Probe}}}$$

$$= \frac{\varrho_{t\text{-BuOOH-Lösung}}}{M_{t\text{-BuOOH}}} \times \frac{1}{1 + \dfrac{\text{Masse}_{CH_2Cl_2 \text{ in Probe}}}{\text{Masse}_{t\text{-BuOOH in Probe}}}}$$

$$= \frac{\varrho_{t\text{-BuOOH-Lösung}}}{M_{t\text{-BuOOH}}} \times \frac{1}{1 + \dfrac{\text{Masse}_{CH_2Cl_2 \text{ in Probe}}}{\text{Masse}_{t\text{-BuOOH in Probe}}}}$$

$$= \frac{\varrho_{t\text{-BuOOH-Lösung}}}{M_{t\text{-BuOOH}}} \times \frac{1}{1 + \dfrac{\frac{1}{2} \times I_{CH_2Cl_2} \times M_{CH_2Cl_2}}{\frac{1}{9} \times I_{t\text{-BuOOH}} \times M_{t\text{-BuOOH}}}}$$

Literatur zu „Sequenz" 22:

[1] B. S. Furniss, A. J. Hannaford, P. W. G. Smith, A. R. Tatchell, *Vogel's Textbook of Practical Organic Chemistry*, 5th Edition, Logman Scientific & Technical, London, **1989**, 1135–1136.

[2] J. G. Hill, B. E. Rossiter, K. B. Sharpless, *J. Org. Chem.* **1983**, *48*, 3607–3608.

[3] H. Langhals, E. Fritz, I. Mergelsberg, *Chem. Ber.* **1980**, *113*, 3662–3665.

Sequenz 23: Darstellung von *R*-(–)-1-(Triphenylmethoxy)hex-5-en-2-ol

Labortechniken: Arbeiten mit Mg-Organylen — Arbeiten mit Hydroperoxiden — Arbeiten mit Schutzgruppen

23-1 *S*-(–)-2,3-Epoxypropan-1-ol [1]

Reaktionstyp: Asymmetrische Sharpless-Epoxidierung
Syntheseleistung: Synthese von Epoxyalkohol

C₃H₆O (58.08) C₉H₁₂O₂ (152.19)   C₃H₆O₂ (74.08)

Zu einem Gemisch aus zuvor gepulvertem, aktiviertem 3-Å-Molekularsieb („Molsieb", 1.4 g) [1] in CH₂Cl₂ (80 mL) werden L-(+)-Diisopropyltartrat (562 mg, 2.40 mmol, 0.06 Äquiv.) und Allylalkohol [2] (2.32 g, 40.0 mmol) gegeben. Das Gemisch wird auf –10°C gekühlt und Titan(IV)-isopropoxid (569 mg, 2.00 mmol, 0.05 Äquiv.) zugefügt. Es wird 30 min bei –10°C gerührt und dann Cumolhydroperoxid [3] (Cumyl-OOH, ca. 80%ig in Cumol, 80.0 mmol, 2.0 Äquiv.) innerhalb von 15 min zugetropft. Anschließend wird das Gemisch bei –10°C gerührt und der Reaktionsverlauf dünnschichtchromatographisch verfolgt [4]. Die Reaktion wird durch langsames Zutropfen von Trimethylphosphit (8.44 g, 68.0 mmol, 1.7 Äquiv.) bei –10°C beendet. Anschließend wird weitere 3 h bei –10°C gerührt und, falls ein Peroxid-Test negativ ist [5], das Kältebad entfernt. Das Gemisch wird weitere 15 min gerührt, dann über Celite® filtriert und das Filtermaterial mit Et₂O (200 mL) gewaschen. Die Filtrate werden vereinigt. Das Lösungsmittel wird bei *Atmosphärendruck* abdestilliert [6] und der Rückstand unverzüglich im Vakuum fraktionierend destilliert (Sdp.$_{10\ mbar}$ 45–47°C). Die Titelverbindung (45-50%) wird als farblose Flüssigkeit erhalten; $[\alpha]_D^{20} = -13.0$ (unverdünnt) [7], ≥86% *ee*.

23-2   *R*-(+)-1,2-Epoxy-3-(triphenylmethoxy)propan [2]

Reaktionstyp: Williamson-Ethersynthese
Syntheseleistung: Synthese von Dialkylether

23-1   [Struktur: Epoxid-OH]   → Cl–CPh$_3$, →   [Struktur: Epoxid-O–CPh$_3$]   **23-2**
stöchiom. NEt$_3$,
kat. DMAP

$C_3H_6O_2$ (74.08) $C_{19}H_{15}Cl$ (278.77) $C_{22}H_{20}O_2$ (316.39)
$C_6H_{15}N$ (101.19)
$C_7H_{10}N_2$ (122.17)

Zu einer Lösung von Triphenylchlormethan (5.78 g, 20.0 mmol, 1.11 Äquiv.) in CH_2Cl_2 (50 mL) werden bei 0°C 4-(Dimethylamino)pyridin (DMAP, 122 mg, 1.00 mmol, 5.56 Mol-%) und NEt$_3$ (4.05 g, 40.0 mmol, 2.22 Äquiv.) langsam zugegeben. Anschließend wird, ebenfalls bei 0°C, eine Lösung von *S*-(–)-2,3-Epoxypropan-1-ol (Präparat **23-1**, 1.33 g, 18.0 mmol) in CH_2Cl_2 (4 mL) langsam zugetropft. Danach wird das Kältebad entfernt und das Reaktionsgemisch 24 h bei Raumtemp. gerührt. Das Gemisch wird auf 0°C gekühlt und in ein eiskaltes Gemisch aus wässriger ges. NH$_4$Cl-Lösung (25 mL), H$_2$O (25 mL) und CH_2Cl_2 (40 mL) gegossen. Die organische Phase wird abgetrennt und die wässrige Phase mit CH_2Cl_2 (3 × 25 mL) extrahiert. Die organischen Phasen werden vereinigt. Das Lösungsmittel wird bei vermindertem Druck entfernt und der Rückstand in Et$_2$O (ca. 150 mL) aufgenommen. Diese Lösung wird mit wässriger ges. NaCl-Lösung (2 × 50 mL) und H$_2$O (50 mL) gewaschen, über MgSO$_4$ getrocknet und über eine kurze Kieselgel-Säule filtriert. Der Et$_2$O wird bei vermindertem Druck entfernt und der Rückstand aus *i*-PrOH umkristallisiert. Die Titelverbindung (75–80%) wird als farbloser Feststoff (Schmp. 98–100°C) erhalten; $[\alpha]_D^{20} = +3.75$ (*c* = 0.99, MeOH), 94% *ee*.

23-3   *R*-(–)-1-(Triphenylmethoxy)hex-5-en-2-ol [3]

Reaktionstyp: β-Hydroxyalkylierung von Grignard-Verbindungen
Syntheseleistung: Synthese von Alkohol

[Struktur: Allylbromid]
C_3H_5Br (120.98)   │ Mg (24.31);

[Struktur: Allyl-MgBr]   MgBr

23-2   [Struktur: Epoxid-O–CPh$_3$]   →   [Struktur: OH-Kette-O–CPh$_3$]   **23-3**

$C_{22}H_{20}O_2$ (316.39) $C_{25}H_{26}O_2$ (358.47)

Eine Lösung von *R*-(+)-1,2-Epoxy-3-(triphenylmethoxy)propan (Präparat **23-2**, 3.16 g, 10.0 mmol) in Et$_2$O (50 mL) wird auf 0°C gekühlt und eine Allylmagnesiumbromid-Lösung (1.0 M in Et$_2$O, 20.0 mL, 20.0 mmol,

2.0 Äquiv.) [8, 9] langsam zugetropft. Anschließend wird das Gemisch 2 h bei 0°C gerührt. Das Kältebad wird entfernt und das Reaktionsgemisch bei Raumtemp. gerührt, bis dünnschichtchromatographisch kein Edukt mehr nachzuweisen ist. Das Gemisch wird erneut auf 0°C gekühlt und wässrige ges. NH_4Cl-Lösung (20 mL) langsam zugesetzt [10]. Der Niederschlag wird durch Zugabe von H_2O (ca. 10 mL) gelöst. Die organische Phase wird abgetrennt und die wässrige Phase mit t-BuOMe (3 × 30 mL) extrahiert. Die organischen Phasen werden vereinigt und über Na_2SO_4 getrocknet. Das Lösungsmittel wird bei vermindertem Druck entfernt und der Rückstand durch Flash-Chromatographie (Eluens: Cyclohexan/AcOEt) gereinigt. Die Titelverbindung (70–80%) wird als farbloses Öl erhalten; $[\alpha]_D^{23} = -7.9$ ($c = 4.5$, CH_2Cl_2).

Anmerkungen:

1) Die Verwendung von 4-Å-Molekularsieb vermindert die Ausbeute drastisch.

2) Der Allylalkohol sollte zuvor destilliert und bis zur Verwendung über aktiviertem 3-Å-Molekularsieb aufbewahrt werden. Die gesamte Reaktion muss unter absolutem Feuchtigkeitsausschluss durchgeführt werden.

3) Dieses Reagenz muss zuvor über 3-Å-Molekularsieb getrocknet werden.

4) Die Reaktionszeit kann variieren (5–24 h), weshalb hier ausdrücklich auf die Notwendigkeit einer dünnschichtchromatographischen Reaktionskontrolle hingewiesen wird. Die Reaktion erst beenden, wenn das Edukt (fast) vollständig umgesetzt ist!

5) Fällt ein Peroxid-Test positiv aus, sollte bei –10°C weitergerührt und ggf. weiteres Trimethylphosphit zugesetzt werden. Wenn nach Zugabe des Trimethylphosphits über Nacht weitergerührt werden muss, aber zur Temperaturkontrolle kein Kryostat mehr zur Verfügung steht, kann das Gemisch über Nacht im Tiefkühlfach ($\leq$ –10°C) eingefroren und am folgenden Praktikumstag in einem Ethanolbad, das durch Zugabe von Trockeneis auf –10°C gekühlt wird, weitergerührt werden.

6) Zum Abdestillieren sollte eine Destillationsbrücke verwendet werden. Die Verwendung eines Rotationsverdampfers würde zu einem Produktverlust führen, weil S-(–)-2,3-Epoxypropan-1-ol leichtflüchtig ist.

7) Der angegebene Drehwert bezieht sich auf reines S-(–)-2,3-Epoxypropan-1-ol und kann erst erzielt werden, nachdem man das Primärdestillat einer weiteren Destillation unterzogen hat.

8) Anstelle einer Allylmagnesiumbromid-Lösung kann auch eine – ebenfalls im Handel angebotene – Allylmagnesiumchlorid-Lösung (1.7 M in THF) benutzt werden (D. F. Taber, Y. Song, *J. Org. Chem.* **1996**, *61*, 7508–7512). Anstelle von Et_2O (50 mL) sollte dann aber THF (30 mL) als Lösungsmittel verwendet werden.

9) Eine Allylmagnesiumbromid-Lösung kann nach folgender Vorschrift (R. E. Benson, B. C. McKusick, *Org. Synth. Coll. Vol. IV*, **1963**, 746–752) selbst hergestellt werden: Mg-Späne (2.19 g, 90.0 mmol, 3.0 Äquiv.) werden in Et_2O (100 mL) vorgelegt. Unter kräftigem Rühren werden 0.5–1 mL einer Lösung von Allylbromid (zuvor destilliert, 3.63 g, 30.0 mmol) in Et_2O (30 mL) zugesetzt. Nachdem die Bildung des Grignard-Reagenzes begonnen hat – zu erkennen an einer leichten Trübung –, wird die verbleibende Allylbromid-Lösung so zugetropft, dass das Gemisch schwach unter Rückfluss siedet. Anschließend wird das Gemisch 2.5 h unter Rückfluss erhitzt und danach unter einer Inertgas-Atmosphäre mit Hilfe einer Umkehrfritte in einen Schlenk-Kolben überführt. Die Konzentration dieser Allylmagnesiumbromid-Lösung muss vor der Verwendung durch Titration (siehe Kapitel 1, Seite 90) bestimmt werden.

10) *Vorsicht:* Es kommt zu einer heftigen Gasentwicklung (H_2).

Literatur zu Sequenz 23:

[1] C. E. Burgos, D. E. Ayer, R. A. Johnson, *J. Org. Chem.* **1987**, *52*, 4973–4977. – Y. Gao, R. M. Hanson, J. M. Klunder, S. Y. Ko, H. Masamune, K. B. Sharpless, *J. Am. Chem. Soc.* **1987**, *109*, 5765–5780. – T. Katsuki, V. S. Martin, *Org. React.* **1996**, *48*, 1–300 (Seite 75).

[2] M. M. Faul, L. L. Winneroski, C. A. Krumrich, K. A. Sullivan, J. R. Gillig, D. A. Neel, C. J. Rito, M. R. Jirousek, *J. Org. Chem.* **1998**, *63*, 1961–1973. – A. Ahmed, E. K. Hoegenauer, V. S. Enev, M. Hanbauer, H. Kaehling, E. Öhler, J. Mulzer, *J. Org. Chem.* **2003**, *68*, 3026–3042 (supporting information).

[3] D. A. Evans, D. H. B. Ripin, D. P. Halstead, K. R. Campos, *J. Am. Chem. Soc.* **1999**, *121*, 6816–6826 (supporting information).

Sequenz 24:   **Darstellung von *R*-(+)-Hexan-1,2-diol und *S*-(+)-Hexan-1,3-diol**

Labortechniken: Arbeiten mit Diisobutylaluminiumhydrid — Arbeiten mit komplexen Metallhydriden — Arbeiten mit Hydroperoxiden

24-1   *S,S*-(–)-2,3-Epoxyhexan-1-ol [1] [1]

Reaktionstyp: Asymmetrische Sharpless-Epoxidierung
Syntheseleistung: Synthese von Epoxyalkohol

$C_6H_{12}O$ (100.16) $C_4H_{10}O_2$ (90.12) $C_6H_{12}O_2$ (116.16)
$C_{12}H_{28}O_4Ti$ (284.22)
$C_8H_{14}O_6$ (206.19)

Zu einem Gemisch aus gepulvertem, aktiviertem 4-Å-Molekularsieb („Molsieb", 200 mg) und Titan(IV)-isopropoxid (148 mg, 520 µmol, 5.2 Mol-%) in CH_2Cl_2 (40 mL) werden bei –20°C L-(+)-Diethyltartrat (124 mg, 600 µmol, 6.0 Mol-%) und *trans*-Hex-2-en-1-ol (1.00 g, 10.0 mmol) zugegeben. Danach wird 10 min bei –20°C gerührt und dann bei –20°C *tert*-Butylhydroperoxid [*t*-BuOOH, Lösung in CH_2Cl_2 (siehe Präparat **22-1**, Seite 171), 20.0 mmol, 2.0 Äquiv.] zugetropft. Anschließend rührt man das Gemisch bei –20°C weitere 20 min und lässt dann innerhalb von 2 h *langsam* auf 0°C erwärmen [2]. Danach wird bei 0°C mit einer frisch hergestellten und auf 5°C gekühlten Lösung von Eisen(II)-sulfat-Heptahydrat (5 g) und Weinsäure (2 g) in H_2O (20 mL) versetzt. Das Gemisch wird 30 min bei Raumtemp. gerührt, die organische Phase abgetrennt und die wässrige Phase mit Et_2O (3 × 10 mL) extrahiert [3]. Die vereinigten organischen Phasen werden über Na_2SO_4 getrocknet und das Lösungsmittel – nach negativem Peroxid-Test – bei vermindertem Druck entfernt [4]. Der

Rückstand wird in Et$_2$O (30 mL) aufgenommen und in einem Eisbad gekühlt. Eine auf 3°C gekühlte Lösung von NaOH (800 mg, 20.0 mmol, 2.0 Äquiv.) in wässriger ges. NaCl-Lösung (20 mL) [5] wird zugesetzt und das Zweiphasen-Gemisch 1 h bei 0°C kräftig gerührt [6]. Die organische Phase wird abgetrennt und die wässrige Phase mit Et$_2$O (2 × 10 mL) extrahiert. Die organischen Phasen werden vereinigt und über Na$_2$SO$_4$ getrocknet. Das Lösungsmittel wird bei vermindertem Druck [4] entfernt und der Rückstand durch Flash-Chromatographie (Eluens: Cyclohexan/AcOEt) gereinigt. Die Titelverbindung (75–85%) wird als farbloses Öl erhalten [7]; $[\alpha]_D^{20}$ = –41.1 (c = 1.0, CHCl$_3$).

24-2   *R*-(+)-Hexan-1,2-diol [2, 3]

Reaktionstyp: Regioselektive Reduktion von Epoxid
Syntheseleistung: Synthese von 1,2-Diol

Zu einer Lösung von *S,S*-(–)-2,3-Epoxyhexan-1-ol (Präparat **24-1**, 325 mg, 2.80 mmol) in THF (22 mL) wird Diisobutylaluminumhydrid (DIBAH, Lösung in Hexan, 5.60 mmol, 2.0 Äquiv.) zugetropft. Anschließend wird das Reaktionsgemisch 3 h bei Raumtemp. gerührt. Die Lösung wird dann mit eiskalter, wässriger H$_2$SO$_4$ (10%ig) versetzt (pH 2–3) und anschließend mit einer wässrigen ges. NaHCO$_3$-Lösung neutralisiert (pH 7). Das organische Lösungsmittel wird bei schwach vermindertem Druck entfernt und der wässrige Rückstand mit *t*-BuOMe (3 × 20 mL) extrahiert. Die organischen Phasen werden vereinigt und über Na$_2$SO$_4$ getrocknet. Das Lösungsmittel wird bei vermindertem Druck entfernt und der Rückstand durch Flash-Chromatographie (Eluens: Cyclohexan/AcOEt) gereinigt. Die Titelverbindung (55–65%) wird als farbloses Öl erhalten; $[\alpha]_D^{20}$ = +12.1 (c = 3.9, EtOH).

24-3   *S*-(+)-Hexan-1,3-diol [2, 4]

Reaktionstyp: Regioselektive Reduktion von Epoxid
Syntheseleistung: Synthese von 1,3-Diol

Zu einer Lösung von *S,S*-(–)-2,3-Epoxyhexan-1-ol (Präparat **24-1**, 325 mg, 2.80 mmol) in THF (10 mL) wird bei 0°C Red-Al® [Natriumbis(2-methoxyethoxy)aluminumhydrid, Lösung in Toluol, 5.60 mmol, 2.0 Äquiv.] langsam zugetropft. Anschließend wird diese Lösung 3 h bei Raumtemp. gerührt. Das Reaktionsgemisch wird mit eiskalter, wässriger HCl (5%ig, 2 mL) versetzt, 30 min gerührt und dann über Celite® filtriert und das Filtermaterial mit *t*-BuOMe gewaschen. Die organische Phase wird abgetrennt und die wässrige Phase mit *t*-BuOMe (3 × 10 mL) extrahiert. Die organischen Phasen werden vereinigt und über Na$_2$SO$_4$ getrocknet. Das

Lösungsmittel wird bei vermindertem Druck entfernt und der Rückstand durch Flash-Chromatographie (Eluens: Cyclohexan/AcOEt) gereinigt. Die Titelverbindung (70–80%) wird als farbloses Öl erhalten; $[\alpha]_D^{20} = +9.8$ ($c = 5.0$, EtOH).

Anmerkungen:

1) Anders als in der Originalliteratur [1] beschrieben ist, wird die Reaktion mit 5.2 Mol-% (statt 53 Mol-%) Titan(IV)-isopropoxid, 6.0 Mol-% (statt 64 Mol-%) L-(+)-Diethyltartrat und bei –20°C (statt –70°C) durchgeführt. Der Enantiomerenüberschuss beträgt unter diesen Bedingungen ca. 90% (statt ca. 95%), aber die Reaktionszeit verringert sich von 6 h (bei –70°C) auf 2–3 h (bei –20°C).

2) Während des Auftauens des Reaktionsgemischs ist eine dünnschichtchromatographische Reaktionskontrolle zwingend erforderlich, um diese „Auftauzeit" zu verlängern, falls sich herausstellt, dass der Umsatz noch nicht vollständig ist. Wenn das Reaktionsgemisch über 0°C erwärmt wird bzw. längere Zeit bei 0°C steht, bilden sich Nebenprodukte.

3) Wird beim Extrahieren CH_2Cl_2 statt Et_2O verwendet, kann oftmals eine wesentlich bessere Phasentrennung erhalten werden.

4) Die Wasserbadtemp. des Rotationsverdampfers sollte nicht höher als 20°C sein.

5) Das Gemisch wird hergestellt, indem man NaOH bei Raumtemp. in einer wässrigen ges. NaCl-Lösung löst und die Lösung anschließend auf 3°C abkühlt. Das dann trübe, übersättigte Gemisch wird *in toto* verwendet und ermöglicht eine Extraktion aller wasserlöslichen Bestandteile. Aufgrund des hohen Salzgehalts wird aber gleichzeitig ein Aussalzeffekt wirksam. Er sorgt dafür, dass der Kontakt zwischen dem Produkt und der wässrigen Base minimal bleibt und infolgedessen unter diesen Reaktionsbedingungen keine Payne-Umlagerung auftritt.

6) Dieser Reaktionsschritt dient zum Entfernen von Diethyltartrat durch Hydrolyse. Ein etwaiger Weinsäureester des Produkts, der sich durch Umesterung während der Reaktion gebildet haben könnte, würde ebenfalls hydrolysiert.

7) Bei einem größeren Ansatz als dem hier beschriebenen sollte eine Destillation der Flash-Chromatographie vorgezogen werden; Sdp.$_{0.4\,mbar}$ = 31–33°C, Schmp. 19°C.

Literatur zu Sequenz 24:

[1] J. G. Hill, K. B. Sharpless, C. M. Exon, R. Regenye, *Org. Synth. Coll. Vol. VII*, **1993**, 461–467.

[2] Prozedur: J. M. Finan, Y. Kishi, *Tetrahedron Lett.* **1982**, *23*, 2719–2722.

[3] P. Ferraboschi, E. Santaniello, M. Tingoli, F. Aragozzini, F. Molinari, *Tetrahedron: Asymmetry* **1993**, *4*, 1931–1940.

[4] Prozedur: S. M. Viti, *Tetrahedron Lett.* **1982**, *23*, 4541–4544; Y. Yuasa, J. Ando, S. Shibuya, *J. Chem. Soc., Perkin Trans. 1* **1996**, 465–473.

Sequenz 25: Darstellung von *S*-3,7-Dimethylocta-1,6-dien-3-ol [1)]

Labortechniken: Arbeiten mit Zink — Arbeiten mit Hydroperoxiden

25-1

2) *p*-TsCl,
   kat. DMAP

25-3

3) KI, DMF;
Zn, NH₄Cl

25-2

25-1 *S,S*-2,3-Epoxy-3,7-dimethyloct-6-en-1-ol [1]

Reaktionstyp: Asymmetrische Sharpless-Epoxidierung
Syntheseleistung: Synthese von Epoxyalkohol

$C_{10}H_{18}O$ (154.25)

t-BuOOH,
kat. L-(+)-Diethyltartrat,
kat. Ti(O*i*-Pr)₄,
kein Molsieb;
Na₂SO₃

$C_{10}H_{18}O_2$ (170.25)   **25-1**

$C_4H_{10}O_2$ (90.12)
$C_8H_{14}O_6$ (206.19)
$C_{12}H_{28}O_4Ti$ (284.22)

Eine Lösung von Titan(IV)-isopropoxid (568 mg, 2.00 mmol, 10 Mol-%) in CH₂Cl₂ (150 mL) wird bei –23 °C mit L-(+)-Diethyltartrat (454 mg, 2.20 mmol, 11 Mol-%) versetzt und 5 min gerührt. Dann werden nacheinander Geraniol (3.09 g, 20.0 mmol) und *tert*-Butylhydroperoxid [*t*-BuOOH, Lösung in CH₂Cl₂ (siehePräparat 22-1, Seite 171), 40.0 mmol, 2.0 Äquiv.] zugesetzt, und das Gemisch wird 18–48 h [2)] bei –23 °C gerührt. Dann wird bei –23 °C mit einer wässrigen Weinsäure-Lösung (10%ig, 50 mL) versetzt und weitere 30 min bei –23 °C gerührt [3)]. Das Kältebad wird entfernt und das Gemisch 1 h bei Raumtemp. gerührt [4)]. Die organische Phase wird abgetrennt, mit H₂O (40 mL) und wässriger ges. Na₂SO₃-Lösung [5)] gewaschen und über Na₂SO₄ getrocknet. Das Lösungsmittel wird bei vermindertem Druck entfernt und der Rückstand in *t*-BuOMe (150 mL) aufgenommen. Diese Lösung wird auf 0 °C gekühlt, mit einer kalten wässrigen NaOH-Lösung (1 M, 10 mL) versetzt und danach 30 min [6)] bei 0 °C gerührt. Die organische Phase wird abgetrennt, mit wässriger ges. NaCl-Lösung (30 mL) gewaschen und über Na₂SO₄ getrocknet. Das Lösungsmittel wird bei vermindertem Druck entfernt und der Rückstand durch Flash-Chromatographie (Eluens: Cyclohexan/AcOEt) gereinigt. Die Titelverbindung (65–75%) wird als farbloses Öl erhalten; $[\alpha]_D^{20} = -3.5$ (*c* = 1.6, CHCl₃).

25-2 (S,S-2,3-Epoxy-3,7-dimethyloct-6-en-1-yl)-4-toluolsulfonat [2]

Reaktionstyp: Sulfonylierung von Nucleophil
Syntheseleistung: Synthese von Sulfonsäureester

25-1

$C_{10}H_{18}O_2$ (170.25)

p-TsCl,
kat. DMAP

$C_7H_7ClO_2S$ (190.65)
$C_7H_{10}N_2$ (122.17)

OTs 25-2

$C_{17}H_{24}O_3S$ (308.44)

Zu einer Lösung von S,S-2,3-Epoxy-3,7-dimethyloct-6-en-1-ol (Präparat **25-1**, 1.70 g, 10.0 mmol), NEt$_3$ (1.52 g, 15.0 mmol, 1.5 Äquiv.) und 4-(Dimethylamino)pyridin (DMAP, 24.4 mg, 200 µmol, 2.0 Mol-%) in CH$_2$Cl$_2$ (10 mL) wird bei 0°C eine Lösung von 4-Toluolsulfonsäurechlorid [7] (p-TsCl, 2.00 g, 10.5 mmol, 1.05 Äquiv.) in CH$_2$Cl$_2$ (4 mL) langsam zugetropft. Anschließend wird die Lösung 10–20 h bei –10°C gerührt, danach mit H$_2$O (8 mL) versetzt, die organische Phase abgetrennt und die wässrige Phase mit CH$_2$Cl$_2$ (3 × 15 mL) extrahiert. Die organischen Phasen werden vereinigt und über MgSO$_4$ getrocknet. Das Lösungsmittel wird bei vermindertem Druck entfernt und der Rückstand durch Flash-Chromatographie (Eluens: Cyclohexan/AcOEt) gereinigt. Die Titelverbindung (70–80%) wird als farblose Flüssigkeit erhalten; $[\alpha]_D^{20}$ = –7.60 (c = 1.40, CHCl$_3$).

25-3 S-3,7-Dimethylocta-1,6-dien-3-ol [1] [3]

Reaktionstyp: Reduktion eines Strukturelements Het–C–C–Het zu C=C-Bindung
Syntheseleistung: Synthese von Allylalkohol

25-2

$C_{17}H_{24}O_3S$ (308.44)

KI, DMF;
Zn, NH$_4$Cl

KI (166.00)
Zn (65.39)
NH$_4$Cl (53.49)

OH 25-3

$C_{10}H_{18}O$ (154.25)

Ein Gemisch aus (S,S-2,3-Epoxy-3,7-dimethyloct-6-en-1-yl)-4-toluolsulfonat (Präparat **25-2**, 1.54 g, 5.00 mmol) und Kaliumiodid (2.49 g, 15.0 mmol, 3.0 Äquiv.) in getrocknetem DMF (15 mL) wird 1.5 h bei 50–55°C gerührt. Das Gemisch wird auf 0°C abgekühlt, abwechselnd portionsweise Zn-Staub (3.27 g, 50.0 mmol, 10.0 Äquiv.) und festes NH$_4$Cl (1.34 g, 25.0 mmol, 5.0 Äquiv.) innerhalb von 20 min zugesetzt und das Gemisch anschließend weitere 20–60 min bei 0°C gerührt. Dann wird das Reaktionsgemisch mit Et$_2$O (50 mL) versetzt, der Niederschlag über eine Glasfilternutsche (Porosität 3) abgesaugt und der Filterkuchen mit Et$_2$O (2 × 20 mL) gewaschen. Die Filtrate werden vereinigt, mit H$_2$O (3 × 10 mL) gewaschen und über MgSO$_4$ getrocknet. Das Lösungsmittel wird bei vermindertem Druck [8] größtenteils entfernt und der Rückstand [9] durch Flash-Chromatographie [Petrolether (Sdp. 30–50°C)/t-BuOMe] gereinigt [8]. Die Titelverbindung (80–90%) wird als farblose Flüssigkeit erhalten; $[\alpha]_D^{20}$ = +8.46 (c = 1.60, CHCl$_3$).

Anmerkungen:

1) *S*-(+)-Linalool; Enantiomer des Naturstoffs „Linalool" [*R*-(–)-3,7-Dimethylocta-1,6-dien-3-ol], der bei Verwendung von Nerol, anstelle von Geraniol wie hier beschrieben, synthetisiert werden kann.

2) Die Reaktionszeit kann variieren, weshalb hier ausdrücklich auf die Notwendigkeit einer dünnschichtchromatographischen Reaktionskontrolle hingewiesen wird.

3) Das Zweiphasengemisch muss kräftig gerührt werden, weil andernfalls die wässrige Phase als „Block" ausfriert.

4) Die wässrige Phase wird in der angegebenen Zeit klar.

5) Die wässrige ges. Na_2SO_3-Lösung dient zur Reduktion von überschüssigem *tert*-Butylhydroperoxid. Es sollte jeweils mit 25-mL-Portionen gewaschen werden, bis der Peroxid-Test negativ ausfällt.

6) Diese Maßnahme dient zur Hydrolyse des Diethyltartrats. Die Lösung sollte den basischen Bedingungen nicht länger als 30 min ausgesetzt sein, weil andernfalls eine Payne-Umlagerung des Epoxyalkohols erfolgen kann.

7) 4-Toluolsulfonsäurechlorid muss zuvor aus Cyclohexan umkristallisiert werden.

8) *Beachten:* Die Titelverbindung ist *extrem* leichtflüchtig. Die Wasserbadtemp. des Rotationsverdampfers sollte nicht über 30°C steigen, und es sollte nur kurzzeitig ein Enddruck von 15–20 mbar eingestellt werden. Andernfalls muss mit einem größeren Ausbeuteverlust gerechnet werden.

9) Der Rückstand enthält noch DMF, das durch die Flash-Chromatographie abgetrennt wird. Sollte der Anteil an DMF zu groß sein, kann zunächst über eine kurze Kieselgelsäule „filtriert" werden, um das DMF größtenteils schon vorab abzutrennen.

Literatur zu Sequenz 25:

[1] T. Katsuki, K. B. Sharpless, *J. Am. Chem. Soc.* **1980**, *102*, 5974–5976.

[2] D. C. Dittmer, R. P. Discordia, Y. Zhang, C. K. Murphy, A. Kumar, A. S. Pepito, Y. Wang, *J. Org. Chem.* **1993**, *58*, 718–731.

[3] H. Habashita, T. Kawasaki, M. Akaji, H. Tamamura, T. Kimachi, N. Fujii, T. Ibuka, *Tetrahedron Lett.* **1997**, *38*, 8307–8310.

Sequenz 26: Darstellung von *R*-5-Hydroxy-6-methoxy-3-oxo-hexansäuremethylester

Labortechniken: Arbeiten mit NaH — Arbeiten mit Li in flüssigem Ammoniak — Arbeiten mit Di-isobutylaluminiumhydrid — Arbeiten mit Hydroperoxiden — Arbeiten mit Ozon

26-1   *trans*-3-(3-Methoxyphenyl)acrylsäuremethylester [1]

Reaktionstyp: Stereoselektive decarboxylierende Knoevenagel-Kondensation
Syntheseleistung: Synthese von α,β-ungesättigtem Carbonsäureester

$C_8H_8O_2$ (136.15) $C_4H_6O_4$ (118.09) $C_{11}H_{12}O_3$ (192.21)
                             $C_5H_{11}N$ (85.15)
                             $C_6H_{15}N$ (101.19)

Ein Gemisch aus 3-Methoxybenzaldehyd (5.45 g, 40.0 mmol), Malonsäuremonomethylester [1]) (7.09 g, 60.0 mmol, 1.5 Äquiv.), NEt₃ (6.07 g, 60.0 mmol, 1.5 Äquiv.) und Piperidin (341 mg, 4.00 mmol, 10 Mol-%) wird 12–24 h auf 90°C erhitzt [2]). Das Reaktionsgemisch wird abgekühlt und unter Kühlung im Eisbad mit wässriger HCl (1 M, 60 mL, 60 mmol, 1.5 Äquiv.) versetzt. Die organische Phase wird abgetrennt und die wässrige Phase mit *t*-BuOMe (3 × 80 mL) extrahiert. Die organischen Phasen werden vereinigt, mit wässriger ges. NaHCO₃-Lösung (10 mL) gewaschen und über MgSO₄ getrocknet. Das Lösungsmittel wird bei vermindertem Druck entfernt und der Rückstand durch Flash-Chromatographie (Eluens: Cyclohexan/AcOEt) [3]) gereinigt. Die Titelverbindung (80–85%) wird als Öl erhalten.

26-2   *trans*-3-(3-Methoxyphenyl)prop-2-en-1-ol [2]

Reaktionstyp: Reduktion von α,β-ungesättigtem Carbonsäureester zu Allylalkohol
Syntheseleistung: Synthese von Allylalkohol

$C_{11}H_{12}O_3$ (192.21) $C_{10}H_{12}O_2$ (164.20)

Zu einer Lösung von *trans*-3-(3-Methoxyphenyl)acrylsäuremethylester (Präparat **26-1**, 5.77 g, 30.0 mmol) in Toluol (130 mL) wird bei −78°C Diisobutylaluminiumhydrid (DIBAH, Lösung in Toluol, 67.5 mmol, 2.25 Äquiv.) langsam zugetropft. Anschließend lässt man die Lösung auf 0°C erwärmen und rührt 1 h bei 0°C. Danach wird die Lösung mit Hilfe einer Transferkanüle zu einer Aufschlämung von Dinatriumtartrat (42 g) in H₂O (70 mL) zugetropft und dieses Gemisch über Nacht bei Raumtemp. gerührt. Die organische Phase wird abgetrennt und die wässrige Phase mit *t*-BuOMe (3 × 40 mL) extrahiert. Die vereinigten organischen Phasen werden mit wässriger ges. NaCl-Lösung (20 mL) gewaschen und über MgSO₄ getrocknet. Das Lösungsmittel wird bei vermindertem Druck entfernt und der Rückstand im Vakuum fraktionierend destilliert (Sdp. ₁ mbar 117–119°C). Die Titelverbindung (85–90%) wird als farbloses Öl erhalten.

26-3   *S,S*-2,3-Epoxy-3-(3-methoxyphenyl)propan-1-ol [2]

Reaktionstyp: Asymmetrische Sharpless-Epoxidierung
Syntheseleistung: Synthese von Epoxyalkohol

26-2

t-BuOOH,
kat. Ti(O*i*-Pr)$_4$,

kat. L-(+)-Diisopropyltartrat,
4-Å-Molsieb;
Na$_2$SO$_3$

26-3

C$_{10}$H$_{12}$O$_2$ (164.20)

C$_4$H$_{10}$O$_2$ (90.12)
C$_{12}$H$_{28}$O$_4$Ti (284.22)
C$_{10}$H$_{18}$O$_6$ (234.25)

C$_{10}$H$_{12}$O$_3$ (180.20)

Ein Gemisch aus L-(+)-Diisopropyltartrat (440 mg, 1.88 mmol, 7.5 Mol-%) und gepulvertem, aktiviertem 4-Å-Molekularsieb („Molsieb", 1.3 g) in CH$_2$Cl$_2$ (200 mL) wird auf –30°C gekühlt. Nacheinander werden Titan(IV)-isopropoxid (355 mg, 1.25 mmol, 5.0 Mol-%) und *tert*-Butylhydroperoxid [*t*-BuOOH, Lösung in CH$_2$Cl$_2$ (siehe Präparat **22-1**, Seite 171), 50.0 mmol, 2.0 Äquiv.] zugefügt. Das Gemisch wird 1 h bei –30°C gerührt und dann eine Lösung von *trans*-3-(3-Methoxyphenyl)prop-2-en-1-ol (Präparat **26-2**, 4.11 g, 25.0 mmol) in CH$_2$Cl$_2$ (8 mL) zugetropft. Das Reaktionsgemisch wird 5–7 h[4] bei –30°C gerührt und dann mit einer wässrigen, mit NaCl gesättigten NaOH-Lösung (10%ig, 4.0 mL) und *t*-BuOMe (40 mL) versetzt. Dieses Gemisch wird 20 min bei –10°C gerührt. Anschließend werden MgSO$_4$ (1.5 g), Na$_2$SO$_3$ (1.0 g)[5] und Celite® (5 g) zugesetzt. Man lässt unter Rühren innerhalb von 2–3 h langsam auf 0°C erwärmen, filtriert[6] anschließend über Celite® und wäscht das Filtermaterial mit *t*-BuOMe. Die vereinigten Filtrate werden bei vermindertem Druck vom Lösungsmittel befreit. Der Rückstand wird durch Flash-Chromatographie (Eluens: Cyclohexan/AcOEt) gereinigt und die Titelverbindung (65–75%) als farblose Flüssigkeit erhalten; [α]$_D^{20}$ = –66.8 (*c* = 0.820, CH$_2$Cl$_2$), 94% *ee*.

26-4   *S,S*-1,2-Epoxy-3-methoxy-1-(3-methoxyphenyl)propan [3]

Reaktionstyp: Williamson-Ethersynthese
Syntheseleistung: Synthese von Dialkylether

26-3

NaH; MeI

26-4

C$_{10}$H$_{12}$O$_3$ (180.20)

NaH (24.00)
CH$_3$I (141.94)

C$_{11}$H$_{14}$O$_3$ (194.23)

Zu einer Suspension von NaH[7] (415 mg, 17.3 mmol, 1.15 Äquiv.) in DMF (12 mL) wird bei –20°C eine Lösung von *S,S*-2,3-Epoxy-3-(3-methoxyphenyl)propan-1-ol (Präparat **26-3**, 2.70 g, 15.0 mmol) in DMF (10 mL) *sehr langsam* zugetropft. Anschließend wird 20 min bei –20°C gerührt und dann Iodmethan (2.77 g, 19.5 mmol, 1.3 Äquiv.) *langsam* zugetropft. Danach rührt man das Gemisch weitere 4 h bei –20°C, lässt dann langsam auf Raumtemp. erwärmen und rührt 1 h bei Raumtemp. Das Reaktionsgemisch wird mit MeOH (25 mL) und wässriger ges. NaCl-Lösung (25 mL) versetzt und dann mit CH$_2$Cl$_2$ (3 × 50 mL) extrahiert. Die organischen Phasen werden vereinigt und über MgSO₄ getrocknet. Das Lösungsmittel wird bei vermindertem Druck entfernt und der Rückstand durch Flash-Chromatographie (Eluens: Cyclohexan/AcOEt) gereinigt. Die Titelverbindung (85–90%) wird als farblose Flüssigkeit erhalten; $[\alpha]_D^{20} = -38.8$ ($c = 1.40$, CHCl₃).

26-5 *R*-5-Hydroxy-6-methoxy-3-oxohexansäuremethylester [4]

Reaktionstypen: Birch-Reduktion einer benzylischen C–O-Bindung — Birch-Reduktion eines Aromaten — Ozonolyse

Syntheseleistungen: Synthese von Alkohol — Synthese von Cyclohexa-1,4-dien — Synthese von β-Ketoester

26-4 MeO O OMe
C₁₁H₁₄O₃ (194.23)

Li, fl. NH₃,
t-BuOH;
Li (6.94)

MeO OH OMe

O₃; Me₂S

MeO O O OH OMe

26-5
C₈H₁₄O₅ (190.19)

In einem Dreihalskolben mit Trockeneiskühler, Rührer, Blasenzähler und Gaseinleitungsrohr, das über Waschflaschen mit einer NH₃-Druckgasflasche verbunden ist, wird bei –78°C NH₃ (ca. 70 mL) einkondensiert [8]. In den flüssigen NH₃ wird zuvor in Pentan gewaschenes Lithium (694 mg, 100 mmol, 10 Äquiv.) in kleinen Stücken eingetragen. Danach wird eine Lösung von *S,S*-1,2-Epoxy-3-methoxy-1-(3-methoxyphenyl)propan (Präparat **26-4**, 1.94 g, 10.0 mmol) in THF (7 mL) zugetropft. Das Gemisch wird 45 min bei –33°C [9] gerührt, erneut auf eine Kältebadtemp. von –78°C gekühlt und langsam eine Lösung von *t*-BuOH (8 mL) in THF (4 mL) zugetropft. Die blaue Lösung wird 6 h unter weiterer Kühlung gerührt. Dann wird *langsam* Benzol (3 mL) und nach ca. 10 min festes NH₄OAc (8.5 g) zugefügt. Anschließend lässt man den NH₃ langsam über den Blasenzähler verdampfen. Der Rückstand wird in wässriger ges. NaCl-Lösung (150 mL) und *t*-BuOMe (300 mL) aufgenommen, die organische Phase abgetrennt und die wässrige Phase mit *t*-BuOMe (3 × 80 mL) extrahiert. Die organischen Phasen werden vereinigt und über Na₂SO₄ getrocknet. Das Lösungsmittel wird bei vermindertem Druck entfernt und der farblose Rückstand (rohes Dihydroanisol) ohne Reinigung umgehend [10] der Ozonolyse unterworfen.

Zu einer Lösung [11] des rohen Dihydroanisols in CH₂Cl₂ (25 mL) und MeOH (5 mL) werden Pyridin (0.5 mL) und einige Kristalle Sudan-III-Rot gegeben. Durch die pinkfarbene Lösung wird bei –78°C so lange ein ozonhaltiger Sauerstoffstrom [12] geleitet, bis ein Farbwechsel nach blassgelb erfolgt. Die Lösung wird mit Dimethylsulfid (15 mL) versetzt; man lässt über Nacht auf Raumtemp. erwärmen und rührt dann weitere 3–6 h bei Raumtemp. [13]. Die Lösung wird mit wässriger ges. NaCl-Lösung (100 mL) und *t*-BuOMe (100 mL) versetzt. Die organische Phase wird abgetrennt und die wässrige Phase mit *t*-BuOMe (3 × 80 mL) extrahiert. Die vereinigten organischen Phasen werden mit wässriger ges. NaCl-Lösung (50 mL) gewaschen und über Na₂SO₄ getrocknet. Das Lösungsmittel wird bei vermindertem Druck entfernt und der Rückstand durch Flash-Chromatographie (Eluens: Cyclohexan/AcOEt) gereinigt. Die Titelverbindung (50–60%) wird als farbloses Öl erhalten; $[\alpha]_D^{20} = +15.1$ ($c = 1.1$, CHCl₃).

Anmerkungen:

1) Die Synthese von Malonsäuremonomethylester wird im Band *Organisch-Chemisches Grundpraktikum* von *Praktikum Präparative Organische Chemie* (dort Versuch **6-21**) beschrieben.

2) Die Reaktionskontrolle kann nach einem „Miniquench" (d. h. dem Reaktionsgemisch wird eine Probe von ca. 100–200 µL entnommen und diese wird, wie im Versuchsteil für das gesamte Reaktionsgemisch beschrieben ist, aufgearbeitet) ^{1}H-NMR-spektroskopisch, gaschromatographisch oder dünnschichtchromatographisch erfolgen. Bei der Reaktion entsteht CO_2, sodass auch die Gasentwicklung als Indikator für den Reaktionsfortschritt dienen kann; es sollte jedoch noch einige Stunden nach dem Ende der sichtbaren Gasentwicklung bei 90°C weitergerührt werden.

3) Die Reinigung kann auch durch eine fraktionierende Destillation des Rückstands im Vakuum erfolgen (Sdp.$_{0.2 mbar}$ 105–108°C).

4) Die angegebene Reaktionszeit stellt nur einen Richtwert dar. Die Reaktion sollte dünnschichtchromatographisch verfolgt werden und eine Aufarbeitung erst erfolgen, nachdem (fast) kein Edukt mehr nachzuweisen ist.

5) Abweichend von der Originalliteratur [2] wird hier Na_2SO_3 zur Vernichtung von Peroxiden zugesetzt.

6) Das Abfiltrieren sollte erst erfolgen, nachdem ein Peroxid-Test negativ verlaufen ist. Die Titelverbindung ist nämlich wasserlöslich, und das würde zu Ausbeuteverlusten führen, wenn erst filtriert würde und danach mit wässriger Na_2SO_3-Lösung behandelt und ein zweites Mal filtriert werden müsste.

7) Das im Handel angebotene NaH ist eine Dispersion in Mineralöl. Es muss gewaschen und anschließend getrocknet werden (Details siehe Seite 86), bevor es in der Reaktion eingesetzt wird.

8) Apparatur und experimentelle Details zum Arbeiten mit flüssigem NH_3: siehe Seite 78.

9) *Beachten:* −35°C ist **nicht** die Kältebadtemp.! Die Temp. des Kältebads muss so gewählt werden, dass der flüssige NH_3 schwach unter Rückfluss siedet.

10) Ist die Durchführung der Ozonolyse erst am folgenden Tag möglich, muss das Rohprodukt über Nacht im Tiefkühlfach aufbewahrt werden.

11) Apparatur für die Ozonolyse und experimentelle Details zum Arbeiten mit Ozon: siehe Seite 76.

12) Das Ozon wurde mit einem Labor-Ozonisator (Firma: Erwin Sander Elektroapparatebau GmbH, Braunschweig; Modell: 301.19) unter Einsatz von Sauerstoff (Reinheit: 2.8) generiert. Geräteeinstellungen: O_2-Druck am Ozonisator: 1.25 bar; O_2-Durchfluss: 100 L/h; Stromstärke: 0.75 A. Die Ozonkonzentration beträgt bei diesen Einstellungen 65–70 mg O_3/L.

13) *Beachten:* Die lange Reaktionszeit – Auftauen über Nacht und weitere 3–6 h vor der Aufarbeitung – ist für die *vollständige* Reduktion der Ozonide durch Me_2S erforderlich.

Literatur zu Sequenz 26:
[1] Prozedur: H. Yamanaka, M. Yokoyama, T. Sakamoto, T. Shiraishi, M. Sagi, M. Mizugaki, *Heterocycles* **1983**, *20*, 1541–1544.
[2] D. A. Evans, J. A. Gauchet-Prunet, E. M. Carreira, A. B. Charette, *J. Org. Chem.* **1991**, *56*, 741–750.
[3] Prozedur: A. Vidal-Ferran, A. Moyano, M. A. Pericàs, A. Riera, *J. Org. Chem.* **1997**, *62*, 4970–4982.
[4] Prozedur: D. A. Evans, J. A. Gauchet-Prunet, E. M. Carreira, A. B. Charette, *J. Org. Chem.* **1991**, *56*, 741–750.

Sequenz 27: Darstellung von *E,R*-5-(*R*-2-Hydroxy-2,6,6-tri-methylcyclohexyliden)-3-methylpenta-2,4-dien-1-ol

Labortechniken: Arbeiten mit Ozon — Arbeiten mit Hydroperoxiden — Arbeiten mit aktiviertem DMSO — Arbeiten mit Li-Amiden — Arbeiten mit Si-substituierten C-Nucleo-philen — Arbeiten mit Li-Organylen — Arbeiten mit Edelmetall-Homogenkata-lysatoren — Arbeiten mit Diisobutylaluminiumhydrid — Arbeiten mit komplexen Metallhydriden

27-1   (2,6,6-Trimethylcyclohex-1-enyl)methanol [1] [1]

Reaktionstypen: Oxidative Spaltung von Olefin — Ozonolyse — Reduktion von α,β-ungesättigter
                         Carbonylverbindung
Syntheseleistung: Synthese von Allylalkohol

C$_{13}$H$_{20}$O (192.30)   NaBH$_4$ (37.83)   C$_{10}$H$_{18}$O (154.25)

Eine Lösung von β-Ionon (24.0 g, 125 mmol) in MeOH (220 mL) wird auf –78°C gekühlt und ein ozonhaltiger Sauerstoffstrom[2] durch die Lösung geleitet. Der Reaktionsverlauf wird dünnschichtchromatographisch verfolgt [3]. Danach wird Inertgas durch die Lösung geleitet, um überschüssiges Ozon zu entfernen. Anschließend wird NaBH$_4$ (14.2 g, 375 mmol, 3.0-fache Molmenge) in kleinen Portionen [4] in die Lösung eingetragen, während die Temp. des Gemischs zwischen –50 und –25°C gehalten wird. Danach lässt man die Lösung auf Raumtemp. erwärmen und rührt dann 12 h bei dieser Temp. Nach Entfernen des Lösungsmittels bei vermindertem Druck wird der feste Rückstand mit wässriger HCl (10%ig) angesäuert und dieses Gemisch mit CH$_2$Cl$_2$ (3 × 200 mL) extrahiert. Die vereinigten organischen Phasen werden über Na$_2$SO$_4$ getrocknet. Das Lösungsmittel wird bei vermindertem Druck entfernt und der Rückstand [5] im Vakuum fraktionierend destilliert (Sdp.$_{20\ mbar}$ 107–109°C). Die Titelverbindung (50–60%) wird als farbloses Öl [6] erhalten.

27-2   (*R,R*-1,2-Epoxy-2,6,6-trimethylcyclohexyl)methanol [7] [2, 3]

Reaktionstyp: Asymmetrische Sharpless-Epoxidierung
Syntheseleistung: Synthese von Epoxyalkohol

C$_{10}$H$_{18}$O (154.25)   C$_4$H$_{10}$O$_2$ (90.12)   C$_{10}$H$_{18}$O$_2$ (170.25)
                              C$_{12}$H$_{28}$O$_4$Ti (284.22)
                              C$_{10}$H$_{18}$O$_6$ (234.25)

Ein Gemisch aus Titan(IV)-isopropoxid (568 mg, 2.00 mmol, 0.10 Äquiv.), D-(–)-Diisopropyltartrat (562 mg, 2.40 mmol, 0.12 Äquiv.), (2,6,6-Trimethylcyclohex-1-enyl)methanol (Präparat **27-1**, 3.09 g, 20.0 mmol) und gepulvertem, aktiviertem 4-Å-Molekularsieb („Molsieb", 0.5 g) in CH$_2$Cl$_2$ (200 mL) wird auf –30°C gekühlt und dann *tert*-Butylhydroperoxid [*t*-BuOOH, Lösung in CH$_2$Cl$_2$ (siehe Präparat **22-1**, Seite 171), 40.0 mmol, 2.0 Äquiv.] innerhalb von 1 h zugetropft. Danach wird das Gemisch 12 h bei –25°C gerührt, anschließend Dimethylsulfid (5 g) zugesetzt und weitere 50 min bei –25°C gerührt. Das noch kalte Reaktionsgemisch wird bei Raumtemp. langsam zu einer kräftig gerührten, wässrigen NaF-Lösung (5%ig, 400 mL) gegeben und anschließend 5 h gerührt. Nach Sättigung der wässrigen Phase mit NaCl wird der gelartige Niederschlag durch Filtration über Celite® entfernt und das Filtermaterial mit CH$_2$Cl$_2$ gewaschen. Die Filtrate werden vereinigt. Die organische Phase wird abgetrennt und die wässrige Phase mit CH$_2$Cl$_2$ (3 × 200 mL) extrahiert. Die vereinigten organischen Phasen werden über Na$_2$SO$_4$ getrocknet. Das Lösungsmittel wird bei vermindertem Druck entfernt und der Rückstand durch Flash-Chromatographie (Eluens: Cyclohexan/AcOEt) gereinigt. Die Titelverbindung (60–70%) wird als farbloses Öl erhalten; $[\alpha]_D^{20}$ = +38.3 (c = 0.916, CHCl$_3$)[8], 99% ee[9].

27-3 *R,R*-1,2-Epoxy-2,6,6-trimethylcyclohexancarbaldehyd [11] [3]

Reaktionstypen: Oxidation von Alkohol zu Carbonylverbindung — Swern-Oxidation
Syntheseleistung: Synthese von Aldehyd

27-2

DMSO, (ClCO)$_2$;
―――――――――――→
NEt$_3$

27-3

C$_{10}$H$_{18}$O$_2$ (170.25)   C$_2$H$_6$OS (78.13)   C$_{10}$H$_{16}$O$_2$ (168.23)
C$_2$Cl$_2$O$_2$ (126.93)
C$_6$H$_{15}$N (101.19)

Zu einer Lösung von Oxalylchlorid (2.29 g, 18.0 mmol, 1.5 Äquiv.) in CH$_2$Cl$_2$ (80 mL) wird bei –78°C eine Lösung von Dimethylsulfoxid (DMSO, 2.81 g, 36.0 mmol, 3.0 Äquiv.) in CH$_2$Cl$_2$ (15 mL) innerhalb von 5 min zugetropft und diese Lösung dann 20 min bei –78°C gerührt. Danach wird bei –78°C eine Lösung von (*R,R*-1,2-Epoxy-2,6,6-trimethylcyclohexyl)methanol (Präparat **27-2**, 2.04 g, 12.0 mmol) in CH$_2$Cl$_2$ (15 mL) innerhalb von 10 min zugetropft. Dann wird 1 h bei –78°C gerührt und anschließend NEt$_3$ (5.46 g, 54.0 mmol, 4.5 Äquiv.) zugetropft. Nach weiteren 15 min bei –78°C wird das Reaktionsgemisch innerhalb von 45 min auf Raumtemp. erwärmt und anschließend mit H$_2$O (55 mL) versetzt. Die organische Phase wird abgetrennt und die wässrige Phase mit CH$_2$Cl$_2$ (3 × 50 mL) extrahiert. Die vereinigten organischen Phasen werden mit wässriger HCl (1 M, 50 mL) und wässriger ges. NaHCO$_3$-Lösung (2 × 50 mL) gewaschen und über Na$_2$SO$_4$ getrocknet. Nach Entfernen des Lösungsmittels bei vermindertem Druck wird die Titelverbindung (85–95%) erhalten [10, 11].

27-4   (*R,R*-1,2-Epoxy-2,6,6-trimethylcyclohexyl)ethin [4]

Reaktionstyp: Shioiri-Verlängerung eines Aldehyds zu einem Alkin
Syntheseleistung: Synthese eines terminalen Alkins

$C_{10}H_{16}O_2$ (168.23) $C_4H_{10}N_2Si$ (114.22) $C_{11}H_{16}O$ (164.24)

Zu einer Lösung von *i*-Pr$_2$NH (1.21 g, 12.0 mmol, 1.2 Äquiv.) in THF (50 mL) wird *n*-BuLi (Lösung in Hexan, 12.0 mmol, 1.2 Äquiv.) bei –78°C innerhalb von 5 min zugetropft. Nach 15 min Rühren bei –78°C wird Trimethylsilyldiazomethan (2 M in Hexan, 12.0 mmol, 1.2 Äquiv.) innerhalb von 15 min zugetropft. Danach wird weitere 40 min bei –78°C gerührt, wobei die Lösung orangefarben wird. Anschließend wird eine Lösung von *R,R*-1,2-Epoxy-2,6,6-trimethylcyclohexancarbaldehyd (Präparat **27-3**, 1.68 g, 10.0 mmol) in THF (17 mL) bei –78°C innerhalb von 20 min zugetropft und das Gemisch 1 h gerührt. Dann wird bei –78°C H$_2$O (50 mL) zugegeben und das Gemisch auf Raumtemp. erwärmt. Die organische Phase wird abgetrennt und die wässrige Phase mit Et$_2$O (3 × 60 mL) extrahiert. Die vereinigten organischen Phasen werden über Na$_2$SO$_4$ getrocknet. Das Lösungsmittel wird *vorsichtig* [12] am Rotationsverdampfer *abdestilliert* und der Rückstand durch Flash-Chromatographie [Petrolether (Sdp. 30–50°C)/CH$_2$Cl$_2$] [12] gereinigt. Die Titelverbindung (70–80%) wird als farblose Flüssigkeit erhalten; $[\alpha]_D^{20}$ = +19.0 (*c* = 1.25, CHCl$_3$).

27-5   But-2-insäuremethylester [5]

Reaktionstypen: Lithiierung — β-Eliminierung [13] — Acylierung von C-Nucleophil mit Kohlensäure-
                           derivat
Syntheseleistungen: Synthese eines internen Alkins — Synthese eines Propiolesters

C_3H_5Br (120.98) $C_2H_3ClO_2$ (94.50) $C_5H_6O_2$ (98.10)

Zu einer Lösung von 1-Bromprop-1-en [14] (*cis,trans*-Gemisch, 3.03 g, 25.0 mmol) in THF (20 mL) wird *n*-BuLi (Lösung in Hexan, 35.0 mmol, 1.4 Äquiv.) bei –78°C innerhalb von 20 min zugetropft. Dann wird die Lösung 2 h bei –78°C gerührt. Diese Propinyllithium-Lösung wird bei –78°C mit Hilfe einer Transferkanüle zu einer ebenfalls auf –78°C gekühlten Lösung von Chlorameisensäuremethylester (9.45 g, 100 mmol, 4.0 Äquiv.) in THF (60 mL) tropfenweise überführt. Anschließend wird dieses Gemisch weitere 30 min bei –78°C gerührt. Dann lässt man es auf 0°C erwärmen und versetzt danach mit wässriger ges. NH$_4$Cl-Lösung (30 mL). Die organische Phase wird abgetrennt und die wässrige Phase mit *t*-BuOMe (3 × 25 mL) extrahiert. Die vereinigten organischen Phasen werden mit wässriger ges. NaCl-Lösung (20 mL) gewaschen und über MgSO$_4$ getrocknet. Das Lösungsmittel wird abdestilliert und der Rückstand im Vakuum fraktionierend destilliert (Sdp.$_{30\,mbar}$ 52–53°C). Die Titelverbindung (65–75%) wird als farblose Flüssigkeit erhalten.

27-6　*E*-5-(*R,R*-1,2-Epoxy-2,6,6-trimethylcyclohexyl)-3-methyl-pent-2-en-4-insäuremethylester [6]

Reaktionstypen:　　Stereoselektive Trost-Alkinaddition — C,C-Kupplung
Syntheseleistungen:　Synthese von 1,3-Enin — Synthese von α,β-ungesättigtem Carbonsäureester

27-5
CO₂Me
C₅H₆O₂ (98.10)

27-4
C₁₁H₁₆O (164.24)

kat. Pd(OAc)₂,

kat. Tris(2,6-dimethoxyphenyl)phosphan
MeO
P
MeO /₃
C₄H₆O₄Pd (224.51)
C₂₄H₂₇O₆P (442.44)

27-6
C₁₆H₂₂O₃ (262.34)

Eine Suspension von Pd(OAc)₂ (78.6 mg, 350 µmol, 5.0 Mol-%) und Tris(2,6-dimethoxyphenyl)phosphan (155 mg, 350 µmol, 5.0 Mol-%) in THF (15 mL) wird 10 min bei Raumtemp. gerührt. Zu dieser Suspension wird eine Lösung von But-2-insäuremethylester (Präparat **27-5**, 824 mg, 8.40 mmol, 1.2 Äquiv.) in THF (6 mL) zugetropft und 5 min gerührt. Danach wird eine Lösung von (*R,R*-1,2-Epoxy-2,6,6-trimethylcyclohexyl)ethin (Präparat **27-4**, 1.15 g, 7.00 mmol) in THF (9 mL) zugegeben und das Gemisch 48 h bei Raumtemp. gerührt. Anschließend wird das Lösungsmittel bei vermindertem Druck entfernt und der Rückstand durch Flash-Chromatographie (Eluens: Cyclohexan/AcOEt) gereinigt. Die Titelverbindung (60–70%) wird als farbloses Öl erhalten; [α]$_D^{20}$ = +25.7 (*c* = 1.60, CHCl₃).

27-7　*E,R*-5-(*R*-2-Hydroxy-2,6,6-trimethylcyclohexyliden)-3-methylpenta-2,4-dien-1-ol [7]

Reaktionstypen:　　Reduktion von Carbonsäurederivat zu Alkohol — Diastereoselektive Synthese — Regioselektive Reduktion von Epoxid — Hydroaluminierung / β-Eliminierung
Syntheseleistungen:　Synthese von Allylalkohol — Synthese von Allenylcarbinol

27-6
C₁₆H₂₂O₃ (262.34)

DIBAH,
CH₂Cl₂

27-7
C₁₅H₂₄O₂ (236.35)

Zu einer Lösung von *E*-5-(*R,R*-1,2-Epoxy-2,6,6-trimethylcyclohexyl)-3-methylpent-2-en-4-insäuremethylester (Präparat **27-6**, 1.05 g, 4.00 mmol) in CH₂Cl₂ (20 mL) wird Diisobutylaluminiumhydrid (DIBAH, Lösung in

CH$_2$Cl$_2$, 32.0 mmol, 8.0 Äquiv.) bei 0°C innerhalb von 10 min zugetropft und dann diese Lösung 30 min bei 0°C gerührt. Anschließend wird das Gemisch portionsweise mit einer wässrigen Kaliumnatriumtartrat-Lösung (45 mL) versetzt und dann mit AcOEt (4 × 100 mL) extrahiert. Die vereinigten organischen Phasen werden über Na$_2$SO$_4$ getrocknet. Das Lösungsmittel wird bei vermindertem Druck entfernt und der Rückstand [15)] durch Flash-Chromatographie (Eluens: Cyclohexan/AcOEt) gereinigt. Die Titelverbindung (90-95%) wird als farbloser Feststoff erhalten; $[\alpha]_D^{20} = -17.9$ ($c = 1.0$, CHCl$_3$).

Anmerkungen:

1) Die Titelverbindung kann aus β-Ionon auch zweistufig hergestellt werden (B. S. Combi, C. Smith, C. Z. Varnavas, T. W. Wallace, *J. Chem. Soc., Perkin Trans. 1* **2001**, 206–216; vgl. auch Anmerkung 5). Sie ist, obwohl ein Feststoff, leichtflüchtig, was besonders bei kleineren Ansätzen und nach einer eventuellen Reinigung durch Flash-Chromatographie beim Entfernen des Lösungsmittels bei vermindertem Druck berücksichtigt werden muss.

2) Apparatur und experimentelle Details einer Ozonolyse: siehe Seite 76. Das Ozon wurde mit einem Labor-Ozonisator (Firma: Erwin Sander Elektroapparatebau GmbH, Braunschweig; Modell: 301.19) unter Einsatz von Sauerstoff (Reinheit: 2.8) generiert. Geräteeinstellungen: O$_2$-Druck am Ozonisator: 1.25 bar; O$_2$-Durchfluss: 100 L/h, Stromstärke: 0.75 A. Die Ozonkonzentration beträgt bei diesen Einstellungen 65–70 mg O$_3$/L.

3) Die Ozonolyse sollte abgebrochen werden, wenn im Dünnschichtchromatogramm nur noch wenig Edukt zu erkennen ist. Wird die Ozonolyse länger durchgeführt – bis dünnschichtchromatographisch kein Edukt mehr zu erkennen oder die Lösung blau gefärbt ist – entstehen Nebenprodukte, die auf die Ozonolyse der zu bewahrenden Cyclohexendoppelbindung zurückzuführen sind; eine Abtrennung dieser Nebenprodukte ist äußerst schwierig. Bei Verwendung der unter Anmerkung 2 genannten Ozonkonzentration genügt eine Reaktionszeit von 2 bis 2.5 h.

4) Für die Zugabe sollten ca. 60 min veranschlagt werden. Es ist währenddessen unbedingt darauf zu achten, dass sich das Reaktionsgemisch nicht über –25°C erwärmt.

5) Vom Rohprodukt sollte vor der Reinigung unbedingt ein ^{1}H-NMR-Spektrum gemessen werden. Häufig zeigte es, dass ein Gemisch aus dem gesuchten (2,6,6-Trimethylcyclohex-1-enyl)methanol und dessen nicht reduziertem Vorläufer (2,6,6-Trimethylcyclohex-1-enyl)methanal entstanden ist, das sich durch fraktionierende Destillation nicht und durch Chromatographie nur äußerst schwer trennen lässt. In solch einem Fall wird das Rohprodukt in MeOH (200 mL) aufgenommen und bei 0°C portionsweise innerhalb von 1 h mit NaBH$_4$ (4.70 g, 125 mmol, 1.0-fache Molmenge) versetzt. Danach wird das Gemisch 4 h bei Raumtemp. gerührt. Anschließend wird das Lösungsmittel zur Hälfte bei vermindertem Druck entfernt, der Rückstand mit H$_2$O (150 mL) versetzt und dieses Gemisch mit *t*-BuOMe (3 × 150 mL) extrahiert. Die vereinigten organischen Phasen werden über Na$_2$SO$_4$ getrocknet. Das Lösungsmittel wird bei vermindertem Druck entfernt und der Rückstand gereinigt, wie unter Präparat **27-1** zum Abschluss einer einstufigen NaBH$_4$-Reduktion beschrieben.

6) Die Titelverbindung ist als Reinsubstanz ein farbloser Feststoff (siehe auch Anmerkung 1; Schmp. 40–42°C). Unter Praktikumsbedingungen wird sie jedoch meist als Öl erhalten.

7) Die asymmetrische Epoxidierung des Allylalkohols wird hier mit jeweils einer katalytischen Menge Titan(IV)-isopropoxid und Diethyltartrat beschrieben; in der Originalliteratur werden beide Reagenzien stöchiometrisch eingesetzt.

8) Weitere spezifische Drehwerte bei anderen Wellenlängen: $[\alpha]_{578}^{20} = +39.7$, $[\alpha]_{546}^{20} = +45.3$, $[\alpha]_{536}^{20} = +77.7$, $[\alpha]_{365}^{20} = +123.3$ ($c = 0.916$, CHCl$_3$).

9) Der *ee* wird nach *in-situ*-Derivatisierung der Titelverbindung zu ihrem Trimethylsilylether (Prozedur: siehe nachfolgender Absatz) gaschromatographisch *nach* Vermessung des racemischen Gemischs bestimmt [Kapillarsäule: „CP-Chirasil-Dex CB" (Varian), 25 m × 0.25 mm; Trägergas: H$_2$, 5 psi; Temperaturprogramm: 5 min 50°C isotherm, dann Aufheizrate von 0.1°C/min bis 95°C, 45 min bei 95°C isotherm; Retentionszeiten: 225 min für das (+)-Enantiomer und 232 min für das (–)-Enantiomer].

In-situ-Derivatisierung der Titelverbindung zu ihrem Trimethylsilylether: Zum Silylieren stellt man ein 10:2:1-v:v:v-Gemisch aus Pyridin, Hexamethyldisilazan und Chlortrimethylsilan her. Zu einer Lösung des Epoxyalkohols (4.0 mg) in CH$_2$Cl$_2$ (1 mL) wird ein Teil (0.1 mL) des Silylierungsgemischs zugegeben, wobei sich ein farbloser, flockiger Niederschlag bildet. Nach 30 s Schütteln und 1 h Stehenlassen (zum Absetzen des Niederschlags) werden 0.2 μL der überstehenden Lösung auf die Kapillarsäule gespritzt.

10) **Beachten:** Die Titelverbindung ist nicht lagerungsstabil und sollte aus diesem Grund unmittelbar nach ihrer Darstellung in der Folgestufe zum Präparat **27-4** eingesetzt werden. Eine Aufbewahrung bei –78°C ist nur für max. 24 h anzuraten.

11) Die Titelverbindung sollte ohne Aufreinigung in der nächsten Stufe eingesetzt werden. Das ^{1}H-NMR-Spektrum des Rohprodukts zeigt eine Reinheit von 90–95%. Lediglich zur Bestimmung des Drehwerts sollte *ein Teil* des Roh-

produkts durch Flash-Chromatographie (Eluens: Cyclohexan/AcOEt) gereinigt werden; $[\alpha]_D^{20} = -30.3$ ($c = 1.46$, CHCl$_3$).

12) Die Titelverbindung ist sehr leichtflüchtig, was beim Entfernen des Lösungsmittels berücksichtigt werden sollte. Vor diesem Hintergrund werden bei der Aufarbeitung und bei der chromatographischen Reinigung der Titelverbindung auch nur niedrigsiedende Lösungsmittel [Et$_2$O, CH$_2$Cl$_2$ oder Petrolether (Sdp. 30–50°C)] verwendet. Bei der Flash-Chromatographie sollte ein Gradient des Eluenten gewählt werden, z. B. reinen Petrolether zum Eluieren der Fraktionen 1–5; Petrolether:CH$_2$Cl$_2$ 10:1 v:v zum Eluieren der Fraktionen 6-7; Petrolether:CH$_2$Cl$_2$ 5:1 v:v zum Eluieren der Fraktionen 8-10; Petrolether:CH$_2$Cl$_2$ 2:1 v:v zum Eluieren der Fraktionen 11–13.

13) Es ist plausibel, aber unbewiesen, dass die Bildung von Propinyllithium so vonstatten geht, dass ein erstes Äquivalent n-BuLi als Base eine anti-Eliminierung von H$^\beta$ und Br aus cis-1-Bromprop-1-en induziert und eine syn-Eliminierung von H$^\beta$ und Br aus trans-1-Bromprop-1-en. Das in beiden Fällen entstandene Propin ergäbe in einer Säure/Base-Reaktion mit dem zweiten Äquivalent n-BuLi anschließend Propinyllithium. Bis heute kann man jedoch nicht ausschließen, dass stattdessen der folgende Mechanismus vorliegt: Im ersten Reaktionsschritt greift n-BuLi am H$^\alpha$ der beiden Brompropene an und wandelt sie dadurch in Z- und E-1-Brom-1-lithioprop-1-en um (ausgehend von cis- bzw. von trans-1-Bromprop-1-en). Aus diesen Carbenoiden entstünde als nächstes per Fritsch-Buttenberg-Wiechell-Umlagerung Propin. Letzteres würde zum Abschluss von dem zweiten Äquivalent n-BuLi zum gesuchten Propinyllithium deprotoniert.

14) Anstelle des im Handel angebotenen Isomerengemischs kann auch cis-1-Bromprop-1-en (siehe Präparat 5-2) verwendet werden.

15) Der Rückstand kann auch aus Cyclohexan/AcOEt (80:20 v:v) umkristallisiert werden.

Literatur zu Sequenz 27:

[1] Y. Ohtsuka, T. Oishi, *Chem. Pharm. Bull.* **1988**, *36*, 4711–4721. – A. Srikrishna, K. Krishnan, *J. Chem. Soc., Perkin Trans 1* **1993**, 667–673.

[2] A. Abad, C. Agulló, M. Arnó, A. C. Cuñat, M. T. García, R. J. Zaragozá, *J. Org. Chem.* **1996**, *61*, 5916–5919 (supporting information).

[3] T. Oritani, K. Yamashita, *Phytochemistry* **1983**, *22*, 1909–1912. – A. Abad, C. Agulló, M. Arnó, A. C. Cuñat, R. J. Zaragozá, *Synlett* **1993**, 895–896. – T. Olpp, *Dissertation*, Universität Freiburg, **2006**, 423.

[4] B. Vaz, R. Alvarez, J. A. Souto, A. R. de Lera, *Synlett* **2005**, 294–298. – T. Olpp, *Dissertation*, Universität Freiburg, **2006**, 416–417.

[5] Prozedur: J. Suffert, D. Toussaint, *J. Org. Chem.* **1995**, *60*, 3550–3553.

[6] Prozedur: B. M. Trost, M. T. Sorum, C. Chan, A. E. Harms, G. Rühter, *J. Am. Chem. Soc.* **1997**, *119*, 698–708. – T. Olpp, *Dissertation*, Universität Freiburg, **2006**, 454–456.

[7] Prozedur: N. Furihi, H. Hara, T. Osaki, H. Mori, S. Katsumura, *Angew. Chem.* **2002**, *114*, 1065–1068 (supporting information).

Sequenz 28: Darstellung von [*trans*,2*R*,3*S*-2-(Acetylamino)-heptadec-4-en-1,3-diyl)]bisacetat [1)]

Labortechniken: Arbeiten mit Li-Organylen — Arbeiten mit Na- oder K-Amiden — Arbeiten mit NaH — Arbeiten mit Li außerhalb von flüssigem Ammoniak — Arbeiten mit Na in flüssigem Ammoniak — Arbeiten mit Hydroperoxiden — Arbeiten mit Schutzgruppen

28-1   *trans*-Pent-2-en-4-in-1-ol [2, 3] [1]

Reaktionstypen: Alkylierung von C-Nucleophil — β-Eliminierung
Syntheseleistungen: Synthese von Alkin — Synthese von Allylalkohol

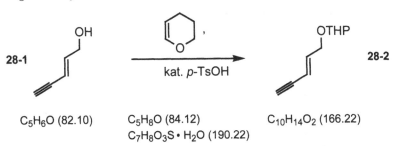

C_3H_5ClO (92.52) C_5H_6O (82.10)

In den Reaktionskolben wird bei –78°C NH_3 (ca. 500–700 mL) einkondensiert [4]. Das Kältebad wird so temperiert, dass der NH_3 schwach unter Rückfluss am Trockeneiskühler siedet [5]. In den flüssigen NH_3 wird Eisen(III)-nitrat-Nonahydrat [6] (101 mg, 250 μmol, 0.12 Mol-%) und danach portionsweise Natrium [7] (9.89 g, 430 mmol, 2.0 Äquiv.) eingetragen.

Diese $NaNH_2$-Lösung wird mit Triphenylmethan (0.25 g) [8] versetzt und dann bei –55°C so lange Acetylen [9] (0.5–1.0 L pro min) eingeleitet, bis die rote Farbe [10] verschwindet. Anschließend wird Epichlorhydrin (frisch destilliert, 19.9 g, 215 mmol) bei –55°C [11] innerhalb von 1.5 h zugetropft. Dann wird das Gemisch über Nacht bei –70°C gerührt und danach innerhalb von 2 h portionsweise mit festem NH_4Cl (23.0 g, 430 mmol, 2.0 Äquiv.) versetzt. Anschließend lässt man den NH_3 langsam verdampfen. Das Reaktionsgemisch wird in Et_2O (400 mL) aufgenommen und filtriert. Der Filterrückstand wird in H_2O [12] gelöst und mit Et_2O (3 × 150 mL) extrahiert. Die vereinigten organischen Phasen [13] werden über $MgSO_4$ getrocknet. Das Lösungsmittel wird vorsichtig [14] abdestilliert und der Rückstand im Vakuum fraktionierend destilliert (Sdp. [20 mbar] 62–65°C). Es wird ein 85:15- bis 95:5-Gemisch aus *trans*- und *cis*-Pent-2-en-4-in-1-ol als farblose Flüssigkeit (30–40%) erhalten.

28-2   2-(*trans*-Pent-2-en-4-in-1-yl)oxy-3,4,5,6-tetrahydro-2*H*-pyran [2]

Reaktionstyp: Addition an olefinische Doppelbindung
Syntheseleistung: Synthese von Acetal

C_5H_6O (82.10) C_5H_8O (84.12) $C_{10}H_{14}O_2$ (166.22)
                                     $C_7H_8O_3S \cdot H_2O$ (190.22)

Zu einer Lösung von Pent-2-en-4-in-1-ol (85:15-*trans*:*cis*-Gemisch, Präparat **28-1**, 5.34 g, 65.0 mmol) und 4-Toluolsulfonsäure-Monohydrat (*p*-TsOH•H_2O, 0.50 g, 2.6 mmol, 4 Mol-%) in CH_2Cl_2 (25 mL) wird 3,4-Dihydro-2*H*-pyran (16.4 g, 195 mmol, 3.0 Äquiv.) bei 0°C innerhalb von 20 min zugetropft. Danach wird das Gemisch bei Raumtemp. so lange gerührt, bis dünnschichtchromatographisch (fast) kein Edukt mehr nachweisbar ist (2–5 h). Die Reaktion wird durch Zugabe von frisch gepulvertem Na_2CO_3 beendet [15] und 1 h bei Raumtemp. gerührt. Die Suspension wird filtriert und der Filterrückstand mit CH_2Cl_2 (2 × 5 mL) gewaschen. Die Filtrate werden vereinigt, und das Lösungsmittel wird bei schwach vermindertem Druck entfernt. Der Rückstand wird im Vakuum fraktionierend destilliert (Sdp.$_{2\,mbar}$ 68–72°C) und ein 95:5-Gemisch [16] aus 2-(*trans*-Pent-2-en-4-in-1-yl)oxy-3,4,5,6-tetrahydro-2*H*-pyran und 2-(*cis*-Pent-2-en-4-in-1-yl)oxy-3,4,5,6-tetrahydro-2*H*-pyran (90–98%) als farblose Flüssigkeit erhalten.

28-3   2-(*trans*-Heptadec-2-en-4-in-1-yl)oxy-3,4,5,6-tetrahydro-2*H*-pyran [3, 4]

Reaktionstyp: Alkylierung von C-Nucleophil
Syntheseleistung: Synthese von Alkin

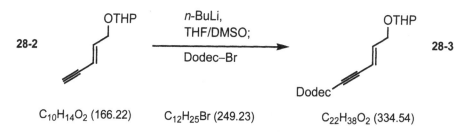

C$_{10}$H$_{14}$O$_2$ (166.22)   C$_{12}$H$_{25}$Br (249.23)   C$_{22}$H$_{38}$O$_2$ (334.54)

Zu einer Lösung von 2-(Pent-2-en-4-in-1-yl)oxy-3,4,5,6-tetrahydro-2*H*-pyran (95:5-*trans*:*cis*-Gemisch, Präparat **28-2**, 9.97 g, 60.0 mmol) in THF (250 mL) wird *n*-BuLi (Lösung in Hexan, 65.4 mmol, 1.09 Äquiv.) bei –78°C innerhalb von 30 min zugetropft. Danach wird 30 min bei –78°C gerührt und dann eine Lösung von 1-Bromdodecan („Dodec–Br", 17.9 g, 72.0 mmol, 1.2 Äquiv.) in THF/DMSO [17] (1:1 v:v, 83 mL) so zugetropft, dass die Innentemp. nicht über –70°C steigt. Anschließend lässt man das heterogene Gemisch über Nacht langsam auf Raumtemp. erwärmen. Das Gemisch wird vorsichtig mit H$_2$O (900 mL) versetzt und mit *t*-BuOMe (6 × 150 mL) extrahiert. Die vereinigten organischen Phasen werden mit H$_2$O (100 mL) und wässriger ges. NaCl-Lösung (150 mL) gewaschen und über MgSO$_4$ getrocknet. Das Lösungsmittel wird bei vermindertem Druck vollständig entfernt und der Rückstand durch Flash-Chromatographie (Eluens: Cyclohexan/AcOEt) gereinigt. Ein 95:5-Gemisch aus 2-(*trans*-Heptadec-2-en-4-in-1-yl)oxy-3,4,5,6-tetrahydro-2*H*-pyran und 2-(*cis*-Heptadec-2-en-4-in-1-yl)oxy-3,4,5,6-tetrahydro-2*H*-pyran (65–75%) wird als farbloses Öl erhalten.

28-4   *trans*-Heptadec-2-en-4-in-1-ol [3]

Reaktionstyp: Alkoholyse („Umacetalisierung") von Acetal
Syntheseleistung: Synthese von Alkohol

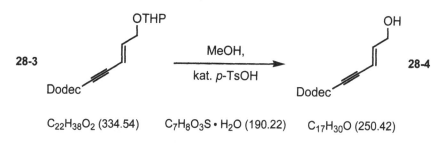

C$_{22}$H$_{38}$O$_2$ (334.54)   C$_7$H$_8$O$_3$S · H$_2$O (190.22)   C$_{17}$H$_{30}$O (250.42)

Eine Lösung von 2-(Heptadec-2-en-4-in-1-yl)oxy-3,4,5,6-tetrahydro-2*H*-pyran (95:5-*trans*:*cis*-Gemisch, Präparat **28-3**, 13.4 g, 40.0 mmol) und 4-Toluolsulfonsäure-Monohydrat (*p*-TsOH·H$_2$O, 2.0 mmol, 0.38 g,

5.0 Mol-%) in MeOH (300 mL) und THF (33 mL) wird 4–20 h [18)] bei Raumtemp. gerührt. Nach Zugabe von Na$_2$CO$_3$ (1.5 g, 14 mmol, 7.0 Äquiv. bezogen auf p-TsOH) wird das Gemisch weitere 45 min bei Raumtemp. gerührt und anschließend filtriert. Das Filtrat wird mit NEt$_3$ (1 mL) versetzt und das Lösungsmittel bei vermindertem Druck entfernt. Der Rückstand wird in AcOEt (150 mL) aufgenommen und mit H$_2$O (3 × 75 mL) gewaschen. Die vereinigten wässrigen Phasen werden mit t-BuOMe (3 × 75 mL) extrahiert. Die t-BuOMe-Phasen werden mit der AcOEt-Phase vereinigt und über MgSO$_4$ getrocknet. Die Lösungsmittel werden bei vermindertem Druck entfernt, und der Rückstand wird durch Flash-Chromatographie (Eluens: Cyclohexan/ AcOEt) gereinigt. Es wird ein 95:5-Gemisch aus *trans*- und *cis*-Heptadec-2-en-4-in-1-ol (70–80%) als farbloser Feststoff (Schmp. 45–46°C) erhalten.

28-5 *trans,S,S*-2,3-Epoxyheptadecan-4-in-1-ol [3]

Reaktionstyp: Asymmetrische Sharpless-Epoxidierung
Syntheseleistung: Synthese von Epoxyalkohol

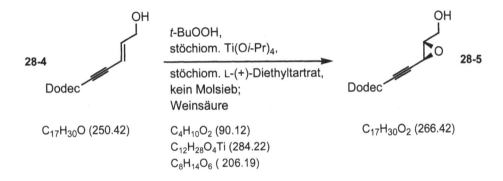

28-4

Dodec

C$_{17}$H$_{30}$O (250.42)

t-BuOOH,
stöchiom. Ti(O*i*-Pr)$_4$,

stöchiom. L-(+)-Diethyltartrat,
kein Molsieb;
Weinsäure

C$_4$H$_{10}$O$_2$ (90.12)
C$_{12}$H$_{28}$O$_4$Ti (284.22)
C$_8$H$_{14}$O$_6$ (206.19)

Dodec

28-5

C$_{17}$H$_{30}$O$_2$ (266.42)

Zu einer Lösung von Titan(IV)-isopropoxid (13.5 g, 47.5 mmol, 1.9 Äquiv.) in CH$_2$Cl$_2$ (50 mL) wird bei –25°C eine Lösung von L-(+)-Diethyltartrat (10.1 g, 49.0 mmol, 1.95 Äquiv.) in CH$_2$Cl$_2$ (15 mL) innerhalb von 20 min zugetropft. Danach wird 20 min bei –25°C gerührt und anschließend eine Lösung von Heptadec-2-en-4-in-1-ol (95:5-*trans*:*cis*-Gemisch, Präparat **28-4**, 6.26 g, 25.0 mmol) in CH$_2$Cl$_2$ (90 mL) innerhalb von 45–60 min zugetropft; dann wird *tert*-Butylhydroperoxid [t-BuOOH, Lösung in CH$_2$Cl$_2$ (siehe Präparat **22-1**, Seite 171), 57.0 mmol, 2.28 Äquiv.] zugetropft. Dieses Gemisch wird 4–24 h [18)] bei –30°C gerührt und danach bei –30°C mit einer wässrigen Weinsäure-Lösung (10%ig, 220 mL) versetzt. Man lässt das Gemisch auf Raumtemp. erwärmen. Die organische Phase wird abgetrennt und die wässrige Phase mit t-BuOMe (3 x 90 mL) extrahiert. Die vereinigten organischen Phasen werden mit wässriger Weinsäure-Lösung (10%ig, 2 × 80 mL) und wässriger ges. NaCl-Lösung (50 mL) gewaschen. Die organische Phase wird über MgSO$_4$ getrocknet, das Lösungsmittel bei vermindertem Druck entfernt [19)] und der Rückstand durch Flash-Chromatographie (Eluens: Cyclohexan/AcOEt) gereinigt [20)]. Die Titelverbindung (65–75%) wird diastereomerenrein [21)] und als farbloser Feststoff (Schmp. 49–51°C) erhalten; $[\alpha]_D^{25} = +3.72$ (c = 1.72, CHCl$_3$).

28-6   *R-N*-Benzyl-4-(*S*-1-hydroxypentadec-2-in-1-yl)-1,3-oxaz-olidin-2-on [3]

Reaktionstyp: Addition von Heteroatom-Nucleophil an Heterocumulen
Syntheseleistung: Synthese von Oxazolidinon

$C_{17}H_{30}O_2$ (266.42)   NaH (24.00) $C_{25}H_{37}NO_3$ (399.57)
                                 C_8H_7NO (133.15)

Zu einer Lösung von *trans-S,S*-2,3-Epoxyheptadecan-4-in-1-ol (Präparat **28-5**, 4.00 g, 15.0 mmol) und Benzyliso-cyanat (2.40 g, 18.0 mmol, 1.2 Äquiv.) in THF (75 mL) wird NaH [22)] (900 mg, 37.5 mmol, 2.5 Äquiv.) gegeben. Die Suspension wird 1 h bei Raumtemp. gerührt und anschließend 3 h unter Rückfluss erhitzt. Das Gemisch wird auf 5°C abgekühlt, überschüssiges NaH durch vorsichtige Zugabe von HOAc vernichtet und dann mit *t*-BuOMe (80 mL) verdünnt. Dieses Gemisch wird mit H_2O (2 × 25 mL), wässriger ges. $NaHCO_3$-Lösung (20 mL) und wässriger ges. NaCl-Lösung (20 mL) gewaschen und über $MgSO_4$ getrocknet. Das Lösungsmittel wird bei vermindertem Druck entfernt und der Rückstand durch Flash-Chromatographie (Eluens: Cyclohexan/AcOEt) gereinigt. Die Titelverbindung (70–80%) wird als farbloses Öl erhalten; $[\alpha]_D^{24} = +26.9$ (*c* = 1.00, CHCl₃).

28-7   *R*-4-(*trans,S*-1-Hydroxypentadec-2-en-1-yl)-1,3-oxazol-idin-2-on [3]

Reaktionstypen: Stereoselektive Reduktion von C≡C-Dreifachbindung — Birch-Reduktion einer
                           benzylischen C–N-Bindung

Syntheseleistungen: Synthese von Allylalkohol — Synthese von Olefin

$C_{25}H_{37}NO_3$ (399.57)   Li (6.94) $C_{18}H_{33}NO_3$ (311.46)
                                 C_2H_7N (45.08)

R-N-Benzyl-4-(*S*-1-hydroxypentadec-2-in-1-yl)-1,3-oxazolidin-2-on (Präparat **28-6**, 1.60 g, 4.00 mmol) wird bei –30°C in Ethylamin [23)] (100 mL) gelöst. Nach Zugabe von *t*-BuOH (15 mL) wird die Lösung auf –78°C gekühlt und bei dieser Temp. Lithium (3.30 g, 476 mmol, 119 Äquiv.) in kleinen Stücken zugegeben, wobei darauf zu achten ist, dass das nächste Stück Lithium erst zugegeben wird, wenn die blaue Farbe der Lösung verschwunden ist. Die Reaktion ist beendet [24], wenn die auftretende blaue Färbung 2 h bestehen bleibt. Man versetzt das Gemisch dann mit festem NH_4Cl (10 g) und CH_2Cl_2 (300 mL), lässt langsam auf Raumtemp. erwärmen und verdünnt mit H_2O (300 mL). Die organische Phase wird abgetrennt und die wässrige Phase mit CH_2Cl_2 (2 × 150 mL) extrahiert. Die vereinigten organischen Phasen werden mit H_2O (3 × 150 mL) und wässriger ges. NaCl-Lösung (60mL) gewaschen und über $MgSO_4$ getrocknet. Das Lösungsmittel wird bei vermindertem Druck entfernt und der Rückstand durch Flash-Chromatographie (Eluens: Cyclohexan/AcOEt) gereinigt. Die Titelverbindung (60–70%) wird als farbloser Feststoff (Schmp. 59–60°C) erhalten; $[\alpha]_D^{23} = +0.59$ (c = 1.98, $CHCl_3$).

28-8 [*trans*,2*R*,3*S*-2-(Acetylamino)heptadec-4-en-1,3-diyl)]bis-acetat [1] [3]

Reaktionstyp: Hydrolyse von Kohlensäurederivat
Syntheseleistung: Synthese von Carbonsäureamid

$C_{18}H_{33}NO_3$ (311.46) $C_{23}H_{41}NO_5$ (411.58)

Ein Gemisch aus *R*-4-(*trans-S*-1-Hydroxypentadec-2-en-1-yl)-1,3-oxazolidin-2-on (Präparat **28-7**, 779 mg, 2.50 mmol), wässriger NaOH-Lösung (2 M, 19.5 mL, 39.0 mmol, 15.6 Äquiv.) und EtOH (19.5 mL) wird 3 h bei 80°C gerührt. Die Lösung wird auf Raumtemp. abgekühlt und mit *t*-BuOMe (100 mL) versetzt. Die organische Phase wird abgetrennt, mit wässriger NaOH-Lösung (2 M, 3 × 30 mL) und wässriger ges. NaCl-Lösung (30 mL) gewaschen, über $MgSO_4$ getrocknet und das Lösungsmittel bei vermindertem Druck vollständig entfernt.

Der Rückstand (Zwischenprodukt) wird in CH_2Cl_2 (35 mL) gelöst, mit Ac_2O (1.79 g, 17.5 mmol, 7.0 Äquiv.), NEt_3 (4.55 g, 45.0 mmol, 18 Äquiv.) und 4-(Dimethylamino)pyridin (DMAP, 15.3 mg, 125 μmol, 5 Mol-%) versetzt und 20 h bei Raumtemp. gerührt. Das Gemisch wird mit MeOH (10 mL) versetzt, 20 min bei Raumtemp. gerührt, mit *t*-BuOMe (80 mL) verdünnt, mit wässriger ges. NaCl-Lösung (3 × 20 mL) gewaschen und über $MgSO_4$ getrocknet. Das Lösungsmittel wird bei vermindertem Druck entfernt und der Rückstand durch Flash-Chromatographie (Eluens: Cyclohexan/AcOEt) gereinigt. Die Titelverbindung (70–80%) wird als farbloser Feststoff (Schmp. 88–90°C) erhalten; $[\alpha]_D^{23} = +12.0$ (c = 0.50, $CHCl_3$).

Anmerkungen:

1) „2*R*,3*S*-Norsphingosin". In der Originalliteratur [3] wird (nur) beschrieben, wie auf völlig analoge Weise der Naturstoff(bestandteil) 2*R*,3*S*-Sphingosin totalsynthetisiert wird. Das darin zusätzlich benötigte C-Atom wird dort eingeführt, indem in der 3. Stufe mit 1-Bromtridecan alkyliert wird, also mit dem nächsthöheren Homologen des hier verwendeten 1-Bromdodecans. Dass die hiesige Vorschrift diese C_1-Verkürzung vornimmt, ist eine Sparmaßnahme: Der „mmol-Preis" von 1-Bromdodecan ist etwa 72-mal niedriger als der von 1-Bromtridecan.

2) Bei der Synthese fallen 85:15- bis 95:5-*trans:cis*-Gemische von Pent-2-en-4-in-1-ol an, die auf der ersten Stufe nicht trennbar sind. Eine Anreicherung des *trans*-Isomers erfolgt im Verlauf der Totalsynthese und dort vor allem in den Stufen **28-2** und **28-5** (vgl. Anmerkung 16).

3) *Vorsicht:* Im Fall eines Kontakts von Pent-2-en-4-in-1-ol mit der Haut kann es – auch noch mit einem Tag Verzögerung – zu einer schmerzhaften Blasenbildung kommen.

4) Apparatur und experimentelle Details zum Arbeiten mit flüssigem NH_3: siehe Seite 78.

5) Siedepunkt von flüssigem NH_3: $-33°C$.

6) Wird mehr Eisen(III)-nitrat-Nonahydrat zugesetzt, ist es schwer, die rote Farbe des $Ph_3C^{\ominus}Na^{\oplus}$ (vgl. Anmerkung 8) zu erkennen, weil das Reaktionsgemisch aufgrund des Ausfallens kolloidalen Eisens (vgl. Anmerkung 7) schwarz ist. Wird deutlich weniger Eisen(III)-nitrat-Nonahydrat zugesetzt, verläuft die Bildung von $NaNH_2$ zu langsam.

7) Natrium wird in kleinen Portionen eingebracht – zunächst etwa 1–2 g – und, sobald die intensive Blaufärbung (solvatisierte Elektronen!) verschwindet, das restliche Natrium in kleinen Stücken in das graue bzw. später schwarze (kolloidales Eisen!) Reaktionsgemisch eingetragen. Die Bildung des $NaNH_2$ ist nach 30–45 min abgeschlossen.

8) Triphenylmethan dient als Indikator: Es wird von $NaNH_2$ zu dem tiefroten Ionenpaar $Ph_3C^{\ominus}Na^{\oplus}$ deprotoniert.

9) *Vorsicht:* Acetylen kann spontan explodieren, besonders als Reinsubstanz unter Druck. Acetylen ist daher in den handelsüblichen Stahlflaschen in Aceton (!) gelöst und auf Kieselgur aufgesogen. Bei Acetylen-Reaktionen ist daher unbedingt zu verhindern, dass dieses Aceton in die Reaktionslösung gelangt; in diesem Ansatz könnte es ebenfalls mit $NaNH_2$ oder mit dem Natriumacetylid reagieren. Das Acetylen sollte daher vor dem Einleiten in die Reaktionslösung nicht nur zur Trocknung durch eine Waschflasche mit konz. H_2SO_4 (oder über einen Trockenturm mit P_4O_{10} oder aktiviertem 3-Å-Molekularsieb) geleitet werden, sondern danach auch noch durch zwei hintereinander geschaltete Kühlfallen, die auf $-60°C$ gekühlt sind, um Aceton auszufrieren.

10) Die rote Farbe (vgl. Anmerkung 8) kann unter Umständen nach dem Ende des Einleitens wieder auftreten. Falls das der Fall ist, wird noch etwas mehr Acetylen eingeleitet.

11) Erfolgt die Zugabe des Epichlorhydrins entweder bei $-33°C$, also bei der Siedetemp. von flüssigem NH_3, oder bei $-55°C$ schneller als angegeben, bildet sich ein schwarzes, amorphes Produkt, und die Ausbeute sinkt extrem.

12) Die Titelverbindung ist sehr gut wasserlöslich.

13) Hierzu gehört auch die Etherphase aus der Filtration.

14) Zum Abdestillieren sollte eine Destillationsbrücke verwendet werden. Die Verwendung eines Rotationsverdampfers mindert die Ausbeute, weil die Titelverbindung (Sdp. $_{20\,mbar}$ 62–65°C) leichtflüchtig ist.

15) Der pH-Wert der Lösung muss >7 sein.

16) Bereits auf dieser Stufe kann durch Destillation eine Anreicherung des *trans*-Isomers auf 95% sogar dann erzielt werden, wenn das Ausgangsmaterial **28-1** nur als 85:15-*trans:cis*-Gemisch eingesetzt wird.

17) In der Originalliteratur [3] wird ein THF/HMPT-Gemisch (HMPT = Hexamethylphosphorsäuretriamid) verwendet. Der HMPT-Anteil wurde in der vorliegenden Versuchsvorschrift durch DMSO ersetzt [4].

18) Die Reaktionszeit kann variieren, weshalb hier ausdrücklich auf die Notwendigkeit einer dünnschichtchromatographischen Reaktionskontrolle hingewiesen wird.

19) *Vorsicht:* Die Lösung kann noch überschüssiges *tert*-Butylhydroperoxid enthalten und darf nicht vollständig eingeengt werden. Wegen der Explosionsgefahr muss sich der Rotationsverdampfer in einem Abzug befinden und zusätzlich mit einer Splitterschutzscheibe versehen sein. Der Rotationsverdampfer darf nur im Schutz dieser Splitterschutzscheibe betrieben werden.

20) Für die Fraktionen, welche die Titelverbindung enthalten, muss ein Peroxid-Test durchgeführt werden. Fällt dieser positiv aus, ist **unbedingt** Anmerkung 19 zu beachten. In der Regel wird das überschüssige *tert*-Butylhydroperoxid durch die Chromatographie abgetrennt.

21) Auf dieser Stufe entstehen aus dem *trans*- und *cis*-Isomer Diastereomere, die, sollte keine weitere Anreicherung des *trans*-Isomers während der Synthese erfolgt sein, hier nun chromatographisch getrennt werden können.

22) Das im Handel angebotene NaH ist eine Dispersion in Mineralöl. Es muss gewaschen und anschließend getrocknet werden (Details siehe Seite 86), bevor es in der Reaktion eingesetzt wird.

23) Ethylamin: Sdp. 16–17°C; in einer Druckdose oder als 70%ige Lösung in H_2O im Handel. Bei Verwendung der 70%igen Lösung in H_2O muss das Ethylamin zuvor über eine mit NaOH-Plätzchen gefüllte Kolonne frisch abdestilliert werden.

24) Es kann sein, dass nicht die gesamte Menge Lithium zugesetzt werden muss.

Literatur zu Sequenz 28:

[1] Modifizierte Prozedur nach: L. Brandsma, H. D. Verkruijsse, *Synthesis of Acetylenes, Allenes and Cumulenes*, Elsevier, Amsterdam, **1981**, 78. – L. Brandsma, *Preparative Acetylenic Chemistry 2nd Edition*, Elsevier, Amsterdam, **1988**, 63–64. – D. Holland, J. F. Stoddart, *J. Chem. Soc., Perkin Trans. 1* **1993**, 1553–1571.

[2] J. S. Cowie, P. D. Landor, S. R. Landor, N. Punja, *J. Chem. Soc., Perkin Trans I* **1972**, 2197–2201.

[3] Prozedur: R. Julina, T. Herzig, B. Bernet, A. Vasella, *Helv. Chim. Acta* **1986**, *69*, 368–373.

[4] Prozedur: C. Harcken, R. Brückner, E. Rank, *Chem. Eur. J.* **1998**, *4*, 2342–2352; *corrigendum* 2390.

Sequenz 29: Darstellung von *trans,R*-3-Methyldec-4-ensäuremethylester

Labortechniken: Arbeiten mit Li-Organylen — Arbeiten mit Hydroperoxiden

29-1 *trans*-Non-2-en-4-ol [1]

Reaktionstypen: Halogen/Lithium-Austausch — Addition von C-Nucleophil an Carbonylverbindung
Syntheseleistung: Synthese von Allylalkohol

$C_5H_{11}I$ (198.05) C_4H_6O (70.09) $C_9H_{18}O$ (142.24)

Zu einer Lösung von 1-Iodpentan (2.97 g, 15.0 mmol) in Et$_2$O (100 mL) wird bei –78°C *t*-BuLi (Lösung in Pentan, 33.0 mmol, 2.2 Äquiv.) zugetropft. Danach wird 15 min bei –78°C gerührt und dann eine Lösung von *trans*-Crotonaldehyd (frisch destilliert, 1.11 g, 15.8 mmol, 1.05 Äquiv.) in Et$_2$O (10 mL) zugetropft. Das Reaktionsgemisch wird anschließend weitere 30 min bei –78°C gerührt und danach mit einer wässrigen ges. NH$_4$Cl-Lösung (12 mL) versetzt. Dann lässt man das Gemisch langsam auf Raumtemp. erwärmen (ca. 1 h). Die organische Phase wird abgetrennt und die wässrige Phase mit *t*-BuOMe (4 × 25 mL) extrahiert. Die vereinigten organischen Phasen werden über Na$_2$SO$_4$ getrocknet. Das Lösungsmittel wird bei vermindertem Druck entfernt und der Rückstand im Vakuum fraktionierend destilliert (Sdp.$_{20\ mbar}$ 90–93°C). Die Titelverbindung (90–95%) wird als farblose Flüssigkeit erhalten.

29-2   *trans,R*-Non-2-en-4-ol und *S,S,S*-2,3-Epoxynonan-4-ol [2]

Reaktionstypen: Kinetische Racematspaltung — Asymmetrische Sharpless-Epoxidierung — Diastereoselektive Synthese

Syntheseleistung: Synthese von Epoxyalkohol

29-1

$C_9H_{18}O$ (142.24)

t-BuOOH,
kat. Ti(O*i*-Pr)$_4$,

kat. L-(+)-Diisopropyltartrat,
4-Å-Molsieb;
FeSO$_4$

$C_4H_{10}O_2$ (90.12)
$C_{12}H_{28}O_4Ti$ (284.22)
$C_{10}H_{18}O_6$ (234.25)

29-2a

$C_9H_{18}O$ (142.24)

+

29-2b

+ *syn*-Diastereomer

$C_9H_{18}O_2$ (158.24)

Zu einer Lösung von *trans*-Non-2-en-4-ol (Präparat **29-1**, 853 mg, 6.00 mmol) und L-(+)-Diisopropyltartrat (211 mg, 900 µmol, 15 Mol-%) in CH$_2$Cl$_2$ (25 mL) wird gepulvertes, aktiviertes 4-Å-Molekularsieb („Molsieb", 1 g) und *n*-Decan (240 µL) [1] zugegeben. Das Gemisch wird auf –20°C gekühlt, mit Titan(IV)-isopropoxid (171 mg, 600 µmol, 10 Mol-%) versetzt und 20–30 min bei –20°C gerührt. Während dieser Zeit wird eine Referenzprobe für die gaschromatographische Reaktionskontrolle vorbereitet [2]. Das Reaktionsgemisch wird mit *tert*-Butylhydroperoxid [*t*-BuOOH, Lösung in CH$_2$Cl$_2$ (siehe Präparat **22-1**, Seite 171), 3.30 mmol, 0.55 Äquiv.] versetzt und bei –20°C gerührt, bis durch gaschromatographische Reaktionskontrolle [4] ein Umsatz von 51% [5] ermittelt wird. Das Reaktionsgemisch wird mit einer frisch hergestellten Lösung von FeSO$_4$•7 H$_2$O und Zitronensäure (6 mL) [3] versetzt. Dann entfernt man das Kältebad, rührt das Gemisch 30 min bei Raumtemp., filtriert über Celite® und wäscht das Filtermaterial mit CH$_2$Cl$_2$ (3 × 10 mL). Die organische Phase wird abgetrennt und die wässrige Phase mit CH$_2$Cl$_2$ (3 × 10 mL) extrahiert. Die vereinigten organischen Phasen [6] werden über Na$_2$SO$_4$ getrocknet. Das Lösungsmittel wird bei vermindertem Druck entfernt und der Rückstand durch Flash-Chromatographie (Eluens: Cyclohexan/AcOEt) gereinigt. Die Titelverbindung *trans,R*-Non-2-en-4-ol (40–45%) wird als farblose Flüssigkeit erhalten; >96% *ee* [7], $[\alpha]_D^{20} = +17$ (*c* = 0.95, CHCl$_3$). Die Titelverbindung *S,S,S*-2,3-Epoxynonan-4-ol (40–45%) wird ebenfalls als farblose Flüssigkeit erhalten [8].

29-3   *trans,R*-3-Methyldec-4-ensäuremethylester [3]

Reaktionstypen: Johnson-Variante der Claisen-Umlagerung — Diastereoselektive und stereoselektive Synthese

Syntheseleistung: Synthese von γ,δ-ungesättigtem Carbonsäureester

29-2a

$C_9H_{18}O$ (142.24)

H$_3$C-C(OMe)$_3$,
kat. Propionsäure

$C_5H_{12}O_3$ (120.15)
$C_3H_6O_2$ (74.08)

29-3

$C_{12}H_{22}O_2$ (198.30)

Eine Lösung von *trans*,*R*-Non-2-en-4-ol (Präparat **29-2a**, 284 mg, 2.00 mmol) in Trimethylorthoacetat (1.68 g, 14.0 mmol, 7.0 Äquiv.) wird mit Propionsäure (14.8 mg, 0.20 mmol, 0.1 Äquiv.) versetzt und 6 h unter Rückfluss erhitzt. Anschließend wird das Trimethylorthoacetat abdestilliert und der Rückstand durch Flash-Chromatographie (Eluens: Cyclohexan/AcOEt) gereinigt. Die Titelverbindung (75–80%) wird als farbloses Öl erhalten; $[\alpha]_{436}^{20} = -16$, $[\alpha]_{546}^{20} = -9$ ($c = 0.78$, CHCl$_3$) [9].

Anmerkungen:

1) Der Reaktionsumsatz wird gaschromatographisch mit *n*-Decan als internem Standard bestimmt. Anstelle von *n*-Decan kann auch ein anderer geeigneter gesättigter Kohlenwasserstoff als interner Standard verwendet werden. Wird der Reaktionsumsatz ¹H-NMR-spektroskopisch [5] bestimmt, entfällt die Zugabe von *n*-Decan.

2) Die Referenzprobe wird durch einen sogenannten „Miniquench" (siehe auch Seite 80) hergestellt. Hierzu werden dem Reaktionsgemisch ca. 100 µL entnommen, mit Et$_2$O (100 µL) verdünnt und mit einer frisch bereiteten Lösung (200 µL) von FeSO$_4$ • 7 H$_2$O und Zitronensäure [3] versetzt und durchmischt. Ein Teil der organischen Phase – die Menge ist abhängig von den Einstellungen des verwendeten Gaschromatographen und der Kapillarsäule – wird gaschromatographisch vermessen [4] und für $t = 0$ das Verhältnis der Peakflächen von Edukt (*trans*-Non-2-en-4-ol) und internem Standard (*n*-Decan) ermittelt.

3) FeSO$_4$ • 7 H$_2$O (0.33 g, 1.2 mmol) und Zitronensäure (0.12 g, 0.6 mmol) werden in H$_2$O (10 mL) gelöst.

4) Kapillarsäule: SE 30 (100% Dimethylpolysiloxan, Macherey-Nagel), 25 m × 0.32 mm; Trägergas: H$_2$, 50 kPa; Temperaturprogramm: 80°C isotherm; Retentionszeiten: 1.87 min (*n*-Decan), 2.95 min (*trans*-2-Nonen-4-ol), 5.04 und 5.18 min (*anti*- bzw. *syn*-Diastereomer von 2,3-Epoxynonan-4-ol).

5) Zur Ermittlung des Umsatzes wird in Abständen von ca. 24 h dem Reaktionsgemisch eine Probe (ca. 100 µL) entnommen, gemäß Anmerkung 2 aufgearbeitet und gaschromatographisch vermessen. Aus dem Gaschromatogramm wird das Verhältnis der Peakflächen von Edukt (*trans*-Non-2-en-4-ol) und internem Standard (*n*-Decan) ermittelt und in Bezug zu dem Peakflächenverhältnis bei $t = 0$ (siehe Anmerkung 2) gesetzt. Ein Umsatz von 49–51% wird nach ca. 6 Tagen beobachtet.

Steht für das Praktikum kein Gaschromatograph zur Verfügung, kann der Reaktionsumsatz alternativ als das Molverhältnis von Edukt (*trans*-Non-2-en-4-ol) und Produkten (*S,S,S*- und das nicht so enantiomerenreine *syn*-2,3-Epoxynonan-4-ol) ermittelt werden – und zwar durch ¹H-NMR-Spektroskopie. Hierzu werden dem Reaktionsgemisch ca. 0.3–0.5 mL entnommen und analog zu Anmerkung 2 einem „Miniquench" unterworfen. Die organische Phase des „Miniquench" wird abgetrennt und die wässrige Phase mit Et$_2$O extrahiert. Die vereinigten organischen Phasen werden über Na$_2$SO$_4$ getrocknet, und das Lösungsmittel wird bei vermindertem Druck entfernt. Vom Rückstand wird ein ¹H-NMR-Spektrum gemessen und aus den Integralen der Resonanzsignale das Molverhältnis von Edukt und Produkten bestimmt. Der durch ¹H-NMR-Spektroskopie ermittelte Reaktionsumsatz ist ungenauer als der durch Gaschromatographie ermittelte.

6) Ein Peroxid-Test muss an dieser Stelle negativ ausfallen. Andernfalls müssen die vereinigten organischen Phasen mit frischer wässriger ges. Na$_2$SO$_3$-Lösung so lange gewaschen werden, bis ein neuerlicher Peroxid-Test negativ ausfällt.

7) Der *ee* wurde gaschromatographisch *nach* Vermessung des racemischen Gemischs bestimmt [Kapillarsäule: Heptakis-(2,6-di-*O*-methyl-3-*O*-pentyl)-β-cyclodextrin/OV 1701, 25 m × 0.25 mm; Trägergas: H$_2$, 55 kPa; Temperaturprogramm: 80°C isotherm; Retentionszeiten: 19.3 min (*S*-Enantiomer), 20.5 min (*R*-Enantiomer)].

8) 2,3-Epoxynonan-4-ol wird als Gemisch der beiden Diastereomere erhalten. Das Mengenverhältnis der Diastereomere hängt vom Reaktionsumsatz ab; *S,S,S*-2,3-Epoxynonan-4-ol ist das Hauptdiastereomer und das nicht so enantiomerenreine *syn*-2,3-Epoxynonan-4-ol das Mindermengendiastereomer. Von dem Letzteren ist mit Absicht keine Strukturformel angegeben. Der Grund dafür: Das *syn*-Isomer des Epoxyalkohols hat nur bei einem Umsatz bis nicht allzuviel >50% am OH-substituierten Stereozentrum dieselbe Absolutkonfiguration wie das *anti*-Isomer, aber bei Umsätzen >>50% die umgekehrte Absolutkonfiguration. Eine Erklärung dieses Sachverhalts findet sich in R. Brückner, *Reaktionsmechanismen – Organische Reaktionen, Stereochemie, Moderne Synthesemethoden*, 3. aktual. und überarb. Aufl., Spektrum Akademischer Verlag, Heidelberg, korr. Nachdruck **2007**, Seite 141–143.

9) Der Drehwert sollte bei den angegebenen „ungewöhnlichen" Wellenlängen gemessen werden, weil $[\alpha]_D^{25} \approx 0$ und mithin zum Charakterisieren ungeeignet ist.

Literatur zu Sequenz 29:

[1] Prozedur: W. F. Bailey, R. P. Gagnier, J. J. Patricia, *J. Org. Chem.* **1984**, *49*, 2098–2107.

[2] Prozedur: Y. Gao, R. M. Hanson, J. M. Klunder, S. Y. Ko, H. Masamune, K. B. Sharpless, *J. Am. Chem. Soc.* **1987**, *109*, 5765–5780; T. Katsuki, V. S. Martin, *Org. React.* **1996**, *48*, 1–300 (S. 79–80).

[3] Prozedur: K.-K. Chan, N. Cohen, J. P. DeNoble, A. C. Specian, Jr., G. Saucy, *J. Org. Chem.* **1976**, *41*, 3497–3505.

Sequenz 30: Darstellung von *trans,S*-3-Methyldec-4-ensäure-methylester

Labortechniken: Arbeiten mit Li-Organylen — Arbeiten mit elementarem Wasserstoff — Arbeiten mit Edelmetall-Heterogenkatalysatoren — Arbeiten mit K außerhalb von flüssigem Ammoniak — Arbeiten mit Zink — Arbeiten mit Hydroperoxiden

30-1 Non-2-in-4-ol [1]

Reaktionstypen: Lithiierung — β-Eliminierung [1)] — Addition von C-Nucleophil an Carbonylverbindung

Syntheseleistung: Synthese von Propargylalkohol

C_3H_5Br (120.98) $C_6H_{12}O$ (100.16) $C_9H_{16}O$ (140.22)

Zu einer Lösung von 1-Bromprop-1-en [2)] (*cis,trans*-Gemisch, 1.82 g, 15.0 mmol, 1.5 Äquiv.) in THF (10 mL) wird *n*-BuLi [3)] (Lösung in Hexan, 22.0 mmol, 2.2 Äquiv.) bei –78°C innerhalb von 30 min zugetropft. Danach wird weiteres THF (1 mL) zugesetzt und die milchige Suspension [4] 2 h bei –78°C gerührt. Das Reaktionsgemisch wird dann mit einer Lösung von Hexanal (frisch destilliert, 1.00 g, 10.0 mmol) in THF (5 mL) bei –78°C innerhalb von 15 min versetzt und anschließend weitere 30 min bei –78°C gerührt. Danach wird wässrige ges. NH₄Cl-Lösung (5 mL) zugegeben. Man lässt das Reaktionsgemisch auf Raumtemp. erwärmen, gießt es dann auf H₂O (10 mL) und versetzt es anschließend mit Et₂O (10 mL). Die organische Phase wird abgetrennt und die wässrige Phase mit Et₂O (3 × 10 mL) extrahiert. Die vereinigten organischen Phasen werden mit wässriger ges. NaCl-Lösung (2 × 10 mL) gewaschen und über Na₂SO₄ getrocknet. Das Lösungsmittel wird bei vermindertem Druck entfernt und der Rückstand im Vakuum fraktionierend destilliert (Sdp.₂₀ mbar 108–112°C). Die Titelverbindung (85–95%) wird als farbloses Öl erhalten.

30-2a *cis*-Non-2-en-4-ol (Darstellungsvariante 1) [2]

Reaktionstypen: Stereoselektive Reduktion von C≡C-Dreifachbindung — Lindlar-Hydrierung
Syntheseleistungen: Synthese von Olefin — Synthese von Allylalkohol

30-1   C₉H₁₆O (140.22)   H₂, kat. Lindlar-Pd   **30-2** (Var. 1)   C₉H₁₈O (142.24)

Eine Lösung von Non-2-in-4-ol (Präparat **30-1**, 1.12 g, 8.00 mmol) in Hexan (14 mL) wird mit Lindlar-Katalysator [5] (100 mg) und Chinolin (frisch destilliert, 43 µL) versetzt. Dieses Gemisch wird unter einer H₂-Atmosphäre [6] bei Raumtemp. so lange gerührt, bis dünnschichtchromatographisch (fast) kein Edukt mehr nachzuweisen ist (12–24 h) [7]. Das Gemisch wird über Celite® filtriert und das Filtermaterial mit Cyclohexan (2 × 5 mL) gewaschen. Die Filtrate werden vereinigt. Die Lösungsmittel werden bei vermindertem Druck entfernt, und der Rückstand wird durch Flash-Chromatographie (Eluens: Cyclohexan/AcOEt) gereinigt. Die Titelverbindung (85–95%) wird als farbloses Öl erhalten.

30-2b *cis*-Non-2-en-4-ol (Darstellungsvariante 2) [3]

Reaktionstyp: Stereoselektive Reduktion von C≡C-Dreifachbindung
Syntheseleistungen: Synthese von Olefin — Synthese von Allylalkohol

30-1   C₉H₁₆O (140.22)   ZnCl₂, K, THF; MeOH   ZnCl₂ (136.30) K (39.10)   **30-2** (Var. 2)   C₉H₁₈O (142.24)

In ein Gemisch aus ZnCl₂ [8] (5.73 g, 42.0 mmol, 8.4 Äquiv.) und THF (40 mL) werden portionsweise kleingeschnittene Stücke Kalium (2.41 g, 61.5 mmol, 12.3 Äquiv.) eingetragen und dann das Gemisch 1 h unter Rückfluss erhitzt. Es wird THF (20 mL) zugesetzt und weitere 3 h unter Rückfluss erhitzt. Anschließend wird MeOH (4.00 mL, 98.8 mmol, 19.8 Äquiv.) zugegeben [9] und danach eine Lösung von Non-2-in-4-ol

(Präparat **30-1**, 701 mg, 5.00 mmol) in MeOH (25 mL) zugetropft. Danach wird das Gemisch über Nacht unter Rückfluss erhitzt. Nach Abkühlen auf Raumtemp. wird das Reaktionsgemisch über Celite® filtriert und das Filtermaterial mit *t*-BuOMe (3 × 70 mL) gewaschen [10]. Die vereinigten Filtrate werden mit wässriger ges. NaHCO$_3$-Lösung (50 mL) und wässriger ges. NaCl-Lösung (50 mL) gewaschen und über Na$_2$SO$_4$ getrocknet. Das Lösungsmittel wird bei vermindertem Druck entfernt und der Rückstand durch Flash-Chromatographie (Eluens: Cyclohexan/AcOEt) gereinigt. Die Titelverbindung (70–80%) wird als farbloses Öl erhalten.

30-3   *cis,R*-Non-2-en-4-ol und 2*R*,3*S*,4*S*-2,3-Epoxynonan-4-ol [4]

Reaktionstypen: Kinetische Racematspaltung — Asymmetrische Sharpless-Epoxidierung — Diastereoselektive Synthese

Syntheseleistung: Synthese von Epoxyalkohol

Zu einer Lösung von *cis*-Non-2-en-4-ol (Präparat **30-2**, 853 mg, 6.00 mmol) und L-(+)-Diisopropyltartrat (211 mg, 900 µmol, 15 Mol-%) in CH$_2$Cl$_2$ (25 mL) werden gepulvertes, aktiviertes 4-Å-Molekularsieb („Molsieb", 1 g) und *n*-Decan (240 µL) [11] zugegeben. Das Gemisch wird auf –20°C gekühlt, mit Titan(IV)-isopropoxid (174 mg, 600 µmol, 10 Mol-%) versetzt und 20–30 min bei –20°C gerührt. Während dieser Zeit wird eine Referenzprobe für die gaschromatographische Reaktionskontrolle vorbereitet [12]. Das Reaktionsgemisch wird mit *tert*-Butylhydroperoxid [*t*-BuOOH, Lösung in CH$_2$CH$_2$ (siehe Präparat **22-1**, Seite 171), 3.30 mmol, 0.55 Äquiv.] versetzt und bei –20°C gerührt, bis durch gaschromatographische Reaktionskontrolle [13] ein Umsatz von 51% [14] ermittelt wird. Das Reaktionsgemisch wird mit einer frisch hergestellten Lösung von FeSO$_4$•7 H$_2$O und Zitronensäure (6 mL) [15] versetzt und das Kältebad entfernt. Das Gemisch wird 30 min bei Raumtemp. gerührt, danach über Celite® filtriert und das Filtermaterial mit CH$_2$Cl$_2$ (3 × 10 mL) gewaschen. Die organische Phase wird abgetrennt und die wässrige Phase mit CH$_2$Cl$_2$ (3 × 10 mL) extrahiert. Die vereinigten organischen Phasen [16] werden über Na$_2$SO$_4$ getrocknet. Das Lösungsmittel wird bei vermindertem Druck entfernt und der Rückstand durch Flash-Chromatographie (Eluens: Cyclohexan/AcOEt) gereinigt. Die Titelverbindung *cis*,*R*-Non-2-en-4-ol (40–45%) wird als farblose Flüssigkeit erhalten; >94% *ee* [17], [α]$_D^{20}$ = –7.71 (*c* = 0.7, CHCl$_3$). Die Titelverbindung 2*R*,3*S*,4*S*-2,3-Epoxynonan-4-ol (40–45%) wird als farblose Flüssigkeit erhalten [18].

30-4   *cis,S*-3-Methyldec-4-ensäuremethylester [5]

Reaktionstypen: Johnson-Variante der Claisen-Umlagerung — Diastereoselektive und stereoselektive Synthese

Syntheseleistung: Synthese von γ,δ-ungesättigtem Carbonsäureester

30-3a

$H_3C\text{-}C(OMe)_3$,
kat. Propionsäure

30-4

$C_9H_{18}O$ (142.24) $C_5H_{12}O_3$ (120.15) $C_{12}H_{22}O_2$ (198.30)
                              $C_3H_6O_2$ (74.08)

Eine Lösung von *cis*,*R*-Non-2-en-4-ol (Präparat **30-3a**, 285 mg, 2.00 mmol) in Trimethylorthoacetat (1.68 g, 14.0 mmol, 7.0 Äquiv.) wird mit Propionsäure (14.8 mg, 0.20 mmol, 0.1 Äquiv.) versetzt und 6 h unter Rückfluss erhitzt. Anschließend wird das Trimethylorthoacetat abdestilliert und der Rückstand durch Flash-Chromatographie (Eluens: Cyclohexan/AcOEt) gereinigt. Die Titelverbindung (75–80%) wird als farbloses Öl erhalten; $[\alpha]_{436}^{20}$ = +16, $[\alpha]_{546}^{20}$ = +9 (*c* = 0.78, CHCl$_3$) [19].

Anmerkungen:

1) Es ist plausibel, aber unbewiesen, dass die Bildung von Propinyllithium so vonstatten geht, dass ein erstes Äquivalent *n*-BuLi als Base eine anti-Eliminierung von H$^\beta$ und Br aus *cis*-1-Bromprop-1-en induziert und eine syn-Eliminierung von H$^\beta$ und Br aus *trans*-1-Bromprop-1-en. Das in beiden Fällen entstandene Propin ergäbe in einer Säure/Base-Reaktion mit dem zweiten Äquivalent *n*-BuLi anschließend Propinyllithium. Bis heute kann man jedoch nicht ausschließen, dass stattdessen der folgende Mechanismus vorliegt: Im ersten Reaktionsschritt greift *n*-BuLi am H$^\alpha$ der beiden Brompropene an und wandelt sie dadurch in *Z*- und *E*-1-Brom-1-lithioprop-1-en um (ausgehend von *cis*- bzw. von *trans*-1-Bromprop-1-en). Aus diesen Carbenoiden entstünde als nächstes per Fritsch-Buttenberg-Wiechell-Umlagerung Propin. Letzteres würde zum Abschluss von dem zweiten Äquivalent *n*-BuLi zum gesuchten Propinyllithium deprotoniert.

2) Anstelle des im Handel erhältlichen Isomerengemischs kann auch isomerenreines *cis*-1-Bromprop-1-en (siehe Präparat **5-2**) verwendet werden.

3) Es wurde beobachtet, dass sich die Reaktionszeit verlängert, wenn die Konzentration der *n*-BuLi-Charge niedriger ist als 1.60 M.

4) In einigen Fällen entsteht keine Suspension, sondern eine gelbliche Lösung. Das beeinträchtigt die Weiterreaktion aber in keiner Weise.

5) Es empfiehlt sich, den im Handel angebotenen Lindlar-Katalysator (5% Pd/CaCO$_3$/PbO) zu verwenden. Der Lindlar-Katalysator kann aber auch selbst hergestellt werden (H. Lindlar, *Helv. Chim. Acta* **1952**, *57*, 446–450).

6) Die Hydrierung erfolgt bei „Atmosphärendruck". Dazu wird ein mit H$_2$ gefüllter Luftballon mit dem Reaktionskolben (diesen zuvor mit H$_2$ spülen!) verbunden. Sollte nach einigen Stunden das Volumen des Luftballons abgenommen haben, wird H$_2$ nachgefüllt.

7) Die Reaktionszeit hängt sehr stark von der Aktivität des verwendeten Lindlar-Katalysators ab.

8) ZnCl$_2$ wird zuvor über Nacht bei 150°C im Vakuum getrocknet.

9) MeOH vernichtet das überschüssige Kalium.

10) *Vorsicht:* In der Celite®-Masse befindet sich noch **Rieke-Zink**, das **extrem pyrophor** ist. Vor der Entsorgung muss das Rieke-Zink mit verd. HCl vernichtet werden.

11) Der Reaktionsumsatz wird gaschromatographisch mit *n*-Decan als internem Standard bestimmt. Anstelle von *n*-Decan kann auch ein anderer geeigneter gesättigter Kohlenwasserstoff als interner Standard verwendet werden. Wird der Reaktionsumsatz ¹H-NMR-spektroskopisch [14] bestimmt, entfällt die Zugabe von *n*-Decan.

12) Die Referenzprobe wird durch einen sogenannten „Miniquench" (siehe auch Seite 80) hergestellt. Hierzu werden dem Reaktionsgemisch ca. 100 μL entnommen, mit Et$_2$O (100 μL) verdünnt und mit einer frisch hergestellten Lösung (200 μL) von FeSO$_4$•7 H$_2$O und Zitronensäure [15] versetzt und durchmischt. Ein Teil der organischen Phase – die Menge ist abhängig von den Einstellungen des verwendeten Gaschromatographen und von der Kapillarsäule – wird gaschro-

matographisch vermessen [13]) und für $t = 0$ das Verhältnis der Peakflächen von Edukt (*cis*-Non-2-en-4-ol) und internem Standard (*n*-Decan) ermittelt.

13) Kapillarsäule: SE 30 (100% Dimethylpolysiloxan, Macherey-Nagel), 25 m × 0.32 mm; Trägergas: H_2, 50 kPa; Temperaturprogramm: 80°C isotherm; Retentionszeiten: 1.87 min (*n*-Decan), 2.81 min (*cis*-Non-2-en-4-ol), 5.53 min und 5.68 (*anti*- bzw. *syn*-Diastereomer von 2,3-Epoxynonan-4-ol).

14) Zur Ermittlung des Umsatzes wird in Abständen von ca. 24 h dem Reaktionsgemisch eine Probe (ca. 100 µL) entnommen, gemäß Anmerkung 12 aufgearbeitet und gaschromatographisch vermessen. Aus dem Gaschromatogramm wird das Verhältnis der Peakflächen von Edukt (*cis*-Non-2-en-4-ol) und internem Standard (*n*-Decan) ermittelt und in Bezug zu dem Peakflächenverhältnis bei $t = 0$ (siehe Anmerkung 11) gesetzt. Ein Umsatz von 49–51% wird nach ca. 6 Tagen beobachtet.

Steht für das Praktikum kein Gaschromatograph zur Verfügung, kann der Reaktionsumsatz alternativ als das Molverhältnis von Edukt (*cis*-Non-2-en-4-ol) und Produkten (2*R*,3*S*,4*S*- und das nicht so enantiomerenreine *syn*-2,3-Epoxynonan-4-ol) ermittelt werden – und zwar durch ^{1}H-NMR-Spektroskopie. Hierzu werden dem Reaktionsgemisch ca. 0.3–0.5 mL entnommen und analog zu Anmerkung 12 einem „Miniquench" unterworfen. Die organische Phase des „Miniquench" wird abgetrennt und die wässrige Phase mit Et_2O extrahiert. Die vereinigten organischen Phasen werden über Na_2SO_4 getrocknet, und das Lösungsmittel wird bei vermindertem Druck entfernt. Vom Rückstand wird ein ^{1}H-NMR-Spektrum gemessen und aus den Integralen der Resonanzsignale das Molverhältnis von Edukt und Produkten bestimmt. Der durch ^{1}H-NMR-Spektroskopie ermittelte Reaktionsumsatz ist ungenauer als der durch Gaschromatographie ermittelte.

15) $FeSO_4 \cdot 7 H_2O$ (0.33 g, 1.2 mmol) und Zitronensäure (0.12 g, 0.6 mmol) werden in H_2O (10 mL) gelöst.

16) Ein Peroxid-Test muss an dieser Stelle negativ ausfallen. Andernfalls müssen die vereinigten organischen Phasen mit frischer wässriger ges. Na_2SO_3-Lösung so lange gewaschen werden, bis ein neuerlicher Peroxid-Test negativ ausfällt.

17) Der *ee* wurde gaschromatographisch *nach* Vermessung des racemischen Gemischs bestimmt [Kapillarsäule: Heptakis-(2,6-di-*O*-methyl-3-*O*-pentyl)-β-cyclodextrin/OV 1701, 25 m × 0.25 mm; Trägergas: H_2, 55 kPa; Temperaturprogramm: 80°C isotherm; Retentionszeiten: 19.5 min (*R*-Enantiomer), 18.7 min (*S*-Enantiomer)].

18) 2,3-Epoxynonan-4-ol wird als Gemisch der beiden Diastereomere erhalten. Das Mengenverhältnis der Diastereomere hängt vom Reaktionsumsatz ab; 2*R*,3*S*,4*S*-2,3-Epoxynonan-4-ol ist das Hauptdiastereomer und das nicht so enantiomerenreine *syn*-2,3-Epoxynonan-4-ol das Mindermengendiastereomer. Von dem Letzteren ist mit Absicht keine Strukturformel angegeben. Der Grund dafür: Das *syn*-Isomer des Epoxyalkohols hat nur bei einem Umsatz bis nicht allzuviel >50% am OH-substituierten Stereozentrum dieselbe Absolutkonfiguration wie das *anti*-Isomer, aber bei Umsätzen >>50% die umgekehrte Absolutkonfiguration. Eine Erklärung dieses Sachverhalts findet sich in R. Brückner, *Reaktionsmechanismen – Organische Reaktionen, Stereochemie, Moderne Synthesemethoden*, 3. aktual. und überarb. Aufl., Spektrum Akademischer Verlag, Heidelberg, korr. Nachdruck **2007**, Seite 141–143.

19) Der Drehwert sollte bei den angegebenen „ungewöhnlichen" Wellenlängen gemessen werden, weil $[\alpha]_D^{25} \approx 0$ und mithin zum Charakterisieren ungeeignet ist.

Literatur zu Sequenz 30:

[1] Prozedur: J. Suffert, D. Toussaint, *J. Org. Chem.* **1995**, *60*, 3550–3553.

[2] Prozedur: K.-K. Chan, N. Cohen, J. P. De Noble, A. C. Specian, Jr., G. Saucy, *J. Org. Chem.* **1976**, *41*, 3497–3505.

[3] Prozedur: R. D. Rieke, *Synthesis* **1975**, 452–453.

[4] Prozedur: Y. Gao, R. M. Hanson, J. M. Klunder, S. Y. Ko, H. Masamune, K. B. Sharpless, *J. Am. Chem. Soc.* **1987**, *109*, 5765–5780; T. Katsuki, V. S. Martin, *Org. React.* **1996**, *48*, 1–300 (S. 79–80).

[5] Prozedur: K.-K. Chan, N. Cohen, J. P. DeNoble, A. C. Specian, Jr., G. Saucy, *J. Org. Chem.* **1976**, *41*, 3497–3505.

Sequenz 31: Darstellung von 2*R*,3*S*-1,2-Epoxypent-4-en-3-ol

Labortechniken: Arbeiten mit Mg-Organylen — Arbeiten mit Hydroperoxiden

31-1   Penta-1,4-dien-3-ol [1]

Reaktionstyp: Acylierung von C-Nucleophil mit Carbonsäurederivat / Addition des C-Nucleophils an resultierende Carbonylverbindung

Syntheseleistung: Synthese von Allylalkohol

$C_2H_4O_2$ (60.05) C_5H_8O (84.12)

Zu Vinylmagnesiumbromid (Lösung in THF, 78.0 mmol, 2.6 Äquiv.) wird bei 0°C eine Lösung von Ameisensäuremethylester (1.80 g, 30.0 mmol) in Et$_2$O (10 mL) zugetropft. Danach wird die Lösung 30 min bei Raumtemp. und anschließend 4 h bei 40°C gerührt. Das Gemisch wird auf 0°C abgekühlt und langsam mit wässriger ges. NH$_4$Cl-Lösung (70 mL) versetzt. Der Niederschlag wird über Celite® abfiltriert und das Filtermaterial mit Et$_2$O (4 × 10 mL) gewaschen. Die Filtrate werden vereinigt, die organische Phase wird abgetrennt und die wässrige Phase mit Et$_2$O (3 × 10 mL) extrahiert. Die vereinigten organischen Phasen werden über MgSO$_4$ getrocknet. Zunächst wird bei Atmosphärendruck über eine Vigreux-Kolonne (10 cm) das Lösungsmittel abdestilliert [1], dann der Rückstand, ebenfalls bei Atmosphärendruck, fraktionierend destilliert (Sdp. 92–98°C). Die Titelverbindung (50–60%) wird als farblose Flüssigkeit erhalten.

31-2   2*R*,3*S*-1,2-Epoxypent-4-en-3-ol [2]

Reaktionstypen: Asymmetrische Sharpless-Epoxidierung — Diastereoselektive Synthese — Enantioselektive Desymmetrisierung

Syntheseleistung: Synthese von Epoxyalkohol

C_5H_8O (84.12) $C_4H_{10}O_2$ (90.12) $C_5H_8O_2$ (100.12)
$C_{12}H_{28}O_4Ti$ (284.22)
$C_{10}H_{18}O_6$ (234.25)

Zu einem Gemisch aus gepulvertem, aktiviertem 4-Å-Molekularsieb („Molsieb", 0.5 g) und CH$_2$Cl$_2$ (25 mL) werden bei –25°C Titan(IV)-isopropoxid (597 mg, 2.10 mmol, 0.14 Äquiv.) und L-(+)-Diisopropyltartrat

(633 mg, 2.70 mmol, 0.18 Äquiv.) zugegeben. Das Gemisch wird 10 min bei –25°C gerührt; dann werden nacheinander Penta-1,4-dien-3-ol (Präparat **31-1**, 1.26 g, 15.0 mmol) und *tert*-Butylhydroperoxid [*t*-BuOOH, Lösung in CH_2Cl_2 (siehe Präparat **22-1**, Seite 171), 20.7 mmol, 1.38 Äquiv.] zugefügt. Das Gemisch wird 4–7 Tage bei –25°C gerührt [2] und anschließend bei –25°C mit wässriger ges. Na_2SO_4-Lösung (1 mL) und Et_2O (15 mL) versetzt. Das Gemisch wird 2 h bei Raumtemp. gerührt und dann über Celite® filtriert. Das Filtermaterial wird in Et_2O aufgeschlämmt, kurz auf 30°C erwärmt und über frisches Celite® filtriert und auch dieses Filtermaterial mit Et_2O gewaschen. Die Filtrate werden vereinigt. Der *größte Teil* des Lösungsmittels wird bei kaum vermindertem Druck bei Raumtemp. entfernt [3, 4] und der Rückstand durch Flash-Chromatographie [Petrolether (Sdp. 30–50°C)/Et_2O] gereinigt [5, 4]. Die Titelverbindung (30–45%) wird als farblose Flüssigkeit erhalten [6]; $[\alpha]_D^{20} = +40$ ($c = 0.89$, $CHCl_3$) [7].

Anmerkungen:

1) Penta-1,4-dien-3-ol ist sehr leichtflüchtig. Daher wird hier das Lösungsmittel über eine Destillationsbrücke abdestilliert. Die Verwendung eines Rotationsverdampfers führt zu Ausbeuteverlust!

2) Die Reaktionszeit kann variieren, weshalb hier ausdrücklich auf die Notwendigkeit einer dünnschichtchromatographischen Reaktionskontrolle hingewiesen wird.

3) *Vorsicht:* Die Lösung enthält noch überschüssiges *tert*-Butylhydroperoxid und darf nicht vollständig eingeengt werden. Wegen der ***Explosionsgefahr*** muss sich der Rotationsverdampfer in einem Abzug befinden und zusätzlich mit einer Splitterschutzscheibe versehen sein. Der Rotationsverdampfer darf nur im Schutz dieser Splitterschutzscheibe betrieben werden.

4) 2*R*,3*S*-1,2-Epoxypent-4-en-3-ol ist leichtflüchtig, was beim Arbeiten unter vermindertem Druck berücksichtigt werden muss.

5) Für die Fraktionen, welche die Titelverbindung enthalten, muss ein Peroxid-Test durchgeführt werden. Fällt dieser positiv aus, ist ***unbedingt*** Anmerkung 3 zu beachten. In der Regel wird das überschüssige *tert*-Butylhydroperoxid durch die Chromatographie abgetrennt.

6) Sollte das ^{1}H-NMR-Spektrum der Titelverbindung Verunreinigungen aufweisen, kann eine zusätzliche Reinigung durch Kugelrohr-Destillation (Sdp.$_{20\,mbar}$ 70–72°C) erfolgen. *Vorsicht:* Die Kugelrohr-Destillation darf nur durchgeführt werden, wenn ***keine Verunreinigung durch tert-Butylhydroperoxid*** vorliegt; andernfalls besteht ***Explosionsgefahr!***

7) Der *ee*-Wert der Titelverbindung nimmt mit steigendem Umsatz zu. Wie die exakte kinetische Analyse ergab, kann das Verhältnis vom Haupt- zum Mindermengenenantiomer „*beliebig* (!) groß werden, wenn der Umsatz zum Bisepoxidierungsprodukt der Vollständigkeit entgegenstrebt" und wenn die Ausbeute des gewünschten Monoepoxids **31-2** demzufolge zunehmend sinkt: S. L. Schreiber, T. S. Schreiber, D. B. Smith, *J. Am. Chem. Soc.* **1987**, *109*, 1525–1529; D. B. Smith, Z. Wang, S. L. Schreiber, *Tetrahedron* **1990**, *46*, 4793–4808. Im Kern beruht dieses Phänomen darauf, dass das Mindermengenenantiomer des Monoepoxids rascher zum Bisepoxid weiteroxidiert (und deshalb peu à peu verschwindet) als das Hauptmengenenantiomer des Monoepoxids. Eine relativ detaillierte, aber nicht-mathematische Erklärung für das Zustandekommen dieser Verhältnisse wurde gegeben von R. Kramer, R. Brückner, *Adv. Synth. Catal.* **2008**, *350*, 1131–1148.

Literatur zu Sequenz 31:

[1] H. E. Ramsden, J. R. Leebrick, S. D. Rosenberg, E. H. Miller, J. J. Walburn, A. E. Balint, R. Cserr, *J. Org. Chem.* **1957**, *22*, 1602–1605. – K. Shishido, K. Hiroya, Y. Ueno, K. Fukumoto, T. Kametani, T. Honda, *J. Chem. Soc., Perkin Trans. 1* **1986**, 829–836.

[2] B. Häfele, D. Schröter, V. Jäger, *Angew. Chem.* **1986**, *98*, 89–90. – S. L. Schreiber, T. S. Schreiber, D. B. Smith, *J. Am. Chem. Soc.* **1987**, *109*, 1525–1529. – S. L. Schreiber, D. B. Smith, *J. Org. Chem.* **1989**, *54*, 9–10. – D. B. Smith, Z. Wang, S. L. Schreiber, *Tetrahedron* **1990**, *46*, 4793–4808. – V. Jäger, D. Schröter, B. Koppenhoefer, *Tetrahedron* **1991**, *47*, 2195–2210. – T. Katsuki, V. S. Martin, *Org. React.* **1996**, *48*, 1–300 (S. 78–79).

Sequenz 32: Darstellung von 2*S*,4*R*-1-[(4-Methoxybenzyl)-oxy]hept-6-en-2,4-diol

Labortechniken: Arbeiten mit Li-Organylen — Arbeiten mit NaH — Arbeiten mit komplexen Metallhydriden — Arbeiten mit Hydroperoxiden

32-1   4-Methoxybenzylchlorid [1]

Reaktionstyp: Alkylierung von Heteroatom-Nucleophil
Syntheseleistung: Synthese von Alkylhalogenid

$C_8H_{10}O_2$ (138.16) C_8H_9ClO (156.61)

Zu einem Gemisch aus 4-Methoxybenzylalkohol (3.45 g, 25.0 mmol) und Petrolether (Sdp. 30–50°C, 45 mL) wird konz. HCl (37%ig, 13.1 mL, 15.6 g, 158 mmol, 6.3 Äquiv.) bei 0°C langsam zugetropft. Danach wird das Zweiphasen-Gemisch mit CaCl₂ (4.16 g, 37.5 mmol, 1.5 Äquiv.) versetzt und 16 h bei 0°C gerührt. Die organische Phase wird abgetrennt und die wässrige Phase mit *t*-BuOMe (4 × 15 mL) extrahiert. Die vereinigten organischen Phasen werden mehrmals mit wässriger ges. NaHCO₃-Lösung (je 10 mL) gewaschen, bis die zuletzt erhaltene wässrige Phase schwach basisch ist. Die organische Phase wird dann mit wässriger ges. NH₄Cl-Lösung (10 mL) gewaschen und über MgSO₄ getrocknet. Das Lösungsmittel wird bei vermindertem Druck entfernt und der Rückstand im Vakuum fraktionierend destilliert (Sdp.₁ mbar 77–79°C). Die Titelverbindung (75–80%) wird als farblose Flüssigkeit erhalten.

32-2   3-(4-Methoxybenzyloxy)prop-1-in [2]

Reaktionstyp: Williamson-Ethersynthese
Syntheseleistung: Synthese von Dialkylether

C_3H_4O (56.06)   NaH (24.00) $C_{11}H_{12}O_2$ (176.21)
                           C_8H_9ClO (156.61)

Zu einer Suspension von NaH [1)] (468 mg, 19.5 mmol, 1.3 Äquiv.) in DMF (40 mL) wird Propin-1-ol (841 mg, 15.0 mmol) bei 0°C langsam zugetropft. Danach wird das Gemisch 30 min bei 0°C gerührt und dann 4-Methoxybenzylchlorid (Präparat **32-1**, 2.82 g, 18.0 mmol, 1.2 Äquiv.) langsam zugefügt. Anschließend wird das Kältebad entfernt, das Gemisch 14 h bei Raumtemp. gerührt und dann mit H₂O (30 mL) versetzt. Dieses Gemisch wird mit *t*-BuOMe (6 × 30 mL) extrahiert. Die vereinigten organischen Phasen werden mit H₂O (2 × 15 mL) und wässriger ges. NaCl-Lösung (2 × 15 mL) gewaschen und über MgSO₄ getrocknet. Das Lösungsmittel wird bei vermindertem Druck entfernt und der Rückstand im Vakuum fraktionierend destilliert (Sdp.₁ mbar 94–95°C). Die Titelverbindung (85–90%) wird als farblose Flüssigkeit erhalten.

32-3 1,7-Bis(4-methoxybenzyloxy)hepta-2,5-diin-4-ol [2]

Reaktionstyp: Acylierung von C-Nucleophil mit Carbonsäurederivat / Addition des C-Nucleophils an resultierende Carbonylverbindung

Syntheseleistung: Synthese von Propargylalkohol

32-2 $C_{11}H_{12}O_2$ (176.21) $C_3H_6O_2$ (74.08)

32-3

$C_{23}H_{24}O_5$ (380.43)

Zu einer Lösung von 3-(4-Methoxybenzyloxy)prop-1-in (Präparat **32-2**, 1.22 g, 6.92 mmol, 2.3 Äquiv.) in THF (25 mL) wird *n*-BuLi (Lösung in Hexan, 6.30 mmol, 2.1 Äquiv.) bei –78°C innerhalb von 10 min zugetropft. Danach wird die Lösung 45 min bei –78°C gerührt und dann eine Lösung von Ethylformiat (frisch destilliert, 222 mg, 3.00 mmol) in THF (1 mL) zugetropft. Das Gemisch wird weitere 5 h bei –78°C gerührt. Anschließend lässt man auf –50°C erwärmen und rührt bei dieser Temp. weitere 15 h. Das Gemisch wird dann mit wässriger ges. NH₄Cl-Lösung (2 M, 32 mL) versetzt, und man lässt es auf Raumtemp. erwärmen. Die organische Phase wird abgetrennt und die wässrige Phase mit *t*-BuOMe (3 × 30 mL) extrahiert. Die vereinigten organischen Phasen werden über Na₂SO₄ getrocknet. Das Lösungsmittel wird bei vermindertem Druck entfernt und der Rückstand durch Flash-Chromatographie (Eluens: Cyclohexan/AcOEt) gereinigt. Die Titelverbindung (75–80%) wird als orangefarbenes Öl erhalten.

32-4 *trans,trans*-1,7-Bis(4-methoxybenzyloxy)hepta-2,5-dien-4-ol [2]

Reaktionstypen: Stereoselektive Reduktion von C≡C-Dreifachbindung — Hydroaluminierung

Syntheseleistung: Synthese von Allylalkohol

32-3 $C_{23}H_{24}O_5$ (380.43)

Red-Al®

32-4 $C_{23}H_{28}O_5$ (384.47)

Zu einer Lösung von 1,7-Bis(4-methoxybenzyloxy)hepta-2,5-diin-4-ol (Präparat **32-3**, 761 mg, 2.00 mmol) in THF (10 mL) wird bei –40°C Red-Al® [Natriumbis(2-methoxyethoxy)aluminumhydrid, Lösung in Toluol,

8.00 mmol, 4.0 Äquiv.] zugetropft. Danach lässt man die Reaktionslösung innerhalb von 4 h auf 0°C erwärmen und versetzt dann die Lösung mit einer wässrigen halbges. Kaliumnatriumtartrat-Lösung (18 mL). Dieses Gemisch wird mit *t*-BuOMe (10 mL) verdünnt, die organische Phase abgetrennt und die wässrige Phase mit *t*-BuOMe (3 × 10 mL) extrahiert. Die vereinigten organischen Phasen werden mit wässriger ges. NaCl-Lösung (2 × 8 mL) gewaschen und über Na$_2$SO$_4$ getrocknet. Das Lösungsmittel wird bei vermindertem Druck entfernt und der Rückstand durch Flash-Chromatographie (Eluens: Cyclohexan/AcOEt) gereinigt. Die Titelverbindung (55–60%) wird als Öl erhalten.

32-5   *trans,R,R,R*-2,3-Epoxy-1,7-bis(4-methoxybenzyloxy)-hept-5-en-4-ol [3]

Reaktionstypen: Asymmetrische Sharpless-Epoxidierung — Diastereoselektive Synthese — Enantioselektive Desymmetrisierung

Syntheseleistung: Synthese von Epoxyalkohol

Zu einem Gemisch aus D-(–)-Diisopropyltartrat (15.7 mg, 67 µmol, 8.9 Mol-%) und gepulvertem, aktiviertem 4-Å-Molekularsieb („Molsieb", 480 mg) in CH$_2$Cl$_2$ (8.5 mL) wird bei –25°C Titan(IV)-isopropoxid (14.8 mg, 52 µmol, 6.9 Mol-%) zugetropft. Danach wird 15 min bei –25°C gerührt und dann *tert*-Butylhydroperoxid [*t*-BuOOH, Lösung in CH$_2$Cl$_2$ (siehe Präparat **22-1**, Seite 171), 1.5 mmol, 2.0 Äquiv.] zugesetzt. Anschließend wird das Gemisch weitere 45 min bei –25°C gerührt und dann eine Lösung von *trans,trans*-1,7-Bis(4-methoxybenzyloxy)hepta-2,5-dien-4-ol (Präparat **32-4**, 288 mg, 749 µmol) in CH$_2$Cl$_2$ (3 mL) zugetropft. Danach wird das Gemisch 24–48 h [2)] bei –25°C gerührt. Die Reaktion wird dann bei –25°C durch Zugabe einer auf 0°C gekühlten, mit NaCl gesättigten, wässrigen NaOH-Lösung [3)] (2.3 mL) beendet. Anschließend wird das Kältebad entfernt, das Gemisch 2 h bei Raumtemp. gerührt, dann mit *t*-BuOMe (30 mL) und Na$_2$SO$_4$ [4)] versetzt und 10 min gerührt. Das Gemisch wird über Celite® filtriert und das Filtermaterial mit *t*-BuOMe (2 × 15 mL) gewaschen. Die Filtrate werden vereinigt und bei vermindertem Druck auf etwa 1/3 des ursprünglichen Volumens eingeengt [5)]. Das überschüssige *tert*-Butylhydroperoxid wird durch azeotrope Destillation mit Toluol (3 × 8 mL) entfernt [6)] und der Rückstand durch Flash-Chromatographie (Eluens: Cyclohexan/AcOEt) gereinigt. Die Titelverbindung (70–75%) wird mit einer Diastereoselektivität von 97:3 [7)] als farblose Flüssigkeit erhalten; $[\alpha]_D^{20} = -7.7$ ($c = 1.00$, CHCl$_3$), 96% *ee* [8, 9)].

32-6 2*S*,4*R*-1-(4-Methoxybenzyloxy)hept-6-en-2,4-diol [3]

Reaktionstyp: Reduktion von Epoxid zu Alkohol

Syntheseleistung: Synthese von 1,3-Diol

32-5 $C_{23}H_{28}O_6$ (400.46)

Red-Al®

32-6 $C_{15}H_{22}O_4$ (266.33)

Zu einer Lösung von *trans*,*R*,*R*,*R*-2,3-Epoxy-1,7-bis(4-methoxybenzyloxy)hept-5-en-4-ol (Präparat **32-5**, 200 mg, 499 μmol) in Toluol (6 mL) wird bei –30°C Red-Al® [Natriumbis(2-methoxyethoxy)aluminumhydrid, Lösung in Toluol, 4.99 mmol, 10-fache Molmenge] zugetropft. Danach wird die Lösung 45 min bei –30°C gerührt. Anschließend lässt man die Lösung langsam auf Raumtemp. erwärmen, rührt 1.5 h bei Raumtemp., erhöht dann die Temp. auf 60°C und rührt 2 h bei dieser Temp. Die Lösung wird auf Raumtemp. abgekühlt und mit einer wässrigen halbges. Kaliumnatriumtartrat-Lösung (20 mL) versetzt. Dieses Gemisch wird bei Raumtemp. gerührt, bis sich 2 klare Phasen gebildet haben (ca. 1.5 h). Die organische Phase wird abgetrennt und die wässrige Phase mit *t*-BuOMe (4 × 15 mL) extrahiert. Die vereinigten organischen Phasen werden über Na₂SO₄ getrocknet. Das Lösungsmittel wird bei vermindertem Druck entfernt und der Rückstand durch Flash-Chromatographie (Eluens: Cyclohexan/AcOEt) gereinigt. Die Titelverbindung (85–90%) wird als farblose Flüssigkeit erhalten; $[\alpha]_D^{20} = -7.7$ ($c = 0.92$, CHCl₃), $[\alpha]_{365}^{20} = -22.6$ ($c = 0.92$, CHCl₃).

Anmerkungen:

1) Das im Handel angebotene NaH ist eine Dispersion in Mineralöl. Es muss gewaschen und anschließend getrocknet werden (Details siehe Seite 86), bevor es in der Reaktion eingesetzt wird.

2) Die Reaktionszeit kann variieren, weshalb hier ausdrücklich auf die Notwendigkeit einer dünnschichtchromatographischen Reaktionskontrolle hingewiesen wird.

3) Die mit NaCl gesättigte wässrige NaOH-Lösung wird wie folgt hergestellt: NaOH (1.67 g) und NaCl (300 mg) werden in H₂O (5 mL) gelöst.

4) Na₂SO₄ dient zum Entfernen des Wassers.

5) *Vorsicht:* Die Lösung enthält noch überschüssiges *tert*-Butylhydroperoxid und darf nicht vollständig eingeengt werden. Wegen der **Explosionsgefahr** muss sich der Rotationsverdampfer in einem Abzug befinden und zusätzlich mit einer Splitterschutzscheibe versehen sein. Der Rotationsverdampfer darf nur im Schutz dieser Splitterschutzscheibe betrieben werden.

6) *tert*-Butylhydroperoxid bildet mit Toluol ein Azeotrop. Durch Zugabe von Toluol und anschließendes Einengen bei vermindertem Druck kann das überschüssige *tert*-Butylhydroperoxid aus dem Reaktionsgemisch abgetrennt werden. Dieser Vorgang sollte mehrfach wiederholt werden (jeweils einen Peroxid-Test durchführen!). *Vorsicht:* Hierbei ist zu beachten, dass die Lösungen in Toluol, solange sie noch *tert*-Butylhydroperoxid enthalten, nicht vollständig eingeengt werden dürfen (weitere Hinweise siehe Anmerkung 5).

7) Bestimmt anhand eines Integralvergleichs der folgenden Resonanzsignale im ¹H-NMR-Spektrum des *Rohprodukts*: δ = 2.99 [dd, $J_{3,4}$ = 4.6 Hz, $J_{3,2}$ = 2.3 Hz, 3-H (*syn*-Diastereomer)] bzw. δ = 3.02 [dd, $J_{3,4}$ = 3.2 Hz, $J_{3,2}$ = 2.3 Hz, 3-H (*anti*-Diastereomer = Titelverbindung)]. Das Mindermengendiastereomer ist chromatographisch abtrennbar.

8) Der *ee*-Wert wurde durch HPLC bestimmt [Chiralpak AD (Daicel), 25 × 0.46 cm; *n*-Heptan/EtOH 85:15 v:v, 1 mL/min; 227 nm, 30°C isotherm; Retentionszeiten: 58.1 min (*R*,*R*,*R*-Enantiomer), 52.7 min (*S*,*S*,*S*-Enantiomer; bestimmt

anhand einer authentischen Probe, die mittels Sharpless-Oxidation unter dem Einfluss von kat. L-(+)-Diisopropyltartrat hergestellt wurde [3])].

9) Der *ee*-Wert der Titelverbindung sollte unter Inkaufnahme einer sinkenden Ausbeute zunehmen, wenn infolge einer bevorzugt das Mindermengenenantiomer betreffenden Zweit-Epoxidierung sich das Hauptmengenenantiomer im Monoepoxidierungsprodukt anreichert. Diesem Phänomen liegen dieselben kinetischen Verhältnisse zugrunde, die in Bezug auf die *ee*-Erhöhung des Epoxidierungsprodukts **31-2** erörtert wurden (Seite 210, Anmerkung 7). – Erklärungen und Erörterungen der mechanistischen Hintergründe für das Zustandekommens dieses Effekts: S. L. Schreiber, T. S. Schreiber, D. B. Smith, *J. Am. Chem. Soc.* **1987**, *109*, 1525-1529; D. B. Smith, Z. Wang, S. L. Schreiber, *Tetrahedron* **1990**, *46*, 4793-4808; R. Kramer, R. Brückner, *Adv. Synth. Catal.* **2008**, *350*, 1131-1148.

Literatur zu Sequenz 32:

[1] T. Berkenbusch, *Dissertation*, Universität Freiburg, **2002**, 176–177.

[2] R. Kramer, R. Brückner, *Adv. Synth. Catal.* **2008**, *350*, 1131-1148 (supporting information).

[3] R. Kramer, R. Brückner, *Synlett* **2006**, 33-38. – R. Kramer, R. Brückner, *Adv. Synth. Catal.* **2008**, *350*, 1131-1148.

Kapitel 6

Asymmetrische Sharpless-Dihydroxylierungen

Sequenz 33: **Darstellung von *rel-R,R*-1,2-Dicyclohexylethan-1,2-diol und *S,S*-1,2-Dicyclohexylethan-1,2-diol**

Labortechniken: Arbeiten mit Edelmetall-Heterogenkatalysatoren — Arbeiten mit elementarem Wasserstoff — Arbeiten mit Schwermetalloxiden und verwandten Reagenzien

1) kat. $K_2OsO_2(OH)_4$, stöchiom.

33-1 (racemisch)

2) H_2, kat. Rh/Al_2O_3

33-2 (racemisch)

3) kat. AD-Mix-$\alpha^{®}$ (d. h. kat. OsO_4, stöchiom. $K_3Fe(CN)_6$, kat. $(DHQ)_2PHAL$, K_2CO_3), $MeSO_2NH_2$

33-3 (>98% *ee*)

4) H_2, kat. Rh/Al_2O_3

33-4 (>98% *ee*)

33-1   *rel-R,R*-1,2-Diphenylethan-1,2-diol [1]

Reaktionstypen: *cis-vic*-Dihydroxylierung — Diastereoselektive Synthese
Syntheseleistung: Synthese von 1,2-Diol

C$_{14}$H$_{12}$ (180.25)   K$_2$OsO$_2$(OH)$_2$ (368.45)   C$_{14}$H$_{14}$O$_2$ (214.26)
C$_5$H$_{11}$NO$_2$ (117.15)

Zu einem Gemisch aus 4-Methylmorpholin-4-oxid (50%ig in H$_2$O, 1.70 mL, 937 mg, 8.00 mmol, 1.6 Äquiv.), Aceton (8.0 mL) und H$_2$O (2.5 mL) wird „Kaliumosmat-Dihydrat" [1)] (4.8 mg, 13 µmol, 0.26 Mol-%) zugegeben und 30 min bei Raumtemp. gerührt. Das Gemisch wird mit *trans*-Stilben (901 mg, 5.00 mmol) versetzt und bei Raumtemp. gerührt, bis dünnschichtchromatographisch [2)] (fast) kein Edukt mehr nachzuweisen ist (6–24 h). Nach Zugabe von Na$_2$SO$_3$ (1.2 g) und H$_2$O (5 mL) wird das Gemisch 30 min bei Raumtemp. gerührt und anschließend mit AcOEt (4 × 10 mL) extrahiert. Die vereinigten organischen Phasen werden mit wässriger ges. NaCl-Lösung (4 mL) gewaschen und über MgSO$_4$ getrocknet. Das Lösungsmittel wird bei vermindertem Druck entfernt und der Rückstand durch Flash-Chromatographie (Eluens: Cyclohexan/AcOEt) gereinigt. Die Titelverbindung (80–95%) wird als farbloser Feststoff (Schmp. 131–132°C) erhalten.

33-2   *rel-R,R*-1,2-Dicyclohexylethan-1,2-diol [2]

Reaktionstyp: Reduktion von C=C-Doppelbindung(en) eines Aromaten — Hydrierung
Syntheseleistung: Synthese von Alkan oder Cycloalkan

C$_{14}$H$_{14}$O$_2$ (214.26)   C$_{14}$H$_{26}$O$_2$ (226.36)

Eine Lösung von *rel-R,R*-1,2-Diphenylethan-1,2-diol (Präparat **33-1**, 857 mg, 4.00 mmol) in MeOH (15 mL) wird mit Rhodium auf Aluminiumoxid (Rh/Al$_2$O$_3$, 5%-Rh, 164 mg, 8.23 mg Rh, 80.0 µmol, 2.0 Mol-%) versetzt und in einem Hydrierautoklaven bei 60°C und einem H$_2$-Druck von 60–70 bar 72 h hydriert [3)]. Das Gemisch wird mit Et$_2$O (20 mL) versetzt, über Celite® filtriert und das Filtermaterial mit Et$_2$O (3 × 20 mL) gewaschen. Die Filtrate werden vereinigt. Das Lösungsmittel wird bei vermindertem Druck entfernt und der Rückstand durch Flash-Chromatographie (Eluens: Cyclohexan/AcOEt) gereinigt. Die Titelverbindung (70–85%) wird als farbloser Feststoff (Schmp. 151–153°C) erhalten.

33-3 *S,S*-1,2-Diphenylethan-1,2-diol [3]

Reaktionstyp: Asymmetrische Sharpless-Dihydroxylierung
Syntheseleistung: Synthese von 1,2-Diol

kat. AD-Mix-α®
(d. h. kat. $K_2OsO_2(OH)_4$,
stöchiom. $K_3Fe(CN)_6$,

kat. (DHQ)$_2$PHAL,
K_2CO_3),
$MeSO_2NH_2$

33-3
(>98% *ee*)

$C_{14}H_{12}$ (180.25)

$K_2OsO_2(OH)_4$ (368.45)
$C_6FeK_3N_6$ (329.24)
$C_{48}H_{54}N_6O_4$ (778.98)
K_2CO_3 (138.21)
CH_5NO_2S (95.12)

$C_{14}H_{14}O_2$ (214.26)

Ein Gemisch aus *t*-BuOH (12 mL) und H_2O (12 mL) wird mit AD-Mix-α®[4)] (3.5 g) und Methansulfonsäureamid[5, 6)] (238 mg, 2.50 mmol, 1.0 Äquiv.) versetzt und auf 0°C gekühlt. Bei 0°C wird *trans*-Stilben (451 mg, 2.50 mmol) zugesetzt und das Zweiphasen-Gemisch 6–24 h[2)] bei 0°C kräftig gerührt. Die Reaktion wird durch Zugabe von Na_2SO_3 (0.6 g) und H_2O (6 mL) beendet, das Kältebad entfernt und das Gemisch 30 min bei Raumtemp. gerührt. Die organische Phase wird abgetrennt und die wässrige Phase mit AcOEt (3 × 15 mL) extrahiert. Die vereinigten organischen Phasen werden mit wässriger NaOH-Lösung (2 M, 15 mL) und wässriger ges. NaCl-Lösung (10 mL) gewaschen und über $MgSO_4$ getrocknet. Das Lösungsmittel wird bei vermindertem Druck entfernt und der Rückstand durch Flash-Chromatographie (Eluens: Cyclohexan/AcOEt) gereinigt. Die Titelverbindung (85–95%) wird als farbloser Feststoff (Schmp. 131–132°) erhalten; $[\alpha]_D^{20} = -92.5$ (*c* = 1.3, EtOH), 99% *ee*.

33-4 *S,S*-1,2-Dicyclohexylethan-1,2-diol [2]

Reaktionstyp: Reduktion von C=C-Doppelbindung(en) eines Aromaten — Hydrierung
Syntheseleistung: Synthese von Cycloalkan

33-3
(>98% *ee*)

H_2,

kat.
Rh/Al_2O_3

33-4
(>98% *ee*)

$C_{14}H_{14}O_2$ (214.26)

$C_{14}H_{26}O_2$ (226.36)

Eine Lösung von *S,S*-1,2-Diphenylethan-1,2-diol (Präparat **33-3**, 429 mg, 2.00 mmol) in MeOH (8 mL) wird mit Rhodium auf Aluminiumoxid (Rh/Al$_2$O$_3$, 5%-Rh, 82 mg, 4.1 mg Rh, 40.0 μmol, 2.0 Mol-%) versetzt und in einem Hydrierautoklaven bei Raumtemp. und einem H_2-Druck von 60–70 bar 72 h hydriert[3)]. Das Gemisch wird mit Et_2O (15 mL) versetzt, über Celite® filtriert und das Filtermaterial mit Et_2O (3 × 6 mL) gewaschen. Die Filtrate werden vereinigt. Das Lösungsmittel wird bei vermindertem Druck entfernt und der Rückstand durch Flash-Chromatographie (Eluens: Cyclohexan/AcOEt) gereinigt. Die Titelverbindung (70–85%) wird als farbloser Feststoff (Schmp. 151–153°C) erhalten; $[\alpha]_D^{20}$ = +2.3 (c = 0.9, $CHCl_3$).

Anmerkungen:

1) In der Literatur wird häufig Osmiumtetroxid (OsO_4) als Oxidationsquelle verwendet. Es ist eine giftige Flüssigkeit mit einem nicht vernachlässigbaren Dampfdruck. „Kaliumosmat-Dihydrat", ebenfalls giftig, ist ein malvenfarbener Feststoff, der sich viel leichter handhaben lässt als das flüssige Osmiumtetroxid und überhaupt nicht flüchtig ist. Unter den Reaktionsbedingungen wird aus dem eingesetzten „Kaliumosmat-Dihydrat" das katalytisch wirksame Osmiumtetroxid gebildet.

2) Die Reaktionszeit kann variieren, weshalb hier ausdrücklich auf die Notwendigkeit einer dünnschichtchromatographischen Reaktionskontrolle hingewiesen wird.

3) In der Originalliteratur [2] wird die Hydrierung bei 60°C und einem H_2-Druck von 7 bar innerhalb von 36 h beschrieben. Die Reaktionszeit hängt aber stark von der Hydrierkatalysator-Charge (Rhodium auf Aluminiumoxid) ab. Mit einem Katalysator von durchschnittlicher Qualität wurden bei 60°C, 60–70 bar H_2-Druck und einer Reaktionszeit von 72 h gute Ergebnisse erzielt.

4) 1.4 g des im Handel angebotenen AD-Mix-α®, die für die Asymmetrische Dihydroxylierung von 1.00 mmol Olefin gedacht sind, enthalten $K_3Fe(CN)_6$ (987 mg, 3.0 Äquiv.), K_2CO_3 (414 mg, 3.0 Äquiv.), $K_2OsO_2(OH)_4$ (0.6 mg, 0.2 Mol-%) und 1,4-Bis(dihydrochinin-*O*-yl)phthalazin {$(DHQ)_2PHAL$, CAS [140924-50-1], 7.8 mg, 1.0 Mol-%; die Synthese des $(DHQ)_2PHAL$-Liganden ist im Band *Organisch-Chemisches Schwerpunktpraktikum* von *Praktikum Präparative Organische Chemie* (dort Versuch **2-2**) beschrieben}. Alternativ können zur Durchführung einer Asymmetrischen Dihydroxylierung – z. B. der als Stufe **33-3** beschriebenen – auch die gerade aufgezählten Einzelkomponenten eingewogen und zusammen eingesetzt werden. Es sollte jedoch unbedingt davon abgesehen werden, größere Mengen des AD-Mix® auf Vorrat zu mischen, weil für eine homogene Durchmischung, die stabil ist, also nicht zu einer partiellen „Rücksortierung" in die unterschiedlich dichten Komponenten neigt, ein „Blender" (von engl. to blend = vermengen, mischen) verwendet werden muss. Verfügt man über keinen „Blender" und setzt demzufolge die Einzelkomponenten anstelle von AD-Mix® ein, muss $K_3Fe(CN)_6$ als Pulver mit einer Korngröße < 10 µm (Aldrich, Art.-Nr.: 393517; während Umbruchkorrektur durch vergleichbaren Artikel bei Sigma-Aldrich ersetzt: Art.-Nr. 702587) eingesetzt werden; dieses Salz ist im Reaktionsgemisch nur anteilig löslich, sodass es *möglichst oberflächenreich sein muss*, um rasch nachgelöst zu werden.

5) Darstellung von Methansulfonsäureamid: Zu einer wässrigen NH_3-Lösung (25%ig, 28.3 mL, 418 mmol, 2.5 Äquiv.) wird unter kräftigem Rühren Methansulfonsäurechlorid (19.1 g, 167 mmol) innerhalb von 20 min zugetropft. Danach wird die Lösung 30 min unter Rückfluss erhitzt. Das Wasser wird vollständig abdestilliert und der Rückstand in Aceton (85 mL) aufgenommen. Es wird von Ungelöstem abfiltriert. Das Filtrat wird weitgehend eingeengt und die Kristallisation im Eisbad vervollständigt. Die Kristalle werden abgesaugt und mit Et_2O gewaschen. Trocknen im Vakuum liefert Methansulfonsäureamid (85–90%) als farblose Kristalle (Schmp. 88–90°C).

6) Methansulfonsäureamid wird zur Beschleunigung der Asymmetrischen Dihydroxylierung von Olefinen eingesetzt, die eine 1,2-disubstituierte oder eine trisubstituierte C=C-Doppelbindung enthalten.

Literatur zu Sequenz 33:

[1] In Anlehnung an: Z.-M. Wang, K. B. Sharpless, *J. Org. Chem.* **1994**, *59*, 8302–8303; K. Bergstad, J. J. N. Piet, J.-E. Bäckvall, *J. Org. Chem.* **1999**, *64*, 2545–2548 (supporting information).

[2] R. W. Hoffmann, G. Ditrich, G. Köster, R. Stürmer, *Chem. Ber.* **1989**, *122*, 1783–1789.

[3] K. B. Sharpless, W. Amberg, Y. L. Bennani, G. A. Crispino, J. Hartung, K.-S. Jeong, H.-L. Kwong, K. Morikawa, Z.-M. Wang, D. Xu, X.-L. Zhan, *J. Org. Chem.* **1992**, *57*, 2768–2771.

Sequenz 34: Darstellung von 4S,5R-5-Butyl-4-methyl-4,5-di-hydro-3H-furan-2-on [1)

Labortechniken: Arbeiten mit Li-Organylen — Arbeiten mit Cu-Organylen — Arbeiten mit Schwermetalloxiden und verwandten Reagenzien

34-1 *trans*-Oct-3-ensäure [1, 2]

Reaktionstypen: Kondensation von Carbonylverbindung mit C-Nucleophil — Dekonjugierende decarboxylierende Knoevenagel-Kondensation

Syntheseleistung: Stereoselektive Synthese von β,γ-ungesättigter Carbonsäure

$C_6H_{12}O$ (100.16) $C_3H_4O_4$ (104.06) $C_5H_{11}N$ (85.15) $C_8H_{14}O_2$ (142.20)

Ein Gemisch aus Hexanal (4.01 g, 40.0 mmol), Malonsäure (12.5 g, 120 mmol, 3.0 Äquiv.) und Piperidin (3.4 mg, 40 μmol, 0.1 Mol-%) in Xylol [2)] (50 mL) wird am Wasserabscheider so lange unter Rückfluss erhitzt, bis sich kein H_2O mehr abscheidet (ca. 4–6 h). Das Reaktionsgemisch wird auf Raumtemp. abgekühlt und mit H_2O (3 × 15 mL) und wässriger ges. NaCl-Lösung (15 mL) gewaschen. Die organische Phase wird über $MgSO_4$ getrocknet und das Lösungsmittel bei vermindertem Druck entfernt. Der Rückstand wird im Vakuum fraktionierend destilliert (Sdp.$_{20\text{ mbar}}$ 116–118°C) und die Titelverbindung (60–65%) als farblose Flüssigkeit erhalten.

34-2 *trans*-Oct-3-ensäuremethylester [2]

Reaktionstyp: Acylierung von Heteroatom-Nucleophil mit Carbonsäure
Syntheseleistung: Synthese von Carbonsäureester

34-1

Bu

HO O

$C_8H_{14}O_2$ (142.20)

MeOH, kat. CSA

$C_{10}H_{16}O_4S$ (232.30)

Bu

MeO O

34-2

$C_9H_{16}O_2$ (156.22)

Eine Lösung von *trans*-Oct-3-ensäure (Präparat **34-1**, 3.41 g, 24.0 mmol), MeOH (2.31 g, 72.0 mmol, 3.0 Äquiv.) und Camphersulfonsäure (CSA, 55.8 mg, 0.24 mmol, 1.0 Mol-%) in $CHCl_3$ [2)] (30 mL) wird am inversen Wasserabscheider so lange unter Rückfluss erhitzt, bis sich kein H_2O mehr abscheidet (ca. 6–12 h). Das Lösungsmittel wird bei vermindertem Druck entfernt und der Rückstand im Vakuum fraktionierend destilliert (Sdp.$_{20\ mbar}$ 71–73°C). Die Titelverbindung (70–75%) wird als farblose Flüssigkeit erhalten.

34-3 *R,R*-5-Butyl-4-hydroxy-4,5-dihydro-3*H*-furan-2-on [3]

Reaktionstypen: Asymmetrische Sharpless-Dihydroxylierung — Umesterung
Syntheseleistung: Synthese von 1,2-Diol — Synthese von Lacton

34-2

Bu

MeO O

$C_9H_{16}O_2$ (156.22)

kat. AD-Mix-β®
(d. h. kat. $K_2OsO_2(OH)_4$,
stöchiom. $K_3Fe(CN)_6$,
kat. (DHQD)$_2$PHAL,
K_2CO_3),
$MeSO_2NH_2$

$K_2OsO_2(OH)_4$ (368.45)
$C_6FeK_3N_6$ (329.24)
$C_{48}H_{54}N_6O_4$ (778.98)
K_2CO_3 (138.21)
CH_5NO_2S (95.12)

OH

Bu

O O

34-3

$C_8H_{14}O_3$ (158.19)

Ein Gemisch aus *t*-BuOH (40 mL) und H_2O (40 mL) wird mit AD-Mix-β® [3)] (14 g) und Methansulfonsäureamid [4, 5)] (951 mg, 10.0 mmol, 1.0 Äquiv.) versetzt und auf 0°C gekühlt. Bei 0°C wird *trans*-Oct-3-ensäuremethylester (Präparat **34-2**, 1.56 g, 10.0 mmol) zugesetzt und das Zweiphasen-Gemisch 24–72 h [6)] bei 0°C kräftig gerührt. Die Reaktion wird durch Zugabe von Na_2SO_3 (6 g) und H_2O (6 mL) beendet, das Kältebad entfernt und das Gemisch 30 min bei Raumtemp. gerührt. Die organische Phase wird abgetrennt und die wässrige Phase mit *t*-BuOMe (3 × 50 mL) extrahiert. Die vereinigten organischen Phasen werden über $MgSO_4$ getrocknet. Das Lösungsmittel wird bei vermindertem Druck entfernt und der Rückstand durch Flash-Chromatographie (Eluens: Cyclohexan/AcOEt) gereinigt. Die Titelverbindung (85–90%) wird als farblose Flüssigkeit erhalten; $[\alpha]_D^{25} = +70.8$ ($c = 1.36$, MeOH), 97% *ee* [7)].

34-4   *R*-5-Butyl-3*H*-furan-2-on [4]

Reaktionstyp: Sulfonylierung von Nucleophil (in situ) — β-Eliminierung
Syntheseleistung: Synthese von α,β-ungesättigtem Carbonsäureester

34-3

$C_8H_{14}O_3$ (158.19) C_3ClO_2S (114.55) $C_8H_{12}O_2$ (140.18)
                                 $C_6H_{15}N$ (101.19)

Zu einer Lösung von *R,R*-5-Butyl-4-hydroxy-4,5-dihydro-3*H*-furan-2-on (Präparat **34-3**, 1.27 g, 8.03 mmol) in CH_2Cl_2 (80 mL) werden bei 0°C NEt_3 (1.70 g, 16.8 mmol, 2.1 Äquiv.) und sofort anschließend Methansulfonsäurechlorid (MsCl, 1.01 g, 8.80 mmol, 1.1 Äquiv.) zugetropft. Danach wird die Lösung 15 min[8] bei 0°C gerührt. Das Reaktionsgemisch wird bei 0°C mit wässriger ges. NH_4Cl-Lösung (8 mL) und H_2O (40 mL) versetzt. Die organische Phase wird abgetrennt und die wässrige Phase mit CH_2Cl_2 (3 × 40 mL) extrahiert. Die vereinigten organischen Phasen werden über $MgSO_4$ getrocknet. Das Lösungsmittel wird bei schwach vermindertem Druck entfernt und der Rückstand durch Flash-Chromatographie [Petrolether (Sdp. 30–50°C)/*t*-BuOMe] gereinigt. Die Titelverbindung (80–85%) wird als farblose, intensiv nach Kokosnuss riechende Flüssigkeit erhalten; $[\alpha]_D^{25} = +92.3$ (*c* = 1.29, MeOH), 95% *ee*[9].

34-5   4*S*,5*R*-5-Butyl-4,5-dihydro-4-methyl-3*H*-furan-2-on [1] [5]

Reaktionstyp: Diastereoselektive 1,4-Addition eines Gilman-Cuprats an α,β-ungesättigten Ester
Syntheseleistung: Synthese von Lacton

34-4

$C_8H_{12}O_2$ (140.18)   CuI (190.45) $C_9H_{16}O_2$ (156.22)

Zu einer Suspension von Kupfer(I)-iodid (857 mg, 4.50 mmol, 1.5 Äquiv.) in Et_2O (30 mL) wird MeLi (Lösung in Et_2O, 9.00 mmol, 3.0 Äquiv.) bei 0°C tropfenweise zugegeben. Danach wird die farblose Lösung 2 min bei 0°C gerührt, dann auf –78°C abgekühlt und anschließend bei –78°C eine Lösung von *R*-5-Butyl-3*H*-furan-2-on (Präparat **34-4**, 421 mg, 3.00 mmol) in Et_2O (15 mL) langsam zugetropft. Danach wird 2 h bei –78°C gerührt und dann ebenfalls bei –78°C wässrige HCl (2 M, 15 mL) langsam zugesetzt. Nach Erwärmen auf Raumtemp. wird die organische Phase abgetrennt und die wässrige Phase mit CH_2Cl_2 (3 × 20 mL) extrahiert. Die vereinigten organischen Phasen werden über $MgSO_4$ getrocknet. Das Lösungsmittel wird bei schwach vermindertem Druck entfernt und der Rückstand durch Flash-Chromatographie [Petrolether (Sdp. 30–50°C)/*t*-BuOMe] gereinigt. Die Titelverbindung (70–75%) wird als farblose Flüssigkeit erhalten; $[\alpha]_D^{25} = +92.5$ (c = 1.02, MeOH), 95% *ee*[10].

Anmerkungen:

1) Whiskylacton [auch Quercuslacton genannt – nach den Eichenfässern (vom lateinischen Namen Quercus *sp.* für Eiche), worin man Whisky lagert und woraus beim „Altern" das Titellacton als Aromastoff extrahiert wird)].

2) Diese Lösungsmittelmenge ist adäquat für einen Wasserabscheider mit einem Volumen von 10 mL.

3) 1.4 g des im Handel angebotenen AD-Mix-β®, die für die Asymmetrische Dihydroxylierung von 1.00 mmol Olefin gedacht sind, enthalten $K_3Fe(CN)_6$ (987 mg, 3.0 Äquiv.), K_2CO_3 (414 mg, 3.0 Äquiv.), $K_2OsO_2(OH)_4$ (0.6 mg, 0.2 Mol-%) und 1,4-Bis(dihydrochinidin-*O*-yl)phthalazin {(DHQD)$_2$PHAL, CAS [140853-10-7], 7.8 mg, 1.0 Mol-%; die Synthese des (DHQD)$_2$PHAL-Liganden ist im Band *Organisch-Chemisches Schwerpunktpraktikum* von *Praktikum Präparative Organische Chemie* (dort Sequenz 2, bei den Anmerkungen) beschrieben}. Alternativ können zur Durchführung einer Asymmetrischen Dihydroxylierung – z. B. der als Stufe **34-3** beschriebenen – auch die gerade aufgezählten Einzelkomponenten eingewogen und zusammen eingesetzt werden. Es sollte jedoch unbedingt davon abgesehen werden, größere Mengen des AD-Mix® auf Vorrat zu mischen, weil für eine homogene Durchmischung, die stabil ist, also nicht zu einer partiellen „Rücksortierung" in die unterschiedlich dichten Komponenten neigt, ein „Blender" (von engl. to blend = vermengen, mischen) verwendet werden muss. Verfügt man über keinen „Blender" und setzt demzufolge die Einzelkomponenten anstelle von AD-Mix® ein, muss $K_3Fe(CN)_6$ als Pulver mit einer Korngröße < 10 μm (Aldrich, Art.-Nr.: 393517; während Umbruchkorrektur durch vergleichbaren Artikel bei Sigma-Aldrich ersetzt: Art.-Nr. 702587) eingesetzt werden; dieses Salz ist im Reaktionsgemisch nur anteilig löslich, so dass es *möglichst oberflächenreich sein muss*, um rasch nachgelöst zu werden.

4) Darstellung von Methansulfonsäureamid: Siehe Anmerkung 5 bei Sequenz 33 (Seite 220).

5) Methansulfonsäureamid wird zur Beschleunigung der Asymmetrischen Dihydroxylierung von Olefinen eingesetzt, die eine 1,2-disubstituierte oder eine trisubstituierte C=C-Doppelbindung enthalten.

6) Die Reaktionszeit kann variieren, weshalb hier ausdrücklich auf die Notwendigkeit einer dünnschichtchromatographischen Reaktionskontrolle hingewiesen wird.

7) Der *ee* wurde gaschromatographisch *nach* Vermessung des racemischen Gemischs bestimmt [Kapillarsäule: Heptakis-(2,6-di-*O*-methyl-3-*O*-pentyl)-β-cyclodextrin/OV 1701, 25 m × 0.25 mm; Trägergas: H_2, 70 kPa; Temperaturprogramm: 130°C isotherm; Retentionszeiten: 75.6 min (*R,R*-Enantiomer), 77.3 min (*S,S*-Enantiomer)].

8) Die Reaktionszeit darf zwar 15 min, aber nicht mehr als 20 min betragen. Bei längeren Reaktionszeiten tritt nämlich anteilig Racemisierung auf.

9) Der *ee* wurde gaschromatographisch *nach* Vermessung des racemischen Gemischs bestimmt [Kapillarsäule: Heptakis-(2,6-di-*O*-methyl-3-*O*-pentyl)-β-cyclodextrin/OV 1701, 25 m × 0.25 mm; Trägergas: H_2, 70 kPa; Temperaturprogramm: 130°C isotherm; Retentionszeiten: 6.80 min (*R*-Enantiomer), 6.97 min (*S*-Enantiomer)].

10) Der *ee* wurde gaschromatographisch *nach* Vermessung des racemischen Gemischs bestimmt [Kapillarsäule: Heptakis-(2,6-di-*O*-methyl-3-*O*-pentyl)-β-cyclodextrin/OV 1701, 25 m × 0.25 mm; Trägergas: H_2, 70 kPa; Temperaturprogramm: 110°C isotherm; Retentionszeiten: 16.2 min (*4S,5R*-Enantiomer), 16.8 min (*4R,5S*-Enantiomer)].

Literatur zu Sequenz 34:

[1] N. Ragoussis, *Tetrahedron Lett.* **1987**, *28*, 93–96.

[2] C. Harcken, *Dissertation*, Universität Göttingen, **2000**, 150.

[3] C. Harcken, R. Brückner, *Angew. Chem.* **1997**, *109*, 2866–2868 (darin Fußnote 18).

[4] C. Harcken, *Dissertation*, Universität Göttingen, **2000**, 172–173.

[5] C. Harcken, *Dissertation*, Universität Göttingen, **2000**, 147–148.

Sequenz 35:   Darstellung von *R,R*-Undecan-5,7-diol

Labortechniken: Arbeiten mit Li-Organylen — Arbeiten mit P-substituierten C-Nucleophilen — Arbeiten mit Sm(II) — Arbeiten mit Wasserstoffperoxid — Arbeiten mit Schwermetalloxiden und verwandten Reagenzien

35-1   1-(Triphenyl-λ^5-phosphanyliden)hexan-2-on [1]

Reaktionstyp: Acylierung von C-Nucleophil mit Carbonsäurederivat
Syntheseleistung: Synthese von Ylid

Me~$\overset{\oplus}{PPh_3}$ Br$^{\ominus}$ $C_{19}H_{18}BrP$ (357.22)

n-BuLi;

C_5H_9ClO (120.58) $C_{24}H_{25}OP$ (360.43)

Zu einem Gemisch aus Methyltriphenylphosphoniumbromid (17.9 g, 50.1 mmol, 2.0 Äquiv.) und THF (75 mL) wird *n*-BuLi (Lösung in Hexan, 50.1 mmol, 2.0 Äquiv.) bei 0°C zugetropft. Danach wird das Gemisch 30 min bei 0°C gerührt und dann eine Lösung von Valeriansäurechlorid (3.02 g, 25.0 mmol) in THF (20 mL) zugetropft. Anschließend wird das Kältebad entfernt und das Gemisch 3 h bei Raumtemp. gerührt. Das Reaktionsgemisch wird auf H$_2$O (250 mL) gegossen und mit *t*-BuOMe (5 × 40 mL) extrahiert. Die vereinigten organischen Phasen werden mit wässriger ges. NaCl-Lösung (20 mL) gewaschen und über MgSO$_4$ getrocknet, und das Lösungsmittel wird bei vermindertem Druck vollständig entfernt. Der ölige Rückstand (60–70% Rohausbeute) kann direkt in der Folgestufe (Präparat **35-2**) eingesetzt werden.

35-2   *trans*-Undec-6-en-5-on [2]

Reaktionstyp: Stereoselektive Wittig-Reaktion
Syntheseleistung: Synthese von α,β-ungesättigtem Keton

35-1   **35-2**

$C_{24}H_{25}OP$ (360.43) $C_5H_{10}O$ (86.13) $C_{11}H_{20}O$ (168.28)

Eine Lösung von 1-(Triphenyl-λ^5-phosphanyliden)hexan-2-on (Präparat **35-1**, 5.41 g, 15.0 mmol) in CH$_2$Cl$_2$ (45 mL) wird mit Valeraldehyd (6.46 g, 75.0 mmol, 5.0 Äquiv.) versetzt und 3 Tage bei Raumtemp. gerührt. Das Lösungsmittel wird bei vermindertem Druck entfernt und der Rückstand mit Kieselgel aufgenommen [1)] und durch Flash-Chromatographie (Eluens: Cyclohexan/AcOEt) gereinigt. Die Titelverbindung (90–95%) wird als farbloses Öl erhalten.

35-3 1-(4S,5R-5-Butyl-2-phenyl-1,3,2-dioxaborolan-4-yl)pentan-1-on [3]

Reaktionstyp: Asymmetrische Sharpless-Dihydroxylierung
Syntheseleistungen: Synthese von 1,2-Diol — Synthese von Organoborverbindung

kat. $K_2OsO_2(OH)_4$,
kat. $(DHQD)_2PHAL$,
stöchiom. $K_3Fe(CN)_6$,

$PhB(OH)_2$,
K_2CO_3,
t-BuOH/H_2O

35-2

$C_{11}H_{20}O$ (168.28)

$K_2OsO_2(OH)_4$ (368.45)
$C_{48}H_{54}N_6O_4$ (778.98)
$C_6FeK_3N_6$ (329.24)
$C_6H_7BO_2$ (121.93)
CH_5NO_2S (95.12)

35-3

$C_{17}H_{25}BO_3$ (288.19)

Zu einem Gemisch aus Kaliumhexacyanoferrat(III) [2] [$K_3Fe(CN)_6$, 9.88 g, 30.0 mmol, 3.0 Äquiv.], K_2CO_3 (4.15 g, 30.0 mmol, 3.0 Äquiv.), „Kaliumosmat-Dihydrat" [$K_2OsO_2(OH)_4$, 37 mg, 100 µmol, 1.0 Mol-%], 1,4-Bis(dihydrochinidin-O-yl)phthalazin [3] [$(DHQD)_2PHAL$, 500 mg, 642 µmol, 6.4 Mol-%] und Phenylboronsäure (1.46 g, 12.0 mmol, 1.2 Äquiv.) in t-BuOH (50 mL) und H_2O (50 mL) wird *trans*-Undec-6-en-5-on (Präparat **35-2**, 1.68 g, 10.0 mmol) gegeben und dieses Gemisch 72 h bei Raumtemp. gerührt. Das Reaktionsgemisch wird mit wässriger ges. Na_2SO_3-Lösung (100 mL) versetzt, einige Minuten gerührt und mit CH_2Cl_2 (4 × 80 mL) extrahiert. Die vereinigten organischen Phasen werden über $MgSO_4$ getrocknet. Das Lösungsmittel wird bei vermindertem Druck entfernt, der Rückstand mit Kieselgel aufgenommen [1] und durch Flash-Chromatographie (Eluens: Cyclohexan/AcOEt) gereinigt. Die Titelverbindung (55–65%) wird als farbloses Öl erhalten; $[\alpha]_D^{20} = +32.9$ ($c = 3.0$, $CHCl_3$), 99% *ee* [4].

35-4 *R*-7-Hydroxyundecan-5-on [4]

Reaktionstyp: Reduktion eines α-oxygenierten Ketons
Syntheseleistung: Synthese von β-Hydroxyketon

35-3

3 Äquiv. $SmBr_2$

35-4

$C_{17}H_{25}BO_3$ (288.19)

$C_{11}H_{22}O_2$ (186.29)

Eine Lösung von 1,1,2,2-Tetrabromethan (588 mg, 1.70 mmol, 0.5 Äquiv.) in THF (34 mL) wird bei −78°C entgast [5]. Diese Lösung wird mit Hilfe einer Transferkanüle zu Samarium-Pulver (40 mesh, 511 mg, 3.40 mmol) gegeben und dieses Gemisch 16 h bei Raumtemp. gerührt [6].

Die zuvor hergestellte SmBr$_2$-Lösung (0.1 M in THF, 34.0 mL, 3.40 mmol, 3.2-fache Molmenge) wird bei −78°C mit einer entgasten [5] Lösung von 1-(4S,5R-5-Butyl-2-phenyl-1,3,2-dioxaborolan-4-yl)pentan-1-on (Präparat **35-3**, 306 mg, 1.06 mmol) in THF (11.3 mL) und MeOH (5.7 mL) innerhalb von 40 min tropfenweise versetzt. Danach wird das Gemisch 90 min bei −78°C gerührt. Anschließend lässt man das Reaktionsgemisch auf Raumtemp. erwärmen, überführt es mit Hilfe einer Transferkanüle zu einer wässrigen ges. NaHCO$_3$-Lösung (30 mL) und versetzt dieses Gemisch dann mit wässriger HCl (1 M, 70 mL). Das Gemisch wird mit AcOEt (3 × 30 mL) extrahiert. Die vereinigten organischen Phasen werden über MgSO$_4$ getrocknet. Das Lösungsmittel wird bei vermindertem Druck entfernt, der Rückstand mit Kieselgel aufgenommen [1] und durch Flash-Chromatographie (Eluens: Cyclohexan/AcOEt) gereinigt. Die Titelverbindung (65–70%) wird als farbloses Öl erhalten; $[\alpha]_D^{20}$ = +34.0 (c = 1.0, CHCl$_3$).

35-5   Isobuttersäure-1R,3R-1-butyl-3-(hydroxyheptyl)ester [5]

Reaktionstyp: Diastereoselektive Claisen-Tischtschenko-Reduktion von β-Hydroxyketon
Syntheseleistung: Synthese von geschütztem 1,3-Diol

| $C_{11}H_{22}O_2$ (186.29) | C_4H_8O (72.11) | $C_{15}H_{30}O_3$ (258.40) |

Eine Lösung von 1,2-Diiodethan (1.25 g, 4.43 mmol) in t-BuOMe (30 mL) wird mit wässriger ges. Na$_2$SO$_3$-Lösung (2 × 15 mL) gewaschen, über MgSO$_4$ getrocknet und das Lösungsmittel bei vermindertem Druck vollständig entfernt.

Eine Lösung von iodfreiem 1,2-Diiodethan (282 mg, 1.00 mmol) in THF (10 mL) wird bei −78°C entgast [5]. Die entgaste Lösung wird mit Hilfe einer Transferkanüle zu Samarium-Pulver (40 mesh, 150 mg, 1.00 mmol) gegeben und dieses Gemisch 20 h bei Raumtemp. gerührt [7].

Eine Lösung von R-7-Hydroxyundecan-5-on (Präparat **35-4**, 130 mg, 700 μmol) in THF (2 mL) wird mit Isobutyraldehyd (202 mg, 2.80 mmol, 4.0 Äquiv.) versetzt und bei −78°C entgast [5]. Anschließend lässt man diese Lösung auf −10°C erwärmen und versetzt bei −10°C tropfenweise mit der zuvor frisch hergestellten SmI$_2$-Lösung (0.1 M in THF, 1.05 mL, 105 μmol, 0.15-fache Molmenge). Die Lösung wird 10 min bei −10°C gerührt und dann mit Et$_2$O (5 mL) und wässriger ges. NaHCO$_3$-Lösung (3 mL) versetzt. Die organische Phase wird abgetrennt, mit wässriger ges. NaHCO$_3$-Lösung (je 3 mL) neutral gewaschen und über MgSO$_4$ getrocknet. Das Lösungsmittel wird bei vermindertem Druck entfernt und der Rückstand durch Flash-Chromatographie (Eluens: Cyclohexan/AcOEt) gereinigt. Die Titelverbindung (70–75%) wird als farbloses Öl erhalten.

35-6   *R,R*-Undecan-5,7-diol [6]

Reaktionstyp: Acylierung von Heteroatom-Nucleophil mit Carbonsäurederivat (Umesterung)
Syntheseleistung: Synthese von 1,3-Diol

35-5   K$_2$CO$_3$ in MeOH   **35-6**

C$_{15}$H$_{30}$O$_3$ (258.40)   C$_{11}$H$_{24}$O$_2$ (188.31)

Isobuttersäure-1*R*,3*R*-1-butyl-3-(hydroxyheptyl)ester (Präparat **35-5**, 116 mg, 450 µmol) wird in einem Gemisch aus MeOH und H$_2$O (10:1 v:v, 2.0 mL) gelöst und mit K$_2$CO$_3$ (622 mg, 4.50 mmol, 10 Äquiv.) versetzt. Das Reaktionsgemisch wird 18 h bei Raumtemp. gerührt und dann über MgSO$_4$ getrocknet. Das Lösungsmittel wird bei vermindertem Druck entfernt und der Rückstand durch Flash-Chromatographie (Eluens: Cyclohexan/AcOEt) gereinigt. Die Titelverbindung (85–90%) wird als farbloser Feststoff (Schmp. 72–73°C) erhalten; [α]$_D^{20}$ = –44.0 (*c* = 1.0, CHCl$_3$).

Anmerkungen:
1) Details zum „Aufnehmen" einer Verbindung mit Kieselgel: siehe Seite 69.
2) Das verwendete K$_3$Fe(CN)$_6$ *muss* als Pulver mit einer Korngröße <10 µm (Aldrich: Art.-Nr.: 393517; während Umbruchkorrektur durch vergleichbaren Artikel bei Sigma-Aldrich ersetzt: Art.-Nr.: 702587) eingesetzt werden; dieses Salz ist im Reaktionsgemisch nur anteilig löslich, sodass es *möglichst oberflächenreich sein muss*, um rasch nachgelöst zu werden.
3) Die Synthese des (DHQD)$_2$PHAL-Liganden ist im Band *Organisch-Chemisches Schwerpunktpraktikum* von *Praktikum Präparative Organische Chemie* (dort Sequenz 2, bei den Anmerkungen) beschrieben.
4) Der *ee* wurde nach Derivatisierung des zugrunde liegenden Diols (6*S*,7*R*-6,7-Dihydroxy-9-methyldecan-5-on) zum Bis(4-nitrobenzoat) durch HPLC *nach* Vermessung des racemischen Gemischs bestimmt [Chiralcel OD-H (Daicel), 25 × 0.46 cm; Heptan/*i*-PrOH 90:1 v:v, 0.8 mL/min; 260 nm; Retentionszeiten: 16.3 min (4*S*,5*R*-Enantiomer), 17.8 min (4*R*,5*S*-Enantiomer)].
5) Entgasen einer Lösung bzw. eines Lösungsmittels: siehe Seite 63.
6) Die tiefschwarze 0.1 M SmBr$_2$-Lösung ist nur begrenzt haltbar und sollte erst unmittelbar vor der Verwendung frisch hergestellt werden.
7) Die dunkelblaugrüne 0.1 M SmI$_2$-Lösung ist nur begrenzt haltbar und sollte erst unmittelbar vor der Verwendung frisch hergestellt werden.

Literatur zu Sequenz 35:
[1] Prozedur: J. R. Proudfoot, C. Djerassi, *J. Am. Chem. Soc.* **1984**, *106*, 5613–5622.
[2] Prozedur: R. A. Aitken, J. I. Atherton, *J. Chem. Soc. Perkin Trans. 1* **1994**, 1281–1284.
[3] PhB(OH)$_2$-modifizierte Asymmetrische Dihydroxylierung von Standard-Olefinen: C. H. Hövelmann, K. Muñiz, *Chem. Eur. J.* **2005**, *11*, 3951–3958.
[4] Prozedur: K. Körber, P. Risch, R. Brückner, *Synlett* **2005**, 2905–2910. – PhB(OH)$_2$-modifizierte Asymmetrische Dihydroxylierung eines α,β-ungesättigten Ketons: A. Zörb, Diplomarbeit, *Universität Freiburg*, **2007**, 91.
[5] Prozedur: D. A. Evans, A. H. Hoveyda, *J. Am. Chem. Soc.* **1990**, *112*, 6447–6449.
[6] A. Zörb, P. Risch, R. Brückner, Manuskript in Vorbereitung.

Sequenz 36: Darstellung von *R*-2-[*R*-Hydroxy-(4-hydroxy-phenyl)methyl]-1,5-dioxaspiro[5.5]undeca-7,10-dien-9-on

Labortechniken: Arbeiten mit Li-Organylen — Arbeiten mit P-substituierten C-Nucleophilen — Arbeiten mit Schwermetalloxiden und verwandten Reagenzien — Arbeiten mit hyper-valenten Iodverbindungen — Arbeiten mit den Oxidantien von Redoxkondensationen nach Mukaiyama oder verwandten Reaktionen — Arbeiten mit Schutzgruppen

36-1   (3-Hydroxypropyl)triphenylphosphoniumchlorid [1]

Reaktionstyp: Alkylierung von Heteroatom-Nucleophil
Syntheseleistung: Synthese von Phosphoniumsalz

C_3H_7ClO (94.54) $C_{18}H_{15}P$ (262.29) $C_{21}H_{22}ClOP$ (356.83)

Reaktionsbedingungen 1: [1] Eine Lösung von 3-Chlorpropan-1-ol (6.95 g, 73.5 mmol, 1.05 Äquiv.) und Triphenylphosphan (18.4 g, 70.0 mmol) in Toluol (60 mL) wird 3 Wochen unter Rückfluss erhitzt [2]. Der Feststoff wird abgesaugt, mit Toluol (2 × 45 mL) gewaschen, im Vakuum getrocknet und anschließend aus $CHCl_3$/*t*-BuOMe umkristallisiert. Die Titelverbindung (50–60%) wird als farbloser Feststoff (Schmp. 195–198°C) erhalten.
Reaktionsbedingungen 2: Ein Gemisch aus 3-Chlorpropan-1-ol (7.56 g, 80.0 mmol, 1.0 Äquiv.) und Triphenylphosphan (21.0 g, 80.0 mmol) wird 16 h auf 130°C erhitzt [3]. Nach dem Erkalten wird eine feste Masse erhalten, die zerkleinert und anschließend mehrfach [4] aus $CHCl_3$/*t*-BuOMe umkristallisiert wird. Die Titelverbindung (45–50%) wird als farbloser Feststoff (Schmp. 195–198°C) erhalten.

36-2   *trans*-4-(4-Methoxyphenyl)but-3-en-1-ol [2]

Reaktionstyp: Stereoselektive Wittig-Reaktion
Syntheseleistungen: Synthese von Ylid — Synthese von Olefin — Synthese von Homoallylalkohol

$C_{21}H_{22}ClOP$ (356.83) $C_8H_8O_2$ (136.15) $C_{11}H_{14}O_2$ (178.23)

Zu einem Gemisch aus (3-Hydroxypropyl)triphenylphosphoniumchlorid (Präparat **36-1**, 10.7 g, 30.0 mmol) und THF (90 mL) wird *n*-BuLi (Lösung in Hexan, 60.0 mmol, 2.0 Äquiv.) bei –40°C innerhalb von 15 min zugetropft. Danach wird die Lösung innerhalb von 1.5 h auf 0°C erwärmt. Dann wird 4-Methoxybenzaldehyd (4.09 g, 30.0 mmol, 1.0 Äquiv.) innerhalb von 5 min zugetropft, das Gemisch weitere 2 h bei 0°C gerührt und anschließend bei 0°C mit H_2O (25 mL) versetzt. Die organische Phase wird abgetrennt und die wässrige Phase mit *t*-BuOMe (3 × 20 mL) extrahiert. Die organischen Phasen werden vereinigt. Das Lösungsmittel wird bei vermindertem Druck entfernt. Der Rückstand wird in *t*-BuOMe (100 mL) aufgenommen, mit wässriger ges. NaCl-Lösung (80 mL) gewaschen, über Na_2SO_4 getrocknet und das Lösungsmittel bei vermindertem Druck entfernt. Der Rückstand wird einer Feststoffdestillation (0.1 mbar, Sdp. < 140°C) unterzogen [5]. Das Destillat (Feststoff) wird durch Flash-Chromatographie (Eluens: Cyclohexan/AcOEt) vorgereinigt und anschließend aus Cyclohexan umkristallisiert. Die Titelverbindung (65–70%) wird als farbloser Feststoff (Schmp. 73–75°C) erhalten.

36-3 Benzoesäure-(4-hydroxyphenyl)ester [3]

Reaktionstyp: Schotten-Baumann-Veresterung
Syntheseleistung: Synthese von Carbonsäureester

$C_6H_6O_2$ (110.11) C_7H_5ClO (140.57) $C_{13}H_{10}O_3$ (214.22)

Zu einer Lösung von Hydrochinon (3.30 g, 30.0 mmol) in H_2O (60 mL) werden Benzoylchlorid (4.64 g, 33.0 mmol, 1.10 Äquiv.) und eine Lösung von NaOH (1.33 g, 33.3 mmol, 1.11 Äquiv.) in H_2O (12 mL) innerhalb von 15 min gleichzeitig so zugetropft, dass bis zum Ende der Zugabe ein pH $\approx$ 8.6 [6] in der Reaktionslösung gehalten wird. Danach wird das Gemisch 1.5 h bei Raumtemp. gerührt [7]. Der Niederschlag wird abgesaugt, mit heißem H_2O (100 mL) gewaschen und in heißem Toluol (75 mL) gelöst. Die Lösung wird bei vermindertem Druck eingeengt, und man lässt bei 0°C auskristallisieren. Die Kristalle werden abgesaugt, mit Toluol (30 mL) gewaschen und im Vakuum getrocknet. Die Titelverbindung [8] (70–75%) wird als grauer, faseriger, kristalliner Feststoff (Schmp. 149–150°C) erhalten.

36-4 Benzoesäure-[*trans*-4-(4-methoxyphenyl)but-3-enyl]ester [4]

Reaktionstypen: Alkylierung von Heteroatom-Nucleophil — Redoxkondensation nach Mukaiyama
Syntheseleistung: Synthese von Alkylarylether

36-3
$C_{13}H_{10}O_3$ (214.22) $C_{11}H_{14}O_2$ (178.23) $C_{24}H_{22}O_4$ (374.43)
                                    $C_8H_{14}N_2O_4$ (202.21)
                                    $C_{18}H_{15}P$ (262.29)

Zu einer Lösung von Benzoesäure-(4-hydroxyphenyl)ester (Präparat **36-3**, 2.83 g, 13.2 mmol, 1.20 Äquiv.) und Diisopropylazodicarboxylat (2.57 g, 12.7 mmol, 1.15 Äquiv.) in THF (60 mL) wird eine Lösung von *trans*-4-(4-Methoxyphenyl)but-3-en-1-ol (Präparat **36-2**, 1.96 g, 11.0 mmol) und Triphenylphosphan (3.17 g, 12.1 mmol, 1.10 Äquiv.) in THF (25 mL) innerhalb von 25 min zugetropft. Danach wird das Gemisch 2 Tage bei Raumtemp. gerührt und anschließend das Lösungsmittel bei vermindertem Druck entfernt. Der Rückstand wird mit Kieselgel aufgenommen [9] und durch Flash-Chromatographie (Eluens: Cyclohexan/AcOEt, 2:1 v:v) zum Rohprodukt gereinigt, das einer zweiten Flash-Chromatographie (Eluens: CH_2Cl_2) unterzogen und anschließend aus AcOEt/Cyclohexan (1:5 v:v) umkristallisiert wird. Die Titelverbindung (90–95%) wird als farbloser Feststoff (Schmp. 87–88°C) erhalten.

36-5   Benzoesäure-[*R,R*-3,4-dihydroxy-4-(4-methoxyphenyl)-but-3-enyl]ester [5]

Reaktionstyp: Asymmetrische Sharpless-Dihydroxylierung
Syntheseleistung: Synthese von 1,2-Diol

36-4

BzO ... OMe
$C_{24}H_{22}O_4$ (374.43)

kat. $K_2OsO_2(OH)_4$,
kat. $(DHQD)_2PHAL$,
3 $K_3Fe(CN)_6$,
3 K_2CO_3,
1 $MeSO_2NH_2$

36-5

OH

BzO OH OMe
$C_{24}H_{24}O_6$ (408.44)

$K_2OsO_2(OH)_4$ (368.45)
$C_{48}H_{54}N_6O_4$ (778.98)
$C_6FeK_3N_6$ (329.24)
K_2CO_3 (138.21)
CH_5NO_2S (95.12)

Zu einem Gemisch aus Kaliumhexacyanoferrat(III) [10] [$K_3Fe(CN)_6$, 7.41 g, 22.5 mmol, 3.0 Äquiv.], K_2CO_3 (3.11 g, 22.5 mmol, 3.0 Äquiv.), „Kaliumosmat-Dihydrat" [$K_2OsO_2(OH)_4$, 41.6 mg, 113 µmol, 1.5 Mol-%], 1,4-Bis(dihydrochinidin-*O*-yl)phthalazin [$(DHQD)_2PHAL$ [11], 147 mg, 188 µmol, 2.5 Mol-%] in H_2O (40 mL) und *t*-BuOH (40 mL) wird bei 0°C Methansulfonsäureamid (713 mg, 7.50 mmol, 1.0 Äquiv.) und Benzoesäure-[*trans*-4-(4-methoxyphenyl)but-3-enyl]ester (Präparat **36-4**, 2.81 g, 7.50 mmol) zugegeben und 90 h bei 0°C gerührt. Dann wird Na_2SO_3 (1.25 g) zugegeben und 1 h bei 0°C gerührt. Das Reaktionsgemisch wird mit H_2O (50 mL) verdünnt und mit AcOEt (3 × 50 mL) extrahiert. Die vereinigten organischen Phasen werden mit wässriger ges. NaCl-Lösung (30 mL) gewaschen und über Na_2SO_4 getrocknet. Das Lösungsmittel wird bei vermindertem Druck entfernt und der Rückstand durch Flash-Chromatographie (Eluens: Cyclohexan/AcOEt) gereinigt. Die Titelverbindung (85–90%) wird als farbloser Feststoff (Schmp. 97–98°C) erhalten [12]; $[\alpha]_D^{20}$ = –30.9 (*c* = 0.527, $CHCl_3$), 99.8% *ee* [13].

36-6   *R,R*-4-(4-Hydroxyphenoxy)-1-(4-methoxyphenyl)butan-1,2-diol [6]

Reaktionstyp: Verseifung von Carbonsäureester
Syntheseleistung: Synthese von Phenol

OH

BzO OH OMe

36-5

$C_{24}H_{24}O_6$ (408.44)

stöchiom.
KOH (fest)
in MeOH

HKO (56.11)

OH

HO OH OMe

36-6

$C_{17}H_{20}O_5$ (304.34)

Zu einer Lösung von Benzoesäure-[*R,R*-3,4-dihydroxy-4-(4-methoxyphenyl)but-3-enyl]ester (Präparat **36-5**, 2.45 g, 6.00 mmol) in MeOH (120 mL) wird bei 0°C eine Lösung von KOH (85%ig [14], 495 mg, 7.50 mmol, 1.0

Äquiv.) in MeOH (12 mL) gegeben. Danach wird die Lösung 90 min bei Raumtemp. gerührt und anschließend mit HOAc (468 mg, 7.8 mmol, 1.3 Äquiv.) versetzt. Nach Zugabe von Kieselgel [9)] wird das Lösungsmittel vollständig entfernt und durch Flash-Chromatographie (Eluens: Cyclohexan/AcOEt) gereinigt. Die Titelverbindung (95–100%) [8)] wird als farbloses, hochviskoses Öl erhalten, das aus siedendem Chloroform (40 mL) zu einem farblosen Feststoff (Schmp. 75–80°C) kristallisiert [15)]; $[\alpha]_D^{20} = -12.3$ ($c = 7.57$, MeOH).

36-7   *R*-2-[*R*-Hydroxy-(4-hydroxyphenyl)methyl]-1,5-dioxaspiro-[5.5]undeca-7,10-dien-9-on [6]

Reaktionstyp: Oxidation von Hydrochinon zu Chinonmonoacetal
Syntheseleistungen: Synthese von Acetal — Synthese von α,β-ungesättigtem Keton

36-6
$C_{17}H_{20}O_5$ (304.34)

$PhI(O_2C-CF_3)_2$,
NaHCO₃

$C_{10}H_{25}F_6IO_4$ (430.04)
$CHNaO_3$ (84.01)

36-7
$C_{16}H_{16}O_5$ (288.30)

Eine Lösung von *R,R*-4-(4-Hydroxyphenoxy)-1-(4-methoxyphenyl)butan-1,2-diol (Präparat **36-6**, 1.52 g, 5.00 mmol) und NaHCO₃ (1.26 g, 15.0 mmol, 3.0 Äquiv.) in Acetonitril (100 mL) wird bei 0°C mit Bis(trifluoracetoxy)iodbenzol (2.37 g, 5.50 mmol, 1.1 Äquiv.) versetzt und 30 min [16)] bei 0°C gerührt. Das Reaktionsgemisch wird mit K₂CO₃ (1.52 g, 11.0 mmol, 2.2 Äquiv.) versetzt, weitere 3 min bei 0°C gerührt und über eine Glasfilternutsche (Porosität 3) filtriert. Das Filtrat wird bei vermindertem Druck eingeengt [16)], der Rückstand in AcOEt (35 mL) aufgenommen und mit Kieselgel [9)] versetzt. Das Lösungsmittel wird bei vermindertem Druck entfernt [17, 18)] und die Reinigung erfolgt durch Flash-Chromatographie (Eluens: Cyclohexan/AcOEt) [19)]. Die Titelverbindung (70–75%) wird als farbloser Feststoff (Schmp. 117–118°C) erhalten; $[\alpha]_D^{20} = -140.7$ ($c = 0.50$, CHCl₃).

Anmerkungen:

1) Die Reaktionszeit ist bei dieser Experimentierweise mit 3 Wochen sehr lang. Ein Vorteil der Reaktionsbedingungen 1 gegenüber den Reaktionsbedingungen 2 ist aber, dass die Titelverbindung mit einer höheren Reinheit erhalten wird. In der „Originalliteratur" [1] wird im Gegensatz hierzu aus von 3-Brompropan-1-ol das Analogon (3-Hydroxypropyl)-triphenylphosphonium*bromid* synthetisiert; hierfür beträgt die Reaktionszeit bei ebenfalls 110°C nur 24 h.

2) Nach einigen Tagen Reaktionszeit beginnt das Produkt aus der Lösung auszufallen.

3) In der Originalliteratur [1] wird eine Temp. von 160°C angegeben. Bei 130°C bilden sich aber weniger Nebenprodukte. Das erleichtert die Reinigung durch Umkristallisieren.

4) Ein mehrfaches Umkristallisieren des Rohprodukts ist hier zwingend erfoderlich, um nicht umgesetztes Triphenylphosphan abzutrennen.

5) Bei dieser Feststoffdestillation sind sowohl das Destillat (verunreinigte Titelverbindung) als auch der Destillationsrückstand (Triphenylphosphanoxid) Feststoffe. Es sollte *kein* Liebig-Kühler verwendet werden, weil sich dieser zu schnell mit Feststoff zusetzen würde. Stattdessen sollten ein Claisen-Aufsatz und ein Vakuumvorstoß mit ausreichendem Innendurchmesser als Kühlerersatz verwendet werden; die Luftkühlung dieser Glasteile reicht aus, um das Destillat zu kondensieren. *Vorsicht:* Verfestigt sich das Produkt während der Destillation im Kühlerersatz, besteht die *Gefahr einer Druckerhöhung durch Arbeiten in einer geschlossenen Apparatur!*

6) Das genaue Einhalten des angegebenen pH-Wertes während des simultanen Zutropfens ist für das Gelingen der Reaktion zwingend erforderlich.

7) Während der angegebenen Reaktionszeit ändert sich der pH-Wert; die anfangs basische Lösung reagiert am Ende sauer.

8) Das ^{1}H-NMR-Spektrum sollte in Aceton-d_6 gemessen werden.

9) Details zum „Aufnehmen" einer Verbindung mit Kieselgel: siehe Seite 69.

10) Das verwendete $K_3Fe(CN)_6$ *muss* als Pulver mit einer Korngröße < 10 μm (Aldrich: Art.-Nr.: 393517; während Umbruchkorrektur durch vergleichbaren Artikel bei Sigma-Aldrich ersetzt: Art.-Nr. 702587) eingesetzt werden; dieses Salz ist im Reaktionsgemisch nur anteilig löslich, sodass es *möglichst oberflächenreich sein muss*, um rasch nachgelöst zu werden.

11) Die Synthese des (DHQD)$_2$PHAL-Liganden ist im Band *Organisch-Chemisches Schwerpunktpraktikum* von *Praktikum Präparative Organische Chemie* (dort Sequenz 2, bei den Anmerkungen) beschrieben.

12) Sollte die Titelverbindung nach der Flash-Chromatographie noch verunreinigt sein, kann sie aus *t*-BuOMe/Petrolether (Sdp. 30–50°C) umkristallisiert werden.

13) Der *ee* wurde durch HPLC *nach* Vermessung des racemischen Gemischs bestimmt [Chiralcel OD-H (Daicel), 25 × 0.46 cm; *n*-Heptan/EtOH 80:20 v:v, 0.8 mL/min; 275 nm; Retentionszeiten: 15.2 min (Titelverbindung), 13.4 min (Retentionszeit des Enantiomers)].

14) Sogar KOH der Qualität „p.a." hat nur einen Gehalt von 85 Gew.-%.

15) Bei der Kristallisation wird CHCl$_3$ derart im Kristallgitter eingeschlossen, dass es sogar im Vakuum nicht vollständig entfernt werden kann.

16) Die Reaktion muss dünnschichtchromatographisch verfolgt werden. Eine unnötig lange Reaktionszeit sollte unbedingt vermieden werden.

17) Die Temp. des Wasserbads darf dabei 30°C nicht überschreiten. Bei einer höheren Temperatur zersetzt sich ein Teil des Produkts.

18) Wenn der Rückstand mit Kieselgel aufgenommen wurde (vgl. Anmerkung 9), muss die Flash-Chromatographie sofort im Anschluss durchgeführt werden, weil das Produkt auf Kieselgel labil ist.

19) Weil zügig gearbeitet werden muss (vgl. Anmerkung 18), werden hier die Bedingungen für die Flash-Chromatographie angegeben (was ansonsten im Band *Organisch-Chemisches Fortgeschrittenenpraktikum* von *Praktikum Präparative Organische Chemie* bewusst nicht der Fall ist): 3 cm Säulendurchmesser, 16 cm Füllhöhe mit Kieselgel, 30 mL Fraktionsgröße, Cyclohexan/AcOEt (3:1 v:v); Titelverbindung: R_f = 0.28, Cyclohexan/AcOEt (1:1 v:v).

Literatur zu Sequenz 36:

[1] Reaktionsbedingung 1: In Anlehnung an: M. Couturier, Y. L. Dory, F. Rouillard, P. Deslongchamps, *Tetrahedron* **1998**, *54*, 1529–1562. – Reaktionsbedingung 2: R. E. Dolle, C. S. Li, R. Novelli, L. I. Kruse, D. Eggleston, *J. Org. Chem.* **1992**, *57*, 128–132.

[2] J. Aucktor, *Diplomarbeit*, Universität Freiburg, **2007**, 106. – Prozedur: P. Tuntiwachwuttikul, B. Limchawfar, V. Reutrakul, O. Pancharoen, K. Kusamran, L. T. Byrne, *Aust. J. Chem.* **1980**, *33*, 913–916.

[3] H. Bredereck, H. Heckh, *Chem. Ber.* **1958**, *91*, 1314–1318.

[4] J. Aucktor, *Diplomarbeit*, Universität Freiburg, **2007**, 109–110. – Prozedur: J. Sisko, J. Henry, S. M. Weinreb, *J. Org. Chem.* **1993**, *58*, 4945–4951.

[5] J. Aucktor, *Diplomarbeit*, Universität Freiburg, **2007**, 121–122. – Prozedur: D. Xu, C. Park, K. B. Sharpless, *Tetrahedron Lett.* **1994**, *35*, 2495–2498 (darin Fußnote 8).

[6] J. Aucktor, *Diplomarbeit*, Universität Freiburg, **2007**, 114–115.

[7] J. Aucktor, *Diplomarbeit*, Universität Freiburg, **2007**, 98–102. – Prozedur: C. Anselmi, *Dissertation*, Universität Freiburg, **2005**, 100–101.

Kapitel 7

Alkohol→Aldehyd- und Alkohol→Keton-Oxidationen

„Sequenz" 37: Darstellung von 2-Phenylpentan-3-on [1] [1]

Labortechnik: Arbeiten mit Schwermetalloxiden und verwandten Reagenzien
Reaktionstyp: Oxidation von Alkohol zu Carbonylverbindung
Syntheseleistung: Synthese von Keton

$C_{11}H_{16}O$ (164.24) $C_5H_6ClCrNO_3$ (215.55) $C_{11}H_{14}O$ (162.23)

| 70 | : | 30 | (racemisch; **10-7 in Band 1**) |

und/oder

| 30 | : | 70 | (racemisch; **10-15 in Band 1**) |

Zu einem Gemisch aus Pyridiniumchlorochromat (28.6 g, 132 mmol, 1.45 Äquiv.), aktiviertem 4-Å-Moleku-larsieb (10 g) und Celite® (18 g) in CH_2Cl_2 (100 mL) wird bei Raumtemp. eine Lösung von 2-Phenylpentan-3-ol [2] (15.0 g, 91.4 mmol) in CH_2Cl_2 (100 mL) langsam zugetropft. Danach wird das Gemisch 12–24 h [3] bei Raumtemp. kräftig gerührt, anschließend mit Et_2O (250 mL) verdünnt, über Celite® filtriert [4] und das Filterma-terial mit Et_2O (3 × 100 mL) gewaschen. Die Filtrate werden vereinigt, und das Lösungsmittel wird bei vermin-dertem Druck vollständig entfernt. Die Titelverbindung (90–95%) wird als farblose Flüssigkeit erhalten [5].

Anmerkungen:
1) 2-Phenylpentan-3-on wird im Band *Organisch-Chemisches Grundpraktikum* von *Praktikum Präparative Organische Chemie* als Edukt eingesetzt (dort Versuch **10-7**).
2) 2-Phenylpentan-3-ol wird im Band *Organisch-Chemisches Grundpraktikum* von *Praktikum Präparative Organische Chemie* auf zwei unterschiedlichen Wegen dargestellt: (1) im Versuch **10-7** als 70:30-Gemisch von *rel*-2R,3S- und *rel*-2R,3R-2-Phenylpentan-3-ol durch Reduktion der hier synthetisierten Titelverbindung; (2) im Versuch **10-15** als 30:70-Gemisch von *rel*-2R,3S- und *rel*-2R,3R-2-Phenylpentan-3-ol durch Reaktion von Ethylmagnesiumbromid mit 2-Phenylpropionaldehyd.
3) Die Reaktionszeit kann variieren, weshalb hier ausdrücklich auf die Notwendigkeit einer dünnschichtchromatographi-schen Reaktionskontrolle hingewiesen wird.
4) Das Filtrat sollte annähernd farblos sein. Sind die Filtrate rötlich oder dunkelgelb gefärbt, so befinden sich noch Reste von Pyridiniumchlorochromat in der Lösung. In solch einem Fall wird eine anschließende Reinigung (vgl. Anmer-kung 5) erforderlich.
5) Die Reinheit der erhaltenen Titelverbindung beträgt >98%. Deshalb kann in der Regel auf eine weitere Reinigung verzichtet werden. Sollte die Titelverbindung jedoch nicht als farblose Flüssigkeit erhalten werden (vgl. auch Anmer-kung 4) oder mit Edukt verunreinigt sein, wird zur Reinigung über eine kurze Chromatographiesäule (Kieselgel, Eluens: Cyclohexan/AcOEt) filtriert.

Literatur zu „Sequenz" 37:

[1] Prozedur in Anlehnung an: D. Enders, T. Hundertmark, *Eur. J. Org. Chem.* **1999**, 751–756. – K. E. Drouet, E. A. Theodorakis, *Chem. Eur. J.* **2000**, *6*, 1987–2001.

„Sequenz" 38: Darstellung von 2,2-Dimethyl-4-phenylpentan-3-on [1] [1]

Labortechnik: Arbeiten mit Schwermetalloxiden und verwandten Reagenzien
Reaktionstyp: Oxidation von Alkohol zu Carbonylverbindung
Syntheseleistung: Synthese von Keton

(racemisch; **10-8 in Band 1**)

und/oder

(racemisch; **10-16 in Band 1**)

$C_{13}H_{20}O$ (192.30)

$C_5H_6ClCrNO_3$ (215.55) $C_{13}H_{18}O$ (190.28)

38-1

Zu einem Gemisch aus Pyridiniumchlorochromat (12.2 g, 56.6 mmol, 1.45 Äquiv.), aktiviertem 4-Å-Molekularsieb (6 g) und Celite® (8 g) in CH_2Cl_2 (90 mL) wird bei 0°C eine Lösung von 2,2-Dimethyl-4-phenylpentan-3-ol [2] (7.50 g, 39.0 mmol) in CH_2Cl_2 (50 mL) langsam zugetropft. Danach wird das Gemisch 1 h bei 0°C und dann 12–18 h [3] bei Raumtemp. kräftig gerührt, anschließend mit Et_2O (125 mL) verdünnt, über Celite® filtriert [4] und das Filtermaterial mit Et_2O (3 × 40 mL) gewaschen. Die Filtrate werden vereinigt, und das Lösungsmittel wird bei vermindertem Druck vollständig entfernt. Die Titelverbindung (90–95%) wird als farblose Flüssigkeit erhalten [5].

Anmerkungen:

1) 2,2-Dimethyl-4-phenylpentan-3-on wird im Band *Organisch-Chemisches Grundpraktikum* von *Praktikum Präparative Organische Chemie* als Edukt eingesetzt (dort Versuch **10-8**).

2) 2,2-Dimethyl-4-phenylpentan-3-ol wird im Band *Organisch-Chemisches Grundpraktikum* von *Praktikum Präparative Organische Chemie* auf zwei unterschiedlichen Wegen dargestellt: (1) im Versuch **10-8** als *rel*-3*R*,4*R*-2,2-Dimethyl-4-phenylpentan-3-ol durch Reduktion der hier synthetisierten Titelverbindung oder (2) im Versuch **10-16** als *rel*-3*R*,4*S*-2,2-Dimethyl-4-phenylpentan-3-ol durch Reaktion von *tert*-Butylmagnesiumbromid mit 2-Phenylpropionaldehyd.

3) Die Reaktionszeit kann variieren, weshalb hier ausdrücklich auf die Notwendigkeit einer dünnschichtchromatographischen Reaktionskontrolle hingewiesen wird.

4) Das Filtrat sollte annähernd farblos sein. Sind die Filtrate rötlich oder dunkelgelb gefärbt, so befinden sich noch Reste von Pyridiniumchlorochromat in der Lösung. In solch einem Fall wird eine anschließende Reinigung (vgl. Anmerkung 5) erforderlich.

5) Die Reinheit der erhaltenen Titelverbindung beträgt >98%. Aus diesem Grund kann in der Regel auf eine weitere Reinigung verzichtet werden. Sollte die Titelverbindung jedoch nicht als farblose Flüssigkeit erhalten werden (vgl. auch Anmerkung 4) oder sollte sie mit Edukt verunreinigt sein, wird zur Reinigung über eine kurze Chromatographiesäule (Kieselgel, Eluens: Cyclohexan/AcOEt) filtriert.

Literatur zu „Sequenz" 38:

[1] Prozedur in Anlehnung an: D. Enders, T. Hundertmark, *Eur. J. Org. Chem.* **1999**, 751–756. – K. E. Drouet, E. A. Theodorakis, *Chem. Eur. J.* **2000**, *6*, 1987–2001.

Sequenz 39:   Darstellung von *E,S*-2,4-Dimethylhex-2-enal

Labortechniken: Arbeiten mit Li-Organylen — Arbeiten mit „ungewöhnlichen" Enolaten — Arbeiten mit Oxidationsmitteln

39-1   *S*-(+)-2-Methylbutanal [1]

Reaktionstyp: Oxidation von Alkohol zu Carbonylverbindung
Syntheseleistung: Synthese von Aldehyd

C₅H₁₂O (88.15)   C₉H₁₈NO (156.25)   C₅H₁₀O (86.13)
                                    KBr (119.00)
                                    NaOCl (74.44)

Zu einem Gemisch aus *S*-(–)-2-Methylbutan-1-ol (2.00 g, 22.7 mmol), 2,2,6,6-Tetramethylpiperidin-1-oxyl (TEMPO, 35.5 mg, 227 µmol, 1.0 Mol-%), KBr (270 mg, 2.27 mmol, 10 Mol-%), CH₂Cl₂ (5 mL) und H₂O (1 mL) wird bei –5°C NaOCl-Lösung (wässrige Lösung [1, 2], 25.0 mmol, 1.10 Äquiv.) innerhalb von 5–7 min so zugetropft, dass die Innentemp. nicht über 0°C steigt. Danach wird das Reaktionsgemisch 8–12 min bei 0°C gerührt [3]. Die organische Phase wird abgetrennt und die wässrige Phase mit CH₂Cl₂ (3 × 3 mL) extrahiert. Die vereinigten organischen Phasen werden nacheinander mit einer Lösung von KI (80 mg) in wässriger HCl (2 M, 5 mL), wässriger Na₂S₂O₃-Lösung (10%ig, 5 mL) und H₂O (3 × 5 mL, bis pH 7) gewaschen und über MgSO₄ getrocknet. Dann wird das Lösungsmittel bei schwach vermindertem Druck [4] entfernt und der Rückstand bei Atmosphärendruck fraktionierend destilliert (Sdp. 85–87°C). Die Titelverbindung (85–90%) wird als farblose Flüssigkeit mit charakteristisch fruchtigem Geruch erhalten; $[\alpha]_D^{20} = +35.9$ (c = 2.0, Aceton) [5].

39-2　*tert*-Butylpropylidenimin [2]

Reaktionstyp:　　　Umsetzung von Carbonylverbindung mit Heteroatom-Nucleophil
Syntheseleistung:　Synthese von Imin

C_3H_6O (58.08)　　　$C_4H_{11}N$ (73.14)　　$C_7H_{15}N$ (113.20)
　　　　　　　　　　　$MgSO_4$ (120.37)

Eine Lösung von Propionaldehyd (2.90 g, 50.0 mmol) und *t*-BuNH$_2$ (4.02 g, 55.0 mmol, 1.1 Äquiv.) in CH$_2$Cl$_2$ (100 mL) wird mit MgSO$_4$ (15.1 g, 125 mmol, 2.5 Äquiv.) [6] versetzt und das Gemisch 1 h unter Rückfluss erhitzt. Das Reaktionsgemisch wird auf Raumtemp. abgekühlt, filtriert und der Filterrückstand mit CH$_2$Cl$_2$ (3 × 10 mL) gewaschen. Die Filtrate werden vereinigt. Das Lösungsmittel wird bei *schwach* vermindertem Druck entfernt und der Rückstand im Vakuum *zügig* [7] fraktionierend destilliert (Sdp.$_{170\,mbar}$ 52–55°C). Die Titelverbindung (85–95%) wird als farbloses Öl erhalten.

39-3　*E,S*-2,4-Dimethylhex-2-enal [3]

Reaktionstyp:　　　Stereoselektive Aldolkondensation mit einem Aza-Enolat
Syntheseleistung:　Synthese von α,β-ungesättigtem Aldehyd

$C_5H_{10}O$ (86.13)　　　$C_2H_2O_4$ (90.03)　　$C_8H_{14}O$ (126.20)

Zu einer Lösung von *tert*-Butylpropylidenimin (Präparat **39-2**, 3.06 g, 27.0 mmol, 1.5 Äquiv.) in THF (18 mL) wird *n*-BuLi (Lösung in Hexan, 25.2 mmol, 1.4 Äquiv.) bei –78°C zugetropft. Danach lässt man die Lösung im Eisbad auf 0°C erwärmen und rührt dann 45 min bei 0°C. Anschließend wird die Lösung erneut auf –78°C gekühlt und *S*-(+)-2-Methylbutanal (Präparat **39-1**, 1.55 g, 18.0 mmol) zugetropft. Danach lässt man die Lösung im Eisbad auf 0°C erwärmen, rührt dann 4 h bei 0°C und versetzt anschließend mit einer Suspension von Oxalsäure (10.5 g) in H$_2$O (18 mL). Man lässt das Zweiphasen-Gemisch auf Raumtemp. erwärmen und rührt kräftig 14 h bei Raumtemp. Die organische Phase wird abgetrennt und die wässrige Phase mit CH$_2$Cl$_2$ (4 × 10 mL) extrahiert. Die vereinigten organischen Phasen werden über Na$_2$SO$_4$ getrocknet. Das Lösungsmittel wird bei kaum vermindertem Druck entfernt [8] und der Rückstand über Kieselgel (Säulendurchmesser: 5 cm, Füllhöhe: 6 cm, Eluens: CH$_2$Cl$_2$) filtriert [8]. Die Titelverbindung (65–75%) wird als farblose Flüssigkeit [9] erhalten; 99% *ee* [10].

Anmerkungen:

1) Für diese Reaktion sollte eine 1.0–2.0 M NaOCl-Lösung verwendet werden. Der exakte NaOCl-Gehalt der Lösung **muss** zuvor durch eine Redoxtitration bestimmt werden (I. M. Kolthoff, R. Belcher, *Volumetric Analysis Vol. III*, Interscience Publishers, New York, **1952**, 262–263): 1.) Titerbestimmung der Thiosulfat-Maßlösung (die Konzentration der $Na_2S_2O_3$-Maßlösung sollte 0.3–0.5 M betragen): KIO_3 (Qualität: p.a.) wird im Vakuum (<0.1 mbar) bei 70°C bis zur Gewichtskonstanz getrocknet. Das getrocknete KIO_3 (300 mg) wird in H_2O (250 mL) gelöst und mit KI (4 g) und wässriger H_2SO_4 (1 M, 15 mL) versetzt. Das freigesetzte Iod wird mit der zu bestimmenden $Na_2S_2O_3$-Lösung titriert und aus deren Verbrauch der Titer bestimmt $[IO_3^{\ominus} + 5\ I^{\ominus} \rightarrow 3\ I_2 + 3\ H_2O;\ I_2 + 2\ S_2O_3^{2\ominus} \rightarrow 2\ I^{\ominus} + S_4O_6^{2\ominus}]$. 2.) Titration der NaOCl-Lösung: Die zu bestimmende NaOCl-Lösung (2.00 mL) wird mit H_2O (100 mL) verdünnt und mit konz. HCl (1.5 mL) und KI (7 g) versetzt. Das freigesetzte Iod wird mit der zuvor bestimmten $Na_2S_2O_3$-Lösung titriert und der Gehalt der NaOCl-Lösung bestimmt $[OCl^{\ominus} + 2\ I^{\ominus} + 2\ H^{\oplus} \rightarrow H_2O + Cl^{\ominus} + I_2;\ I_2 + 2\ S_2O_3^{2\ominus} \rightarrow 2\ I^{\ominus} + S_4O_6^{2\ominus}]$.

2) Die NaOCl-Lösung sollte pH 9.5 aufweisen. Liegt ihr pH-Wert höher, sollte er unmittelbar vor der Reaktion durch die Zugabe von festem $NaHCO_3$ auf pH 9.5 eingestellt werden.

3) Die dünnschichtchromatographische Reaktionskontrolle ist hier *zwingend* erforderlich, weil mit der Aufarbeitung erst begonnen werden sollte, wenn das Edukt vollständig umgesetzt ist, weil evtl. übrigbleibender Alkohol wäre destillativ nur sehr schlecht von dem gewünschten Aldehyd abtrennbar. Andererseits sollte die Reaktionszeit aber auch nicht unnötig verlängert werden, weil sich andernfalls auch 2-Methylbuttersäure bildet.

4) Man beachte beim Entfernen des Lösungsmittels den vergleichsweise geringen Siedepunkt (85–87°C bei Atmosphärendruck!) der Titelverbindung.

5) Dieser Drehwert wird erzielt, wenn das Edukt [S-(–)-2-Methylbutan-1-ol] mit 99% *ee* eingesetzt wird.

6) Der Bedarf an $MgSO_4$ steigt *nicht linear* mit der Ansatzgröße, sondern es werden bei einem größeren Ansatz *mehr* Äquivalente benötigt (Erfahrungswert, für den es keine überzeugende Erklärung gibt).

7) Eine gute Ausbeute wird nur erzielt, wenn die Destillation zügig durchgeführt wird (Vorheizen des Ölbades, usw.).

8) *E,S*-2,4-Dimethylhex-2-enal ist leichtflüchtig (siehe auch Anmerkung 9), was hinsichtlich Druck und Temperatur beim Entfernen des Lösungsmittels berücksichtigt werden muss.

9) Aufgrund der Leichtflüchtigkeit von *E,S*-2,4-Dimethylhex-2-enal sollte das Lösungsmittel nicht vollständig entfernt werden. Die angegebene Ausbeute ist bereits um den Lösungsmittelanteil korrigiert und bezieht sich auf den Gehalt an reinem *S,E*-2,4-Dimethylhex-2-enal. Ein Drehwert kann wegen der enthaltenen Lösungsmittelreste nicht sinnvoll gemessen werden.

10) Der *ee* wurde gaschromatographisch bestimmt [Kapillarsäule: „CP-Chirasil-Dex CB" (Varian), 25 m × 0.25 mm; Trägergas: H_2, 80 kPa; Temperaturprogramm: 50°C isotherm; Retentionszeiten: 17.2 min (*S*-Enantiomer), 18.1 min (*R*-Enantiomer)].

Literatur zu Sequenz 39:

[1] P. L. Anelli, F. Montanari, S. Quici, *Org. Synth. Coll. Vol. VIII*, **1993**, 367–372.
[2] N. D. Kimpe, D. De Smaele, A. Hofkens, Y. Dejaegher, B. Kesteleyn, *Tetrahedron* **1997**, *53*, 10803–10816.
[3] M. C. Moore, R. J. Cox, G. R. Duffin, D. O'Hagan, *Tetrahedron* **1998**, *54*, 9195–9206.

Kapitel 8

Reduktionen mit komplexen oder einfachen Metallhydriden

Sequenz 40: **Darstellung von *cis*- bzw. von *trans*-4-*tert*-Butylcyclohexan-1-ol**

Labortechniken: Arbeiten mit Na außerhalb von flüssigem Ammoniak — Arbeiten mit komplexen Metallhydriden

40-1

1) Li⊕ ⊖HB(s-Bu)₃

2a) Na, EtOH

40-2

2b) LiAlH₄, AlCl₃;

kat.

40-1 *cis*-4-*tert*-Butylcyclohexan-1-ol [1]

Reaktionstyp: Diastereoselektive Reduktion von Carbonylverbindung zu Alkohol
Syntheseleistung: Synthese von Alkohol

$C_{10}H_{18}O$ (154.25) $C_{10}H_{20}O$ (156.27)

Zu einer Lösung von Lithium-tri-*sec*-butylborhydrid (L-Selectrid®, Lösung in THF, 6.00 mmol, 1.5 Äquiv.) in THF (12 mL) wird bei –78°C *sehr langsam* eine Lösung von 4-*tert*-Butylcyclohexanon (617 mg, 4.00 mmol) in THF (4 mL) zugetropft. Danach wird das Reaktionsgemisch 2 h bei –78°C gerührt. Man lässt die Lösung langsam auf Raumtemp. erwärmen und rührt anschließend 1 h bei Raumtemp. Unter Kühlung im Eisbad wird die Lösung mit H_2O (1 mL) und EtOH (2.5 mL) versetzt. Man lässt die Lösung erneut auf Raumtemp. erwärmen. Nach Zugabe von wässriger NaOH-Lösung (3 M, 3.5 mL) und wässriger H_2O_2 (30%ig in H_2O, 2.5 mL) wird die Lösung 1 h bei Raumtemp. gerührt und anschließend mit *t*-BuOMe (4 × 10 mL) extrahiert. Die vereinigten organischen Phasen werden mit wässriger ges. NaCl-Lösung (4 mL) und wässriger ges. Na_2SO_3-Lösung [1] gewaschen und über $MgSO_4$ getrocknet. Das Lösungsmittel wird bei vermindertem Druck entfernt und der Rückstand [2] durch Flash-Chromatographie (Eluens: Cyclohexan/AcOEt) gereinigt. Die Titelverbindung (90–95%) wird als farbloser Feststoff (Schmp. 81–83°C) erhalten.

40-2a *trans*-4-*tert*-Butylcyclohexan-1-ol [3] (Darstellungsvariante 1) [2]

Reaktionstyp: Diastereoselektive Reduktion von Carbonylverbindung zu Alkohol
Syntheseleistung: Synthese von Alkohol

$C_{10}H_{18}O$ (154.25)   Na (22.99) $C_{10}H_{20}O$ (156.27)

Zu einer Lösung von 4-*tert*-Butylcyclohexanon (6.17 g, 40.0 mmol) in EtOH (60 mL) wird bei Raumtemp. Natrium (7.36 g, 320 mmol, 8.0 Äquiv.) in kleinen Stücken zugesetzt. Das Gemisch wird bei Raumtemp. gerührt, bis dünnschichtchromatographisch (fast) kein Edukt mehr nachzuweisen ist. Das Reaktionsgemisch wird dann zunächst mit EtOH (60 mL) und *danach* [4] mit H_2O (50 mL) versetzt. Nach Zugabe von wässriger ges.

NH$_4$Cl-Lösung (200 mL) wird das Gemisch mit *t*-BuOMe (4 × 60 mL) extrahiert. Die vereinigten organischen Phasen werden über MgSO$_4$ getrocknet. Das Lösungsmittel wird bei vermindertem Druck entfernt und der Rückstand aus Petrolether (Sdp. 60–70°C) umkristallisiert. Die Titelverbindung (80–90%) wird als farbloser Feststoff (Schmp. 79–81°C) erhalten.

40-2b *trans*-4-*tert*-Butylcyclohexanol [3] (Darstellungsvariante 2) [3]

Reaktionstypen: Diastereoselektive Reduktion von Carbonylverbindung zu Alkohol — Meerwein-Ponndorf-Verley-Reduktion — Oppenauer-Oxidation

Syntheseleistung: Synthese von Alkohol

$C_{10}H_{18}O$ (154.25)   LiAlH$_4$ (37.95) $C_{10}H_{20}O$ (156.27)
                         AlCl$_3$ (133.34)

Im Reaktionskolben wird AlCl$_3$ (5.33 g, 40.0 mmol, 1.0 Äquiv.) vorgelegt, bei –20°C langsam Et$_2$O (40 mL) zugetropft und dann bei –20°C gerührt. In einem zweiten Kolben wird eine Suspension aus LiAlH$_4$ (455 mg, 12.0 mmol, 0.3-fache Molmenge) in Et$_2$O (12 mL) ca. 30 min unter Rückfluss erhitzt [5] und anschließend wieder abgekühlt. Die so bereitete LiAlH$_4$-Lösung bzw. -Suspension wird innerhalb von 10 min zu der auf –20°C gekühlten AlCl$_3$-Lösung zugetropft. Danach wird das Kältebad entfernt und das Gemisch 30 min gerührt. Zu diesem Gemisch (3 LiAlH$_4$ + AlCl$_3$ → 3 LiCl + 4 AlH$_3$) wird eine Lösung von 4-*tert*-Butylcyclohexanon (6.17 g, 40.0 mmol) in Et$_2$O (40 mL) so zugetropft, dass das Gemisch unter Rückfluss schwach siedet [6]. Danach wird das Gemisch 2 h unter Rückfluss erhitzt, anschließend mit *t*-BuOH [7] (1 mL) versetzt und weitere 30 min unter Rückfluss erhitzt. Nach Zugabe einer Lösung von 4-*tert*-Butylcyclohexanon (247 mg, 1.60 mmol, 0.04 Äquiv.) in Et$_2$O (2 mL) wird das Gemisch weitere 4 h unter Rückfluss erhitzt und anschließend über Nacht [8] bei Raumtemp. gerührt. Das Gemisch wird unter Kühlung im Eisbad mit H$_2$O (8 mL) und wässriger H$_2$SO$_4$ (10%ig, 20 mL) versetzt. Die organische Phase wird abgetrennt und die wässrige Phase mit *t*-BuOMe (3 × 10 mL) extrahiert. Die vereinigten organischen Phasen werden mit wässriger ges. NaCl-Lösung (10 mL) gewaschen und über MgSO$_4$ getrocknet. Das Lösungsmittel wird bei vermindertem Druck entfernt und der Rückstand [9] aus Petrolether (Sdp. 60–70°C) umkristallisiert. Die Titelverbindung (75–90%) wird als farbloser Feststoff (Schmp. 79–81°C) erhalten.

Anmerkungen:
1) Die Na$_2$SO$_3$-Lösung dient zur Vernichtung von überschüssigem H$_2$O$_2$. Die vereinigten organischen Phasen müssen mit kleinen Portionen dieser Lösung so lange gewaschen werden, bis ein Peroxid-Test negativ ausfällt.
2) Das Rohprodukt wird als 97:3-Gemisch aus *cis*- und *trans*-4-*tert*-Butylcyclohexan-1-ol erhalten. Der kleine Anteil *trans*-Isomer kann durch Flash-Chromatographie (Eluens: Cyclohexan/AcOEt) abgetrennt werden.
3) *trans*-4-*tert*-Butylcyclohexan-1-ol wird im Band *Organisch-Chemisches Grundpraktikum* von *Praktikum Präparative Organische Chemie* in den Versuchen **2-4** und **2-5** als Edukt eingesetzt.

4) *Vorsicht:* Wasser darf erst zugesetzt werden, wenn sich das verbliebene Natrium *komplett* mit dem zugesetzten EtOH zu Natriumethanolat umgesetzt hat.

5) Die Suspension sollte *annähernd* klar sein bzw. im Idealfall eine echte Lösung von LiAlH$_4$ in Et$_2$O entstanden sein. Für den Reaktionserfolg ist es jedoch nicht erforderlich, dass eine echte Lösung entsteht.

6) Wenn das Gemisch auch noch bei der Zugabe der letzten Tropfen des Ketons schwach unter Rückfluss siedet, kann man sicher sein, dass im Einklang mit der Stöchiometrie noch immer ein leichter Überschuss an Reduktionsmittel vorlag.

7) *t*-BuOH wird zugesetzt, um überschüssiges Reduktionsmittel zu zerstören.

8) Das Gemisch muss nicht zwangsläufig über Nacht gerührt werden, sondern kann schon zu diesem Zeitpunkt ohne Ausbeuteverlust hydrolysiert werden.

9) Das Rohprodukt ist ein 96:1:3-Gemisch von *trans*-4-*tert*-Butylcyclohexan-1-ol, *cis*-4-*tert*-Butylcyclohexan-1-ol und 4-*tert*-Butylcyclohexanon (gaschromatographisch bestimmt). Nach dem Umkristallisieren dieses Rohprodukts wird *trans*-4-*tert*-Butylcyclohexan-1-ol mit einer Reinheit > 99% erhalten.

Literatur zu Sequenz 40:

[1] H. C. Brown, S. Krishnamurthy, *J. Am. Chem. Soc.* **1972**, *94*, 7159–7161. – M. Spiniello, J. M. White, *Org. Biomol. Chem.* **2003**, *1*, 3094–3101.

[2] In Anlehnung an: R. G. Cooke, D. T. C. Gillespie, A. K. Macbeth, *J. Chem. Soc.* **1939**, 518–522; O. Ort, *Org. Synth. Coll. Vol. VIII*, **1993**, 522–527.

[3] E. L. Eliel, R. J. L. Martin, D. Nasipuri, *Org. Synth. Coll. Vol. V*, **1973**, 175–178.

Sequenz 41:   Darstellung von 2-Benzylcyclohex-2-en-1-on

Labortechniken: Arbeiten mit komplexen Metallhydriden — Arbeiten mit Schutzgruppen

41-1   2-Benzylcyclohexan-1,3-dion [1]

Reaktionstyp: Alkylierung von C-Nucleophil
Syntheseleistung: Synthese von 1,3-Diketon

$C_6H_8O_2$ (112.13) C_7H_7Cl (126.58) $C_{13}H_{14}O_2$ (202.25)
                         KOH (56.11)
                         KI (166.00)

Ein Gemisch aus 1,3-Cyclohexandion (2.24 g, 20.0 mmol) und wässriger KOH-Lösung [1] (20%ig, 5.22 mL, 6.21 g, 18.8 mmol, 0.94 Äquiv.) wird mit Benzylchlorid (2.79 g, 22.0 mmol, 1.1 Äquiv.) und KI (200 mg, 1.21 mmol, 6.05 Mol-%) versetzt und 2 h bei 100°C (Ölbadtemp.) gerührt. Das Reaktionsgemisch wird auf Raumtemp. abgekühlt, der Feststoff [2] durch Zugabe von wässriger NaOH-Lösung (5%ig) gelöst und diese Lösung mit t-BuOMe (2 × 20 mL) gewaschen. Die wässrige Phase wird mit wässriger HCl (2 M) auf etwa pH 4 angesäuert. Der Niederschlag wird abgesaugt, im Vakuum getrocknet und aus wässriger HOAc (70%ig) umkristallisiert [3]. Die Titelverbindung (65–70%) wird als blassgelber Feststoff (Schmp. 182–183°C) erhalten [4].

41-2   2-Benzyl-3-ethoxycyclohex-2-en-1-on [2]

Reaktionstyp: Umsetzung von Carbonylverbindung mit Heteroatom-Nucleophil
Syntheseleistung: Synthese von α,β-ungesättigtem β-Alkoxyketon

41-1   HC(OEt)₃,   **41-2**
        EtOH,
        kat. *p*-TsOH

$C_{13}H_{14}O_2$ (202.25) $C_7H_{16}O_3$ (148.20) $C_{15}H_{18}O_2$ (230.30)
$C_7H_8O_3S \cdot H_2O$ (190.22)

Eine Lösung von 2-Benzylcyclohexan-1,3-dion (Präparat **41-1**, 2.02 g, 10.0 mmol) in EtOH (40 mL) wird mit Triethylorthoformiat (1.48 g, 10.0 mmol, 1.0 Äquiv.) und 4-Toluolsulfonsäure-Monohydrat (*p*-TsOH·H₂O, 6.5 mg, 34 μmol, 0.34 Mol-%) versetzt und anschließend 24 h bei 80°C gerührt. Das Reaktionsgemisch wird bei vermindertem Druck auf ein Volumen von ca. 20 mL eingeengt, mit kalter, wässriger NaHCO₃-Lösung (5%ig, 20 mL) versetzt und dann mit *t*-BuOMe (3 × 25 mL) extrahiert. Die vereinigten organischen Phasen werden über Na₂SO₄ getrocknet. Das Lösungsmittel wird bei vermindertem Druck entfernt [5] und der Rückstand aus Petrolether (Sdp. 30–50°C) umkristallisiert [6]. Die Titelverbindung (70–80%) wird als Feststoff (Schmp. 60–62°C) erhalten.

41-3   2-Benzylcyclohex-2-en-1-on [3]

Reaktionstypen: Reduktion von Carbonylverbindung zu Alkohol — Hydrolyse von Enolether (bei der Aufarbeitung)

Syntheseleistung: Synthese von α,β-ungesättigtem Keton

41-2   LiAlH₄   **41-3**

$C_{15}H_{18}O_2$ (230.30)   LiAlH₄ (37.95) $C_{13}H_{14}O$ (186.25)

Zu einer Lösung von 2-Benzyl-3-ethoxycyclohex-2-en-1-on (Präparat **41-2**, 1.50 g, 6.51 mmol) in Et₂O (20 mL) wird unter Rühren LiAlH₄ (61.9 mg, 1.63 mmol, 0.25-fache Molmenge) zugegeben und die entstandene Suspension 2–3 h bei Raumtemp. gerührt. Das Reaktionsgemisch wird *vorsichtig* mit H₂O (12 mL) versetzt und danach mit wässriger H₂SO₄ (1 M) angesäuert. Die organische Phase wird abgetrennt und die wässrige Phase mit *t*-BuOMe (3 × 10 mL) extrahiert. Die vereinigten organischen Phasen werden über MgSO₄ getrocknet. Das Lösungsmittel wird bei vermindertem Druck entfernt und der Rückstand durch Flash-Chromatographie (Eluens: Cyclohexan/AcOEt) gereinigt. Die Titelverbindung (55–60%) wird als farbloses Öl erhalten.

Anmerkungen:
1) Sogar KOH der Qualität „p.a." hat nur einen Gehalt von 85 Gew.-%.
2) Während der Reaktion entsteht ein rotbraunes Öl, das sich beim Erkalten verfestigt.
3) Alternativ kann auch aus MeOH/H_2O umkristallisiert werden.
4) Das ^{1}H-NMR-Spektrum sollte in DMSO-d_6 gemessen werden.
5) Beim Entfernen des Lösungsmittels sollte die Temp. des Wasserbads max. 30°C betragen.
6) Sollte ein Öl erhalten werden, das nicht kristallisiert, kann die Reinigung auch durch Flash-Chromatographie (Eluens: Cyclohexan/AcOEt) erfolgen. Dann muss das Kieselgel jedoch mit NEt_3 desaktiviert und dem Eluens mindestens 5% NEt_3 zugesetzt werden (Desaktivierung von Kieselgel mit NEt_3: siehe Seite 69). Die Kristallisation ist der chromatographischen Reinigung jedoch vorzuziehen.

Literatur zu Sequenz 41:
[1] H. Stetter, W. Dieriehs, *Chem. Ber.* **1952**, *85*, 1061–1067.
[2] In Anlehnung an: K. Takahashi, T. Tanaka, T. Suzuki, M. Hirama, *Tetrahedron* **1994**, *50*, 1327–1340.
[3] Prozedur: R. L. Frank, H. K. Hall, Jr., *J. Am. Chem. Soc.* **1950**, *72*, 1645–1648.

Sequenz 42: Darstellung von *rel*-4*R*,6*S*-2-Methyldecan-4,6-diol und *rel*-*R*,*R*-2-Methyldecan-4,6-diol

Labortechniken: Arbeiten mit Li-Organylen — Arbeiten mit Li-Amiden — Arbeiten mit Li-Enolaten — Arbeiten mit komplexen Metallhydriden

42-1 7-Hydroxy-9-methyldecan-5-on [1]

Reaktionstyp: Gekreuzte Aldoladdition
Syntheseleistung: Synthese von β-Hydroxyketon

$C_6H_{12}O$ (100.16) $C_5H_{10}O$ (86.13) $C_{11}H_{22}O_2$ (186.29)

Zu einer Lösung von *i*-Pr₂NH (3.34 g, 33.0 mmol, 1.1 Äquiv.) in THF (20 mL) wird *n*-BuLi (Lösung in Hexan, 33.0 mmol, 1.1 Äquiv.) bei –78°C zugetropft. Danach wird die Lösung 30 min bei –78°C gerührt und anschließend eine Lösung von Hexan-2-on (3.00 g, 30.0 mmol) in THF (10 mL) langsam zugetropft. Dieses Gemisch wird 20 min bei –78°C gerührt und dann eine Lösung von 3-Methylbutyraldehyd (2.58 g, 30.0 mmol, 1.0 Äquiv.) in THF (10 mL) langsam zugetropft. Danach wird das Gemisch 40 min bei –78°C gerührt und anschließend bei –78°C mit wässriger ges. NH₄Cl-Lösung (40 mL) versetzt. Man lässt das Gemisch auf Raumtemp. erwärmen und extrahiert mit *t*-BuOMe (3 × 30 mL). Die vereinigten organischen Phasen werden über MgSO₄ getrocknet. Das Lösungsmittel wird bei vermindertem Druck entfernt und der Rückstand durch Flash-Chromatographie (Eluens: Cyclohexan/AcOEt) gereinigt. Die Titelverbindung (70–75%) wird als farblose Flüssigkeit erhalten.

42-2   *rel*-4*R*,6*S*-2-Methyldecan-4,6-diol [2]

Reaktionstypen: Diastereoselektive Reduktion von β-Hydroxycarbonylverbindung zu 1,3-Diol —
                        Narasaka-Prasad-Reduktion

Syntheseleistung: Synthese von 1,3-Diol

Ein Gemisch aus THF (19 mL) und MeOH (5.2 mL) wird bei Raumtemp. mit Triethylboran (Lösung in THF, 2.75 mmol, 1.1 Äquiv.) versetzt und 1 h bei Raumtemp. gerührt. Das Gemisch wird auf –78°C gekühlt, eine Lösung von 7-Hydroxy-9-methyldecan-5-on (Präparat **42-1**, 466 mg, 2.50 mmol) in THF (4 mL) zugetropft und dann 2 h bei –78°C gerührt. Anschließend wird, ebenfalls bei –78°C, NaBH₄ (75.7 mg, 2.00 mmol, 0.8-fache Molmenge) zugesetzt und über Nacht bei –78°C gerührt. Dann wird die Lösung mit wässriger ges. NH₄Cl-Lösung (23 mL) versetzt. Man lässt auf Raumtemp. erwärmen und extrahiert mit CH₂Cl₂ (3 × 20 mL). Die vereinigten organischen Phasen werden über MgSO₄ getrocknet. Das Lösungsmittel wird bei vermindertem Druck entfernt. Der Rückstand wird in MeOH (3 × 5 mL) aufgenommen und das Lösungsmittel jeweils bei vermindertem Druck wieder vollständig entfernt. Das Rohprodukt wird durch Flash-Chromatographie (Eluens: Cyclohexan/AcOEt) gereinigt und die Titelverbindung (70–75%) als farbloses Öl erhalten.

42-3   *rel*-*R*,*R*-2-Methyldecan-4,6-diol [3]

Reaktionstypen: Diastereoselektive Reduktion von β-Hydroxycarbonylverbindung zu 1,3-Diol —
                        Evans-Reduktion

Syntheseleistung: Synthese von 1,3-Diol

Ein Gemisch aus Acetonitril (3 mL) und getrockneter HOAc (2 mL) wird mit Tetramethylammoniumtriacetoxyborhydrid [Me₄NBH(OAc)₃, 1.07 g, 4.05 mmol, 4.05-fache Molmenge] versetzt und 45 min bei Raumtemp. gerührt. Das Gemisch wird auf –40°C gekühlt, mit 7-Hydroxy-9-methyldecan-5-on (Präparat **42-1**, 186 mg, 1.00 mmol) versetzt und 1 h bei –40°C gerührt. Anschließend wird das Gemisch zunächst 1 h bei –40°C und dann über Nacht bei –20°C gerührt. Das Gemisch wird mit wässriger ges. Kaliumnatriumtartrat-Lösung (6.5 mL) versetzt. Nachdem sich das Gemisch auf Raumtemp. erwärmt hat, wird über Celite® filtriert und das Filtermaterial mit CH₂Cl₂ (2 × 10 mL) gewaschen. Die Filtrate werden vereinigt. Die organische Phase wird abgetrennt und die wässrige Phase mit CH₂Cl₂ (3 × 10 mL) extrahiert. Die vereinigten organischen Phasen werden über MgSO$_4$ getrocknet. Das Lösungsmittel wird bei vermindertem Druck entfernt. Der Rückstand wird in MeOH (3 × 5 mL) aufgenommen und das Lösungsmittel jeweils bei vermindertem Druck wieder vollständig entfernt. Das Rohprodukt wird durch Flash-Chromatographie (Eluens: Cyclohexan/AcOEt) gereinigt und die Titelverbindung (60–70%) als farbloses Öl erhalten.

Literatur zu Sequenz 42:

[1] In Anlehnung an: M. Tanaka, M. Imai, M. Fujio, E. Sakamoto, M. Takahashi, Y. Eto-Kato, X. M. Wu, K. Funakoshi, K. Sakai, H. Suemune, *J. Org. Chem.* **2000**, *65*, 5806–5816.

[2] Prozedur: K. Narasaka, H. C. Pai, *Chem. Lett.* **1980**, 1415–1418. – K. Narasaka, H. C. Pai, *Tetrahedron* **1984**, *40*, 2233–2238. – K. M. Chen, G. E. Hardtmann, K. Prasad, O. Repic, M. J. Shapiro, *Tetrahedron Lett.* **1987**, *28*, 155–158. – K. M. Chen, K. G. Gunderson, G. E. Hardtmann, K. Prasad, O. Repic, M. J. Shapiro, *Chem. Lett.* **1987**, 1923–1926.

[3] Prozedur: D. A. Evans, K. T. Chapman, E. M. Carreira, *J. Am. Chem. Soc.* **1988**, *110*, 3560–3578.

Sequenz 43: Darstellung von 2-(Trimethylsilyl)ethan-1-ol

Labortechniken: Arbeiten mit Zn-Organylen — Arbeiten mit Si-Organylen — Arbeiten mit komplexen Metallhydriden

43-1   2-(Trimethylsilyl)essigsäureethylester [1]

Reaktionstyp: Silylierung von Reformatski-Reagenz
Syntheseleistung: Synthese von Organosiliciumverbindung

$C_4H_7BrO_2$ (167.00)   Zn (65.39) $C_7H_{16}O_2Si$ (160.29)
                              C_3H_9ClSi (108.64)

Ein Gemisch aus Zn-Staub (12.0 g, 183 mmol, 2.8 Äquiv.) und Et_2O (130 mL) wird mit Chlortrimethylsilan (709 mg, 6.53 mmol, 0.1 Äquiv.) versetzt und 15 min bei Raumtemp. gerührt. Anschließend wird das Gemisch kurz unter Rückfluss erhitzt, die Heizquelle entfernt und Bromessigsäureethylester [1] (10.9 g, 65.3 mmol) so zugetropft, dass das Gemisch schwach unter Rückfluss siedet. Anschließend wird 2 h unter Rückfluss erhitzt und dann auf Raumtemp. abgekühlt. Man lässt das überschüssige Zn absitzen und überführt die überstehende Lösung in einen anderen Kolben. Zu dieser Lösung wird wasserfreies $CuCl_2$ (2.62 g, 19.5 mmol, 0.3 Äquiv.) gegeben und dann Chlortrimethylsilan (8.47 g, 78.0 mmol, 1.2 Äquiv.) bei Raumtemp. innerhalb von 5 min zugetropft. Dann wird das Gemisch 2 h unter Rückfluss erhitzt, danach auf Raumtemp. abgekühlt und auf eine auf 0°C gekühlte, wässrige HCl (2 M, 200 mL) gegossen. Die organische Phase wird abgetrennt und die wässrige Phase mit *t*-BuOMe (4 × 90 mL) extrahiert. Die vereinigten organischen Phasen werden mit wässriger halbges. $NaHCO_3$-Lösung (3 × 50 mL) gewaschen und über $MgSO_4$ getrocknet. Das Lösungsmittel wird bei schwach vermindertem Druck entfernt und der Rückstand im Vakuum fraktionierend destilliert (Sdp.$_{120\,mbar}$ 90–93°C). Die Titelverbindung (60–65%) wird als farblose Flüssigkeit erhalten.

43-2   2-(Trimethylsilyl)ethan-1-ol [2]

Reaktionstyp: Reduktion von Carbonsäurederivat zu Alkohol
Syntheseleistung: Synthese von Alkohol

$C_7H_{16}O_2Si$ (160.29)   LiAlH$_4$ (37.95) $C_5H_{14}OSi$ (118.25)

Zu einer Suspension von LiAlH$_4$ (1.33 g, 35.0 mmol, 1.0-fache Molmenge) in Et$_2$O (50 mL) wird eine Lösung von 2-(Trimethylsilyl)essigsäureethylester (Präparat **43-1**, 5.61 g, 35.0 mmol) in Et$_2$O (20 mL) zugetropft. Danach wird das Gemisch 1 h unter Rückfluss erhitzt und anschließend auf 0°C abgekühlt. Bei dieser Temp. wird *vorsichtig* zunächst H$_2$O (8 mL) und dann wässrige H$_2$SO$_4$ (10%ig, 30 mL) zugegeben. Die organische Phase wird abgetrennt und die wässrige Phase mit Et$_2$O (4 × 40 mL) extrahiert. Die vereinigten organischen Phasen werden über MgSO$_4$ getrocknet. Das Lösungsmittel wird bei schwach vermindertem Druck entfernt und der Rückstand fraktionierend destilliert (Sdp.$_{50 mbar}$ 73–76°C). Die Titelverbindung (85–90%) wird als farblose Flüssigkeit erhalten.

Anmerkungen:

1) Die Synthese von Bromessigsäureethylester wird im Band *Organisch-Chemisches Grundpraktikum* von *Praktikum Präparative Organische Chemie* (dort Versuch **6-12**) beschrieben.

Literatur zu Sequenz 43:
[1] G. Picotin, P. Miginiac, *J. Org. Chem.* **1987**, *52*, 4796–4798.
[2] In Anlehnung an: H. Gerlach, *Helv. Chim. Acta* **1977**, *60*, 3039–3044.

Sequenz 44: Darstellung von *trans*-7-(*S*-2,2-Dimethyl-1,3-dioxolan-4-yl)-4-oxohept-5-ensäuremethylester

Labortechniken: Arbeiten mit Boran — Arbeiten mit Diisobutylaluminiumhydrid — Arbeiten mit Brom — Arbeiten mit Schutzgruppen

6-13 (Band 1)

1) stöchiom. Me₂S·BH₃, kat. NaBH₄

44-1

2) Me₂C(OMe)₂, kat. PyrH⊕ ⊖OTs

44-2

3) DIBAH, CH₂Cl₂

44-3

4) Br₂, MeOH

44-4

5) PPh₃

44-5

6) wässr. K₂CO₃

44-6

44-1   S-3,4-Dihydroxybuttersäuremethylester [1]

Reaktionstyp: Reduktion von Carbonsäurederivat zu Alkohol
Syntheseleistung: Synthese von 1,2-Diol

6-13 (Band 1)

$C_6H_{10}O_5$ (162.14) C_2H_9BS (75.97) $C_5H_{10}O_4$ (134.13)
NaBH$_4$ (37.83)

Zu einer Lösung von S-Hydroxybernsteinsäuredimethylester [1] (3.24 g, 20.0 mmol) in THF (40 mL) wird Boran-Dimethylsulfid-Komplex (94%ige Lösung in Me$_2$S, 20.6 mmol, 1.03 Äquiv.) bei Raumtemp. innerhalb von 5 min zugetropft. Danach wird die Lösung 30 min bei Raumtemp. gerührt, anschließend in einem Wasserbad [2] gekühlt und mit NaBH$_4$ (38 mg, 1.0 mmol, 0.05 Äquiv.) in einer Portion versetzt. Nach 30 min wird erneut NaBH$_4$ (5.3 mg, 0.14 mmol, 0.70 Mol-%) zugegeben und weitere 60 min gerührt. Zum Reaktionsgemisch wird langsam MeOH (12 mL) zugetropft und dann weitere 30 min gerührt. Das Lösungsmittel wird bei vermindertem Druck entfernt und der Rückstand durch Flash-Chromatographie (AcOEt) gereinigt. Die Titelverbindung (90–95%) wird als farbloses Öl erhalten; $[\alpha]_D^{20} = -23.3$ ($c = 2.2$, MeOH).

44-2   2-(S-2,2-Dimethyl-1,3-dioxolan-4-yl)essigsäuremethylester [1]

Reaktionstyp: Acetalisierung
Syntheseleistung: Synthese von Acetal

$C_5H_{10}O_4$ (134.13) $C_5H_{12}O_2$ (104.15) $C_8H_{14}O_4$ (174.19)
$C_{12}H_{13}NO_3S$ (251.30)

Ein Gemisch aus S-3,4-Dihydroxybuttersäuremethylester (Präparat **44-1**, 2.41 g, 18.0 mmol), 2,2-Dimethoxypropan (18.8 g, 180 mmol, 10.0 Äquiv.) und MeOH (5.83 mL, 4.60 g, 144 mmol, 8.0 Äquiv.) wird auf 0°C gekühlt, mit Pyridinium-p-(toluolsulfonat) (452 mg, 1.8 mmol, 10 Mol-%) versetzt und zunächst 1 h bei 0°C und dann 6 h bei Raumtemp. gerührt [3]. Das Reaktionsgemisch wird mit wässriger ges. NaHCO$_3$-Lösung (10 mL) versetzt, die organische Phase abgetrennt und die wässrige Phase mit t-BuOMe (3 × 20 mL) extrahiert. Die vereinigten organischen Phasen werden über MgSO$_4$ getrocknet. Das Lösungsmittel wird bei vermindertem Druck entfernt und der Rückstand im Vakuum fraktionierend destilliert (Sdp.$_{20\,mbar}$ 90–92°C). Die Titelverbindung (85–90%) wird als farblose Flüssigkeit erhalten; $[\alpha]_D^{20} = +5.58$ ($c = 5.05$, EtOH).

44-3 2-(*S*-2,2-Dimethyl-1,3-dioxolan-4-yl)ethanal [1]

Reaktionstyp: Reduktion von Carbonsäurederivat zu Carbonylverbindung
Syntheseleistung: Synthese von Aldehyd

$C_8H_{14}O_4$ (174.19) $C_7H_{12}O_3$ (144.17)

Zu einer Lösung von 2-(*S*-2,2-Dimethyl-1,3-dioxolan-4-yl)essigsäuremethylester (Präparat **44-2**, 1.22 g, 7.00 mmol) in CH_2Cl_2 (50 mL) wird bei –85°C Diisobutylaluminiumhydrid (DIBAH, 1 M in CH_2Cl_2, 15.5 mmol, 2.21 Äquiv.) innerhalb von 1.5 h zugetropft. Danach wird 1 h bei –85°C gerührt und dann MeOH (20 mL) zugetropft. Man lässt die Lösung danach langsam auf Raumtemp. erwärmen. Nach Zugabe von wässriger HCl (0.3 M, 20 mL) wird die organische Phase abgetrennt und die wässrige Phase mit CH_2Cl_2 (3 × 25 mL) extrahiert. Die vereinigten organischen Phasen werden über $MgSO_4$ getrocknet, und das Lösungsmittel wird bei vermindertem Druck entfernt. Das erhaltene Rohprodukt kann in der Regel ohne Reinigung [4] in der Folgestufe (Präparat **44-6**) eingesetzt werden. Ist eine Reinigung erforderlich, so wird das erhaltene Rohprodukt im Vakuum umkondensiert [5] und die Titelverbindung (90–95%) als farbloses Öl erhalten; $[\alpha]_D^{20} = +16.3$ (c = 1.3, $CHCl_3$).

44-4 5-Brom-4-oxopentansäuremethylester [2]

Reaktionstyp: Bromierung von Keton
Syntheseleistungen: Synthese von Carbonsäureester — Synthese von α-Bromketon

C_5H_8O (116.12) Br_2 (159.81) $C_6H_9BrO_3$ (209.04)

Zu einer Lösung von Lävulinsäure (5.23 g, 45.0 mmol) in MeOH [6] (75 mL) wird innerhalb von 40 min eine Lösung von Br_2 (7.19 g, 45.0 mmol, 1.0 Äquiv.) in MeOH (15 mL) tropfenweise zugesetzt. Danach wird die Lösung 2 h unter Rückfluss erhitzt und anschließend das Lösungsmittel bei vermindertem Druck entfernt. Der Rückstand wird in *t*-BuOMe (50 mL) aufgenommen und mit wässriger ges. $NaHCO_3$-Lösung (50 mL) gewaschen. Die wässrige Phase wird mit *t*-BuOMe (3 × 50 mL) extrahiert. Die vereinigten organischen Phasen werden mit wässriger ges. NaCl-Lösung (50 mL) gewaschen und über $MgSO_4$ getrocknet. Das Lösungsmittel wird bei vermindertem Druck entfernt und der Rückstand [7] durch Flash-Chromatographie (Eluens: Cyclohexan/AcOEt) gereinigt. Die Titelverbindung [8] (45–50%) wird als farbloses Öl erhalten.

44-5   (4-Methoxycarbonyl-2-oxobutyl)triphenylphosphoni-umbromid [3]

| Reaktionstyp: | Alkylierung von Heteroatom-Nucleophil |
| Syntheseleistung: | Synthese von Phosphoniumsalz |

C$_6$H$_9$BrO$_3$ (209.04)   C$_{18}$H$_{15}$P (262.29)   C$_{24}$H$_{24}$BrO$_3$ (471.32)

Ein Gemisch aus 5-Brom-4-oxopentansäuremethylester (Präparat **44-4**, 4.18 g, 20.0 mmol) und Triphenylphosphan (5.25 g, 20.0 mmol, 1.0 Äquiv.) in Toluol (40 mL) wird 48 h unter Rückfluss erhitzt. Der Niederschlag wird heiß abfiltriert, mit heißem Toluol (6 mL) gewaschen und im Vakuum getrocknet. Die Titelverbindung (90–95%) wird als farbloser Feststoff (Schmp. 168–175°C) erhalten.

44-6   *trans*-7-(*S*-2,2-Dimethyl-1,3-dioxolan-4-yl)-4-oxohept-5-ensäuremethylester [4]

| Reaktionstyp: | Stereoselektive Wittig-Reaktion |
| Syntheseleistungen: | Synthese von Ylid — Synthese von α,β-ungesättigtem Keton |

Eine Lösung von (4-Methoxycarbonyl-2-oxobutyl)triphenylphosphoniumbromid (Präparat **44-5**, 3.30 g, 7.00 mmol) in H$_2$O (75 mL) wird mit einer wässrigen ges. K$_2$CO$_3$-Lösung (125 mL) versetzt und 5 min gerührt. Die wässrige Phase wird mit CH$_2$Cl$_2$ (3 × 50 mL) extrahiert, die vereinigten organischen Phasen werden über MgSO$_4$ getrocknet, und das Lösungsmittel wird bei vermindertem Druck entfernt. Das Phosphor-Ylid (90–98%) wird als viskoses Öl erhalten und ohne weitere Reinigung umgehend in der folgenden Wittig-Reaktion eingesetzt.

Zu einer Lösung des Phosphor-Ylids (2.37 g, 6.06 mmol, 1.01 Äquiv.) in CH$_2$Cl$_2$ (16 mL) wird eine Lösung von 2-(*S*-2,2-Dimethyl-1,3-dioxolan-4-yl)ethanal (Präparat **44-3**, 865 mg, 6.00 mmol) in CH$_2$Cl$_2$ (8 mL) innerhalb von 5 min bei Raumtemp. zugetropft. Danach wird die Lösung 24 h bei Raumtemp. gerührt und anschließend mit Kieselgel (3 g) versetzt. Das Lösungsmittel wird bei vermindertem Druck entfernt und das Kieselgel auf eine Chromatographiesäule aufgetragen [9]. Nach der Flash-Chromatographie (Eluens: Cyclohexan/AcOEt) wird die Titelverbindung (90–98%) als farbloses Öl erhalten; $[\alpha]_D^{20} = +5.97$ ($c = 1.8$, CH_2Cl_2).

Anmerkungen:

1) Die Synthese von *S*-Hydroxybernsteinsäuredimethylester (*S*-Äpfelsäuredimethylester) wird im Band *Organisch-Chemisches Grundpraktikum* von *Praktikum Präparative Organische Chemie* (dort Versuch **6-13**) beschrieben.
2) Das Wasserbad dient zur Abführung der Reaktionswärme und sollte eine Temp. von ca. 15°C haben. Der Reaktionskolben sollte bei dieser Temp. bis zur Aufarbeitung im Wasserbad belassen werden.
3) Statt 6 h lang kann alternativ auch über Nacht bei Raumtemp. gerührt werden.
4) Vom Rohprodukt sollte ein ^{1}H-NMR-Spektrum gemessen werden, um die Verbindung zu charakterisieren.
5) Details zur Umkondensation: siehe Seite 84. Auf eine Reinigung durch Flash-Chromatographie sollte verzichtet werden, weil sich die Titelverbindung auf dem Kieselgel anteilig zersetzt.
6) Für diese Reaktion wird MeOH (p.a.) verwendet, kein getrocknetes MeOH!
7) Neben 5-Brom-4-oxopentansäuremethylester werden bei dieser Reaktion auch 3-Brom-4-oxopentansäuremethylester und 3,5-Dibrom-4-oxopentansäuremethylester gebildet, die chromatographisch abgetrennt werden.
8) 5-Brom-4-oxopentansäuremethylester sollte nach der Synthese möglichst zügig in das entsprechende Triphenylphosphoniumbromid (Präparat **44-5**) überführt werden, das eine stabile Lagerform darstellt.
9) Hier bildet das bei der Reaktion freigesetzte Triphenylphosphanoxid zusammen mit der Titelverbindung einen „zähen Schleim", der im Eluens unlöslich ist. Dieser Umstand macht ein konventionelles Auftragen auf die Chromatographiesäule unmöglich und zwingt dazu, das Rohprodukt durch „Aufnehmen mit Kieselgel" auf die Säule aufzubringen (Details siehe Seite 69).

Literatur zu Sequenz 44:

[1] J. W. Burton, J. S. Clark, S. Derrer, T. C. Stork, J. G. Bendall, A. B. Holmes, *J. Am. Chem. Soc.* **1997**, *119*, 7483–7498 (supporting information).
[2] S. F. MacDonald, *Can. J. Chem.* **1974**, *52*, 3257–3258. – H.-J. Ha, S.-K. Lee, Y.-J. Ha, J.-W. Park, *Synth. Commun.* **1994**, *24*, 2557–2562. – A. J. Manny, S. Kjelleberg, N. Kumar, R. de Nys, R. W. Read, P. Steinberg, *Tetrahedron* **1997**, *53*, 15813–15826.
[3] R. C. Ronald, C. J. Wheeler, *J. Org. Chem.* **1983**, *48*, 138–139.
[4] K. Körber, *Dissertation*, Universität Freiburg, **2004**, 160–161.

Sequenz 45: Darstellung von *trans*-3-(6-Benzyloxy-2,5,7,8-tetramethylchroman-2-yl)prop-2-en-1-ol

Labortechniken: Arbeiten mit Li-Organylen — Arbeiten mit P-substituierten C-Nucleophilen — Arbeiten mit Diisobutylaluminiumhydrid — Arbeiten mit komplexen Metall-hydriden — Arbeiten mit aktiviertem DMSO — Arbeiten mit Schutzgruppen

45-1 (6-Hydroxy-2,5,7,8-tetramethylchroman-2-yl)methanol [1]

Reaktionstyp: Reduktion von Carbonsäure zu Alkohol
Syntheseleistung: Synthese von Alkohol

$C_{14}H_{18}O_4$ (250.29) $C_{14}H_{20}O_3$ (236.31)

Zu einer Lösung von (6-Hydroxy-2,5,7,8-tetramethylchroman-2-yl)carbonsäure (Trolox®, 1.00 g, 4.00 mmol) in THF (25 mL) wird bei 0°C Red-Al® [Natriumbis(methoxyethoxy)aluminiumhydrid, Lösung in Toluol, 12.0 mmol, 3.0 Äquiv.] innerhalb von 10 min zugetropft. Danach wird die Lösung 10 min bei 0°C gerührt.

Anschließend lässt man auf Raumtemp. erwärmen und rührt 1 h[1)] bei Raumtemp. Die Lösung wird auf eiskalte, wässrige HCl (6 M, 25 mL) gegossen, die organische Phase abgetrennt und die wässrige Phase mit *t*-BuOMe (4 × 30 mL) extrahiert. Die vereinigten organischen Phasen werden mit wässriger HCl (1 M, 25 mL) und wässriger ges. NaHCO$_3$-Lösung (25 mL) gewaschen und über Na$_2$SO$_4$ getrocknet. Das Lösungsmittel wird bei vermindertem Druck entfernt und der Rückstand aus Petrolether (Sdp. 30–50°C)/Et$_2$O umkristallisiert. Die Titelverbindung (85–90%) wird in Form farbloser Nadeln (Schmp. 129–130°C) erhalten.

45-2   (6-Benzyloxy-2,5,7,8-tetramethylchroman-2-yl)methanol [1]

Reaktionstyp: Williamson-Ethersynthese
Syntheseleistung: Synthese von Alkylarylether

45-1

C$_{14}$H$_{20}$O$_3$ (236.31)

BnCl,
festes K$_2$CO$_3$,
DMF

C$_7$H$_7$Cl (126.58)
K$_2$CO$_3$ (138.21)

C$_{21}$H$_{26}$O$_3$ (326.43)

45-2

Zu einer Lösung von (6-Hydroxy-2,5,7,8-tetramethylchroman-2-yl)methanol (Präparat **45-1**, 709 mg, 3.00 mmol) in DMF (7 mL) wird K$_2$CO$_3$ (2.99 g, 21.6 mmol, 7.2 Äquiv.) gegeben. Das Gemisch wird mit Benzylchlorid (987 mg, 7.80 mmol, 2.6 Äquiv.) versetzt, 20 h bei Raumtemp. gerührt, anschließend auf H$_2$O (40 mL) gegossen und mit *t*-BuOMe (3 × 30 mL) extrahiert. Die vereinigten organischen Phasen werden über Na$_2$SO$_4$ getrocknet. Das Lösungsmittel wird bei vermindertem Druck entfernt und der Rückstand durch Flash-Chromatographie (Eluens: Cyclohexan/AcOEt) gereinigt. Die Titelverbindung (90–95%) wird als farbloser Feststoff (Schmp. 66–67°C) erhalten.

45-3   6-Benzyloxy-2,5,7,8-tetramethylchroman-2-carbaldehyd [1]

Reaktionstyp: Swern-Oxidation
Syntheseleistung: Synthese von Aldehyd

45-2

C$_{21}$H$_{26}$O$_3$ (326.43)

DMSO,
(COCl)$_2$;
NEt$_3$

C$_2$H$_6$OS (78.13)
C$_2$Cl$_2$O$_2$ (126.93)
C$_6$H$_{15}$N (101.19)

C$_{21}$H$_{24}$O$_3$ (324.41)

45-3

Zu einer Lösung von Oxalylchlorid (381 mg, 3.00 mmol, 1.2 Äquiv.) in CH$_2$Cl$_2$ (7 mL) wird bei –60°C eine Lösung von DMSO (469 mg, 6.00 mmol, 2.4 Äquiv.) in CH$_2$Cl$_2$ (1.5 mL) zugetropft[2)] und dann 5 min bei –60°C gerührt. Anschließend wird bei –60°C eine Lösung von (6-Benzyloxy-2,5,7,8-tetramethylchroman-

2-yl)methanol (Präparat **45-2**, 816 mg, 2.50 mmol) in CH_2Cl_2 (3.5 mL) innerhalb von 10 min zugetropft und die Lösung dann 30 min bei –60°C gerührt. Danach wird NEt_3 (1.27 g, 12.5 mmol, 5.0 Äquiv.) zugetropft und weitere 30 min bei –60°C gerührt. Anschließend lässt man das Gemisch langsam auf Raumtemp. erwärmen. Das Gemisch wird 30 min bei Raumtemp. gerührt, dann auf H_2O (15 mL) gegossen und die organische Phase abgetrennt. Die wässrige Phase wird mit CH_2Cl_2 (3 × 10 mL) extrahiert. Die vereinigten organischen Phasen werden mit wässriger ges. NaCl-Lösung (6 mL) gewaschen und über Na_2SO_4 getrocknet. Das Lösungsmittel wird bei vermindertem Druck entfernt und der Rückstand durch Flash-Chromatographie (Eluens: Cyclohexan/AcOEt) gereinigt. Die Titelverbindung (90–95%) wird als farbloser Feststoff (Schmp. 56–58°C) erhalten.

45-4 *trans*-3-(6-Benzyloxy-2,5,7,8-tetramethylchroman-2-yl) acrylsäureethylester [2]

Reaktionstyp: Stereoselektive Horner-Wadsworth-Emmons-Reaktion
Syntheseleistung: Synthese von α,β-ungesättigtem Carbonsäureester

Zu einer Lösung von (Diethoxyphosphoryl)essigsäureethylester [3] (897 mg, 4.00 mmol, 2.0 Äquiv.) in 1,2-Dimethoxyethan (5 mL) wird *n*-BuLi (Lösung in Hexan, 4.00 mmol, 2.0 Äquiv.) bei 0°C langsam zugetropft und danach 30 min bei Raumtemp. gerührt. Anschließend wird die Lösung wieder auf 0°C gekühlt und eine Lösung von 6-Benzyloxy-2,5,7,8-tetramethylchroman-2-carbaldehyd (Präparat **45-3**, 649 mg, 2.00 mmol) in 1,2-Dimethoxyethan (9 mL) tropfenweise zugesetzt. Man lässt das Gemisch auf Raumtemp. erwärmen und rührt dann 24 h bei Raumtemp. Das Reaktionsgemisch wird mit H_2O (30 mL) versetzt und mit *t*-BuOMe (3 × 15 mL) extrahiert. Die vereinigten organischen Phasen werden mit H_2O (7 mL) und wässriger ges. NaCl-Lösung (7 mL) gewaschen und über Na_2SO_4 getrocknet. Das Lösungsmittel wird bei vermindertem Druck entfernt und die Titelverbindung (90–95%) als farbloser Feststoff (Schmp. 100–101°C) erhalten [4].

45-5   *trans*-3-(6-Benzyloxy-2,5,7,8-tetramethylchroman-2-yl)-prop-2-en-1-ol [3]

Reaktionstyp: Reduktion von Carbonsäurederivat zu Alkohol
Syntheseleistung: Synthese von Allylalkohol

$C_{25}H_{30}O_4$ (394.50) $C_{23}H_{28}O_3$ (352.47)

Zu einer Lösung von *trans*-3-(6-Benzyloxy-2,5,7,8-tetramethylchroman-2-yl)acrylsäureethylester (Präparat **45-4**, 592 mg, 1.50 mmol) in CH_2Cl_2 (12 mL) wird bei −78°C Diisobutylaluminiumhydrid (DIBAH, Lösung in CH_2Cl_2, 4.50 mmol, 3.0 Äquiv.) tropfenweise zugesetzt und dann 2 h bei −78°C gerührt. Anschließend wird die Lösung bei −78°C mit wässriger ges. NH_4Cl-Lösung (2.5 mL) und Et_2O (9 mL) versetzt. Man lässt das Gemisch langsam auf Raumtemp. erwärmen und rührt noch weitere 1.5 h bei Raumtemp. Die Suspension wird über Celite® filtriert und das Filtermaterial mit CH_2Cl_2 (20 mL) gewaschen. Die Filtrate werden vereinigt. Die organische Phase wird abgetrennt, mit wässriger ges. NH_4Cl-Lösung (10 mL) und wässriger ges. NaCl-Lösung (10 mL) gewaschen und über Na_2SO_4 getrocknet. Das Lösungsmittel wird bei vermindertem Druck entfernt und die Titelverbindung (95–98%) als farbloser Feststoff (Schmp. 78–79°C) erhalten [4].

Anmerkungen:
1) Bei längeren Reaktionszeiten sollte die Lösung vor direkter Lichteinstrahlung geschützt werden.
2) Die Temp. darf dabei nicht über −50°C steigen!
3) Die Synthese von (Diethoxyphosphoryl)essigsäureethylester wird im Band *Organisch-Chemisches Grundpraktikum* von *Praktikum Präparative Organische Chemie* (dort Versuch **2-28**) beschrieben.
4) Ist der Schmp. zu niedrig oder zeigt das ^{1}H-NMR-Spektrum ungewöhnlicherweise Verunreinigungen, kann der Feststoff durch Flash-Chromatographie (Eluens: Cyclohexan/AcOEt) gereinigt werden.

Literatur zu Sequenz 45:
[1] N. Cohen, R. J. Lopresti, G. Saucy, *J. Am. Chem. Soc.* **1979**, *101*, 6710–6716. – C. Suarna, R. T. Dean, P. T. Southwell-Keely, *Aust. J. Chem.* **1997**, *50*, 1129–1135.
[2] Prozedur: I. Masataka, T. Masahiro, F. Keiichiro, K. Tetsuji, *J. Chem. Soc., Perkin Trans. 1* **1986**, 2151–2162.
[3] Prozedur: J. Uenishi, M. Motoyama, K. Takahashi, *Tetrahedron: Asymmetry* **1994**, *5*, 101–110.

Sequenz 46:   Darstellung von *trans*-3-Phenylprop-2-en-1-ol und 3-Phenylpropan-1-ol

Labortechnik: Arbeiten mit komplexen Metallhydriden

46-1   *trans*-3-Phenylprop-2-en-1-ol [1]

Reaktionstyp: Reduktion von Carbonsäurederivat zu Alkohol
Syntheseleistung: Synthese von Allylalkohol

$C_{11}H_{12}O_2$ (176.21)   LiAlH$_4$ (37.95) $C_9H_{10}O$ (134.18)

Im Reaktionskolben wird Zimtsäureethylester (9.69 g, 55.0 mmol) in Et$_2$O (100 mL) gelöst und auf –5°C (Innentemp.) gekühlt [1]. In einem zweiten Kolben wird eine Suspension von LiAlH$_4$ (2.09 g, 55.0 mmol, 1.0-fache Molmenge) in Et$_2$O (40 mL) hergestellt und ebenfalls auf –5°C gekühlt. Die LiAlH$_4$-Suspension wird mit Hilfe einer Transferkanüle – die einen ausreichenden Innendurchmesser besitzt – *sehr langsam* [2] innerhalb von 30 min zu der Zimtsäureethylester-Lösung zugetropft. Danach wird das Gemisch 1.5 h bei –5°C gerührt, dann bei dieser Temp. mit AcOEt (4 mL) versetzt, das Kältebad entfernt, vorsichtig mit wässriger H$_2$SO$_4$ (1 M, 60 mL) versetzt [3] und weitere 15 min gerührt. Die organische Phase wird abgetrennt und die wässrige Phase mit *t*-BuOMe (3 × 40 mL) extrahiert. Die vereinigten organischen Phasen werden über MgSO$_4$ getrocknet. Das Lösungsmittel wird bei vermindertem Druck entfernt und der Rückstand im Vakuum fraktionierend destilliert (Sdp.$_{0.5 \text{ mbar}}$ 90–92°C) [4]. Die Titelverbindung (70–75%) wird als farbloses Öl erhalten, das zu einem Feststoff (Schmp. 30–33°C) erstarrt.

46-2 3-Phenylpropan-1-ol [2]

Reaktionstypen: Reduktion von Carbonsäurederivat zu Alkohol — Hydroaluminierung eines Styrols
Syntheseleistung: Synthese von Alkohol

$C_{11}H_{12}O_2$ (176.21) $LiAlH_4$ (37.95) $C_9H_{12}O$ (136.19)

Eine Suspension von $LiAlH_4$ (2.28 g, 60.0 mmol, 2.0-fache Molmenge) in Et_2O (40 mL) [1)] wird auf 0 °C gekühlt und eine Lösung von Zimtsäureethylester (5.29 g, 30.0 mmol) in Et_2O (12 mL) langsam zugetropft. Danach wird das Gemisch zunächst 1 h bei 0 °C und dann 2 h bei Raumtemp. gerührt. Das Gemisch wird erneut im Eisbad gekühlt, zunächst AcOEt (3 mL), dann eine wässrige ges. Na_2SO_4-Lösung (19 mL) zugetropft und dieses Gemisch danach 15 min gerührt. Die organische Phase wird abgetrennt und die wässrige Phase mit *t*-BuOMe (3 × 20 mL) extrahiert. Die vereinigten organischen Phasen werden über $MgSO_4$ getrocknet. Das Lösungsmittel wird bei vermindertem Druck entfernt und der Rückstand im Vakuum fraktionierend destilliert (Sdp.$_{16\,mbar}$ 119–121 °C). Die Titelverbindung (75–85 %) wird als farblose Flüssigkeit erhalten.

Anmerkungen:
1) Das Reaktionsgemisch lässt sich bei der hier angegebenen Ansatzgröße noch mit einem Magnetrührstab rühren. Bei einem größeren Ansatz sollte jedoch ein KPG-Rührwerk verwendet werden.
2) Für das Gelingen der Reaktion ist es erforderlich, dass die $LiAlH_4$-Suspension extrem langsam zum Ester zugetropft wird. Es darf im Reaktionskolben zu keinem Zeitpunkt zu einer nennenswerten Anreicherung von nicht umgesetztem $LiAlH_4$ kommen, denn sonst wird auch 3-Phenylpropan-1-ol gebildet. Die $LiAlH_4$-Suspension sollte daher während des Zutropfens kräftig gerührt werden, um einen möglichst guten Kontakt zwischen $LiAlH_4$ und dem Substrat zu erreichen. Von der Verwendung eines Tropftrichters zum Zutropfen der $LiAlH_4$-Suspension ist unbedingt abzuraten, weil sich das $LiAlH_4$ im Tropftrichter absetzt (sofern man nicht das – im Prinzip realisierbare! – Kunststück zustande bringt, *auch* im Tropftrichter magnetisch zu rühren) und danach eine dosierte Zugabe zum Ester nicht mehr möglich ist.
3) Die ersten 5–10 mL der wässr. 1 M H_2SO_4 sollten äußerst vorsichtig zugetropft werden, weil es zu einer heftigen Reaktion mit noch nicht umgesetztem $LiAlH_4$ (eventuell) bzw. mit dem gebildeten $LiAlH_mR_n(OR')_o$ (gewiss) kommt; hierbei wird H_2 freigesetzt.
4) *Vorsicht:* Die Titelverbindung ist ein Feststoff. Verfestigt sich das Produkt während der Destillation im Kühler, besteht die *Gefahr einer Druckerhöhung durch Arbeiten in einer geschlossenen Apparatur*! In diesem Fall erwärmt man den Kühlmantel (zuvor Kühlwasser abstellen!) vorsichtig mit einem Heißluftgebläse, bis der Feststoff flüssig geworden ist.

Literatur zu Sequenz 46:
[1] S. Hünig, G. Märkl, J. Sauer, *Integriertes Organisches Praktikum*, Verlag Chemie, Weinheim **1979**, 546–547.
[2] S. Hünig, G. Märkl, J. Sauer, *Integriertes Organisches Praktikum*, Verlag Chemie, Weinheim **1979**, 547–549. – Prozedur (ausgehend von Zimtsäure): R. F. Nystrom, W. G. Brown, *J. Am. Chem. Soc.* **1947**, *69*, 2548–2549. – Prozedur (ausgehend von Zimtaldehyd): S.-i. Fukuzawa, T. Fujinami, S. Yamauchi, S. Sakai, *J. Chem. Soc., Perkin Trans. 1* **1986**, 1929–1932.

Sequenz 47: Darstellung von *E,trans,trans*-7-Brom-2-me-thylhepta-2,4,6-diensäureethylester

Labortechniken: Arbeiten mit Diisobutylaluminiumhydrid — Arbeiten mit komplexen Metallhydriden — Arbeiten mit Schwermetalloxiden und verwandten Reagenzien — Arbeiten mit Brom

47-1   3-Bromprop-2-in-1-ol [1) [1]

Reaktionstyp:	Bromierung von 1-Alkin
Syntheseleistung:	Synthese von Halogenalkin

C_3H_4O (56.06) Br_2 (159.81) C_3H_3BrO (134.96)

Eine Lösung von KOH (85%ig [2)], 8.78 g, 133 mmol, 2.66 Äquiv.) in H_2O (20 mL) wird bei –5°C mit Brom (7.99 g, 50.0 mmol, 1.00 Äquiv.) tropfenweise versetzt, danach 10 min bei –5°C gerührt und diese Lösung anschließend bei –5°C mit Hilfe einer Transferkanüle zu einer ebenfalls auf –5°C gekühlten Lösung von 2-Propin-1-ol (2.80 g, 50.0 mmol) in H_2O (10 mL) innerhalb 1 h zugetropft. Danach wird das Gemisch 1 h bei –5°C gerührt und anschließend mit Et_2O (4 × 20 mL) extrahiert. Die vereinigten organischen Phasen werden mit einer wässrigen $Na_2S_2O_3$-Lösung (15%ig, 20 mL) gewaschen und über K_2CO_3 getrocknet. Das Lösungsmittel wird bei vermindertem Druck entfernt [1)]. Die erhaltene Titelverbindung (93–98%) wird ohne weitere Aufreinigung in der Folgestufe (Präparat **47-2**) eingesetzt [3)].

47-2   *trans*-3-Bromprop-2-en-1-ol [1]

Reaktionstypen:	Stereoselektive Reduktion eines Propargylalkohols — Hydroaluminierung eines Propargylalkohols
Syntheseleistungen:	Synthese von Allylalkohol — Synthese von Halogenolefin

C_3H_3BrO (134.96) AlH_4Li (37.95) C_3H_5BrO (136.98)
                             $AlCl_3$ (133.34)

Eine Suspension aus $AlCl_3$ (6.00 g, 45.0 mmol, 1.0 Äquiv.) in Et_2O (25 mL) wird mit Hilfe einer Transferkanüle zu einer auf –5°C gekühlten Suspension von $LiAlH_4$ (3.42 g, 90.0 mmol, 2.0-fache Molmenge) in Et_2O (25 mL) innerhalb von 20 min zugetropft. Danach wird das Gemisch 10 min bei –5°C gerührt und anschließend ebenfalls bei –5°C, eine Lösung von 3-Bromprop-2-in-1-ol (Präparat **47-1**, 6.07 g, 45.0 mmol) in Et_2O (25 mL) zugetropft. Danach wird das Kältebad entfernt und das Gemisch 4 h unter Rückfluss erhitzt. Das Gemisch wird nach dem Erkalten auf Raumtemp. auf –10°C gekühlt und nacheinander tropfenweise mit wässrigem Et_2O [4)] (30 mL), H_2O (20 mL) und wässriger NaOH-Lösung (5%ig, 20 mL) versetzt. Der Überstand wird vorsichtig abdekantiert und der zurückbleibende Feststoff mit Et_2O (25 mL) extrahiert. Vom Überstand wird die organische Phase abgetrennt und die wässrige Phase mit Et_2O (3 × 20 mL) extrahiert. Die vereinigten organischen Phasen werden mit wässriger ges. NaCl-Lösung (10 mL) gewaschen und über K_2CO_3 getrocknet. Das Lösungsmittel wird bei vermindertem Druck entfernt und der Rückstand im Vakuum fraktionierend destilliert (Sdp.$_{100\,mbar}$ 108–110°C). Die Titelverbindung (65–70%) wird als farblose Flüssigkeit erhalten.

47-3   *trans,trans*-5-Brompenta-2,4-diensäureethylester [2]

Reaktionstypen: Oxidation von Alkohol zu Carbonylverbindung — Stereoselektive Horner-Wadsworth-Emmons-Reaktion

Syntheseleistungen: Synthese von Halogenolefin — Synthese von α,β-ungesättigtem Carbonsäureester

$$(EtO)_2\overset{\overset{\displaystyle O}{\|}}{P}\diagdown CO_2Et \qquad C_8H_{17}O_5P \ (224.19)$$

2-28 (Band 1)

Br⌇⌇OH ──MnO₂,──→ [Br⌇⌇O] ──4-Å-Molsieb──→ festes LiOH, LiOH (23.95) ──→ Br⌇⌇⌇CO₂Et

47-2   **47-3**

C_3H_5BrO (136.98) MnO_2 (86.94) $C_7H_9BrO_2$ (205.05)

Zu einem Gemisch aus LiOH (1.34 g, 56.0 mmol, 2.0 Äquiv.), aktiviertem MnO_2 [5] (24.3 g, 280 mmol, 10.0 Äquiv.) und gepulvertem, aktiviertem 4-Å-Molekularsieb („Molsieb", 28 g) in THF (120 mL) wird eine Lösung von *trans*-3-Bromprop-2-en-1-ol (Präparat **47-2**, 3.84 g, 28.0 mmol) in THF (20 mL) zugegeben. Anschließend wird (Diethoxyphosphoryl)essigsäureethylester [6] (7.53 g, 33.6 mmol, 1.2 Äquiv.) zugesetzt und das Gemisch 3 h unter Rückfluss erhitzt. Das Gemisch wird auf Raumtemp. abgekühlt, mit *t*-BuOMe (100 mL) verdünnt, über Celite® filtriert und das Filtermaterial mit *t*-BuOMe (20 mL) gewaschen. Die Filtrate werden vereinigt. Das Lösungsmittel wird bei vermindertem Druck entfernt und der Rückstand durch Flash-Chromatographie (Eluens: Cyclohexan/AcOEt) gereinigt [7]. Die Titelverbindung (50–60%) wird als Öl erhalten.

47-4   *trans,trans*-5-Brompenta-2,4-dien-1-ol [3]

Reaktionstyp: Reduktion von Carbonsäurederivat zu Alkohol

Syntheseleistung: Synthese von Allylalkohol

47-3 Br⌇⌇⌇CO₂Et ──DIBAH──→ Br⌇⌇⌇OH **47-4**

$C_7H_9BrO_2$ (205.05) C_5H_7BrO (163.01)

Eine Lösung von *trans,trans*-5-Brompenta-2,4-diensäureethylester (Präparat **47-3**, 2.87 g, 14.0 mmol) in CH_2Cl_2 (90 mL) wird bei −78°C mit Diisobutylaluminumhydrid (DIBAH, Lösung in Hexan, 32.2 mmol, 2.3 Äquiv.) innerhalb von 25 min versetzt und dann bei −78°C gerührt, bis dünnschichtchromatographisch (fast) kein Edukt mehr nachweisbar ist [8]. Die Lösung wird bei −78°C vorsichtig mit wässriger Weinsäure-Lösung (10%ig, 100 mL) versetzt. Man lässt auf Raumtemp. erwärmen, verdünnt mit Et_2O (100 mL) und rührt das inhomogene Gemisch 30 min kräftig [9]. Die organische Phase wird abgetrennt und die wässrige Phase mit Et_2O (3 × 50 mL) extrahiert. Die vereinigten organischen Phasen werden über $MgSO_4$ getrocknet. Das Lösungsmittel wird bei vermindertem Druck entfernt und der Rückstand (96% Rohausbeute) aus Benzol umkristallisiert [10]. Die Titelverbindung (75–80%) wird als farbloser Feststoff (Schmp. 34–36°C) erhalten [11].

47-5   *E,trans,trans*-7-Brom-2-methylhepta-2,4,6-diensäure-ethylester [2, 3]

Reaktionstypen: Oxidation von Alkohol zu Carbonylverbindung — Stereoselektive Horner-Wadsworth-Emmons-Reaktion

Syntheseleistungen: Synthese von Halogenolefin — Synthese von α,β-ungesättigtem Carbonsäureester

Zu einem Gemisch aus LiOH (479 mg, 20.0 mmol, 2.0 Äquiv.), aktiviertem MnO$_2$ [5] (17.4 g, 200 mmol, 10.0 Äquiv.) und gepulvertem, aktiviertem 4-Å-Molekularsieb („Molsieb", 2.5 g) in THF (50 mL) wird eine Lösung von *trans,trans*-5-Brompenta-2,4-dien-1-ol (Präparat **47-4**, 1.63 g, 10.0 mmol) in THF (8 mL) gegeben. Anschließend wird 2-(Diethoxyphosphoryl)propionsäureethylester (2.86 g, 12.0 mmol, 1.2 Äquiv.) zugesetzt und das Gemisch 15 h unter Rückfluss erhitzt. Das Gemisch wird auf Raumtemp. abgekühlt, mit *t*-BuOMe (100 mL) verdünnt, über Celite® filtriert und das Filtermaterial mit *t*-BuOMe (20 mL) gewaschen. Die Filtrate werden vereinigt. Das Lösungsmittel wird bei vermindertem Druck entfernt und der Rückstand durch Flash-Chromatographie (Eluens: Cyclohexan/AcOEt) gereinigt. Es wird ein 10:1-Gemisch (65–75%) aus *E,trans,trans*-7-Brom-2-methylhepta-2,4,6-diensäureethylester und *Z,trans,trans*-7-Brom-2-methylhepta-2,4,6-diensäureethylester als farbloses Öl erhalten.

Anmerkungen:

1) *Vorsicht:* Terminal bromierte 1-Alkine sind thermolabil und können sich beim Erhitzen explosionsartig zersetzen. Wegen der *Explosionsgefahr* darf dieser Versuch nur in einem Abzug mit zusätzlicher Splitterschutzscheibe durchgeführt werden. Der zum Entfernen des Lösungsmittels verwendete Rotationsverdampfer muss sich aus demselben Grund in einem Abzug befinden und darf nur im Schutz einer Splitterschutzscheibe betrieben werden. Die Wasserbadtemp. des Rotationsverdampfers darf max. 20°C betragen.

2) Sogar KOH der Qualität „p.a." hat nur einen Gehalt von 85 Gew.-%.

3) Zur Charakterisierung sollte vom Rohprodukt ein ¹H-NMR-Spektrum gemessen werden. *Keine* destillative Reinigung der Titelverbindung vornehmen (siehe Anmerkung 1)!

4) Gemeint ist: mit H$_2$O gesättigter Et$_2$O. Man gewinnt ihn, indem man Et$_2$O zusammen mit H$_2$O kräftig schüttelt und anschließend die Et$_2$O-Phase abgetrennt.

5) Im Handel angebotenes „aktiviertes MnO$_2$" (z. B. Aldrich, Art.-Nr.: 217646) wird zuvor über Nacht bei 75°C getrocknet.

6) Die Synthese von (Diethoxyphosphoryl)essigsäureethylester wird im Band *Organisch-Chemisches Grundpraktikum* von *Praktikum Präparative Organische Chemie* (dort Versuch **2-28**) beschrieben.

7) Die Reinigung kann auch durch Kugelrohr-Destillation (0.1 mbar/105°C) erfolgen.

8) Die Reaktionszeit beträgt 1–6 h, weshalb hier ausdrücklich auf die Notwendigkeit einer dünnschichtchromatographischen Reaktionskontrolle hingewiesen wird.

9) Es bilden sich zwei Phasen.

10) Man beachte, dass der Schmelzpunkt von *trans,trans*-5-Brompenta-2,4-dien-1-ol weit unter dem Siedepunkt von Benzol liegt!

11) *trans,trans*-5-Brompenta-2,4-dien-1-ol ist ausgesprochen isomerisierungsfreudig und sollte, um dieser Neigung zu begegnen, unter einer Inertgas-Atmosphäre und unter Lichtausschluss aufbewahrt werden.

Literatur zu Sequenz 47:
[1] R. Polt, D. Sames, J. Chruma, *J. Org. Chem.* **1999**, *64*, 6147–6158.
[2] Prozedur: L. Blackburn, C. Pei, R. J. K. Taylor, *Synlett* **2002**, 215–218.
[3] K. Finn, R. Brückner, unveröffentlicht.

Sequenz 48: Darstellung von *trans,trans*-4-[(2-Hydroxyphenyl)methyl]-1,7-diphenylhepta-1,6-dien-4-ol [1)]

Labortechniken: Arbeiten mit Mg-Organylen — Arbeiten mit Zn-Organylen — Arbeiten mit Si-Organylen — Arbeiten mit Edelmetall-Homogenkatalysatoren — Arbeiten mit komplexen Metallhydriden

48-1   3-(Trimethylsilyl)prop-2-in-1-ol [1]

Reaktionstypen: „Um-Grignardierung" — Silylierung von C-Nucleophil
Syntheseleistung: Synthese von Organosiliciumverbindung

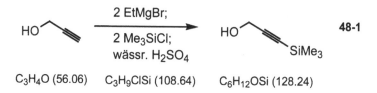

C_3H_4O (56.06) C_3H_9ClSi (108.64) $C_6H_{12}OSi$ (128.24)

Zu einem Gemisch aus Mg-Spänen (8.00 g, 329 mmol, 2.53 Äquiv.) und THF (160 mL) wird Bromethan (35.9 g, 329 mmol, 2.53 Äquiv.) innerhalb von 30 min so zugetropft, dass die Temp. nicht über 50°C steigt. Danach wird das graugrüne Gemisch 1 h bei 50°C gerührt und anschließend auf 5°C gekühlt. Eine Lösung von 2-Propin-1-ol (7.29 g, 130 mmol) in THF (7 mL) wird innerhalb 1 h so langsam zugetropft, dass die Temp. des Reaktionsgemischs nicht über 10°C steigt und nur eine schwache Ethanentwicklung zu beobachten ist. Danach wird 2 h unter Rückfluss erhitzt und anschließend über Nacht bei Raumtemp. gerührt. Die Lösung wird auf 5°C gekühlt, mit Chlortrimethylsilan (36.2 g, 333 mmol, 2.56 Äquiv.) tropfenweise versetzt und anschließend 2 h unter Rückfluss erhitzt. Das Gemisch wird auf Raumtemp. abgekühlt, innerhalb von 25 min mit wässriger H_2SO_4 (1.4 M, 125 mL) versetzt und in t-BuOMe (100 mL) aufgenommen. Die organische Phase wird abgetrennt und die wässrige Phase mit t-BuOMe (2 × 80 mL) extrahiert. Die organischen Extrakte werden *einzeln* mit H_2O (2 × 150 mL) und wässriger ges. NaCl-Lösung (125 mL) gewaschen. Die organischen Phasen werden vereinigt und über $MgSO_4$ getrocknet. Das Lösungsmittel wird bei schwach vermindertem Druck entfernt und der Rückstand im Vakuum fraktionierend destilliert (Sdp.$_{28\,mbar}$ 75–76°C). Die Titelverbindung (80–85%) wird als farbloses Öl erhalten.

48-2   3-Brom-1-(trimethylsilyl)prop-1-in [2]

Reaktionstyp: Alkylierung von Heteroatom-Nucleophil
Syntheseleistung: Synthese von Alkylhalogenid

$C_6H_{12}OSi$ (128.24) PBr_3 (270.69) $C_6H_{11}BrSi$ (191.14)

Zu einer Lösung von 3-(Trimethylsilyl)prop-2-in-1-ol (Präparat **48-1**, 12.8 g, 100 mmol) und Pyridin (0.21 mL, 206 mg, 2.60 mmol, 2.6 Mol-%) in Et_2O (50 mL) wird Phosphortribromid (11.1 g, 41.1 mmol, 0.411 Äquiv.) innerhalb von 40 min tropfenweise zugegeben. Dann wird das Reaktionsgemisch 2.5 h unter Rückfluss erhitzt, anschließend auf Raumtemp. abgekühlt und auf Eis (30 g) gegossen. Die organische Phase wird abgetrennt und mit H_2O (25 mL), wässriger $NaHCO_3$-Lösung (5%ig, 25 mL) und wässriger ges. NH_4Cl-Lösung (25 mL) gewaschen und über $MgSO_4$ getrocknet. Das Lösungsmittel wird bei Atmosphärendruck abdestilliert und der Rückstand im Vakuum fraktionierend destilliert (Sdp.$_{25\,mbar}$ 70–72°C). Die Titelverbindung (65–70%) wird als farbloses Öl erhalten.

48-3   4-[(2-Hydroxyphenyl)methyl]-1,7-bis(trimethylsilyl)hepta-1,6-diin-4-ol [3, 4]

Reaktionstyp: Acylierung von C-Nucleophil mit Carbonsäurederivat / Addition des C-Nucleophils an resultierende Carbonylverbindung

Syntheseleistung: Synthese von Homopropargylalkohol

$C_8H_6O_2$ (134.13) $C_6H_{11}BrSi$ (191.14) $C_{20}H_{30}O_2Si_2$ (358.62)
Zn (65.39)

In einem 250-mL-Zweihalskolben mit Dimroth-Kühler wird Zn-Pulver (5.89 g, 90.0 mmol, 6.00 Äquiv.) im Vakuum (< 0.1 mbar) bis zur Sublimation erhitzt (Heißluftgebläse) und anschließend unter einer Argon-Atmosphäre in THF (100 mL) suspendiert. Die Suspension wird in drei Durchgängen mit 1,2-Dibromethan (3 × 0.30 mL) versetzt, jeweils kurz unter Rückfluss erhitzt und anschließend jeweils (ohne externes Heizen) mit Chlortrimethylsilan (3 × 0.15 mL) versetzt.

Zu dieser Zn-Suspension wird bei Raumtemp. 3-Brom-1-(trimethylsilyl)prop-1-in (Präparat **48-2**, 8.60 g, 45.0 mmol, 3.00 Äquiv.) langsam zugetropft[2)] und dann 12 h bei Raumtemp. gerührt. Anschließend wird eine Lösung von Benzo[4]furan-3H-2-on[3)] (2.01 g, 15.0 mmol) in THF (10 mL) zugegeben und weitere 2 Tage bei Raumtemp. gerührt. Das Reaktionsgemisch wird mit wässriger HCl (2 M, 120 mL) versetzt, 20 min gerührt und dann in t-BuOMe (200 mL) aufgenommen. Die organische Phase wird abgetrennt, mit wässriger ges. NaHCO_3-Lösung (100 mL) gewaschen und über MgSO_4 getrocknet. Das Lösungsmittel wird bei vermindertem Druck entfernt und der Rückstand durch Flash-Chromatographie (Cyclohexan/t-BuOMe) gereinigt. Die Titelverbindung (80–85%) wird als Feststoff (Schmp. 85–86°C) erhalten.

48-4   4-[(2-Hydroxyphenyl)methyl]hepta-1,6-diin-4-ol [4]

Reaktionstyp: Desilylierung

Syntheseleistung: Synthese von Alkin

$C_{20}H_{30}O_2Si_2$ (358.62) $C_{16}H_{36}FN$ · 3 H_2O (315.52) $C_{14}H_{14}O_2$ (214.26)

Eine Lösung von 4-[(2-Hydroxyphenyl)methyl]-1,7-bis(trimethylsilyl)hepta-1,6-diin-4-ol (Präparat **48-3**, 4.59 g, 12.8 mmol, 1.00 Äquiv.) in THF (30 mL) wird mit Tetrabutylammoniumfluorid-Trihydrat (1.21 g,

3.84 mmol, 0.30 Äquiv.) versetzt und über Nacht bei Raumtemp. gerührt. Die Lösung wird in *t*-BuOMe (180 mL) aufgenommen, mit H$_2$O (90 mL) und wässriger ges. NaCl-Lösung (90 mL) gewaschen und über MgSO$_4$ getrocknet. Das Lösungsmittel wird bei vermindertem Druck entfernt und der Rückstand durch Flash-Chromatographie (Cyclohexan/*t*-BuOMe) gereinigt. Die Titelverbindung (80–85%) wird als Feststoff (Schmp. 64–66°C) erhalten.

48-5   4-[(2-Hydroxyphenyl)methyl]-1,7-diphenylhepta-1,6-diin-4-ol [4]

Reaktionstyp: Sonogashira-Hagihara-Reaktion
Syntheseleistungen: Synthese von Alkin — Synthese von Aromat

48-4

C$_{14}$H$_{14}$O$_2$ (214.26)

I–Ph,
kat. (PPh$_3$)$_2$PdCl$_2$,
kat. CuI,
NEt$_3$

C$_6$H$_5$I (204.01)
C$_{36}$H$_{30}$Cl$_2$P$_2$Pd (701.90)
CuI (190.45)
C$_6$H$_{15}$N (101.19)

48-5

C$_{26}$H$_{22}$O$_2$ (366.45)

In einem Schlenk-Kolben werden im Argon-Gegenstrom Bis(triphenylphosphan)palladium(II)-dichlorid [(Ph$_3$P)$_2$PdCl$_2$, 0.052 g, 0.074 mmol, 0.85 Mol-%] und Kupfer(I)-iodid (8.3 mg, 0.043 mmol, 0.50 Mol-%) vorgelegt und mit NEt$_3$ (10 mL) versetzt. Zu diesem Gemisch werden nacheinander eine Lösung von 4-[(2-Hyd-roxyphenyl)methyl]hepta-1,6-diin-4-ol (Präparat **48-4**, 1.86 g, 8.68 mmol) in NEt$_3$ (15 mL) und Iodbenzol (3.55 g, 17.4 mmol, 2.00 Äquiv.) zugegeben. Dieses Gemisch wird 2 Tage bei Raumtemp. gerührt, wobei ein volumi-nöser Niederschlag entsteht. Das Gemisch wird in *t*-BuOMe (200 mL) aufgenommen, mit wässriger HCl (2 M, 120 mL) und wässriger ges. NaHCO$_3$-Lösung (100 mL) gewaschen und über MgSO$_4$ getrocknet. Das Lösungs-mittel wird bei vermindertem Druck entfernt und der Rückstand durch Flash-Chromatographie (Cyclohexan/*t*-BuOMe) gereinigt. Die Titelverbindung (90–95%) wird als Feststoff (Schmp. 87–90°C) erhalten.

48-6   *trans,trans*-4-[(2-Hydroxyphenyl)methyl]-1,7-diphenyl-hepta-1,6-dien-4-ol [4]

Reaktionstyp: Stereoselektive Hydroaluminierung von Homopropargylalkohol
Syntheseleistung: Synthese von Homoallylalkohol

$C_{26}H_{22}O_2$ (366.45)   LiAlH$_4$ (37.95) $C_{26}H_{26}O_2$ (370.48)

Zu einer Suspension von LiAlH$_4$ (1.88 g, 49.5 mmol, 7.50-fache Molmenge) in THF (40 mL) wird bei 0°C vorsichtig eine Lösung von 4-[(2-Hydroxyphenyl)methyl]-1,7-diphenylhepta-1,6-diin-4-ol (Präparat **48-5**, 2.42 g, 6.60 mmol) in THF (20 mL) tropfenweise zugesetzt. Danach lässt man das Reaktionsgemisch langsam über Nacht auf Raumtemp. erwärmen und rührt weitere 2 Tage bei Raumtemp. Das Gemisch wird auf 0°C gekühlt, langsam eine wässrige NaOH-Lösung (10%ig, 4 mL) zugetropft und dann mit *t*-BuOMe (300 mL) und wässriger HCl (2 M, 240 mL) versetzt. Die organische Phase wird abgetrennt und die wässrige Phase mit *t*-BuOMe (2 × 100 mL) extrahiert. Die vereinigten organischen Phasen werden mit wässriger ges. NaHCO$_3$-Lösung (100 mL) gewaschen und über MgSO$_4$ getrocknet. Das Lösungsmittel wird bei vermindertem Druck entfernt und der Rückstand durch Flash-Chromatographie (Cyclohexan/*t*-BuOMe, 86:14 v:v) gereinigt. Die Titelverbindung (90–95%) wird als farbloses Öl erhalten.

Anmerkungen:
1) *trans,trans*-4-[(2-Hydroxyphenyl)methyl]-1,7-diphenylhepta-1,6-dien-4-ol wird im Band *Organisch-Chemisches Schwerpunktpraktikum* von *Praktikum Präparative Organische Chemie* im Versuch **8-7** als Edukt eingesetzt.
2) *Vorsicht:* Beim Zutropfen des 3-Brom-1-(trimethylsilyl)prop-1-in erwärmt sich das Gemisch beträchtlich.
3) Benzo[4]furan-3*H*-2-on wird im Handel angeboten, kann aber auch nach folgender Vorschrift selbst synthetisiert werden (O. Muñoz-Muñiz, E. Juaristi, *Tetrahedron* **2003**, *59*, 4223–4229): Ein Gemisch aus (2-Hydroxyphenyl)essigsäure (4.40 g, 28.9 mmol) und 4-Toluolsulfonsäure-Monohydrat (300 mg, 1.74 mmol, 6.0 Mol-%) in Toluol (60 mL) wird unter Rückfluss am Wasserabscheider erhitzt, bis sich kein H$_2$O mehr abscheidet. Die Lösung wird auf Raumtemp. abgekühlt, mit *t*-BuOMe (50 mL) verdünnt, mit wässriger ges. NaHCO$_3$-Lösung (2 × 30 mL) gewaschen und über MgSO$_4$ getrocknet. Der Rückstand wird durch Flash-Chromatographie (Cyclohexan/*t*-BuOMe) gereinigt und die Titelverbindung (90–95%) als blassgelber Feststoff (Schmp. 50–51°C) erhalten.

Literatur zu Sequenz 48:
[1] T. K. Jones, S. E. Denmark, *Org. Synth.* **1986**, *64*, 182–188.
[2] R. B. Miller, *Synth. Commun.* **1972**, *2*, 267–272.
[3] M. Oestreich, F. Sempere-Culler, *J. Chem. Soc., Chem. Commun.* **2004**, 692–693. – Aktivierung von Zn-Pulver: P. Knochel, M. J. Rozema, C. E. Tucker in *Organocopper Reagents – A Practical Approach* (Hrsg.: R. J. K. Taylor), Oxford University Press, Oxford, **1993**, 85–104.
[4] M. Oestreich, F. Sempere-Culler, A. B. Machotta, *Angew. Chem.* **2005**, *117*, 152–155. – M. Oestreich, F. Sempere-Culler, A. B. Machotta, *Synlett* **2006**, 2965-2968. – A. B. Machotta, B. F. Straub, M. Oestreich, *J. Am. Chem. Soc.* **2007**, *129*, 13455–13463 (supporting information).

„Sequenz" 49: Darstellung von *R*-2,2-Dimethyl-5-(1-methyl-ethenyl)cyclohexanon [1]

Labortechnik:	Arbeiten mit komplexen Metallhydriden
Reaktionstyp:	Reduktion von C=C-Doppelbindung eines α,β-ungesättigten Ketons
Syntheseleistung:	Synthese von Keton

$C_{10}H_{14}O$ (150.22) CH_3I (141.94) $C_{11}H_{18}O$ (166.26)

Zu einer auf –78°C gekühlten Lösung von *R*-(–)-Carvon (98% *ee*, 601 mg, 4.00 mmol) in THF (5 mL) wird langsam Lithium-tri-*sec*-butylborhydrid (L-Selectrid®, Lösung in THF, 4.20 mmol, 1.05 Äquiv.) zugetropft. Anschließend wird 1 h bei –78°C gerührt und dann Iodmethan (738 mg, 5.20 mmol, 1.3 Äquiv.) zugetropft und danach weitere 10 min bei –78°C gerührt. Man entfernt das Kältebad, lässt auf Raumtemp. erwärmen und rührt 1 h bei Raumtemp. Das Reaktionsgemisch wird im Eisbad gekühlt, wässrige NaOH-Lösung (10%ig, 7 mL) sowie wässriges H_2O_2 (30%ig, 5 mL) zugesetzt und 30 min bei 0°C gerührt. Die organische Phase wird abgetrennt und die wässrige Phase mit Pentan (3 × 20 mL) extrahiert. Die vereinigten organischen Phasen werden mit H_2O (2 × 10 mL), wässriger ges. NaHSO₃-Lösung (2 × 10 mL) [1)] und wässriger ges. NaCl-Lösung (10 mL) gewaschen und über $MgSO_4$ getrocknet. Das Lösungsmittel wird bei vermindertem Druck entfernt und der Rückstand durch Flash-Chromatographie (Eluens: Cyclohexan/AcOEt) gereinigt. Die Titelverbindung (80–85%) wird als farblose Flüssigkeit erhalten; $[\alpha]_D^{20}$ = +92.3 (*c* = 0.8, CHCl₃).

Anmerkung:

1) Die NaHSO₃-Lösung reduziert überschüssiges H_2O_2. Ein Peroxid-Test ist zwingend erforderlich, um den Erfolg dieser Maßnahme zu überprüfen. Sollte ein Peroxid-Test positiv ausfallen, muss so lange mit weiteren Portionen wässriger ges. NaHSO₃-Lösung gewaschen werden, bis ein Peroxid-Test negativ ausfällt. *Vorsicht*: Beim Verzicht auf diese Vorsichtsmaßnahme könnte es beim Einengen der organischen Phase zu einer **Explosion des Kolbens** kommen.

Literatur zu „Sequenz" 49:

[1] J. M. Fortunato, B. Ganem, *J. Org. Chem.* **1976**, *41*, 2194–2200. – S.-F. Lee, G. Barth, C. Djerassi, *J. Am. Chem. Soc.* **1981**, *103*, 298–301.

Kapitel 9

Reduktionen mit sich auflösenden Metallen

„Sequenz" 50:   Darstellung von Cyclohexa-1,4-dien [1]

Labortechnik: Arbeiten mit Li in flüssigem Ammoniak
Reaktionstyp: Birch-Reduktion eines Aromaten
Syntheseleistung: Synthese von Cyclohexa-1,4-dien

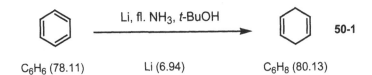

C$_6$H$_6$ (78.11)   Li (6.94)   C$_6$H$_8$ (80.13)

In den Reaktionskolben wird mit Hilfe eines Trockeneiskühlers flüssiger NH$_3$ (ca. 400 mL) einkondensiert [1]. Zu dem flüssigen NH$_3$ wird bei –45°C ein Gemisch aus Benzol (19.5 g, 250 mmol) und *t*-BuOH (44.5 g, 600 mmol, 2.4 Äquiv.) zugetropft [2]. Anschließend wird Lithium [3] (4.16 g, 600 mmol, 2.4 Äquiv.) innerhalb von 40 min zugegeben, während die Temp. des Gemischs zwischen –40°C und –35°C gehalten wird. Danach wird das Gemisch 1 h bei –40°C bis –35°C gerührt. Anschließend wird das tiefblaue Gemisch mit hochsiedendem Alkangemisch („Petroleum", Sdp. > 170°C, 75 mL) versetzt und vorsichtig auf Eis (800 mL) gegossen. Nach dem Schmelzen des Eises wird die organische Phase abgetrennt und die wässrige Phase mit Petrolether (Sdp. > 170°C, 3 × 25 mL) extrahiert. Die vereinigten organischen Phasen werden mit Eiswasser (5 × 12 mL) und eiskalter, wässriger HCl (3 M, 4 × 12 mL) gewaschen und über MgSO$_4$ getrocknet. Aus der Lösung wird die Titelverbindung im Vakuum (15–20 mbar) abdestilliert [4], wobei als Vorlage eine auf –78°C gekühlte Kühlfalle dient. Es wird so lange destilliert, bis auch etwa 10 mL des Petrolethers (Sdp.$_{15–20\ mbar}$ > 55°C) übergegangen sind [4]. Der Inhalt der Kühlfalle wird in eine Destillationsapparatur überführt und bei Atmosphärendruck fraktionierend destilliert (Sdp.$_{1013\ mbar}$ 82–84°C). Die Titelverbindung (80–85%) wird als farblose, leichtflüchtige Flüssigkeit erhalten.

Anmerkungen:
1) Apparatur und Details zum Arbeiten mit flüssigem NH$_3$: siehe Seite 78. Die Reaktion muss unter Inertgas durchgeführt werden. Nach dem Einkondensieren des NH$_3$ sollte ein schwacher Inertgas-Strom eingestellt werden.
2) Benzol und *t*-BuOH müssen getrocknet sein.
3) Das Lithium wird zuvor mit Petrolether gewaschen, um anhaftendes Paraffinöl zu entfernen, und dann in Stücken von ca. 0.1–0.2 g, die direkt vor der Zugabe abgeschnitten werden, im Inertgas-Gegenstrom zugesetzt.
4) Die Titelverbindung (Sdp.$_{1013\ mbar}$ 82–84°C) kann bei dem für die Destillation angegebenen niedrigen Druck unmöglich im Kühler kondensiert werden. Sie muss daher in einer Kühlfalle (direkt hinter der Destillationsapparatur angeschlossen) bei –78°C ausgefroren (Schmp. –49 bis –50°C) werden. Nach Anlegen des Vakuums sollte die Lösung zunächst noch nicht erwärmt werden. Erwärmt wird erst, wenn in der Kühlfalle nur noch wenig Substanz ausgefroren wird. Die Destillation wird abgebrochen, sobald etwa 10 mL des hochsiedenden Petrolethers, der im Kühler kondensiert, übergegangen sind. Bei dieser „Destillation" muss darauf geachtet werden, dass sich die Kühlfalle nicht zusetzt (*Gefahr einer Druckerhöhung durch Arbeiten in einer geschlossenen Apparatur*!).

Literatur zu „Sequenz" 50:
[1] L. Brandsma, J. van Soolingen, H. Andringa, *Synth. Commun.* **1990**, *20*, 2165–2168.

Sequenz 51: Darstellung von 1,6-Methano[10]annulen

Labortechniken: Arbeiten mit Na in flüssigem Ammoniak — Arbeiten mit Dichlorcarben — Arbeiten mit Oxidationsmitteln

51-1   1,4,5,8-Tetrahydronaphthalin [1]

Reaktionstyp: Birch-Reduktion eines Aromaten
Syntheseleistung: Synthese von Cyclohexa-1,4-dien

$C_{10}H_8$ (128.17)   Na (22.99) $C_{10}H_{12}$ (132.20)

In einen Reaktionskolben wird mit Hilfe eines Trockeneiskühlers flüssiger NH_3 (ca. 150 mL) einkondensiert [1] und dann bei –78°C Natrium [2] (9.01 g, 392 mmol, 5.6 Äquiv.) innerhalb von 40 min eingetragen. Nachdem das Natrium vollständig im flüssigen NH_3 gelöst ist, wird zu der blauen Lösung bei –78°C eine Lösung von Naphthalin (8.97 g, 70.0 mmol) in einem Gemisch aus Et_2O (35 mL) und EtOH (29 mL) [3] innerhalb von ca. 30 min zugetropft [4]. Danach wird das Reaktionsgemisch 6 h bei –78°C gerührt. Anschließend lässt man das Reaktionsgemisch über Nacht langsam erwärmen und den NH_3 verdampfen. Der farblose Rückstand [5] wird unter Kühlung im Eisbad *sehr langsam* mit MeOH [6] (6 mL) und anschließend vorsichtig mit Eiswasser (190 mL) versetzt, bis der Rückstand gelöst ist. Die wässrige Lösung wird mit *t*-BuOMe (3 × 50 mL) extrahiert. Die organischen Phasen werden vereinigt, und das Lösungsmittel wird bei schwach vermindertem Druck entfernt [7]. Der Rückstand wird über eine Glasfilternutsche (Porosität 3) abgesaugt und mit H_2O gewaschen. Das Rohprodukt wird zweimal aus MeOH umkristallisiert und kurz im Vakuum getrocknet [7]. Die Titelverbindung (70–75%) wird als farbloser Feststoff (Schmp. 52–53°C) erhalten.

51-2 4a,8a-Dichlormethano-1,4,4a,5,8,8a-hexahydronaphthalin [1]

Reaktionstyp: Cheletrope Addition
Syntheseleistung: Synthese von Dichlorcyclopropan

$C_{10}H_{12}$ (132.20)   CHCl$_3$ (119.38) $C_{11}H_{12}Cl_2$ (215.12)
C_4H_9KO (112.21)

Zu einer Lösung von 1,4,5,8-Tetrahydronaphthalin (Präparat **51-1**, 5.95 g, 45.0 mmol) und Kalium-*tert*-butanolat [8] (6.56 g, 58.5 mmol, 1.3 Äquiv.) in Et$_2$O (70 mL) wird bei –30°C [9] eine Lösung von CHCl$_3$ (5.37 g, 45.0 mmol, 1.0 Äquiv.) in Et$_2$O (15 mL) innerhalb von 1.5 h zugetropft. Danach rührt man die Lösung weitere 30 min bei –30°C, lässt dann auf 0°C erwärmen und versetzt anschließend mit Eiswasser (25 mL). Die organische Phase wird abgetrennt [10] und mit H$_2$O (2 × 15 mL) gewaschen. Die wässrige Phase wird mit *t*-BuOMe (2 × 25 mL) extrahiert. Die vereinigten organischen Phasen werden über MgSO$_4$ getrocknet. Das Lösungsmittel wird bei vermindertem Druck entfernt und der Rückstand im Vakuum (1.2 mbar) fraktionierend destilliert [11]. Als erste Fraktion (Sdp.$_{1.2\,mbar}$ 54–57°C) wird nicht umgesetztes 1,4,5,8-Tetrahydronaphthalin (30–40%) reisoliert. Als zweite Fraktion (Sdp.$_{1.2\,mbar}$ 95–102°C) wird die Titelverbindung zusammen mit einigen Verunreinigungen erhalten. Die zweite Fraktion wird aus MeOH umkristallisiert und die Titelverbindung (40–45%) in Form langer, farbloser Nadeln (Schmp. 88–89°C) erhalten.

51-3 4a,8a-Methano-1,4,4a,5,8,8a-hexahydronaphthalin [1]

Reaktionstyp: Birch-Reduktion von Dichlorcyclopropan
Syntheseleistung: Synthese von Alkan oder Cycloalkan

$C_{11}H_{12}Cl_2$ (215.12)   Na (22.99) $C_{11}H_{14}$ (146.23)

In einen Reaktionskolben wird mit Hilfe eines Trockeneiskühlers flüssiger NH$_3$ (ca. 50 mL) einkondensiert [1] und dann bei –78°C Natrium [2] (1.49 g, 65.0 mmol, 6.5 Äquiv.) innerhalb von 40 min eingetragen. Nachdem das Natrium vollständig im flüssigen NH$_3$ gelöst ist, wird zu der blauen Lösung bei –78°C eine Lösung von 4a,8a-Dichlormethano-1,4,4a,5,8,8a-hexahydronaphthalin (Präparat **51-2**, 2.15 g, 10.0 mmol) in Et$_2$O (15 mL) innerhalb von 1 h zugetropft. Danach lässt man das Reaktionsgemisch über Nacht langsam erwärmen und den NH$_3$ dabei verdampfen. Der Rückstand wird erneut auf –78°C gekühlt, ein schwacher Inertgas-Strom durch die

Apparatur geleitet und unter Rühren ein Gemisch aus MeOH (5 mL) und Et$_2$O (5 mL) tropfenweise zugesetzt[6]. Man lässt das Gemisch unter Rühren auf 0°C erwärmen und versetzt es dann vorsichtig mit Eiswasser (15 mL). Die organische Phase wird abgetrennt und mit H$_2$O (5 mL) gewaschen. Die wässrige Phase wird mit Petrolether (Sdp. 30–50°C, 3 × 10 mL) extrahiert. Die vereinigten organischen Phasen werden über MgSO$_4$ getrocknet. Das Lösungsmittel wird bei schwach vermindertem Druck entfernt und der Rückstand im Vakuum fraktionierend destilliert (Sdp.$_{15\,mbar}$ 80–81°C). Die Titelverbindung (80–85%) wird als farblose Flüssigkeit erhalten.

51-4   1,6-Methano[10]annulen [1]

Reaktionstypen: Oxidation von Olefin zu 1,3-Dien — Elektrocyclische Ringöffnung
Syntheseleistungen: Synthese von 1,3-Dien — Synthese von 10-π-Hückel-Aromat

51-3

C$_{11}$H$_{14}$ (146.23)   C$_8$Cl$_2$N$_2$O$_2$ (227.00)

(DDQ)

51-4

C$_{11}$H$_{10}$ (142.20)

Eine Lösung von 2,3-Dichlor-5,6-dicyan-1,4-benzochinon (DDQ; 2.82 g, 12.4 mmol, 2.2 Äquiv.) in 1,4-Dioxan (18 mL) wird mit 4a,8a-Methano-1,4,4a,5,8,8a-hexahydronaphthalin (Präparat **51-3**, 907 mg, 6.20 mmol) und Eisessig (410 mg, 6.82 mmol, 1.1 Äquiv.) versetzt und dieses Gemisch 5 h unter Rückfluss erhitzt [12]. Anschließend wird das 1,4-Dioxan abdestilliert und nach dem Erkalten der Rückstand mit Cyclohexan (3 mL) versetzt. Der Niederschlag wird abfiltriert und mit warmen Cyclohexan (15 mL) gewaschen. Die Filtrate werden vereinigt und über neutrales Aluminiumoxid [13] (Säulendurchmesser: 1.0 cm, Füllhöhe ca. 5 cm) filtriert; die Säule wird mit Cyclohexan eluiert, und die Eluate werden vereinigt. Das Lösungsmittel wird bei vermindertem Druck entfernt und der Rückstand durch Flash-Chromatographie (Eluens: Cyclohexan/AcOEt) gereinigt. Die Titelverbindung (75–80%) wird als gelbes Öl, das langsam erstarrt (Schmp. 27–28°C), erhalten.

Anmerkungen:
1) Apparatur und Details zum Arbeiten mit flüssigem NH$_3$: siehe Seite 78. Bei der Wahl des Reaktionskolbens sollte beachtet werden, dass im weiteren Verlauf, wenn das Naphthalin zugegeben wird, ein starkes Schäumen auftreten kann.
2) Das Natrium sollte mit Petrolether gewaschen und dadurch von anhaftendem Paraffinöl befreit werden. Es sollte *unmittelbar* vor der Zugabe in kleine Stücke geschnitten werden. Die letztere Vorgehensweise verkürzt die Zeit zur Bildung des Natriumamids und verhindert das Blockieren der Rührwelle durch zu große Natriumstücke.
3) Bei Verwendung eines Tropftrichters sollte die Naphthalin-Lösung, aufgrund der geringen Löslichkeit des Naphthalins, außerhalb der Tropftrichters hergestellt und mit Hilfe einer Transferkanüle unter Inertgas in den Tropftrichter überführt werden.
4) Wird die Naphthalin-Lösung zu schnell zugetropft, schäumt das Reaktionsgemisch zu stark auf.
5) Der farblose Rückstand sollte so schnell wie möglich aufgearbeitet werden. Andernfalls zersetzt er sich, was man am Auftreten einer braunroten Färbung bemerkt; in der Folge wird es schwierig, die Titelverbindung zu isolieren, und ihre Ausbeute vermindert sich stark.
6) Das überschüssige Natrium und das stöchiometrisch gebildete Nebenprodukt NaNH$_2$ reagieren mit MeOH und werden auf diese Weise vernichtet. Erst danach darf das Eiswasser zugesetzt werden.
7) Die Titelverbindung besitzt einen recht hohen Dampfdruck und sollte, um Verdampfungsverluste zu vermeiden, nicht zu lange im Vakuum belassen werden.

8) Die Ausbeute an 4a,8a-Dichlormethano-1,4,4a,5,8,8a-hexahydronaphthalin hängt stark von der Qualität der verwendeten KOt-Bu-Charge ab.
9) Die Reaktionstemp. von −30°C muss exakt eingehalten werden. Ist die Temp. höher als −30°C, treten Ausbeuteverluste auf, weil die Regioselektivität der Dichlorcarbenaddition abnimmt; ist die Reaktiontemp. niedriger als −30°C, sinkt die Ausbeute ebenfalls.
10) Sollte eine Emulsion vorliegen und daher eine Phasentrennung ausbleiben, kann mit verdünnter H_2SO_4 schwach angesäuert werden.
11) *Vorsicht:* Die Titelverbindung ist ein Feststoff. Verfestigt sich das Produkt während der Destillation im Kühler, besteht die *Gefahr einer Druckerhöhung durch Arbeiten in einer geschlossenen Apparatur*! In diesem Fall erwärmt man den Kühlmantel (zuvor Kühlwasser abstellen!) vorsichtig mit einem Heißluftgebläse, bis der Feststoff flüssig geworden ist.
12) Nach einigen Minuten bringt die Exothermie der Redoxreaktion die Lösung zum Sieden. Gleichzeitig bildet sich ein Niederschlag aus 2,3-Dichlor-5,6-dicyanhydrochinon.
13) Nur das Filtrieren über Aluminiumoxid ermöglicht das Entfernen der dunklen bzw. schwarzen Verunreinigung(en). Das Eluat besitzt bereits die gelbe Farbe der Titelverbindung.

Literatur zu Sequenz 51:
[1] E. Vogel, W. Klug, A. Breuer, *Org. Synth. Coll. Vol. VI,* **1988**, 731–736.

„Sequenz" 52: Darstellung von 4-Hydroxycyclohexanon [1]

Labortechnik:	Arbeiten mit Li in flüssigem Ammoniak
Reaktionstyp:	Birch-Reduktion eines Aromaten
Syntheseleistungen:	Synthese von Cyclohexanon — Synthese von Alkohol

$C_7H_8O_2$ (124.14)   Li (6.94)

52-1

$C_6H_{10}O_2$ (114.4)

In einen Reaktionskolben wird mit Hilfe eines Trockeneiskühlers flüssiger NH_3 (ca. 200 mL) einkondensiert[1)] und dann bei –78°C Lithium[2)] (3.61 g, 520 mmol, 13 Äquiv.) innerhalb von 40 min eingetragen. Nachdem das Lithium vollständig im flüssigen NH_3 gelöst ist, wird zu der blau-bronzefarbenen Lösung bei –50°C eine Lösung von 4-Methoxyphenol (4.97 g, 40.0 mmol) in Et_2O (25 mL) langsam zugetropft. Danach wird EtOH (4 mL) zugesetzt, das Gemisch 1 h bei –40°C gerührt und anschließend bei –40°C in Abständen von jeweils 15 min EtOH (8 × 4 mL) zugegeben[3)]. Danach wird festes NH_4Cl (14.6 g, 272 mmol, 6.8 Äquiv.) zugefügt, und man lässt den NH_3 über Nacht verdampfen. Der Rückstand wird vorsichtig in H_2O (100 mL) aufgenommen und mit $CHCl_3$ (8 × 25 mL) extrahiert. Die vereinigten organischen Phasen werden über Na_2SO_4 getrocknet, und das Lösungsmittel wird bei vermindertem Druck entfernt. Der braune Rückstand (Enolether) wird mit wässriger HCl (1 M, 15 mL) versetzt und 1 h bei 50°C gerührt. Die Lösung wird abgekühlt, mit einem Gemisch aus wässriger ges. NaCl-Lösung (7.5 mL) und wässriger ges. $NaHCO_3$-Lösung (7.5 mL) versetzt und dann mit $CHCl_3$ (5 × 25 mL) extrahiert. Die vereinigten organischen Phasen werden über Na_2SO_4 getrocknet. Das Lösungsmittel wird bei vermindertem Druck entfernt und der Rückstand im Vakuum fraktionierend destilliert (Sdp.$_{0.2\text{ mbar}}$ 87–89°C). Die Titelverbindung (75–80%) wird als farbloses Öl erhalten.

Anmerkungen:
1) Apparatur und Details zum Arbeiten mit flüssigem NH_3: siehe Seite 78.
2) Das Lithium sollte mit Petrolether gewaschen und dadurch von anhaftendem Paraffinöl befreit werden. Es sollte erst *unmittelbar* vor der Zugabe in kleine Stücke geschnitten werden.
3) Erst diese Zugabe von EtOH zerstört das überschüssige Lithium.

Literatur zu „Sequenz" 52:
[1] W. H. Okamura, H. Y. Elnagar, M. Ruther, S. Dobreff, *J. Org. Chem.* **1993**, *58*, 600–610.

Sequenz 53: Darstellung von *trans*-2-Heptyl-3-methylcyclo-hexan-1-on [1)]

Labortechniken: Arbeiten mit Li-Organylen — Arbeiten mit Cu-Organylen — Arbeiten mit Na in flüssigem Ammoniak

53-1 2-Heptylcyclohex-2-en-1-on [[1]]

Reaktionstyp: Birch-Reduktion eines Aromaten
Syntheseleistung: Synthese von Cyclohexenon

$C_8H_8O_3$ (152.15) Na (22.99)

Br–Hept;
$C_7H_{15}Br$ (179.10)

$C_{13}H_{22}O$ (194.31)

Ein Gemisch aus 2-Methoxybenzoesäure (3.80 g, 25.0 mmol) und THF (25 mL) wird auf –78°C gekühlt und anschließend mit Hilfe eines Trockeneiskühlers flüssiger NH_3 (ca. 125 mL) in den Reaktionskolben ein-kondensiert [2)]. Zu diesem Gemisch wird bei –78°C Natrium [3)] (1.72 g, 75.0 mmol, 3.0 Äquiv.) portionsweise innerhalb von 40 min gegeben, bis die charakteristische blaue Färbung, hervorgerufen durch überschüssiges Natrium, bestehen bleibt [4)]. Anschließend wird bei –78°C ein Gemisch aus 1-Bromheptan (5.37 g, 30.0 mmol,

1.2 Äquiv.) und 1,2-Dibromethan (93.9 mg, 0.50 mmol, 2.0 Mol-%) [5] in einer Portion zugesetzt [6]. Dann lässt man den NH_3 über Nacht verdampfen. Der Rückstand wird vorsichtig in H_2O (175 mL) aufgenommen und mit CH_2Cl_2 (3 × 15 mL) gewaschen. Die wässrige Phase wird mit kalter, konz. HCl angesäuert und dann mit CH_2Cl_2 (5 × 25 mL) extrahiert. Die fünf CH_2Cl_2-Extrakte werden vereinigt. Das Lösungsmittel wird bei vermindertem Druck entfernt, der Rückstand in Toluol (40 mL) aufgenommen, mit wässriger HCl (6 M, 25 mL) und Hydrochinon (75 mg, 0.68 mmol, 2.7 Mol-%) versetzt und 30 min unter Rückfluss erhitzt. Das Gemisch wird auf Raumtemp. abgekühlt, die organische Phase abgetrennt, mit wässriger $NaHCO_3$-Lösung (0.5 M, 15 mL) gewaschen und über K_2CO_3 getrocknet. Das Lösungsmittel wird bei vermindertem Druck entfernt und der Rückstand durch Flash-Chromatographie (Eluens: Cyclohexan/AcOEt) gereinigt. Die Titelverbindung (55–65%) wird als farbloses Öl erhalten.

53-2   *trans*-2-Heptyl-3-methylcyclohexan-1-on [1] [2]

Reaktionstyp: 1,4-Addition eines Gilman-Cuprats an α,β-ungesättigtes Keton
Syntheseleistung: Synthese von Cyclohexanon

53-1		53-2
$C_{13}H_{22}O$ (194.31)	CuI (190.45)	$C_{14}H_{26}O$ (210.36)

Zu einem Gemisch aus Kupfer(I)-iodid (1.26 g, 6.60 mmol, 2.06 Äquiv.) in Et_2O (12 mL) wird bei –20°C MeLi (Lösung in Et_2O, 12.8 mmol, 4.00 Äquiv.) langsam zugetropft. Danach wird die Lösung 15 min bei 0°C gerührt, erneut auf –20°C gekühlt und dann eine Lösung von 2-Heptylcyclohex-2-en-1-on (Präparat **53-1**, 622 mg, 3.20 mmol) in THF (3 mL) zugetropft. Man lässt das Gemisch langsam auf Raumtemp. erwärmen und rührt 6–12 h [7] bei Raumtemp. Die Lösung wird erneut auf –20°C gekühlt, mit einem Gemisch aus wässriger NH_3-Lösung (25%ig, 20 mL) und wässriger ges. NH_4Cl-Lösung (20 mL) versetzt und anschließend mit Petrolether (Sdp. 30–50°C, 10 mL) verdünnt. Dann lässt man auf Raumtemp. erwärmen. Die organische Phase wird abgetrennt und die wässrige Phase mit einem Gemisch aus Petrolether (Sdp. 30–50°C) und *t*-BuOMe (3:1 v:v, 3 × 20 mL) extrahiert. Die vereinigten organischen Phasen werden mit wässriger ges. NaCl-Lösung (15 mL) gewaschen und über Na_2SO_4 getrocknet. Das Lösungsmittel wird bei vermindertem Druck entfernt und der Rückstand durch Flash-Chromatographie (Eluens: Cyclohexan/AcOEt) gereinigt. Es wird ein 90:10- bis 80:20-Gemisch aus *trans*- und *cis*-2-Heptyl-3-methylcyclohexan-1-on (70–75%) erhalten [8].

Anmerkungen:
1) Im Gemisch mit 10–20% *cis*-Isomer.
2) Apparatur und Details zum Arbeiten mit flüssigem NH_3: siehe Seite 78.
3) Das Natrium sollte mit Petrolether gewaschen werden, um anhaftendes Paraffinöl zu entfernen. Es sollte erst *unmittelbar vor der Zugabe* in kleine Stücke geschnitten werden.
4) Nach Zugabe weniger Portionen Natrium verschwindet die anfänglich auftretende Blaufärbung des Gemischs nach einer gewissen Zeit und tritt erst nach erneuter Zugabe von Natrium wieder auf. Wenn nach Zugabe von Natrium die blaue Färbung längere Zeit bestehen bleibt, muss kein weiteres Natrium mehr zugefügt werden – auch dann nicht, wenn noch keine 3 Äquiv. zugesetzt wurden.
5) Das Einhalten der angegebenen Mengen ist für das Gelingen der Reaktion essentiell!

6) Die Farbe der Lösung ändert sich unmittelbar nach der Zugabe von blau nach gelb.

7) Die Reaktionszeit kann variieren, weshalb hier ausdrücklich auf die Notwendigkeit einer dünnschichtchromatographischen Reaktionskontrolle hingewiesen wird.

8) Die beiden Isomere können zwar prinzipiell durch Flash-Chromatographie getrennt werden, aber das gelingt nur experimentell bereits sehr versierten Praktikanten.

Literatur zu Sequenz 53:

[1] D. F. Taber. B. P. Gunn, I.-C. Chiu, *Org. Synth. Coll. Vol. VII*, **1990**, 249–250.

[2] Prozedur: H. O. House, J. M. Wilkins, *J. Org. Chem.* **1978**, *43*, 2443–2454.

Sequenz 54: Darstellung von 1-Isopropyl-2-methylbenzol

Labortechnik: Arbeiten mit Li in flüssigem Ammoniak

54-1 1-Isopropyl-2-methylcyclohexa-2,5-dien-1-carbonsäure [1, 2]

Reaktionstyp: Alkylierende Birch-Reduktion eines Aromaten
Syntheseleistungen: Synthese von Cyclohexa-1,4-dien — Synthese von β,γ-ungesättigter Carbonsäure

$C_8H_8O_2$ (136.15)   Li (6.94) C_3H_7Br (122.99) $C_{11}H_{16}O_2$ (180.24)

In einem Reaktionskolben wird 2-Methylbenzoesäure (3.40 g, 25.0 mmol) vorgelegt und bei −78°C mit Hilfe eines Trockeneiskühlers flüssiger NH_3 (ca. 100 mL) einkondensiert [1]. Zu dieser Suspension wird bei −78°C Lithium [2] (451 mg, 65.0 mmol, 2.6 Äquiv.) portionsweise innerhalb von 30 min gegeben und die Lösung danach 30 min bei −78°C gerührt. Anschließend lässt man die Lösung auf ca. −45°C bis −35°C erwärmen, sodass der NH_3 am Trockeneiskühler unter schwachem Rückfluss siedet, und rührt weitere 20 min bei dieser Temp. Dann wird 2-Brompropan (14.5 g, 118 mmol, 4.7 Äquiv.) innerhalb von 15 min zugetropft [3] und das Gemisch weitere 30 min unter schwachem Rückfluss des NH_3 gerührt [4]. Anschließend lässt man den NH_3 über Nacht langsam verdampfen. Der Rückstand wird vorsichtig in H_2O (100 mL) gelöst, danach mit konz. HCl auf pH 1–2 eingestellt und mit t-BuOMe (3 × 50 mL) extrahiert. Die vereinigten organischen Phasen werden mit H_2O (20 mL) gewaschen und über Na_2SO_4 getrocknet. Das Lösungsmittel wird bei vermindertem Druck entfernt und der Rückstand aus Petrolether (Sdp. 60–70°C) umkristallisiert. Die Titelverbindung (70–75%) wird als farbloser Feststoff (Schmp. 96–98°C) erhalten.

54-2   1-Isopropyl-2-methylbenzol [1]

Reaktionstyp: Fragmentierung
Syntheseleistung: Synthese von *ortho*-dialkyliertem Aromat

54-1

$C_{11}H_{16}O_2$ (180.24) $ClSO_3H$ (116.52) $C_{10}H_{14}$ (134.22)

Zu einer Lösung von 1-Isopropyl-2-methylcyclohexa-2,5-dien-1-carbonsäure (Präparat **54-1**, 2.70 g, 15.0 mmol) in Et$_2$O (35 mL) wird Chlorsulfonsäure (1.75 g, 15.0 mmol, 1.0 Äquiv.) bei 0°C tropfenweise zugesetzt [5]. Anschließend wird die Lösung 20 min bei 0°C gerührt und dann durch Zugabe von wässriger ges. NaHCO$_3$-Lösung neutralisiert. Die organische Phase wird abgetrennt und die wässrige Phase mit Et$_2$O (4 × 30 mL) extrahiert. Die vereinigten organischen Phasen werden über MgSO$_4$ getrocknet. Das Lösungsmittel wird bei Atmosphärendruck abdestilliert und der Rückstand im Vakuum fraktionierend destilliert (Sdp.$_{65 \text{ mbar}}$ 89–92°C). Die Titelverbindung (80–85%) wird als farblose Flüssigkeit erhalten.

Anmerkungen:
1) Apparatur und Details zum Arbeiten mit flüssigem NH$_3$: siehe Seite 78.
2) Das Lithium sollte mit Petrolether gewaschen und dadurch von anhaftendem Paraffinöl befreit werden. Es sollte erst *unmittelbar* vor der Zugabe in kleine Stücke geschnitten werden.
3) Zu Beginn der Zugabe des 2-Brompropans verläuft die Reaktion exotherm, sodass auf eine gute Kühlung – besonders im Trockeneiskühler – geachtet werden muss.
4) Die charakteristische Metallicblau-Färbung der Lösung verschwindet gegen Ende der Zugabe bzw. während des weiteren Rührens.
5) Beim Zutropfen setzt eine heftige Gasentwicklung ein, und die Lösung wird bräunlich.

Literatur zu Sequenz 54:
[1] Prozedur: P. W. Rapideau, Z. Marcinow, *Org. React.* **1992**, *42*, 1–334 (S. 39–46).
[2] K. Vorndran, T. Linker, *Angew. Chem.* **2003**, *115*, 2593–2595.

„Sequenz" 55: Darstellung von 2-Cyclohexyl-1,3-dimethoxy-benzol [1]

Labortechniken: Arbeiten mit Li-Organylen — Arbeiten mit Li in flüssigem Ammoniak

Reaktionstypen: *ortho*-Lithiierung — Birch-Reduktion einer benzylischen C–O-Bindung —
Reduktion von C–Het- zu C–H-Bindung

Syntheseleistung: Alkylierung (!) eines Aromaten mit einer Carbonylverbindung

$C_8H_{10}O_2$ (138.16) $C_6H_{10}O$ (98.14)   Li (6.94) $C_{14}H_{20}O_2$ (220.31)

Zu einem Gemisch aus *n*-BuLi (Lösung in Hexan, 8.0 mmol, 1.6 Äquiv.) und Lithium [1] (278 mg, 40.0 mmol, 8.0 Äquiv.) in Et_2O (13 mL) wird bei –5°C 1,3-Dimethoxybenzol (1.04 g, 7.53 mmol, 1.5 Äquiv.) gegeben. Man lässt das Gemisch langsam auf Raumtemp. erwärmen und rührt 1 h bei Raumtemp. Anschließend wird das Gemisch tropfenweise mit einer Lösung von Cyclohexanon (491 mg, 5.00 mmol) in Et_2O (12 mL) versetzt, dann 1 h bei Raumtemp. gerührt und danach auf –78°C gekühlt. Danach wird bei –78°C flüssiger NH_3 (ca. 55 mL) innerhalb von ca. 1–1.5 h einkondensiert [2]. Die tiefblaue Lösung wird so temperiert, dass der NH_3 unter Rückfluss am Trockeneiskühler siedet. Das Gemisch wird dann mit festem NH_4Cl versetzt [3], bis die blaue Farbe verschwunden ist und sich ein farbloser Niederschlag bildet. Dann lässt man den überschüssigen NH_3 verdampfen. Der Rückstand wird vorsichtig in wässriger ges. NaCl-Lösung (150 mL) gelöst und diese Lösung mit *t*-BuOMe (3 × 60 mL) extrahiert. Die vereinigten organischen Phasen werden über Na_2SO_4 getrocknet. Das Lösungsmittel wird bei vermindertem Druck entfernt und der Rückstand durch Flash-Chromatographie (Eluens: Cyclohexan/AcOEt) gereinigt. Die Titelverbindung (60–65%) wird als farbloser Feststoff (Schmp. 99–101°C) erhalten.

Anmerkungen:
1) Lithium wird zuvor mit Cyclohexan gewaschen, um anhaftendes Paraffinöl zu entfernen. Danach wird es in kleine Stücke geschnitten. Beides sollte *unmittelbar* vor der Zugabe zum Reaktionsgemisch geschehen.
2) Apparatur und Details zum Arbeiten mit flüssigem NH_3: siehe Seite 78.
3) Mehrere Gramm (3–8 g) NH_4Cl sind erforderlich. Die Zugabe sollte in 1- – 2-g-Portionen erfolgen.

Literatur zu „Sequenz" 55:
[1] L. M. Brandsma, H. D. Verkruijsse, *Preparative Polar Organometallic Chemistry Vol. 1*, Springer-Verlag, Berlin Heidelberg New York, **1987**, 203–204 (Reaktionsschritt 1). – Prozedur: S. S. Hall, F. J. McEnroe, *J. Org. Chem.* **1975**, *40*, 271–275. – P. A. Wender, G. B. Dreyer, *Tetrahedron* **1981**, *37*, 4445–4450.

„Sequenz" 56: Darstellung von 2-(Diphenylphosphanyl)benzoesäure [1] [1]

Labortechnik: Arbeiten mit Na in flüssigem Ammoniak

Reaktionstyp: C–P-Bindungsspaltung durch Birch-Reduktion

Syntheseleistungen: Synthese eines funktionalisierten Triphenylphosphans — Synthese einer *ortho*-substituierten Benzoesäure

56-1

C$_{18}$H$_{15}$P (262.29)   Na (22.99)   C$_7$H$_5$ClO$_2$ (156.57)   C$_{19}$H$_{15}$O$_2$P (306.29)

In einen Reaktionskolben wird mit Hilfe eines Trockeneiskühlers flüssiger NH$_3$ (450 mL) einkondensiert [2] und bei –78°C Natrium [3] (5.13 g, 223 mmol, 2.03 Äquiv.) portionsweise eingetragen [4]. Nachdem das gesamte Natrium gelöst ist, wird die dunkelblaue Lösung bei –78°C innerhalb von 20–30 min portionsweise mit Triphenylphosphan (28.9 g, 110 mmol, 1.0 Äquiv.) versetzt [4] und anschließend 2.5 h bei –78°C gerührt. Zu der nun tiefroten Lösung wird 2-Chlorbenzoesäure (17.2 g, 110 mmol) innerhalb von 20–30 min gegeben [4], dann THF (180 mL) bei –78°C zugesetzt und weitere 2–3 h bei –78°C gerührt. Anschließend lässt man das Reaktionsgemisch über Nacht langsam auf Raumtemp. erwärmen, wobei der überschüssige NH$_3$ verdampft. Der Rückstand wird vorsichtig mit H$_2$O (500 mL) versetzt und diese Lösung dann mit Et$_2$O (120 mL) gewaschen [5]. Die wässrige Phase wird mit konz. HCl versetzt (pH 2) und anschließend mit CH$_2$Cl$_2$ (3 × 100 mL) extrahiert [5]. Die vereinigten CH$_2$Cl$_2$-Phasen werden mit H$_2$O (150 mL) gewaschen und bei vermindertem Druck auf ein Volumen von ca. 40 mL eingeengt. Der Rückstand wird mit MeOH (15 mL) versetzt und über Nacht im Kühlschrank aufbewahrt. Der Feststoff wird abgesaugt, mit wenig kaltem MeOH gewaschen und im Vakuum getrocknet. Die zuvor erhaltenen Filtrate werden vereinigt. Das Lösungsmittel wird bei vermindertem Druck entfernt, der Rückstand aus MeOH umkristallisiert und so eine zweite Kristallfraktion erhalten. Die Titelverbindung (50–65%) wird als blassgelber Feststoff (Schmp. 177–180°C) erhalten [6, 7].

Anmerkungen:

1) Diese Synthese ist sehr anspruchsvoll und sollte nur von experimentell ausgesprochen versierten Praktikanten durchgeführt werden. Die Reaktion muss unter Argon als Inertgas durchgeführt werden. Bei der Verwendung von N$_2$ als Inertgas wurde beobachtet, dass die Ausbeuten drastisch zurückgingen.

2) Apparatur und Details zum Arbeiten mit flüssigem NH$_3$: siehe Seite 78.

3) Natrium wird zuvor mit Cyclohexan gewaschen, um anhaftendes Paraffinöl zu entfernen, und anschließend in kleine Stücke geschnitten. Beides sollte *unmittelbar vor der Zugabe* zum Reaktionsgemisch geschehen.

4) Das Eintragen *muss* in einem Argon-Gegenstrom erfolgen.

5) 2-(Diphenylphosphanyl)benzoesäure ist in Lösung in einem gewissen Ausmaß oxidationsempfindlich. Die gesamte Aufarbeitung sollte deshalb zügig durchgeführt werden. Die am Ende der Aufarbeitung erhaltene kristalline 2-(Diphenylphosphanyl)benzoesäure ist dagegen nicht mehr oxidationsempfindlich.

6) 2-(Diphenylphosphanyl)benzoesäure wird im Band *Organisch-Chemisches Schwerpunktpraktikum* des *Praktikums Präparative Organische Chemie* im Versuch **15-3** als Edukt eingesetzt.

7) Von der erhaltenen 2-(Diphenylphosphanyl)benzoesäure sollte unbedingt ein ^{31}P-NMR-Spektrum gemessen werden; ^{31}P-NMR (121.5 MHz, CDCl$_3$): δ = –3.87 ppm für 2-(Diphenylphosphanyl)benzoesäure und δ = +22 ppm für das Phosphanoxid, das durch Autoxidation der 2-(Diphenylphosphanyl)benzoesäure sehr leicht entsteht. Begleitet dieses Oxidationsprodukt die Titelverbindung, muss diese nochmals aus getrocknetem und entgastem MeOH umkristallisiert werden (dabei Anmerkung 5 beachten!).

Literatur zu „Sequenz" 56:

[1] Modifizierte Vorschrift nach: J. E. Hoots, T. B. Rauchfuss, D. A. Wrobleski, *Inorg. Synth.* **1982**, *21*, 175–180.

Sequenz 57: Darstellung von Hex-5-in-1-ol

Labortechniken: Arbeiten mit Li in flüssigem Ammoniak — Arbeiten mit Li außerhalb von flüssigem Ammoniak

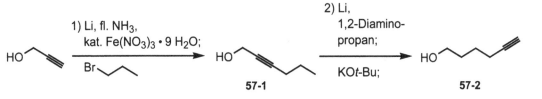

57-1 Hex-3-in-1-ol [1]

Reaktionstyp: Alkylierung von C-Nucleophil
Syntheseleistung: Synthese von Propargylalkohol

C_3H_4O (56.06)   Li (6.94) $C_6H_{10}O$ (98.14)
FeH$_{18}$N$_3$O$_{18}$ (404.00)
C_3H_7Br (122.99)

In einen Reaktionskolben wird mit Hilfe eines Trockeneiskühlers flüssiger NH$_3$ (ca. 120 mL) einkondensiert[1], bei −78°C Eisen(III)-nitrat-Nonahydrat (69 mg, 0.17 mmol, 0.16 Mol-%) zugesetzt und dann Lithium[2] (2.14 g, 308 mmol, 2.8 Äquiv.) in kleinen Portionen eingetragen. Das Gemisch wird bei −78°C gerührt, bis das gesamte Lithium gelöst ist (ca. 1–3 h).

Zu dieser Lithiumamid-Lösung wird bei −78°C 2-Propin-1-ol (7.40 g, 132 mmol, 1.2 Äquiv.) zugetropft, danach 1 h bei −78°C gerührt und dann 1-Brompropan (13.5 g, 110 mmol) zugetropft. Anschließend wird das Gemisch weitere 4 h bei −78°C gerührt. Dann lässt man das Gemisch über Nacht auf 0°C erwärmen, wobei der NH$_3$ langsam verdampft. Das Gemisch wird bei 0°C vorsichtig mit H$_2$O (25 mL), t-BuOMe (40 mL) und wässriger HCl (1 M, 1 × 20 mL; 3 M, 1 × 10 mL) versetzt. Die organische Phase wird abgetrennt und die wässrige Phase mit t-BuOMe (5 × 30 mL) extrahiert. Die vereinigten organischen Phasen werden mit wässriger HCl (3 M, 15 mL) und wässriger ges. NaCl-Lösung (15 mL) gewaschen und über MgSO$_4$ getrocknet. Das Lösungsmittel wird bei schwach vermindertem Druck entfernt und der Rückstand über eine Vigreux-Kolonne (10 cm) im Vakuum fraktionierend destilliert (Sdp.$_{100\text{ mbar}}$ 102–106°C). Die Titelverbindung (80–85%) wird als farblose Flüssigkeit erhalten.

57-2   Hex-5-in-1-ol [3) [2]

Reaktionstypen: Umlagerung — Alkin-Zipper
Syntheseleistung: Synthese von Alkin

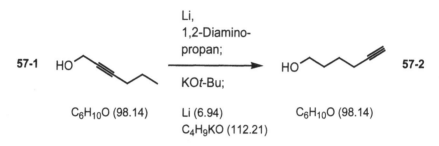

Zu 1,2-Diaminopropan[4)] (200 mL) wird Lithium (3.42 g, 492 mmol, 6.0 Äquiv.) in kleinen Portionen gegeben (*Vorsicht:* exotherme Reaktion!) und diese Suspension bis zum Verschwinden der Blaufärbung gerührt (ca. 3 h)[5)]. Dann wird das Gemisch mit Kalium-*tert*-butanolat (30.4 g, 271 mmol, 3.3 Äquiv.) versetzt, 45 min gerührt und anschließend eine Lösung von Hex-3-in-1-ol (Präparat **57-1**, 8.05 g, 82.0 mmol) in Et_2O (10 mL) zugetropft. Das Gemisch wird 18 h bei Raumtemp. gerührt und dann unter kräftigem Rühren zu einem Gemisch aus *t*-BuOMe (120 mL) und Eiswasser (200 mL) gegossen. Die organische Phase wird abgetrennt und die wässrige Phase mit *t*-BuOMe (5 × 100 mL) extrahiert. Die vereinigten organischen Phasen werden mit H_2O (80 mL), wässriger HCl (3 M, 2 × 60 mL; 1 M, 60 mL) und wässriger ges. NaCl-Lösung (2 × 60 mL) gewaschen und über $MgSO_4$ getrocknet. Das Lösungsmittel wird bei schwach vermindertem Druck entfernt und der Rückstand im Vakuum fraktionierend destilliert (Sdp.$_{25\,mbar}$ 95–97°C). Die Titelverbindung (65–70%) wird als farblose Flüssigkeit erhalten.

Anmerkungen:
1) Apparatur und Details zum Arbeiten mit flüssigem NH_3: siehe Seite 78.
2) Lithium wird zuvor mit Cyclohexan gewaschen, um anhaftendes Paraffinöl zu entfernen, und anschließend in kleine Stücke geschnitten. Beides sollte *unmittelbar vor der Zugabe* zum Reaktionsgemisch geschehen
3) Derartige C≡C-Dreifachbindungswanderungen sind auch unter der Bezeichnung „Alkin-Zipper" bekannt (C. A. Brown, A. Yamashita, *J. Am. Chem. Soc.* **1975**, *97*, 891–892).
4) Anstelle von 1,2-Diaminopropan kann auch 1,3-Diaminopropan verwendet werden (siehe Anmerkung 5).
5) Wird 1,3-Diaminopropan als Lösungsmittel verwendet, kann das Verschwinden der Blaufärbung bis zu 24 h benötigen.

Literatur zu Sequenz 57:
[1] Prozedur: L. Brandsma, *Preparative Acetylenic Chemistry*, Elsevier, Amsterdam, **1988**, 42–43.
[2] Prozedur mit Kalium-3-aminopropanamid: C. A. Brown, A. Yamashita, *J. Chem. Soc. Chem., Chem. Commun.* **1976**, 959–960. – J. C. Lindhoudt, G. L. van Mourik, H. J. J. Pabon, *Tetrahedron Lett.* **1976**, 2565–2568. – Prozedur mit Kalium-2-aminopropanamid: C. Harcken, R. Brückner, E. Rank, *Chem. Eur. J.* **1998**, *3*, 2342–2352; *corrigendum* 2390.

„Sequenz" 58: Darstellung von 5-Hydroxyoctan-4-on [1]

Labortechnik: Arbeiten mit Na außerhalb von flüssigem Ammoniak

Reaktionstyp: Acyloin-Kondensation

Syntheseleistung: Synthese von α-Hydroxyketon

$C_6H_{12}O_2$ (116.16)   Na (22.99) $C_8H_{16}O_2$ (144.21)

In einem Dreihalskolben mit KPG-Rührer [1)] wird Natrium (3.45 g, 150 mmol, 2.0 Äquiv.) in Toluol (30 mL) vorgelegt und unter Rückfluss erhitzt, bis das Natrium geschmolzen ist. Dann wird, während das Gemisch erkaltet, die Drehzahl des Rührers [2)] erhöht, um einen feinen Natrium-Sand zu erhalten. Das Toluol wird im Inertgas-Gegenstrom abdekantiert [3)] und der Natrium-Sand mit Et$_2$O (5 × 5 mL) gewaschen [4)].

Der Natrium-Sand [5)] wird mit Et$_2$O (50 mL) versetzt. Diese Suspension wird unter kräftigem Rühren mit zuvor gereinigtem Buttersäureethylester [6)] (8.71 g, 75.0 mmol) so langsam versetzt, dass das Gemisch nur sehr schwach unter Rückfluss siedet [7)]. Danach wird das Gemisch gerührt, bis das gesamte Natrium umgesetzt ist, und anschließend noch 1 h unter Rückfluss erhitzt. Das Gemisch wird erst auf Raumtemp. und dann im Eisbad abgekühlt. Unter weiterer Kühlung im Eisbad wird das Gemisch unter Rühren *sehr vorsichtig* mit eis-kalter wässriger H$_2$SO$_4$ (60%ig, 15 mL) versetzt und dann ohne weiteres Rühren im Eisbad belassen, bis sich der Niederschlag [8)] abgesetzt hat. Die überstehende Flüssigkeit wird abdekantiert und der Niederschlag mit *t*-BuOMe (2 × 10 mL) gewaschen. Die zuvor abdekantierte Flüssigkeit und die zwei *t*-BuOMe-Phasen werden vereinigt, mit kalter, wässriger ges. Na$_2$CO$_3$-Lösung (2 × 14 mL) gewaschen und über Na$_2$SO$_4$ getrocknet. Das Lösungsmittel wird bei vermindertem Druck entfernt [9)] und der Rückstand im Vakuum fraktionierend destilliert (Sdp.$_{15 \text{ mbar}}$ 68–72°C). Die Titelverbindung (60–70%) wird als farblose Flüssigkeit erhalten.

Anmerkungen:

1) Die Poly(tetrafluorethylen)- oder Glas-Flügel des KPG-Rührers sollten durch eine Konstruktion aus Edelstahldrähten (ca. 20–30 Stück, jeweils 1 cm lang) ersetzt werden, die wie ein „aufgefächerter Pinsel" angeordnet sind. Damit gelingt eine sehr gute Durchmischung des geschmolzenen Natriums, sodass ein Natrium-Sand entsteht (vgl. auch Anmerkung 2).

2) Das Gemisch muss *sehr* kräftig gerührt werden, sodass das Natrium beim Erkalten der Mischung als feiner Natrium-Sand anfällt und keine „Natrium-Kiesel" entstehen. Wenn der letztere Fall dennoch eintritt, muss das Natrium erneut geschmolzen und die Prozedur wiederholt werden.

3) Anstatt das Toluol durch Abdekantieren zu entfernen, kann es mit Hilfe einer Spritze mit Kanüle vorsichtig aufgezogen und dadurch abgetrennt werden (dabei keinen Natrium-Sand mit in die Spritze ziehen!).

4) Das Waschen mit Et$_2$O zum Entfernen von Toluolresten kann alternativ mit einer Spritzentechnik wie derjenigen erfolgen, die in Anmerkung 3 beschrieben wurde: Es wird Et$_2$O zugesetzt, kurz umgeschwenkt und dann der Et$_2$O mit Hilfe einer Spritze mit Kanüle vorsichtig entfernt.

5) Für die folgende Reaktion sollte ein KPG-Rührer mit großem Rührblatt verwendet werden; vgl. auch Anmerkung 7.

6) Der Buttersäureethylester wird wie folgt gereinigt: Er wird zunächst nacheinander je einmal mit wässriger Na$_2$CO$_3$-Lösung (10%ig) und wässriger ges. NaCl-Lösung gewaschen und dann 24 h über wasserfreiem K$_2$CO$_3$ getrocknet. Das K$_2$CO$_3$ wird abfiltriert, der Ester mit P$_4$O$_{10}$ (2 Gew.-%) versetzt, über Nacht stehen gelassen und anschließend *ohne* vorheriges Abfiltrieren des P$_4$O$_{10}$ fraktionierend destilliert (Sdp. 120°C). Wenn der Buttersäureethylester zuvor nicht gereinigt wird, sinkt die Ausbeute dramatisch.

7) Zu Beginn sollten ca. 0.5 mL Ester in einer Portion zugesetzt werden. Während des Zutropfens bildet sich ein gelblicher Niederschlag.

8) Der Niederschlag besteht aus Na$_2$SO$_4$ • 10 H$_2$O („Glaubersalz").

9) Das Lösungsmittel muss zügig entfernt werden, wobei man den niedrigen Siedepunkt der Titelverbindung berücksichtigen muss. Ebenfalls zügig muss die im Anschluss folgende fraktionierende Destillation durchgeführt werden, weil bei längerem Erhitzen höhersiedende Nebenprodukte entstehen.

Literatur zu „Sequenz" 58:

[1] J. M. Snell, S. M. McElvain, *Org. Synth. Coll. Vol. II*, **1943**, 114–116.

Sequenz 59:   **Darstellung von Methyl-3-*O*,4-*O*-(*S*,*S*-1,2-di-methoxycyclohexan-1,2-diyl)-α-D-mannopyrano-sid und von 2*S*,4*R*,4a*R*,5a*S*,9a*S*,10a*R*-5a,9a-Di-methoxy-2,4-dihydroxy-1,2,3,4,4a,5a,6,7,8,9,9a,10a-dodecahydrodibenzo[1,4]dioxin-2-carbon-säuremethylester**

Labortechniken: Arbeiten mit Na außerhalb von flüssigem Ammoniak — Arbeiten mit Schwerme-talloxiden und verwandten Reagenzien — Arbeiten mit Schutzgruppen

59-1   1,2-Bis(trimethylsiloxy)cyclohexen [1, 2]

Reaktionstyp: Rühlmann-Variante der Acyloin-Kondensation
Syntheseleistung: Synthese des Bis(silylethers) eines α-Hydroxyketons

$C_{10}H_{18}O_4$ (202.25)   Na (22.99) $C_{12}H_{26}O_2Si_2$ (258.50)
                          C_3H_9ClSi (108.64)

In einem Dreihalskolben mit KPG-Rührer [1)] wird Natrium (7.36 g, 320 mmol, 4.0 Äquiv.) in Toluol (100 mL) vorgelegt und unter Rückfluss erhitzt, bis das Natrium geschmolzen ist. Dann wird, während das Gemisch erkaltet, die Drehzahl des Rührers [2)] erhöht, um einen feinen Natrium-Sand zu erhalten. Zu dem Natrium-Sand wird Chlortrimethylsilan (frisch destilliert, 38.2 g, 352 mmol, 4.4 Äquiv.) und dann Adipinsäurediethylester (16.2 g, 80.0 mmol) zugetropft und das Gemisch danach 4 h [3)] unter Rückfluss erhitzt. Nach Abkühlen auf Raumtemp. wird das gebildete Salz abfiltriert und mit Toluol (3 × 15 mL) gewaschen. Die Filtrate werden vereinigt. Das Lösungsmittel wird bei vermindertem Druck weitgehend entfernt und der Rückstand über eine Vigreux-Kolonne (10 cm) im Vakuum fraktionierend destilliert (Sdp.[1 mbar] 73–75°C). Die Titelverbindung (70–80%) wird als klare Flüssigkeit (n_D^{20} = 1.4457) erhalten.

59-2   Cyclohexan-1,2-dion [1, 3]

Reaktionstyp: Oxidation von Acyloin zu 1,2-Diketon
Syntheseleistung: Synthese von 1,2-Diketon

$C_{12}H_{26}O_2Si_2$ (258.50) $C_4H_6CuO_4$ (181.63) $C_6H_8O_2$ (112.13)

Ein Gemisch aus 1,2-Bis(trimethylsiloxy)cyclohexen (Präparat **59-1**, 15.5 g, 60.0 mmol), Kupfer(II)-acetat-Monohydrat (24.0 g, 120 mmol, 2.0 Äquiv.) und HOAc (50%ig, 60 mL) wird langsam auf 75°C erhitzt, wobei sich die Farbe des Gemischs von grün-blau nach rötlich-gelb ändert und Kupfer(I)-oxid ausfällt [4)]. Das Gemisch wird 1.5 h unter Rückfluss erhitzt, dann auf Raumtemp. abgekühlt, über Celite® filtriert und das Filtermaterial mit t-BuOMe (50 mL) gewaschen. Die Filtrate werden vereinigt und mit wässriger ges. NaCl-Lösung (60 mL) versetzt. Die organische Phase wird abgetrennt und die wässrige Phase mit t-BuOMe (3 × 60 mL) extrahiert. Die vereinigten organischen Phasen werden mit wässriger ges. NaCl-Lösung (25 mL) gewaschen und über Na_2SO_4 getrocknet. Das Lösungsmittel wird bei vermindertem Druck entfernt und der Rückstand im Vakuum fraktionierend destilliert (Sdp.[5 mbar] 63–65°C) [5)]. Die Titelverbindung (45–50%) wird als farbloses Öl erhalten [5)].

59-3   1,1,2,2-Tetramethoxycyclohexan [4]

Reaktionstyp: Acetalisierung
Syntheseleistung: Synthese des Ley-Priepke-Bis(acetals)

$C_6H_8O_2$ (112.13) $C_4H_{10}O_3$ (106.12) $C_{10}H_{20}O_4$ (204.26)

Ein Gemisch aus Cyclohexan-1,2-dion (Präparat **59-2**, 3.36 g, 30.0 mmol), MeOH (15 mL) und Trimethylorthoformiat (frisch destilliert, 24 mL) wird mit konz. H_2SO_4 (4 Tropfen) versetzt [6] und 16 h unter Rückfluss erhitzt. Nach Abkühlen auf Raumtemp. wird das Gemisch durch portionsweise Zugabe von $NaHCO_3$ (ca. 600 mg) vorsichtig neutralisiert. Das Lösungsmittel wird bei vermindertem Druck bei einer Wasserbadtemp. von 30°C entfernt. Der Rückstand wird im Vakuum fraktionierend destilliert (Sdp.$_{1\,mbar}$ 74–76°C) [7] und die Titelverbindung (70–80%) als farblose Flüssigkeit erhalten.

59-4   Methyl-3-*O*,4-*O*-(*S,S*-1,2-dimethoxycyclohexan-1,2-diyl)-α-D-mannopyranosid [4]

Reaktionstyp: Regioselektive Umacetalisierung mit dem Ley-Priepke-Bis(acetal)
Syntheseleistung: Synthese von Bis(acetal)

$C_{10}H_{20}O_4$ (204.26) $C_7H_{14}O_6$ (194.18) $C_{15}H_{26}O_8$ (334.36)
                                 $C_4H_{10}O_3$ (106.12)
                                 $C_{10}H_{16}O_4S$ (232.30)

Eine Lösung von Methyl-α-D-mannopyranosid (511 mg, 2.63 mmol), 1,1,2,2-Tetramethoxycyclohexan (Präparat **59-3**, 1.02 g, 5.00 mmol, 1.9 Äquiv.) und Trimethylorthoformiat (frisch destilliert, 279 mg, 2.63 mmol, 1.0 Äquiv.) in MeOH (5 mL) wird mit wasserfreier Camphersulfonsäure (CSA, 61.1 mg, 263 µmol, 10 Mol-%) versetzt [8] und 16 h unter Rückfluss erhitzt. Das Gemisch wird auf Raumtemp. abgekühlt und durch Zugabe von $NaHCO_3$ (ca. 85 mg) [9] neutralisiert. Das Lösungsmittel wird bei vermindertem Druck entfernt [10] und der Rückstand durch Flash-Chromatographie (*t*-BuOMe) [11] gereinigt [12]. Die Titelverbindung (65–70%) wird als farbloser Feststoff (Schmp. 168–170°C) erhalten; $[\alpha]_D^{20} = +182$ ($c = 1.2$, $CHCl_3$).

59-5   2*S*,4*R*,4a*R*,5a*S*,9a*S*,10a*R*-5a,9a-Dimethoxy-2,4-dihydroxy-1,2,3,4,4a,5a,6,7,8,9,9a,10a-dodecahydrodibenzo-[1,4]dioxin-2-carbonsäuremethylester [5]

Reaktionstyp: Regioselektive Umacetalisierung mit dem Ley-Priepke-Bis(acetal)

Syntheseleistung: Synthese von Bis(acetal)

$C_{10}H_{20}O_4$ (204.26)	$C_7H_{12}O_6$ (192.17)	$C_{16}H_{26}O_8$ (346.37)
	$C_4H_{10}O_3$ (106.12)	
	$C_{10}H_{16}O_4S$ (232.30)	

Zu einer Lösung von D-(–)-Chinasäure (577 mg, 3.00 mmol) in MeOH (4.5 mL) wird nacheinander Trimethylorthoformiat (frisch destilliert, 376 mg, 3.54 mmol, 1.18 Äquiv.), 1,1,2,2-Tetramethoxycyclohexan (Präparat **59-3**, 797 mg, 3.90 mmol, 1.3 Äquiv.) und wasserfreie Camphersulfonsäure (CSA, 55.8 mg, 240 µmol, 8 Mol-%) gegeben und das Gemisch 19 h unter Rückfluss erhitzt. Danach wird das Reaktionsgemisch auf Raumtemp. abgekühlt, vorsichtig durch portionsweise Zugabe von NaHCO$_3$ (ca. 80 mg) neutralisiert und dann filtriert. Das Filtrat wird bei vermindertem Druck vom Lösungsmittel befreit und der Rückstand aus Pentan/Et$_2$O (1:1 v:v) umkristallisiert. Die erhaltenen Kristalle werden nach dem Absaugen mit Pentan/Et$_2$O (6:1 v:v, 3 × 0.5 mL) gewaschen und im Vakuum getrocknet. Die Titelverbindung (50–55%) wird als farbloser Feststoff (Schmp. 158–159°C) erhalten; $[\alpha]_D^{20} = +72.3$ ($c = 1.36$, CHCl$_3$).

Anmerkungen:

1) Die Poly(tetrafluorethylen)- oder Glas-Flügel des KPG-Rührers sollten durch eine Konstruktion aus Edelstahldrähten (ca. 20–30 Stück, jeweil 2 cm lang) ersetzt werden, die wie ein „aufgefächerter Pinsel" angeordnet sind. Damit gelingt ein sehr effizientes Zerteilen des geschmolzenen Natriums in feine Tröpfchen.

2) Das Gemisch muss ausgesprochen kräftig gerührt werden, sodass das Natrium beim Erkalten des Gemischs als feiner Natrium-Sand anfällt und *keine* „Natrium-Kiesel" entstehen. Wenn Letzteres geschieht, muss das Natrium erneut geschmolzen und die Prozedur wiederholt werden.

3) Die Reaktion ist erst nach vollständigem Umsatz des Natriums beendet. Während der Reaktion fällt NaCl aus.

4) Durch die Solvolyse von 1,2-Bis(trimethylsiloxy)cyclohexen wird dabei zunächst das Acyloin gebildet, welches durch Kupfer(II)-acetat zum 1,2-Dion oxidiert wird.

5) Das Öl kristallisiert im Kühlschrank aus (Schmp. 37–38°C). *Vorsicht:* Verfestigt sich das Produkt während der Destillation im Kühler, besteht die **Gefahr einer Druckerhöhung durch Arbeiten in einer geschlossenen Apparatur!** In diesem Fall erwärmt man den Kühlmantel (zuvor Kühlwasser abstellen!) vorsichtig mit einem Heißluftgebläse, bis der Feststoff flüssig geworden ist.

6) Nach Zugabe der konz. H$_2$SO$_4$ verfärbt sich das Gemisch schwarz.

7) Die Reinigung kann auch durch Flash-Chromatographie (Eluens: Cyclohexan/AcOEt) erfolgen. Bei einem ausreichend großen Ansatz ist jedoch die Destillation der Chromatographie als Reinigungsverfahren vorzuziehen.

8) Nach Zugabe der Camphersulfonsäure färbt sich die Lösung blassviolett.

9) Die Zugabe des NaHCO$_3$ sollte in sehr kleinen Portionen erfolgen. Während der Neutralisation wird ein Farbwechsel von violett über hellbraun zu braun/orange beobachtet. Die Neutralisation sollte unter Zuhilfenahme dieser Information vorgenommen werden. Es darf weder ein Unter- noch ein Überschuss an NaHCO$_3$ zugesetzt werden.

10) Die Lösung sollte nicht bis zur Trockene eingeengt werden, weil das feste Rohprodukt sich für die Flash-Chromatographie schlecht in *t*-BuOMe lösen lässt. Sobald sich beim Entfernen des Lösungsmittels im Kolben ein „zähes" Öl bildet, sollte dieser Rückstand bereits in wenig *t*-BuOMe aufgenommen und auf die Chromatographiesäule aufgetragen werden.

11) In *t*-BuOMe/EtOH (10:1 v:v) beträgt der R_f-Wert 0.42 für die Titelverbindung. In der Originalliteratur [4] wird die Säulenchromatographie mit Et$_2$O und einem Gradienten von 0–5% EtOH als Eluens statt mit reinem *t*-BuOMe durchgeführt.

12) Sollte nach der Flash-Chromatographie eine weitere Reinigung erforderlich sein, kann das Produkt aus Et$_2$O umkristallisiert werden.

Literatur zu Sequenz 59:

[1] K. Rühlmann, *Synthesis* **1971**, 236–253.

[2] D. W. Brooks, H. Mazdiyasni, P. Sallay, *J. Org. Chem.* **1985**, *50*, 3411–3414.

[3] L.-F. Tietze, T. Eicher, *Reaktionen und Synthesen im organisch-chemischen Praktikum*, 2. neubearbeitete Auflage, Thieme Verlag, Stuttgart, New York, **1991**, 269.

[4] S. V. Ley, H. W. M. Priepke, S. L. Warriner, *Angew. Chem.* **1994**, *106*, 2410–2412. – S. V. Ley, H. M. I. Osborn, H. W. M. Priepke, S. L. Warriner, *Org. Synth. Coll. Vol. X*, **2004**, 523–525.

[5] O. Gebauer, R. Brückner, *Liebigs Ann.* **1996**, 1559–1563.

Kapitel 10

Reduktionen mit niedervalenten Metallverbindungen

Sequenz 60: **Darstellung von *rel-R,R*-1,2-Bis[4-(allyloxy)phenyl]ethan-1,2-diol**

Labortechniken: Arbeiten mit „niedervalentem" Titan — Arbeiten mit Schutzgruppen

60-1 4-(Allyloxy)benzaldehyd [1]

Reaktionstyp: Williamson-Ethersynthese
Syntheseleistung: Synthese von Alkylarylether

$C_7H_6O_2$ (122.12) K_2CO_3 (138.21) $C_{10}H_{10}O_2$ (162.19)
C_3H_5Br (120.98)

Zu einer Lösung von 4-Hydroxybenzaldehyd (1.22 g, 10.0 mmol) in EtOH (15 mL) werden 3-Bromprop-1-en (1.45 g, 12.0 mmol, 1.2 Äquiv.) und wasserfreies K_2CO_3 (1.66 g, 12.0 mmol, 1.2 Äquiv.) gegeben. Dieses Gemisch wird unter Rückfluss erhitzt (3–8 h) [1]. Nach Zugabe von H_2O (20 mL) wird mit *t*-BuOMe (3 × 25 mL) extrahiert. Die vereinigten organischen Phasen werden über MgSO$_4$ getrocknet. Das Lösungsmittel wird bei vermindertem Druck entfernt und der Rückstand durch Flash-Chromatographie (Eluens: Cyclohexan/AcOEt) gereinigt. Die Titelverbindung (85–90%) wird als farbloses Öl [2] erhalten.

60-2   *rel-R,R*-1,2-Bis[4-(allyloxy)phenyl]ethan-1,2-diol [2]

Reaktionstypen:	Gansäuer-Variante der RajanBabu-Pinakol-Kupplung — Diastereoselektive Synthese
Syntheseleistung:	Synthese von 1,2-Diol

C$_{10}$H$_{10}$O$_2$ (162.19)	C$_{10}$H$_{10}$Cl$_2$Ti (248.96) Mn (54.94) C$_8$H$_{12}$ClN (157.64)	C$_{20}$H$_{22}$O$_4$ (326.39)

Im Reaktionskolben [3] werden Bis(cyclopentadienyl)titandichlorid (Cp$_2$TiCl$_2$, 37.3 mg, 150 µmol, 5.0 Mol-%), Mangan-Pulver [4] (165 mg, 3.00 mmol, 1.0 Äquiv.) und gepulvertes, aktiviertes 4-Å-Molekularsieb (0.5 g) vorgelegt. Nach Zugabe von THF (20 mL) wird das Gemisch gerührt, bis die anfänglich rote Farbe nach hellgrün wechselt [5]. Nach dem Farbwechsel wird im Inertgas-Gegenstrom 2,4,6-Collidin-Hydrochlorid [6] (709 mg, 4.50 mmol, 1.5 Äquiv.) zugesetzt und eine Lösung von 4-(Allyloxy)benzaldehyd (Präparat **60-1**, 487 mg, 3.00 mmol) in THF (1 mL) innerhalb von 3 h [7] zugetropft. Danach wird das Gemisch weitere 8 h bei Raumtemp. gerührt und dann auf ein Gemisch aus *t*-BuOMe (20 mL) und wässriger HCl (2 M, 10 mL) gegossen. Die organische Phase wird abgetrennt, mit wässriger HCl (2 M, 10 mL), wässriger ges. NaHCO$_3$-Lösung (10 mL) und wässriger ges. NaCl-Lösung (10 mL) gewaschen und über Na$_2$SO$_4$ getrocknet. Das Lösungsmittel wird bei vermindertem Druck entfernt und der Rückstand durch Flash-Chromatographie (Eluens: Cyclohexan/AcOEt) gereinigt. Die Titelverbindung (75–80%) [8] wird als farbloser Feststoff (Schmp. 113–114°C) erhalten.

Anmerkungen:
1) Die Reaktionszeit kann variieren, weshalb hier ausdrücklich auf die Notwendigkeit einer dünnschichtchromatographischen Reaktionskontrolle hingewiesen wird. Die Reaktion wird erst beendet, wenn das Edukt (fast) vollständig umgesetzt ist.
2) 4-(Allyloxy)benzaldehyd ist sehr oxidationsempfindlich und sollte unter einer Inertgas-Atmosphäre aufbewahrt und möglichst bald in der nächsten Stufe eingesetzt werden.
3) Diese Synthese muss unbedingt unter absolutem Feuchtigkeitsausschluss und unter Inertgas durchgeführt werden. Der Reaktionskolben sollte aus diesem Grund sehr gut ausgeheizt sein und die Beschickung mit Bis(cyclopentadienyl)-titandichlorid, Manganpulver und Molekularsieb im Inertgas-Gegenstrom erfolgen.
4) Eine schnelle Reduktion des Cp$_2$TiCl$_2$ durch das Mangan ist für das Gelingen der Kupplung erforderlich. Hierfür ist nach Auskunft von Prof. Dr. A. Gansäuer (Rheinische Friedrich-Wilhelms-Universität, Bonn) Mangan (99%) der Körnung –325 mesh (Aldrich-Nr.: 26,613-2) empfehlenswert.
5) Sollte das Gemisch rot gefärbt bleiben oder nur bläulich statt hellgrün werden, wird keine reduktive Kupplung erfolgen, und der Ansatz ist zu diesem Zeitpunkt definitiv gescheitert.
6) 2,4,6-Collidin-Hydrochlorid wird nicht mehr im Handel angeboten und demzufolge nach folgender Vorschrift synthetisiert: Zu einer Lösung von Acetylchlorid (7.85 g, 100 mmol, 1.0 Äquiv.) und MeOH (3.20 g, 100 mmol, 1.0 Äquiv.)

in Hexan (12 mL) wird 2,4,6-Collidin (12.1 g, 100 mmol) langsam zugetropft. Danach wird noch 45 min gerührt. Die Kristalle (Kolben zur Initiation bzw. Vervollständigung der Kristallisation ggf. im Eisbad kühlen!) werden zügig über eine Glasfilternutsche (Porosität 3) abgesaugt und mit Hexan gewaschen. Nach Trocknen im Vakuum wird wasserfreies 2,4,6-Collidin-Hydrochlorid (80–90%) in Form farbloser Plättchen erhalten. Diese können unter Inertgas mehrere Monate gelagert werden, sollten aber vor der Verwendung nochmals im Vakuum getrocknet werden.

7) Die angegebene Zutropfzeit sollte eingehalten werden, weil andernfalls mit einem deutlichen Ausbeuteverlust zu rechnen ist. Die Verwendung eines Spritzenmotors ist hier zu empfehlen.

8) Die wie beschrieben isolierte Titelverbindung kann 2–5% das entsprechenden *anti*-Diastereomers enthalten.

Literatur zu Sequenz 60:

[1] Prof. Dr. A. Gansäuer (Rheinische Friedrich-Wilhelm-Universität, Bonn) persönl. Mitteilung an die Autoren.
[2] A. Gansäuer, D. Bauer, *Eur. J. Org. Chem.* **1998**, 2673–2676.

„Sequenz" 61:   Darstellung von 1,1,2,2-Tetraphenylethen [1]

Labortechnik:	Arbeiten mit „niedervalentem" Titan
Reaktionstyp:	McMurry-Reaktion
Syntheseleistung:	Synthese von Olefin mit tetrasubstituierter C=C-Doppelbindung

$C_{13}H_{10}O$ (182.22)   Zn (65.39) $C_{26}H_{20}$ (332.44)
Cl_4Ti (189.68)
C_3H_9ClSi (108.64)

Zu einer Suspension von Zn-Pulver (1.31 g, 20.0 mmol, 4.0 Äquiv.) in THF[1] (100 mL) wird bei Raumtemp. zunächst Chlortrimethylsilan (2.17 g, 20.0 mmol, 4.0 Äquiv.), anschließend eine Lösung von Benzophenon (911 mg, 5.00 mmol) in THF[1] (25 mL) und danach TiCl₄ (0.89 g, 4.7 mmol, 0.20 Äquiv.) zugegeben. Dieses Gemisch wird 24 h unter Rückfluss erhitzt. Nach Abkühlen auf Raumtemp. wird das Reaktionsgemisch nacheinander mit wässriger halbkonz. HCl (150 mL), konz. HCl (30 mL) und *t*-BuOMe (25 mL) versetzt. Die organische Phase wird abgetrennt und die wässrige Phase mit *t*-BuOMe (3 × 30 mL) extrahiert. Die vereinigten organischen Phasen werden über Na₂SO₄ getrocknet. Das Lösungsmittel wird bei vermindertem Druck entfernt und der Rückstand durch Flash-Chromatographie (Eluens: Cyclohexan/AcOEt) gereinigt. Die Titelverbindung (70–75%) wird als farbloser Feststoff (Schmp. 217–219°C) erhalten.

Anmerkung:
1) Es wird ausdrücklich darauf hingewiesen, dass getrocknetes THF verwendet und die Reaktion unter absolutem Feuchtigkeitsausschluss und unter Inertgas durchgeführt werden muss.

Literatur zu „Sequenz" 61:
[1] In Anlehnung an: T. Mukaiyama, T. Sato, J. Hanna, *Chem. Lett.* **1973**, 1041–1044. – J. Leimer, P. Weyerstahl, *Chem. Ber.* **1982**, *115*, 3697–3705.

Sequenz 62: Darstellung von 2,2′-Bromonio-(2-adamantyli-denadamantan)tribromid

Labortechniken: Arbeiten mit Edelmetall-Heterogenkatalysatoren — Arbeiten mit „niedervalentem" Titan — Arbeiten mit Oxidationsmitteln — Arbeiten mit Brom

62-1   **62-2**   **62-3**

62-5   **62-4**

62-1 *endo*-Tricyclo[5.2.1.0^{2,6}]decan [1]

Reaktionstyp: Hydrierung von C=C-Doppelbindung eines Olefins
Syntheseleistung: Synthese von Alkan oder Cycloalkan

$C_{10}H_{12}$ (132.20)   Pd (106.42) $C_{10}H_{16}$ (136.23)   **62-1**

Das Reaktionsgefäß eines Hydrierautoklaven wird mit einer Lösung von Dicyclopentadien [1] (39.7 g, 300 mmol) in Et$_2$O (100 mL) beschickt, mit Palladium auf Kohle (10% Pd, 1.49 g, 0.15 g Pd, 1.4 mmol, 0.47 Mol-%) versetzt und bei einem H$_2$-Druck von 6 bar 12 h bei Raumtemp. hydriert. Das Reaktionsgemisch wird über Celite® filtriert und das Filtermaterial mit Et$_2$O gewaschen. Die Filtrate werden vereinigt. Das Lösungsmittel wird bei Atmosphärendruck abdestilliert und der Rückstand über eine kurze Vigreux-Kolonne im Vakuum einer Feststoffdestillation unterzogen (Sdp.$_{25\,mbar}$ 54–56°C / Sdp.$_{1013\,mbar}$ 191–193°C) [2]. Die Titelverbindung (85–90%) wird als Feststoff (Schmp. 63–65°C) erhalten.

62-2 Adamantan [2]

Reaktionstyp: Wagner-Meerwein-Umlagerungskaskade
Syntheseleistung: Schleyer-Synthese von Adamantan

62-1 $\xrightarrow{\text{AlCl}_3}$ **62-2**

$C_{10}H_{16}$ (136.23) $AlCl_3$ (133.34) $C_{10}H_{16}$ (136.23)

In einem Reaktionskolben, der mit einem Luftkühler[3] versehen ist, wird *endo*-Tricyclo[5.2.1.0^{2,6}]decan (Präparat **62-1**, 32.7 g, 240 mmol) vorgelegt und mit AlCl$_3$ (6.60 g, 49.5 mmol, 0.21 Äquiv.) versetzt[4]. Das Gemisch wird 8–12 h bei 150–180°C gerührt[5]. Man lässt das schwarze Reaktionsgemisch langsam auf Raumtemp. abkühlen, wobei sich zwei Phasen bilden: eine schwarze, teerartige, untere Phase und eine braune, breiige, obere Phase. Die obere Phase wird vorsichtig abdekantiert[6]. Der teerartige Rückstand wird nacheinander mit fünf Portionen Petrolether (Sdp. 30–50°C, je 10 mL) versetzt und jeweils abdekantiert[6]. Die Petroletherphasen werden mit der abgetrennten, breiigen Phase vereinigt. Dieses Gemisch wird erwärmt, bis der vorhandene Feststoff gelöst ist[7]. Die heiße Lösung wird mit neutralem Aluminiumoxid[8] (3 g) versetzt und noch heiß über eine Glasfilternutsche (Porosität 3) abgesaugt. Der Filterkuchen wird mit Petrolether (Sdp. 30–50°C) gewaschen. Die nahezu farblosen Filtrate[9] werden vereinigt. Das Lösungsmittel wird über eine Destillationsapparatur bei Atmosphärendruck abdestilliert, bis im Destillationskolben ein Volumen von ca. 5 mL zurückbleibt. Der Destillationsrückstand wird auf –78°C gekühlt und der ausgefallene Feststoff abgesaugt. Die Titelverbindung (10–15%) wird als farbloser Feststoff (Schmp. 255–260°C) erhalten[10].

62-3 Adamantan-2-on [3]

Reaktionstyp: Oxidation von Alkan zu Keton
Syntheseleistung: Synthese von Keton

62-2 $\xrightarrow{\text{konz. H}_2\text{SO}_4}$ **62-3**

$C_{10}H_{16}$ (136.23) $C_{10}H_{14}O$ (150.22)

In H$_2$SO$_4$ (96%ig, 70 mL, 129 g, 1.26 mol, 45 Äquiv.) wird bei 76–78°C[11] unter kräftigem Rühren Adamantan (Präparat **62-2**, 3.81 g, 28.0 mmol) eingetragen. Die Suspension wird 5 h[12] bei 77°C (±1°C)[11] gerührt. Die klare Lösung wird auf Raumtemp. abgekühlt, vorsichtig auf Eis (ca. 150 g) gegossen und mit *t*-BuOMe (3 × 70 mL) extrahiert. Die vereinigten organischen Phasen werden mit H$_2$O (2 × 20 mL) gewaschen und über MgSO$_4$ getrocknet. Das Lösungsmittel wird bei vermindertem Druck entfernt und der Rückstand im Vakuum (18 mbar) bei 165°C sublimiert[13]. Die Titelverbindung (40–45%) wird als farbloser Feststoff (Schmp. 278–280°C) erhalten.

62-4 Diadamantyliden [14] [4]

Reaktionstyp: McMurry-Reaktion
Syntheseleistung: Synthese von Olefin mit tetrasubstituierter C=C-Doppelbindung

$C_{10}H_{14}O$ (150.22)	Zn (65.39)	$C_{20}H_{28}$ (268.44)
	$TiCl_4$ (189.68)	

Zu einem Gemisch aus Zn-Pulver (9.81 g, 150 mmol, 30 Äquiv.) und 1,4-Dioxan [15] (45 mL) wird $TiCl_4$ (9.48 g, 50.0 mmol, 10 Äquiv.) gegeben und dieses Gemisch 1 h unter Rückfluss erhitzt. Anschließend wird eine Lösung von Adamantan-2-on (Präparat **62-3**, 751 mg, 5.00 mmol) in 1,4-Dioxan (10 mL) zugegeben und weitere 48 h unter Rückfluss erhitzt. Das Reaktionsgemisch wird auf Raumtemp. abgekühlt, über Florisil® filtriert und das Filtermaterial mit Pentan (3 × 10 mL) gewaschen. Die Filtrate werden vereinigt. Das Lösungsmittel wird bei vermindertem Druck entfernt und der Rückstand aus MeOH umkristallisiert. Die Titelverbindung (45–55%) wird als farbloser Feststoff (Schmp. 181–183°C) erhalten.

62-5 2,2´-Bromonio-(2-adamantylidenadamantan)tribromid [5]

Reaktionstyp: Bromierung von C-Nucleophil
Syntheseleistung: Synthese von stabilem Bromonium-Ion

$C_{20}H_{28}$ (268.44)	Br_2 (159.81)	$C_{20}H_{28}Br_4$ (588.05)

Zu einer Lösung von Diadamantyliden (Präparat **62-4**, 537 mg, 2.00 mmol) in CH_2Cl_2 (30 mL) wird bei Raumtemp. eine Lösung von Brom (703 mg, 4.40 mmol, 2.2 Äquiv.) in CH_2Cl_2 (25 mL) zugegeben. Der gelbe Niederschlag wird abgesaugt, mit CH_2Cl_2 (3 × 2 mL) gewaschen und im Vakuum getrocknet. Die Titelverbindung (85–90%) wird als gelber Feststoff (Schmp. 159–161°C) erhalten.

Anmerkungen:

1) Dicyclopentadien wird zuvor über eine Vigreux-Kolonne im Vakuum (20 mbar) frisch destilliert. Für die Reaktion sollte die Fraktion mit $Sdp._{20\,mbar}$ 64–65°C verwendet werden.

2) Der Schmelzpunkt der Titelverbindung beträgt 63–65°C, weshalb bei dieser Feststoffdestillation *kein* Liebig-Kühler verwendet werden sollte, weil sich dieser zu schnell mit Feststoff zusetzen würde. Stattdessen sollten ein Claisen-Aufsatz und ein Vakuumvorstoß mit ausreichendem Innendurchmesser als Kühlerersatz verwendet werden. Die Luftkühlung dieser Glasteile reicht in der Regel aus, um das Destillat zu kondensieren. *Vorsicht:* Verfestigt sich das Produkt während der Destillation in der Apparatur, besteht die *Gefahr einer Druckerhöhung durch Arbeiten in einer*

geschlossenen Apparatur! In diesem Fall erwärmt man den Claisen-Aufsatz bzw. Vakuumvorstoß mit einem Heißluft-gebläse, bis der Feststoff flüssig geworden ist.

3) Als Luftkühler sollte ein Liebig-Kühler mit ausreichend großem Innendurchmesser oder ein Glasrohr mit Normschlif-fen verwendet werden, weil während der Reaktion AlCl$_3$ in den Kühler sublimiert (*Gefahr einer Druckerhöhung durch Arbeiten in einer geschlossenen Apparatur!*), das im schwachen Inertgas-Gegenstrom mechanisch von der Kühlerwand entfernt werden muss. Diese Maßnahme wäre bei Verwendung eines Dimroth-Kühlers unmöglich.

4) Beim Einbringen des AlCl$_3$ ist eine Erwärmung zu beobachten.

5) AlCl$_3$ sublimiert – besonders zu Beginn der Reaktion – in den Hals des Reaktionskolbens bzw. in den Kühler und muss von Zeit zu Zeit im schwachen Inertgas-Gegenstrom so von der Glaswand entfernt werden, dass es in den Reaktions-kolben zurückfällt (siehe auch Anmerkung 3).

6) Beim Abdekantieren muss darauf geachtet werden, dass nichts von der schwarzen, teerartigen Phase „verlorengeht"; andernfalls müsste erneut abdekantiert werden.

7) Falls in der Siedehitze noch Feststoff verbleibt, muss mehr Petrolether zugesetzt werden, bis der Feststoff sich löst.

8) Diese Maßnahme dient zum Entfärben der Lösung.

9) Im ersten Filtrat kann bereits etwas Adamantan ausgefallen sein. Es geht in Lösung, wenn man schwach erwärmt.

10) Nach Umkristallisieren aus Petrolether liegt der Schmelzpunkt bei 268–270°C.

11) Während der gesamten Reaktion muss die Temp. kontrolliert und sehr genau eingehalten werden. Aus diesem Grund sollte ein Heizbad mit Kontaktthermometer verwendet werden.

12) Wenn sich Adamantan im Kolben oberhalb des Flüssigkeitsspiegels absetzt (durch Sublimation), muss es von der Kol-benwand – ggf. durch leichtes Schwenken – wieder in das Gemisch zurückbefördert werden. Nach einer Reaktionszeit von 3-4 h entsteht eine klare Lösung, die mindestens noch 1 h bei der angegebenen Temp. gerührt wird.

13) Sollte das bei der Sublimation erhaltene Produkt verunreinigt sein, kann es anschließend aus Petrolether umkristallisiert werden.

14) Die Kupplung kann auch mit TiCl$_3$ und Li oder mit TiCl$_3$ und Zn/Cu – jeweils in DME – durchgeführt werden (J. E. McMurry, M. P. Fleming, K. L. Kees, L. R. Krepski, *J. Org. Chem.* **1978**, *43*, 3255–3266). Dabei wird TiCl$_3$ allerdings überstöchiometrisch eingesetzt (im Molverhältnis TiCl$_3$:Adamantanon = 4:1); eine derartige Vorgehensweise bedingt im Rahmen eines Praktikums nicht vertretbare Mehrkosten.

15) Anstelle von 1,4-Dioxan kann auch THF als Lösungsmittel verwendet werden.

Literatur zu Sequenz 62:

[1] In Anlehnung an: P. von R. Schleyer, M. M. Donaldson, R. D. Nicholas, C. Cutas, *Org. Synth. Coll. Vol. V*, **1973**, 16–19.

[2] P. von R. Schleyer, M. M. Donaldson, R. D. Nicholas, C. Cutas, *Org. Synth. Coll. Vol. V*, **1973**, 16–19.

[3] H. W. Geluk, J. L. M. A. Schlatmann, *Tetrahedron* **1968**, *24*, 5361–5368. – G. Kratt, H.-D. Beckhaus, H. J. Lindner, C. Rüchardt, *Chem. Ber.* **1983**, *116*, 3235–3263.

[4] In Anlehnung an: T. Mukaiyama, T. Sato, J. Hanna, *Chem. Lett.* **1973**, 1041–1044.

[5] H. Slebocka-Tilk, R. G. Ball, R. S. Brown, *J. Am. Chem. Soc.* **1985**, *107*, 4504–4508.

„Sequenz" 63:   Darstellung von *Z*-2,3-Diphenylbut-2-en [1]

Labortechnik: Arbeiten mit „niedervalentem" Titan
Reaktionstyp: McMurry-Reaktion
Syntheseleistung: Synthese von Olefin mit tetrasubstituierter C=C-Doppelbindung

stöchiom. Zn,
stöchiom. TiCl$_4$,
1,4-Dioxan

82   :   18

C$_8$H$_8$O (120.15)   Zn (65.39)   C$_{16}$H$_{16}$ (208.30)
                         TiCl$_4$ (189.68)

63-1

Zu einer Suspension von Zn-Pulver (1.18 g, 18.0 mmol, 3.0 Äquiv.) in 1,4-Dioxan[1)] (40 mL) werden TiCl$_4$ (1.71 g, 9.00 mmol, 1.5 Äquiv.) und dann Acetophenon (721 mg, 6.00 mmol) gegeben. Das Gemisch wird 4–6 h unter Rückfluss erhitzt. Dann lässt man das Gemisch auf Raumtemp. abkühlen, versetzt mit Pentan (30 mL) und saugt über Kieselgel ab[2)]. Der Reaktionskolben wird mit Pentan (4 × 10 mL) gewaschen. Diese Pentanphasen werden ebenfalls über Kieselgel abgesaugt und der Filterkuchen mit Pentan (40 mL) gewaschen. Die Filtrate werden vereinigt. Das Lösungsmittel wird bei vermindertem Druck entfernt und der Rückstand durch Flash-Chromatographie (Eluens: Cyclohexan/AcOEt) gereinigt. Die Titelverbindung wird als 82:18-Gemisch aus *Z*- und *E*-2,3-Diphenylbut-2-en (75–80%) als Öl erhalten.

Anmerkungen:
1) Es wird darauf hingewiesen, dass unbedingt getrocknetes 1,4-Dioxan verwendet und die Reaktion unter absolutem Feuchtigkeitsausschluss und Inertgas durchgeführt werden muss.
2) Dazu wird eine Glasfilternutsche (Porosität 3, 125 mL Fassungsvermögen) zu etwa ¼ mit einer Aufschlämmung von Kieselgel in Pentan beschickt.

Literatur zu „Sequenz" 63:
[1] In Anlehnung an: T. Mukaiyama, T. Sato, J. Hanna, *Chem. Lett.* **1973**, 1041–1044. – J. Leimer, P. Weyerstahl, *Chem. Ber.* **1982**, *115*, 3697–3705.

Sequenz 64:   Darstellung von 2-*tert*-Butyl-3-phenylindol

Labortechnik: Arbeiten mit „niedervalentem" Titan

Reaktionsschema mit 1) *t*-BuCOCl, Pyridin → **64-1**; 2a) stöchiom. Zn, kat. TiCl$_3$, stöchiom. Me$_3$SiCl *oder* 2b) stöchiom. Zn, halbstöchiom. TiCl$_4$, stöchiom. Me$_3$SiCl → **64-2**

64-1   *N*-(2-Benzoylphenyl)pivalinsäureamid [1]

Reaktionstyp: Acylierung von Heteroatom-Nucleophil mit Carbonsäurederivat
Syntheseleistung: Synthese von Carbonsäureamid

C$_{13}$H$_{11}$NO (197.23)   C$_5$H$_9$ClO (120.58)   C$_{18}$H$_{19}$NO$_2$ (281.35)   **64-1**
                                 C$_5$H$_5$N (79.10)

Zu einer Lösung von 2-Aminobenzophenon (1.97 g, 10.0 mmol) in CH$_2$Cl$_2$ (20 mL) werden Pyridin (989 mg, 12.5 mmol, 1.25 Äquiv.) und anschließend Pivalinsäurechlorid (1.45 g, 12.0 mmol, 1.2 Äquiv.) gegeben. Das Gemisch wird 3 h bei Raumtemp. gerührt und dann mit wässriger HCl (0.1 M, 10 mL) versetzt. Die organische Phase wird abgetrennt und die wässrige Phase mit CH$_2$Cl$_2$ (3 × 8 mL) extrahiert. Die vereinigten organischen Phasen werden mit wässriger ges. NaHCO$_3$-Lösung (8 mL) und mit wässriger ges. NaCl-Lösung (8 mL) gewaschen und über MgSO$_4$ getrocknet. Das Lösungsmittel wird bei vermindertem Druck entfernt und der Rückstand durch Flash-Chromatographie (Toluol/AcOEt, 15:1 v:v) gereinigt. Die Titelverbindung (85–90%) wird als farbloser Feststoff (Schmp. 85–86°C) erhalten.

64-2a 2-*tert*-Butyl-3-phenylindol (Darstellungsvariante 1: Instant-McMurry-Reaktion) [1] [2]

Reaktionstyp:	McMurry-Reaktion
Syntheseleistung:	Fürstner-Synthese eines Indols

$C_{18}H_{19}NO_2$ (281.35) · TiCl$_3$ (154.23) Zn (65.39) C_3H_9ClSi (108.64) · $C_{18}H_{19}N$ (249.35)

Zu einem Gemisch aus wasserfreiem Titan(III)-chlorid (64.8 mg, 420 µmol, 8.4 Mol-%) [2], *N*-(2-Benzoylphenyl)pivalinsäureamid (Präparat **64-1**, 1.41 g, 5.00 mmol) und Zn-Pulver (1.64 g, 25.0 mmol, 5.0 Äquiv.) in Acetonitril (22 mL) wird Chlortrimethylsilan (2.72 g, 25.0 mmol, 5.0 Äquiv.) zugetropft. Das Gemisch wird in einem vorgeheizten Ölbad 30 min unter Rückfluss erhitzt, dann auf Raumtemp. abgekühlt, mit AcOEt (10 mL) verdünnt, über Celite® filtriert und das Filtermaterial mit AcOEt (3 × 5 mL) gewaschen. Die Filtrate werden vereinigt. Das Lösungsmittel wird bei vermindertem Druck entfernt und der Rückstand wird durch Flash-Chromatographie (Eluens: Cyclohexan/AcOEt) gereinigt. Die Titelverbindung (65–75%) wird als farbloser Feststoff (Schmp. 125–126°C) erhalten.

64-2b 2-*tert*-Butyl-3-phenylindol (Darstellungsvariante 2: „Onkel-Dagobert-Variante der McMurry-Reaktion") [1, 3] [3]

Reaktionstyp:	McMurry-Reaktion
Syntheseleistung:	Fürstner-Synthese eines Indols

$C_{18}H_{19}NO_2$ (281.35) · TiCl$_4$ (189.68) Zn (65.39) C_3H_9ClSi (108.64) · $C_{18}H_{19}N$ (249.35)

Zu einer Suspension von Zn-Pulver (1.64 g, 25.0 mmol, 5.0 Äquiv.) und *N*-(2-Benzoylphenyl)pivalinsäureamid (Präparat **64-1**, 1.41 g, 5.00 mmol) in THF (20 mL) wird Chlortrimethylsilan (2.72 g, 25.0 mmol,

5.0 Äquiv.) und anschließend Titan(IV)-chlorid (frisch destilliert, 645 mg, 3.40 mmol, 0.68 Äquiv.) zugetropft. Das Gemisch wird 90 min unter Rückfluss erhitzt, auf Raumtemp. abgekühlt und mit CH_2Cl_2 (25 mL) und H_2O (30 mL) versetzt. Die organische Phase wird abgetrennt und die wässrige Phase mit CH_2Cl_2 (3 × 15 mL) extrahiert. Die vereinigten organischen Phasen werden über $MgSO_4$ getrocknet. Das Lösungsmittel wird bei vermindertem Druck entfernt und der Rückstand durch Flash-Chromatographie (Eluens: Cyclohexan/AcOEt) gereinigt. Die Titelverbindung (50–60%) wird als farbloser Feststoff (Schmp. 125–126°C) erhalten.

Anmerkungen:
1) Die Reaktion gelingt nur unter absolutem Feuchtigkeitsausschluss. Die verwendeten Glasgeräte sollten daher mit besonders großer Sorgfalt ausgeheizt werden. Das verwendete Lösungsmittel sollte frisch getrocknet und erst *unmittelbar* vor der Reaktion vom Trockenmittel abdestilliert werden. Auch das Chlortrimethylsilan sollte frisch destilliert eingesetzt werden.
2) Wasserfreies Titan(III)-chlorid ($TiCl_3$) ist sehr empfindlich gegen Sauerstoff und Feuchtigkeit und sollte daher ausschließlich unter einer Inertgas-Atmosphäre gehandhabt werden. Es wird ausdrücklich darauf hingewiesen, dass sich $TiCl_3$ in einer unsachgemäß geöffneten und dann wieder verschlossenen Flasche langsam zersetzt, was bei erneuter Verwendung einer solchen $TiCl_3$-Charge zu schlechten Resultaten bei der Kupplungsreaktion führt. Solch eine Zersetzung lässt sich daran erkennen, dass weißer „Rauch" (TiO_2 und HCl, der mit Luftfeuchtigkeit ein Aerosol bildet) entweicht, wenn $TiCl_3$ entnommen wird. Wenn mit einer $TiCl_3$-Charge eine größere Anzahl kleinerer Reaktionsansätze durchgeführt werden soll, ohne dass sie an Qualität einbüßt, ist die Verwendung eines Schlenk-Kolbens oder Schlenk-Rohrs zum Aufbewahren zu empfehlen. Eine $TiCl_3$-Entnahme in einer „Glovebox" wäre eine ideale Alternative, doch sind die wenigsten organisch-chemischen Praktika damit ausgerüstet.
3) Die Darstellungsvariante 2 ist eine Abwandlung der Darstellungsvariante 1, denn es wird $TiCl_4$ statt $TiCl_3$ verwendet. Die Darstellungsvariante 2 ist vor allem deshalb von Interesse, weil im organisch-chemischen Fortgeschrittenenpraktikum erfahrungsgemäß so manche – sehr teure – Charge wasserfreies $TiCl_3$ durch unachtsamen Umgang in TiO_2 überführt wird. $TiCl_4$ ist zwar ebenso feuchtigkeitsempfindlich wie $TiCl_3$, jedoch um ein Vielfaches billiger. Während $TiCl_3$ ein Feststoff ist, handelt es sich bei $TiCl_4$ um eine Flüssigkeit, die problemlos durch eine einfache Destillation gereinigt werden kann. Eine Flüssigkeit kann im Vergleich zu einem Feststoff außerdem besser – nämlich mit einer Spritze – abgemessen und damit auch leichter unter Inertgas gehandhabt werden. Einziger Nachteil der Darstellungsvariante 2 ist die im Vergleich zu Darstellungsvariante 1 geringere Ausbeute.

Literatur zu Sequenz 64:
[1] A. Fürstner, D. N. Jumbam, *Tetrahedron* **1992**, *48*, 5991–6010.
[2] Prozedur: A. Fürstner, A. Hupperts, *J. Am. Chem. Soc.* **1995**, *117*, 4468–4475. – In Anlehnung an: A. Fürstner, A. Hupperts, A. Ptock, E. Janssen, *J. Org. Chem.* **1994**, *59*, 5215–5229.
[3] Badischer Versuch, schwäbische Sitten zu adoptieren.

Kapitel V

R- und S-Sätze der verwendeten Chemikalien

Erläuterungen zum Tabellenteil (Seiten 310–328):

K **Krebserzeugend**

K 1 Stoffe, die auf den Menschen bekanntermaßen krebserzeugend wirken (R 45: Kann Krebs erzeugen oder R 49: Kann Krebs erzeugen beim Einatmen).

K 2 Stoffe, die als krebserzeugend für den Menschen angesehen werden sollten (R 45 oder R 49).

K 3 Stoffe, die wegen möglicher krebserzeugender Wirkung beim Menschen Anlass zur Besorgnis geben, über die jedoch ungenügend Informationen für eine befriedigende Beurteilung vorliegen (R 40: Verdacht auf krebserzeugende Wirkung).

M **Erbgutverändernd**

M 1 Stoffe, die auf den Menschen bekanntermaßen erbgutverändernd wirken (R 46: Kann vererbbare Schäden verursachen).

M 2 Stoffe, die als erbgutverändernd für den Menschen angesehen werden sollten (R 46).

M 3 Stoffe, die wegen möglicher erbgutverändernder Wirkung auf den Menschen zu Besorgnis Anlass geben (R 68: Irreversibler Schaden möglich).

RF **Beeinträchtigung der Fortpflanzungsfähigkeit (Fruchtbarkeit)**

RE **Fruchtschädigend (entwicklungsschädigend)**

RF 1 Stoffe, die beim Menschen die Fortpflanzungsfähigkeit bekanntermaßen beeinträchtigen (R 46: Kann vererbbare Schäden verursachen).

RE 1 Stoffe, die beim Menschen bekanntermaßen fruchtschädigend (entwicklungsschädigend) wirken (R 61: Kann das Kind im Mutterleib schädigen).

RF 2 Stoffe, die als beeinträchtigend für die Fortpflanzungsfähigkeit (Fruchtbarkeit) des Menschen angesehen werden sollten (R 60).

RE 2 Stoffe, die als fruchtschädigend (entwicklungsschädigend) für den Menschen angesehen werden sollten (R 61)

RF 3 Stoffe, die wegen möglicher Beeinträchtigung der Fortpflanzungsfähigkeit (Fruchtbarkeit) des Menschen zu Besorgnis Anlass geben (R 62: Kann möglicherweise die Fortpflanzungsfähigkeit beeinträchtigen).

RE 3 Stoffe, die wegen möglicher fruchtschädigender (entwicklungsschädigender) Wirkung beim Menschen zu Besorgnis Anlass geben (R 63: Kann das Kind im Mutterleib möglicherweise schädigen).

Quellennachweis für die Gefahrensymbole und R- und S-Sätze in der nachfolgenden Tabelle:

Siehe Fußnoten 1–13, Seite 328.

Wortlaut der R- und S-Sätze: Siehe Seiten 329–332.

Chemikalien mit bekannter Einstufung in Gefahrenklassen (in alphabetischer Reihenfolge)

Präfix	Substanz	CAS	Gefahren-symbol	R-Sätze	S-Sätze	Cancerogen Teratogen Mutagen nach TRGS 905 der Bundesanstalt für Arbeits-schutz und Arbeitsme-dizin Stand: Mai 07	Eintrag erfolgte in euSDB gemäß EG-Richtlinie 91/155/EWG am
	Acetessigsäuremethylester[3] [Methylacetoacetat]	105-45-3	Xi	R: 36	S: 26		09.02.2008
	Aceton[3]	67-64-1	F; Xi	R: 11-36-66-67	S: 9-16-26		08.02.2008
	Aceton-d$_6$[3]	666-52-4	F; Xi	R: 11-36-66-67	S: 9-16-26		08.02.2008
	Acetonitril[3]	75-05-8	F; Xn	R: 11-20/21/22-36	S: 16-36/37		08.02.2008
	Acetophenon[1]	98-86-2	Xn	R: 22-36	S: 26		05.07.2007
	Acetylchlorid[3]	75-36-5	F; C	R: 11-14-34	S: 9-16-26-45		08.02.2008
	Acetylen in Druckgasflasche[7]	74-86-2	F+	R: 5-6-12	S: 9-16-33		01.09.2005
	Acrylsäuremethylester[3]	96-33-3	F; Xn	R: 11-20/21/22-36/37/38-43	S: 9-25-26-33-36/37-43		09.02.2008
	Adamantan[3]	281-23-2	–	–	–		
2-	Adamantanon[3]	700-58-3	–	–	–		09.02.2008
	Adipinsäurediethylester[3]	141-28-6	Xi	R: 36/37/38	S: 26-37		09.02.2008
	AD-mix-α[®10]	–	Xi	R: 32-36/37/38	S: 26-36		–
	AD-mix-β[®10]	–	Xn	R: 20/21/22	S: 22-26-36/37/39		–
	Allylalkohol[2]	107-18-6	T; N	R: 10-23/24/25-36/37/38-50	S: 36/37/39-38-45-61		25.03.2008
	Allylmagnesiumbromid, 1 M in Diethylether[10]	1730-25-2	F+; C	R: 12-14/15-19-22-34-66-67	S: 9-16-29-33-43-45		–
	Allylmagnesiumchlorid, 1.7 M in THF[2]	2622-05-1	F; C	R: 11-14/15-34	S: 6-16-26-33-36/37/39-43-45		04.01.2005
4-(	Allyloxy)benzaldehyd[3]	40663-68-1	Xi	R: 36/37/38	S: 26-37		09.02.2008

	Aluminium(III)-chlorid[3]	7446-70-0	C	R: 34	S: 7/8-28-45		08.02.2008
	Aluminiumoxid, neutral[1]	1344-28-1	–	–	S: 22		25.08.2006
	Ameisensäuremethylester[3] [Methylformiat]	107-31-3	F+; Xn	R: 12-20/22-36/37	S: 9-16-24-26-33		09.02.2008
2-	Aminobenzophenon[3]	2835-77-0	Xi	R: 36/37/38	S: 26-37		09.02.2008
S-2-	Amino-3-methylbutan-1-ol[1] [L-Valinol]	2026-48-4	–	–	–		14.12.2006
(1S,2S, 3S,5R) -3-	Amino-2,6,6-trimethylbicyclo[3.1.1]heptan[10] [(+)-Isopinocampheylamin]	13293-47-5	–	R: 36/37/38	S: 26-36		–
	Ammoniak in Druckgasflasche[6]	7664-41-7	T; N	R: 10-23-34-50	S: (1-2-)9-16-26-36/37/39-45-61		01.01.2007
	Ammoniak-Lösung, 28%ig in H$_2$O[3]	1336-21-6	C; N	R: 34-50	S: 26-36/37/39-45-61		12.02.2008
	Ammoniumacetat[3] [NH$_4$OAc]	631-61-8	–	–	S: 22		09.02.2008
	Ammoniumchlorid[3]	12125-02-9	Xn	R: 22-36	S: 22		09.02.2008
	Ammoniumheptamolybdat-Tetrahydrat[3]	12054-85-2	Xi	R: 36/37/38	S: 26-37		08.02.2008
	Anthracen[3]	120-12-7	Xi	R: 36/37/38	S: 26-37		08.02.2008
	Argon in Druckgasflasche[7]	7440-37-1	–	–	S: 9-23-36		05.10.2005
	Bariumhydroxid-Octahydrat[3]	12230-71-6	C	R: 20/22-34	S: 9-20-26-36/37/39-45		09.02.2008
	Benzaldehyd[3]	100-52-7	Xn	R: 22	S: 24		08.02.2008
	Benzoesäure[3]	65-85-0	Xn	R: 22-37/38-41-68	S: 26-36/37/39		09.02.2008
	Benzo[4]furan-3H-2-on[3] [3H-Benzofuranon, 2-Cumaranon]	553-86-6	–	–	–		09.02.2008
	Benzol[3]	71-43-2	T; F	R: 45-46-11-36/38-48/23/24/25-65	S: 53-45	K1; M2	09.02.2008
	Benzolsulfonsäurechlorid[3]	98-09-9	C	R: 22-34	S: 20-26-36/37/39-45		09.02.2008
	Benzophenon[3]	119-61-9	Xi	R: 36/38	S: 26		09.02.2008
	Benzoylchlorid[3]	98-88-4	C	R: 34	S: 26-45		09.02.2008
	Benzylchlorid[3]	100-44-7	T	R:45-22-23-37/38-41-48/22	S: 53-45		09.02.2008

		CAS	Symbol	R-Sätze	S-Sätze	Datum
	Benzylisocyanat[3]	3173-56-6	T	R: 10-23/25-36/37/38-42	S: 4-9-20-22-26-36/37-45	12.02.2008
	Bernsteinsäureanhydrid[3]	108-30-5	Xi	R: 36/37	S: 25	09.02.2008
(-)-	Bernsteinsäuredi(1R,2S,5R-menthylester)[10]	34212-59-4	-	-	S: 22-24/25	-
	Bis(cyclopentadienyl)titandichlorid[3] [Titanocendichlorid]	1271-19-8	C	R: 20/21/22-34-68	S: 9-26-36/37/39-45	08.02.2008
1,4-	Bis(dihydrochinidin-O-yl)phthalazin[10] [(DHQD)2PHAL]	140853-10-7	-	-	S: 22-24/25	-
1,4-	Bis(dihydrochinin-O-yl)phthalazin[10] [(DHQ)2PHAL]	140924-50-1	-	-	S: 22-24/25	-
	Bis(trifluoracetoxy)iodbenzol[3] [BTI]	2712-78-9	Xi	R: 36/37/38	S: 26-37	12.02.2008
	Bis(triphenylphosphan)palladium(II)-dichlorid[3] [(Ph3P)2PdCl2]	13965-03-2	-	-	-	08.02.2008
	Boc-L-leucin[3]	13139-15-6	-	-	-	08.02.2008
	Boran-Dimethylsulfid-Komplex, Lösung (94%ig) in Dimethylsulfid[3]	13292-87-0	F; Xi	R: 11-14/15-37/38-41	S:7/8-20-26-27-33-36/37-43-45-60	12.02.2008
	Boran-Dimethylsulfid-Komplex, Lösung ca. 2 M in THF[3]	13292-87-0	F; C	R: 11-14/15-35-41	S: 8-16-26-30-36/37/39-43-45	08.02.2008
	Bortrifluorid-Diethylether-Komplex[3] [BF3•OEt2]	109-63-7	T	R: 10-14-23-29-34	S: 7/8-26-28-30-36/37/39-45	09.02.2008
	Brom[1]	7726-95-6	T+; C; N	R: 26-35-50	S: 7/9-26-45-61	13.07.2006
	Brombenzol[2]	108-86-1	Xi; N	R: 10-38-51/53	S: 61	12.02.2008
	Bromchlormethan[2]	74-97-5	Xn; N	R: 20-36/37/38-59	S: 26-37/39-59	27.11.2000
1-	Bromdodecan[2]	143-15-7	Xi	R: 36/37/38	S: 26-37/39	23.04.2008
	Bromessigsäureethylester[3]	105-36-2	T+; F	R: 26/27/28	S: 7/9-26-45	08.02.2008
	Bromethan[3] [Ethylbromid]	74-96-4	Xn	R: 20/22-40	S: 36/37	09.02.2008
1-	Bromheptan[3]	629-04-9	Xi	R: 36/37/38	S: 7-26-33-37-43-60	09.02.2008
1-	Brompentan[3]	110-53-2	Xn; N	R: 10-22-36/37/38-51/53	S: 23-26-36/37-57	09.02.2008

	Name	CAS	Symbole	R-Sätze	S-Sätze	Datum
1-	Brompropan[3]	106-94-5	T; F	R: 60-11-36/37/38-48/20-63-67	S: 53-45	08.02.2008
2-	Brompropan[3]	75-26-3	T; F	R: 60-11-48/20-66	S: 53-16-45	09.02.2008
cis-1-	Bromprop-1-en[3]	590-13-6	F; Xi	R: 11-36/37/38	S: 26-37	12.02.2008
3-	Bromprop-1-en[3] [Allylbromid]	106-95-6	T; F; N	R: 11-23/25-34-50	S: 4-9-16-20-23-26-33-36/37/39-45-57	09.02.2008
3-	Brom-1-(trimethylsilyl)prop-1-in[10]	38002-45-8	Xi	R: 36/37/38	S: 26-28-36/37/39	–
tert-	Butanol[3] [t-BuOH]	75-65-0	F; Xn	R: 11-20	S: 9-16	12.02.2008
S-2-[N-(tert-	Butoxycarbonyl)amino]-N-methoxy-N-methyl-4-methylpentansäureamid[10] [N-Boc-L-Leucin-Weinrebamid]	87694-50-6	–	–	–	
	Buttersäureethylester[4]	105-54-4	–	R: 10	S: 24/25	23.03.2007
	Buttersäuremethylester[4]	623-42-7	F; Xi	R: 11-36/37/38	S: 16-26-36	23.03.2007
tert-	Butylamin[3] [t-BuNH₂]	75-64-9	T; F	R: 11-20-25-35-52/53	S: 9-16-20-23-26-33-36/37/39-45-61	09.02.2008
4-tert-	Butylcyclohexanon[3]	98-53-3	–	–	–	09.02.2008
tert-	Butylhydroperoxid, Lösung (70%ig) in H₂O[3] [t-BuOOH-Lösung]	75-91-2	O; C	R: 7-10-20/21/22-34-52/53	S: 9-20-23-26-36/37/39-45-61	09.02.2008
n-	Butyllithium, Lösung in Hexan[3] [n-BuLi]	109-72-8	F; C; N	R: 11-14/15-34-48/20-62-51/53-65-67	S: 7/8-9-16-23-26-30-33-36/37/39-43-45-57	12.02.2008
sec-	Butyllithium, Lösung in Cyclohexan[3] [s-BuLi]	598-30-1	F; C; N	R: 11-14/15-34-50/53-65-67	S: 9-16-24/25-33-60-61-62	08.02.2008
tert-	Butyllithium, Lösung in Pentan[3] [t-BuLi]	594-19-4	F+; C; N	R: 12-14/15-34-51/53-65-66-67	S: 9-16-26-29-33-36/37/39-43-45-61-62	08.02.2008
tert-	Butylmethylether[3] [t-BuOMe]	1634-04-4	F; Xi	R: 11-38	S: 9-16-24	08.02.2008
	Cäsiumcarbonat[3]	534-17-8	Xn	R: 36/37/38-68	S: 26-36/37	08.02.2008
	Calciumchlorid[3]	10043-52-4	Xi	R: 36	S: 22-24	08.02.2008
	Calciumhydrid[2]	7789-78-8	F	R: 15	S: 7/8-24/25-43	25.02.2008
	Camphersulfonsäure[3] [CSA]	5872-08-2	C	R: 34	S: 20-26-36/37/39-45-60	09.02.2008

				R-Sätze	S-Sätze		
R-(-)-	Carvon[4]	6485-40-1	Xn	R: 22	S: 36	–	14.02.2008
	Celite® [4] [Kieselgur]	91053-39-3	Xn	R: 20/22-40	S: 36		21.11.2006
D-(-)-	Chinasäure[3]	77-95-2	Xi	R: 36/37/38	S: 26-37		12.02.2008
	Chinolin[3]	91-22-5	Xn	R: 21/22-37/38-40-41-68	S: 23-26-36/37/39		09.02.2008
	Chlorameisensäureethylester[3] [Ethylchlorformiat]	541-41-3	T+; F	R: 11-22-26-34	S: 9-16-26-28-33-36/37/39-45		12.02.2008
	Chlorameisensäuremethylester[1] [Methylchlorformiat]	79-22-1	T+; F	R: 11-21/22-26-34	S: 14-28-36/37/39-45-46-63		13.02.2006
2-	Chlorbenzoesäure[3]	118-91-2	Xi	R: 36/37/38	S: 26-36/37		09.02.2008
E-1-	Chlor-3,7-dimethylocta-2,6-dien[10] [Geranylchlorid]	5389-87-7	Xi	R: 36/37/38	S: 26-36/37/39		–
	Chlormethylmethylether[10] [MOMCl]	107-30-2	T; F	R: 45-11-20/21/22	S: 53-45	K1	–
	Chloroform[3] [Trichlormethan]	67-66-3	Xn	R: 22-38-40-48/20/22	S: 36/37	K2; M3; RE3	08.02.2008
	Chloroform-d[3] [Deuterochloroform]	865-49-6	Xn	R: 22-38-40-48/20/22	S: 36/37	K2; M3; RE3	08.02.2008
3-	Chlorpropan-1-ol[3] [Trimethylenchlorhydrin]	627-30-5	Xn	R: 22-36/37/38	S: 23-26-36/37		09.02.2008
N-	Chlorsuccinimid[3] [NCS]	128-09-6	C	R: 22-34	S: 20-26-36/37/39-45-60		08.02.2008
	Chlorsulfonsäure[1]	7790-94-5	C	R: 14-35-37	S: 26-45		29.11.2005
	Chlortrimethylsilan[2] [TMCS; Trimethylsilylchlorid; Trimethylchlorsilan]	75-77-4	F; C	R: 11-14-20/21-29-35	S: 16-26-36/37/39-45		11.12.2007
2,4,6-	Collidin[3] [2,4,6-Trimethylpyridin]	108-75-8	C	R: 10-20/22-34	S: 7-20-26-33-36/37/39-43-45-60		09.02.2008
trans-	Crotonaldehyd[2]	123-73-9	T+; F; N	R: 11-24/25-26-37/38-41-48/22-50-68	S: 26-28-36/37/39-45-61		09.02.2006
trans-	Crotonsäure[3]	107-93-7	C	R: 21/22-34	S: 20-26-36/37/39-45		09.02.2008
	Cumolhydroperoxid, Lösung (80%ig) in Cumol[3] [Cumyl-OOH]	80-15-9	T; O; N	R: 7-21/22-23-34-48/20/22-51/53	S: 3/7-14-36/37/39-45-60-61		12.02.2008
	Cycloheptanon[3]	502-42-1	–	R: 10	S: 16-60		09.02.2008

Substanz	CAS-Nr.	Symbol	R-Sätze	S-Sätze	Bemerkung	Datum
Cyclohexan[3]	110-82-7	F; Xn; N	R: 11-38-50/53-65-67	S: 9-16-25-33-60-61-62		08.02.2008
Cyclohexancarbonsäure[3]	98-89-5	Xi	R: 36/37/38	S: 26-37		09.02.2008
Cyclohexa-1,4-dien[2] [1,4-Dihydrobenzol]	628-41-1	F	R: 11	S: 9-16-33		20.12.2007
Cyclohexan-1,2-dion[2]	765-87-7	Xn	R: 22	–		06.03.2008
Cyclohexan-1,3-dion[2]	504-02-9	Xn	R: 22	–		06.03.2008
Cyclohexanon[3]	108-94-1	Xn	R: 10-20	S: 25		09.02.2006
n- Decan[2]	124-18-5	Xn	R: 10-65-66	S: 16-23-62		11.02.2008
1,2- Diaminopropan[2]	78-90-0	C	R: 10-21/22-35	S: 26-37/39-45		25.03.2008
1,3- Diaminopropan[2]	109-76-2	T	R: 10-22-24-35	S: 16-26-36/37/39-45		25.03.2008
1,8- Diazabicyclo[5.4.0]undec-7-en[3] [DBU]	6674-22-2	C	R: 21/22-34-52/53	S: 20-23-26-36/37/39-45-61		09.02.2008
1,2- Dibromethan[3]	106-93-4	T; N	R: 45-23/24/25-36/37/38-51/53	S: 53-45-61	Expositionsverbot; K2	09.02.2008
Dibutylboryltrifluormethansulfonat, Lösung in Dichlormethan[2] [n-Bu2BOTf]	60669-69-4	T	R: 10-14-23/24/25-34-40	S: 16-23-24/25-26-36/37/39-45		29.07.2004
2,3- Dichlor-5,6-dicyan-1,4-benzochinon[3] [DDQ]	84-58-2	T	R: 25-29	S: 7/8-20-36-45		09.02.2008
Dichlormethan[3] [Methylenchlorid]	75-09-2	Xn	R: 40	S: 23-24/25-36/37	K3	08.02.2008
rel-R,R-1,2- Dicyclohexylethan-1,2-diol[2]	120850-92-2	–	–	S: 24/25	'	16.07.1996
Dicyclopentadien[3]	77-73-6	F; Xn; N	R: 11-20/22-36/37/38-51/53	S: 36/37-61		12.02.2008
(Diethoxyphosphoryl)essigsäurethylester[3] [Triethylphosphonoacetat]	867-13-0	Xi	R: 36/38	S: 23-26-37		09.02.2008
2-(Diethoxyphosphoryl)propionsäurethylester[3] [Triethyl-2-phosphonopropionat]	3699-66-9	–	–	–	K3	12.02.2008
Diethylcarbamoylchlorid[3]	88-10-8	Xn	R: 20/22-36/37/38-40	S: 26-36/37		09.02.2008

	Name	CAS-Nr.	Symbol	R-Sätze	S-Sätze		Datum
	Diethylcarbonat[3]	105-58-8	Xn	R: 10-40-63	S: 53-16-20-36/37/39-45-60		09.02.2008
	Diethylchlorphosphat[2]	814-49-3	T+	R: 26/27/28-29-34	S: 8-26-28-36/37/39-45		23.07.2007
	Diethylenglykoldimethylether[3] [Diglyme]	111-96-6	T	R: 60-61-10-19	S: 53-45		09.02.2008
	Diethylether[3] [Et₂O]	60-29-7	F+; Xn	R: 12-19-22-66-67	S: 9-16-29-33		08.02.2008
L-(+)-	Diethyltartrat[3] [L-(+)-Weinsäurediethylester]	87-91-2	–		–		08.02.2008
3,4-	Dihydro-2H-pyran[3]	110-87-2	F; Xi	R: 11-36/37/38	S: 26-37		12.02.2008
1,2-	Diiodethan[2]	624-73-7	Xi	R: 36/37/38	S: 26-37/39		23.06.2005
	Diisobutylaluminiumhydrid, Lösung in Toluol[3] [DIBAH]	1191-15-7	F; C	R: 11-14-34-48/20-63-65-67	S: 8-9-16-20-23-26-33-36/37/39-45		08.02.2008
	Diisobutylaluminiumhydrid, Lösung in Hexan[3] [DIBAH]	1191-15-7	F; C; N	R: 11-14-34-48/20-62-51/53-65-67	S: 9-16-29-33-36/37/37-43-45-61-62		08.02.2008
	Diisopropylamin[3] [i-Pr₂NH]	108-18-9	F; C	R: 11-20/22-34	S: 16-26-36/37/39-45		08.02.2008
	Diisopropylazodicarboxylat[2] [DIAD]	2446-83-5	Xi; N	R: 36/37/38-51/53	S: 23-26-37-57		12.02.2008
D-(–)-	Diisopropyltartrat[3] [D-(–)-Weinsäurediisopropylester]	62961-64-2	–	–	–		09.02.2008
L-(+)-	Diisopropyltartrat[3] [L-(+)-Weinsäurediisopropylester]	2217-15-4	–	–	–		09.02.2008
1,3-	Dimethoxybenzol[3] [Resorcindimethylether]	151-10-0	Xi	R: 36/37/38	S: 26-37		09.02.2008
1,2-	Dimethoxyethan[3] [Ethylenglykoldimethylether, DME]	110-71-4	T; F	R: 60-61-11-19-20	S: 53-45	RE2; RF2	09.02.2008
2,2-	Dimethoxypropan[3]	77-76-9	F; Xi	R: 11-36/37/38	S: 9-16-23-26-33-37		09.02.2008
trans-2,3-	Dimethylacrolein[2] [Tiglinaldehyd; trans-2-Methyl-2-butenal]	497-03-0	F; Xi	R: 11-36/37/38	S: 16-26-37/39		17.12.2002
4-(	Dimethylamino)pyridin[3] [DMAP]	1122-58-3	T; C	R: 24/25-34	S: 20-26-27-36/37/39-45		09.02.2008
2,3-	Dimethyl-2-buten[3]	563-79-1	F; Xi	R: 11-36/37/38	S: 9-16-26-33-37-43-60		09.02.2008
	Dimethylcarbonat[3]	616-38-6	F	R: 11	S: 9-16		09.02.2008
5,5-	Dimethylcyclohexan-1,3-dion[3] [Dimedon]	126-81-8	–	–	–		08.02.2008

				R:	S:	Expositi-onsverbot; RE2	
N,N-	Dimethylformamid[3] [DMF]	68-12-2	T	R: 61-20/21-36	S: 53-45		08.02.2008
N,O-	Dimethylhydroxylamin-Hydro-chlorid[3]	6638-79-5	Xi	R: 36/37/38	S: 26-37		09.02.2008
2,2-	Dimethyl-1-phenylpropan-1-on[10] [tert-Butylphenylketon]	938-16-9	Xi	R: 36/37/38	S: 26-36		–
	Dimethylsulfid[3]	75-18-3	F; Xn	R: 11-22-41	S: 26-36/39		08.02.2008
	Dimethylsulfoxid[3] [DMSO]	67-68-5	Xi	R: 36/37/38	S: 23-26-36		08.02.2008
	Dimethylsulfoxid-d$_6$[4] [DMSO-d$_6$]	2206-27-1	Xi	R: 36/37/38	S: 23-26-36		09.02.2008
1,3-	Dimethyl-3,4,5,6-tetrahydro-1H-pyrimidin-2-on[2] [DMPU; N,N-Dimethylpropylenharnstoff]	7226-23-5	Xn	R: 22-41-62	S: 26-36/37/39-45		28.02.2008
	Dinatriumhydrogenphosphat-Heptahydrat[3]	7782-85-6	Xi	R: 36/37/38	S: 26		08.02.2008
	Dinatriumtartrat-Dihydrat[3]	6106-24-7	–	–	–		09.02.2008
1,4-	Dioxan[3]	123-91-1	F; Xn	R: 11-19-36/37-40-66	S: 9-16-36/37-46	K3	08.02.2008
rel-R,R- 1,2-	Diphenylethan-1,2-diol[2] [R,R-Hydrobenzoin]	52340-78-0	–		S: 24/25		04.04.2007
S,S- 1,2-	Diphenylethan-1,2-diol[2] [S,S-Hydrobenzoin]	2325-10-2	–		S: 24/25		04.04.2007
2-(	Diphenylphosphanyl)benzoe-säure[3] [o-DPPBA]	17261-28-8	Xn	R: 20-36/37/38	S: 9-26-36/37		12.02.2008
	Eisen(III)-nitrat-Nonahydrat[3]	7782-61-8	O; Xi	R: 8-36/38	S: 26		07.02.2008
	Eisen(II)-sulfat-Heptahydrat[2]	7782-63-0	Xn	R: 22-36/38	S: 46		27.02.2008
	Epichlorhydrin[2]	106-89-8	T	R: 40-10-23/24/25-34-43	S: 53-45		25.02.2008
S,S-(-)- 2,3-	Epoxyhexan-1-ol[10]	89321-71-1	Xi	R: 36/37/38	S: 26-36/37/39		–
1,2-	Epoxypropan[2] [Propylenoxid]	75-56-9	T; F+	R: 45-46-12-20/21/22-36/37/38	S: 53-45	K2; M2	25.02.2008
S-(-)- 2,3-	Epoxypropan-1-ol[10] [S-(-)-Glycidol]	60456-23-7	T	R: 45-60-21/22-23-36/37/38-68	S: 53-45		–

	Name	CAS		R-Sätze	S-Sätze		Datum
R-(+)-1,2-	Epoxy-3-(triphenylmethoxy)propan[2] [R-(+)-Glycidyltritylether]	65291-30-7	Xi	R: 36/37/38	S: 26-37/39		03.09.2001
	Essigsäure[3] [HOAc]	64-19-7	C	R: 10-35	S: 23-26-45		08.02.2008
	Essigsäureanhydrid[3] [Ac$_2$O]	108-24-7	C	R: 10-20/22-34	S: 26-36/37/39-45		12.02.2008
	Essigsäure-tert-butylester[2] [tert-Butylacetat]	540-88-5	F	R: 11-66	S: 16-23-25-29-33		24.01.2008
	Essigsäureethylester[3] [AcOEt]	141-78-6	F; Xi	R: 11-36-66-67	S: 16-23-26-29-33		08.02.2008
	Ethanol[3]	64-17-5	F; N	R: 11-20/21/22-36-68/20/21/22-67	S: 7-16-24/25-26-36/37-45		08.02.2008
	Ethylamin, Lösung (70%ig) in H$_2$O[3]	75-04-7	F$^+$; Xi	R: 12-36/37	S: 16-26-29		09.02.2008
	Ethylamin in Druckgasflasche[1]	75-04-7	F$^+$; Xi	R: 12-36/37	S: 16-26-29		30.07.2002
N-	Methoxy-N-methylcarbamidsäureethylester[10]	6919-62-6	–	R: 10	S: 16		–
N-	Ethyldiisopropylamin[3] [i-Pr$_2$NEt; DIPEA]	7087-68-5	F; C	R: 11-22-3452/53	S: 9-16-20-23-26-33-36/37/39-45-61		08.02.2008
N-	Ethylformiat[3] [Ameisensäureethylester]	109-94-4	F; Xn	R: 11-20/22-36/37	S: 9-16-24-26-33		09.02.2008
N-	Ethylpiperidin[3]	766-09-6	F; C	R: 11-34	S: 7-20-26-33-36/37/39-45-60		09.02.2008
	Florisil[3]	1343-88-0	Xn	R: 20	S: 36		12.02.2008
	Geraniol[3]	106-24-1	Xi	R: 36/37/38	S: 23-26-37		09.02.2008
	Heptan[3]	142-82-5	F; Xn; N	R: 11-38-50/53-65-67	S: 9-16-29-33-60-61-62		08.02.2008
1,1,1,3,3,3-	Hexamethyldisilazan[4]	999-97-3	F; C	R: 11-20/21/22-34	S: 16-26-36/37/39-45-60		18.04.2008
	Hexan[3]	110-54-3	F; Xn; N	R: 11-38-48/20-62-51/53-65-67	S: 9-16-29-33-36/37-61-62	RF3	08.02.2008
	Hexanal[3]	66-25-1	Xi	R: 10-36/37/38	S: 23-26-37		09.02.2008
	Hexan-2-on[3]	591-78-6	T	R: 10-48/23-62-67	S: 36/37-45		09.02.2008
	Hex-2-en-1-ol[3]	928-95-0	Xi	R: 10-36/37/38	S: 7-26-33-37-60		09.02.2008
	Hex-3-in-1-ol[3]	1002-28-4	Xi	R: 36/37/38	S: 26-37		08.02.2008
	Hex-5-in-1-ol[3]	928-90-5	Xi	R: 10-36/37/38	S: 26-36/37/39		08.02.2008
trans-	Hydrazin-Monohydrat[2]	10217-52-4	T; N	R: 45-23/24/25-34-43-50/53	S: 53-45-60-61	K2	23.02.2004

	Name	CAS	Symbol	R	S		Datum
	Hydrochinon[3]	123-31-9	Xn; N	R: 22-40-41-43-68-50	S: 26-36/37/39-61		09.02.2008
2-	Hydroxybenzaldehyd[3] [Salicylaldehyd]	90-02-8	Xn	R: 63-21/22-36/37/38	S: 26-36/37		09.02.2008
4-	Hydroxybenzaldehyd[3]	123-08-0	Xi	R: 36/37/38	S: 26-37		09.02.2008
S-	Hydroxybernsteinsäuredimethylester[1] [S-Äpfelsäuredimethylester]	617-55-0	–	–	–		14.06.2004
	Hydroxylamin-O-sulfonsäure[3]	2950-43-8	C	R: 34-43-66	S: 20-26-36/37/39-45		09.02.2008
	Hydroxylammoniumhydrogensulfat[3]	10039-54-0	Xn; N	R: 22-36/38-43-48/22-50	S: 22-24-37-61		08.02.2008
(2-	Hydroxyphenyl)essigsäure[3]	614-75-5	Xi	R: 36/37/38	S: 26-37		09.02.2008
(6-	Hydroxy-2,5,7,8-tetramethylchroman-2-yl)carbonsäure[2] [Trolox®]	53188-07-1	Xi	R: 36/37/38	S: 26-36		23.05.2007
	Iod[4]	7553-56-2	Xn; N	R: 20/21-50	S: 23-25-61		28.08.2007
	Iodbenzol[2]	591-50-4	Xn	R: 20/22	S: 23		29.02.2008
	Iodmethan[2] [Methyliodid]	74-88-4	T; F	R: 11-21-23/25-37/38-40	S: 9-16-24-36/37-38-45	K3	31.10.2006
2-	Iodoxybenzoesäure[2] [IBX]	61717-82-6	Xn	R: 20/21/22-36 /37/38-42/43-44	S: 22-26-36/37/39-45		17.10.2007
1-	Iodpentan[3]	628-17-1	Xi	R: 10-36/37/38	S: 26-37-60		12.02.2008
β-	Ionon[3]	14901-07-6	–		–		09.02.2008
	Isobuttersäurechlorid[3]	79-30-1	F; C	R: 11-35	S: 16-23-26-36-45		12.02.2008
	Isobutyraldehyd[3]	78-84-2	F; Xn	R: 11-22-36/37/38	S: 7-26-33-36/37-60		09.02.2008
	Isophoron[3]	78-59-1	Xn	R: 21/22-36/37-40	S: 13-23-36/37/39-46		09.02.2008
1-	Isopropyl-2-methylbenzol[10] [o-Isopropyltoluol, o-Cymol]	527-84-4	–	R: 10	S: 23-24/25		–
S-4-	Isopropyl-1,3-oxazolidin-2-on[3]	17016-83-0	–		–		09.02.2008
S-4-	Isopropyl-3-propionyl-1,3-oxazolidin-2-on[10]	77877-19-1	–		–		–
	Kalium[2]	7440-09-7	F; C	R: 14/15-34	S: 5-8-45		19.04.2005

	CAS	Symbol	R-Sätze	S-Sätze	Datum
Kaliumbis(trimethylsilyl)amid, Lösung in Toluol[3] [KHMDS]	40949-94-8	F; C	R: 11-14-34-48/20-63-65-67	S: 8-9-16-20-23-26-30-33-36/37/39-45	12.02.2008
Kaliumbromid[3]	7758-02-3	–	–	–	09.02.2008
Kalium-*tert*-butanolat[2] [KO*t*-Bu]	865-47-4	F; C	R: 11-19-35	S: 8-16-26-36/37/39-45	21.01.2008
Kaliumcarbonat[3]	584-08-7	Xn	R: 22-36/37/38	S: 26-36/37	08.02.2008
Kaliumdihydrogenphosphat[3]	7778-77-0	Xi	R: 36/38	S: 26	09.02.2008
Kaliumhexacyanoferrat(III)[3] [K$_3$Fe(CN)$_6$]	13746-66-2	Xn	R: 36/37/38-68	S: 26-36/37	09.02.2008
Kaliumhydrid, Suspension (35%ig) in Paraffinöl[3]	7693-26-7	F; C	R: 14/15-34	S: 7/8-20-26-30-33-36/37/39-43-45	12.02.2008
Kaliumhydrogensulfat[3]	7646-93-7	C	R: 34-37	S: 26-36/37/39-45	09.02.2008
Kaliumhydroxid[3]	1310-58-3	C	R: 22-35	S: 26-36/37/39-45	08.02.2008
Kaliumiodat[3]	7758-05-6	O; Xi	R: 8-36/37/38	S: 17-26-37	09.02.2008
Kaliumiodid[3]	7681-11-0	Xn	R: 63-36/38-42/43	S: 26-36/37/39-45	08.02.2008
Kaliumnatriumtartrat-Tetrahydrat[3]	6381-59-5	–	–	S: 24/25	08.02.2008
Kaliumosmat-Dihydrat[3]	10022-66-9	T	R: 23/25-36/37/38	S: 4-9-20-26-36/37-45	08.02.2008
Kieselgel (0,023-0,040 mm) für Flash-Chromatographie[1]	7631-86-9	–	–	S: 22	27.07.2007
Kupfer(II)-acetat-Monohydrat[3]	6046-93-1	Xn	R: 22	S: 36	09.02.2008
Kupfer(II)-chlorid, wasserfrei[3]	7447-39-4	T	R: 25-34	S: 20-26-36/37/39-45	08.02.2008
Kupfer(I)-iodid[2]	7681-65-4	Xn; N	R: 22-36/37/38-50/53	S: 26-29-37/39-57	03.03.2008
Lävulinsäure[3]	123-76-2	C	R: 22-34	S: 20-26-36/37/39-45-60	09.02.2008
Linalool[10] [*R*-(–)-3,7-Dimethylocta-1,6-dien-3-ol]	126-91-0	C	R: 34	S: 26-36/37/39-45	–
Lindlar-Katalysator[8] (5% Pd/CaCO$_3$/PbO)	–	–	–	–	–
Lithium[1]	7439-93-2	F; C	R: 14/15-34	S: 8-43-45	02.12.2004
Lithiumaluminiumhydrid[3] [LiAlH$_4$]	16853-85-3	F	R: 15	S: 7/8-24/25-43	09.02.2008

	CAS-Nr.	Symbol	R	S		Datum
Lithiumchlorid[3]	7447-41-8	Xn	R: 22-36/37/38	S: 26-36/37		08.02.2008
Lithium-tri-sec-butylborhydrid, Lösung in THF[3] [L-Selectrid®]	38721-52-7	F; C	R: 11-14/15-19-34	S: 7/8-9-16-20-26-26-30-33-36/37/39-43-45-60		08.02.2008
Lithiumhydroxid, wasserfrei[3]	1310-65-2	C	R: 20/22-34	S: 9-20-26-36/37/39-45-60		08.02.2008
Magnesium, Späne nach Grignard[1]	7439-95-4	F	R: 11-15	S: 7/8-43		17.03.2004
Magnesiumsulfat, wasserfrei[3]	7487-88-9	–	–	–		08.02.2008
Malonsäure[2]	141-82-2	Xn	R: 20/22-37/38-41	S: 26-37/39		10.03.2008
Mangan, Pulver[1]	7439-96-5	F	R: 11	S: 22-24/25		31.10.2006
Mangan(IV)-oxid[3] [Braunstein]	1313-13-9	Xn	R: 20/22	S: 25		08.02.2008
(–)- Menthol[3]	2216-51-5	Xi	R: 36/37/38	S: 26-37		08.02.2008
Methanol[3]	67-56-1	T; F	R: 11-23/24/25-39/23/24/25	S: 7-16-36/37-45		08.02.2008
Methanol-d4[3]	811-98-3	T; F	R: 11-23/24/25-39/23/24/25	S: 7-16-36/37-45		08.02.2008
Methansulfonsäureamid[3]	3144-09-0	Xi	R: 36/37/38	S: 26-36/37		09.02.2008
Methansulfonsäurechlorid[2]	124-63-0	T+	R: 24/25-26-34-41	S: 26-28-36/37/39-45		06.03.2008
3- Methoxybenzaldehyd[3]	591-31-1	Xi	R: 36/37/38	S: 26-37		09.02.2008
4- Methoxybenzaldehyd[2] [4-Anisaldehyd]	123-11-5	Xn	R: 22	–		10.03.2008
2- Methoxybenzoesäure[3] [o-Anissäure]	579-75-9	Xi	R: 36/37/38	S: 26-37		09.02.2008
4- Methoxybenzylalkohol[3] [Anisalkohol]	105-13-5	Xn	R: 22-36/37/38	S: 26-36/37		09.02.2008
4- Methoxybenzylchlorid[2] [4-Chlormethylanisol]	824-94-2	C	R: 34	S: 26-36/37/39-45		26.07.2005
2- Methoxynaphthalin[3]	93-04-9	–	–	–		09.02.2008
4- Methoxyphenol[9]	150-76-5	Xn	R: 22-36-43	S: 24/25-26-37/39-46		09.02.2008
2- Methylanilin[3] [o-Toluidin]	95-53-4	T; N	R: 45-23/25-36-50	S: 53-45-61	K2	09.02.2008
2- Methylbenzoesäure[3] [o-Toluylsäure]	118-90-1	Xi	R: 36/37/38	S: 26-37		09.02.2008
S-(–)-2- Methylbutan-1-ol[2]	1565-80-6	Xn	R: 10-20-37-66	S: 46		07.06.2005

		CAS		R-Sätze	S-Sätze		Datum
2-	Methylbut-2-en[3]	513-35-9	F[+]	R: 12	S: 3-16-33-43-60		08.02.2008
3-	Methylbutyraldehyd[3] [Isovaleraldehyd]	590-86-3	F; Xi	R: 11-36/37/38	S: 9-16-23-26-33-37		09.02.2008
6-	Methylhept-5-en-2-on[3]	110-93-0	–	–	–		09.02.2008
	Methyllithium, Lösung in Diethylether[3]	917-54-4	F[+]; C	R: 12-14/15-19-22-34-66-67	S: 8-9-16-26-29-30-33-36/37/39-43		08.02.2008
	Methylmagnesiumchlorid, Lösung in THF[3]	676-58-4	F; C	R: 11-14/15-19-35	S: 7/8-9-16-20-26-29-30-36/37/39-43-45-60		08.02.2008
	Methyl-α-D-mannopyranosid[3]	617-04-9	–	–	–		09.02.2008
4-	Methylmorpholin-4-oxid, Lösung (50%ig) in H$_2$O[8]	7529-22-8	Xi	R: 36/37/38	S: 26-37		–
	Methylphosphonsäuredimethylester[3]	756-79-6	T	R: 46	S: 53-23-36		09.02.2008
	Methyltriphenylphosphoniumbromid[3]	1779-49-3	Xn; N	R: 22-36/37/38-51/53	S: 26-36/37-57		09.02.2008
3-Å	Molekularsieb[3]	308080-99-1	–	–	–		08.02.2008
4-Å	Molekularsieb[3]	70955-01-0	–	–	–		08.02.2008
	Myrcen[1]	123-35-3	–	R: 10	S: 24/25		17.09.2007
	Naphthalin[1]	91-20-3	F; Xn; N	R: 11-22-40-50/53	S: 36/37-46-60-61	K3	08.02.2008
	Natrium[1]	7440-23-5	F; C	R: 14/15-34	S: 5-8-43-45		30.11.2005
	Natriumacetat, wasserfrei[3] [NaOAc]	127-09-3	Xi	R: 36/37/38	S: 26-37		08.02.2008
	Natriumbis(trimethylsilyl)amid, Lösung in THF[3] [NaHMDS]	1070-89-9	F; C	R: 11-14-19-34	S: 8-20-26-30-36/37/39-45		12.02.2008
	Natriumborhydrid[3] [NaBH$_4$]	16940-66-2	T; F	R: 15-23/24/25-34	S: 4-7/8-9-20-26-27-33-36/37/39-43-45		08.02.2008
	Natriumcarbonat[3]	497-19-8	Xi	R: 36	S: 22-26		12.02.2008
	Natriumchlorid[3]	7647-14-5	Xi	R: 36/37/38	S: 26-37		08.02.2008
	Natriumfluorid[3]	7681-49-4	T	R: 25-32-36/38	S: 22-36-45		09.02.2008
	Natriumhydrid, Suspension (60%ig) in Mineralöl[3]	7646-69-7	F; C	R: 15-34	S: 2-7/8-24/25-43		08.02.2008
	Natriumhydrogencarbonat[3]	144-55-8	–	–	–		09.02.2008

Chemikalie	CAS-Nr.	Symbol	R-Sätze	S-Sätze		Datum
Natriumhydroxid[3]	1310-73-2	C	R: 35	S: 26-37/39-45		09.02.2008
Natriumhypochlorit-Lösung[3]	7681-52-9	C; N	R: 31-34-50	S: 28-45-50-61		08.02.2008
Natriumsulfat, wasserfrei[3]	7757-82-6	Xi	R: 36/37/38	S: 26-37		08.02.2008
Natriumsulfit[3]	7757-83-7	Xn	R: 36/37/38-68	S: 26-36/37		08.02.2008
Natriumthiosulfat[3]	7772-98-7	Xi	R: 36/37/38	S: 26-37		09.02.2008
Nerol[3]	106-25-2	Xi	R: 36/37/38	S: 26-37		09.02.2008
Oxalsäure[3]	144-62-7	Xn	R: 21/22	S: 24/25		08.02.2008
Oxalylchlorid[3]	79-37-8	C	R: 14-20-29-34	S: 7/8-9-20-23-26-30-36/37/39-45		09.02.2008
Ozon/Sauerstoff-Gemisch[13]	10028-15-6	O; T+; C	–	–		–
Palladium auf Aktivkohle, 10% Pd[2]	7440-05-3	F	R: 11	S: 16-24/25		25.05.2007
Palladium(II)-acetat[3] [Pd(OAc)2]	3375-31-3	–	–	–		08.02.2008
Penta-1,4-dien-3-ol[10] [Divinylcarbinol]	922-65-6	T	R: 10-23/24/25-36/37/38-42/43-45	S: 16-26-27-36/37/39-45-53		–
Pentan[3]	109-66-0	F+; Xn; N	R: 12-51/53-65-66-67	S: 9-16-29-33-61-62		08.02.2008
Petrolether (Sdp. 30–50°C)[12]	8032-32-4	F+; Xn	R: 12-65	S: 9-16-23-24-33-43-62		–
Petrolether (Sdp. 60–70°C)[12]	8032-32-4	F	R: 11-48/20-51/53-65	S: 9-16-23-24-33-43-57-60-62		–
Petroleum (hochsiedendes Alkangemisch, Sdp. >170°C)[4]	64742-82-1	Xn	R: 65-66	S: 23-24-62		06.08.2002
Phenol[3]	108-95-2	T	R: 23/24/25-34-48/20/21/22-68	S: 24/25-26-28-36/37/39-45	M3	09.02.2008
Phenylboronsäure[3] [Benzolboronsäure]	98-80-6	Xn	R: 22-36/37/38	S: 9-36/37		09.02.2008
1-Phenylhexan-1-on[3] [Pentylphenylketon]	942-92-7	–	–	S: 24/25		09.02.2008
Phenylhydrazin[3]	100-63-0	T; N	R: 45-23/24/25-36/38-43-48/23/24/25-68-50	S: 53-45-61	K2; M3	09.02.2008
Phenyllithium, Lösung in Di-n-butylether[10]	591-51-5	F; C	R: 11-14-17-34-52/53	S: 26-36/37/39-45-61		–

3-	Phenylpropan-1-ol[3] [Hydrozimt-alkohol]	122-97-4	Xi	R: 36/37/38	S: 26-37		09.02.2008
2-	Phenylpropen[3] [α-Methylstyrol]	98-83-9	Xi; N	R: 10-36/37-51/53	S: 61		12.02.2008
trans-3-	Phenylprop-2-en-1-ol[3] [trans-Zimtalkohol]	104-54-1	Xn	R: 22-36/37/38	S: 26-36/37		09.02.2008
	Phenylselenylchlorid[3]	5707-04-0	T; C; N	R: 23/25-33-34-50/53	S: 20/21-28-45-60-61		09.02.2008
1-	Phenyl-1H-tetrazol-5-thiol[3]	86-93-1	F; Xn	R: 5-11-22-36/37/38	S: 7-26-33-36/37-60		09.02.2008
	Phosphorpentoxid[3]	1314-56-3	C	R: 35	S: 22-26-45		09.02.2008
	Phosphorsäure 85%ig in H_2O[3]	7664-38-2	C	R: 34	S: 26-45		09.02.2008
	Phosphortribromid[3]	7789-60-8	C	R: 14-34-37	S: 26-45		08.02.2008
S-(-)-α-	Pinen[1] [(1S,5S)-2,6,6-Trimethylbicyclo[3.1.1]hept-2-en]	7785-26-4	Xn; N	R: 10-20/21/22-36/38-43-51/53-65	S: 36/37-46-61-62		27.08.2007
	Piperidin[3]	110-89-4	T; F	R: 11-23/24-34	S: 16-26-27-45		09.02.2008
	Pivalinsäurechlorid[3]	3282-30-2	T+; F	R: 11-14-22-26-34	S: 4-8-9-16-20-23-26-28-30-33-36/37/39-45		08.02.2008
	Propan-1-ol[3]	71-23-8	F; Xi	R: 11-41-67	S: 7-16-24-26-39		09.02.2008
iso-	Propanol[3] [i-PrOH; Propan-2-ol]	67-63-0	F; Xi	R: 11-36-67	S: 7-16-24/25-26		12.02.2008
2-	Propin-1-ol[3] [Propargylalkohol]	107-19-7	T; N	R: 10-23/24/25-34-51/53	S: 26-28-36-45-61		08.02.2008
	Propionaldehyd[3]	123-38-6	F; Xi	R: 11-36/37/38	S: 9-16-29		09.02.2008
	Propionsäure[3]	79-09-4	C	R: 10-34	S: 23-36-45		12.02.2008
	Propionylchlorid[3]	79-03-8	F; C	R: 11-14-34	S: 9-16-26-45		09.02.2008
	Pyridin[3]	110-86-1	F; Xn	R: 11-20/21/22	S: 26-28		09.02.2008
	Pyridiniumchlorochromat[3] [PCC]	26299-14-9	T; O; N	R: 49-8-43-50/53	S: 53-45-60-61	Expositions-verbot; K2	09.02.2008
	Pyridinium-p-(toluolsulfonat)[2] [PPTS]	24057-28-1	Xn	R: 20/21/22-36/37/38	S: 26-36/37/39		15.02.2008
	Red-Al[6,3] [Natriumbis(2-meth-oxyethoxy)aluminiumhydrid, Lösung in Toluol]	22722-98-1	F; C	R: 14-17-20-34	S: 16-25-29-33-43-45		08.02.2008

	CAS		R	S		
Rhodium auf Aluminiumoxid (Rh/Al₂O₃; 5% Rh)[2]	–	–	–	S: 24/25		23.05.2005
Salzsäure 37%ig in H₂O[3]	7647-01-0	C	R: 34-37	S: 26-45		08.02.2008
Samarium-Pulver[2]	7440-19-9	F	R: 11-15	S: 7/8-16		31.05.2005
Samarium(II)-iodid, Lösung in THF[3]	32248-43-4	F; C	R: 11-14/15-19-34	S: 7/8-9-16-20-26-29-30-33-36/37/39-43-45-60		08.02.2008
Sauerstoff in Druckgasflasche[6]	7782-44-7	O	R: 8	S: 17		01.07.2006
Schwefel[4]	7704-34-9	–	–	–		08.07.2005
Schwefelsäure 95-97%ig in H₂O[3]	7664-93-9	C	R: 35	S: 26-30-45		08.02.2008
Stickstoff in Druckgasflasche[6]	7727-37-9	–	–	S: 9-23		01.01.2005
Stickstoff, tiefgekühlt, flüssig[11]	7727-37-9	–	–	S: 9-23-36/37/39		14.07.2005
trans- Stilben[3]	103-30-0	Xn	R: 62-22	S: 36/37		08.02.2008
Sudan-III-Rot[3] [1-(4-(Phenylazo)-phenylazo)-2-naphthol]	85-86-9	Xn	R: 36/37/38-68	S: 26-36/37		09.02.2008
1,2,4,5- Tetrabrombenzol[2]	636-28-2	Xi	R: 36/37/38	S: 26-37/39		21.12.2000
1,1,2,2- Tetrabromethan	79-27-6	T+	R: 26-36-52/53	S: 24-27-45-61		09.02.2008
Tetrabutylammoniumfluorid-Trihydrat[2]	87749-50-6	Xi	R: 32-36/37/38	S: 26-37/39		04.12.2007
Tetrabutylammoniumiodid[3]	311-28-4	Xn	R: 22-36/37/38	S: 26-36/37		09.02.2008
Tetrachlorkohlenstoff[2]	56-23-5	T; N	R: 23/24/25-40-48/23-52/53-59	S: 23-36/37-45-59-61	K3	05.02.2008
Tetrahydrofuran[3] [THF]	109-99-9	F; Xi	R: 11-19-36/37	S: 16-29-33		08.02.2008
Tetramethylammoniumtriacet-oxyborhydrid[10] [Me₄NBH(OAc)₃]	109704-53-2	F; Xi	R: 15-36/37/38	S: 26-36-43		–
N,N,N',N'- Tetramethylethylendiamin[3] [TMEDA]	110-18-9	F; C	R: 11-20/22-34	S: 16-26-36/37/39-45		09.02.2008
2,2,6,6- Tetramethylpiperidin[3]	768-66-1	C	R: 10-22-34	S: 20-23-26-36/37/39-45		09.02.2008
2,2,6,6- Tetramethylpiperidin-1-oxyl[3] [TEMPO]	2564-83-2	C	R: 34	S: 20-26-36/37/39-45-60		09.02.2008

		CAS		R-Sätze	S-Sätze		Datum
2,2,6,6-	Tetramethyl-4-piperidon[2]	826-36-8	C	R: 22-34	S: 22-26-36/37/39-45		04.04.2007
1,1,2,2-	Tetraphenylethen[2]	632-51-9	–	–	S: 24/25		16.07.1996
	Thionylchlorid[4]	7719-09-7	C	R: 14-20/22-29-35	S: 1/2-26-36/37/39-45		19.10.2007
	Titan(III)-chlorid, Pulver[10]	10049-06-6	F; C	R: 14/15-17-34	S: 16-24-26-36/37/39-45		
	Titan(IV)-chlorid[2]	7550-45-0	C	R: 14-34	S: 7/8-26-36/37/39-45		03.12.2007
	Titan(IV)-isopropoxid[3] [Titantetraisopropylat]	546-68-9	Xi	R: 10-36/37/38	S: 23-26-37-60		09.02.2008
	Toluol[3]	108-88-3	F; Xn	R: 11-38-48/20-63-65-67	S: 36/37-46-62	RE3	08.02.2008
4-	.Toluolsulfonsäure-Monohydrat[3] [p-TsOH]	6192-52-5	C	R: 34	S: 26-36/37/39-45		09.02.2008
4-	Toluolsulfonsäurechlorid[3]	98-59-9	C	R: 34	S: 20-26-36/37/39-45		09.02.2008
N-(2-	Tolyl)pivalinsäureamid[2] [2,2-Dimethyl-1-(2-toluidino)-propanon]	61495-04-3	Xi	R: 36/37/38	S: 26-37/39		19.01.2000
	Tributylphosphin[2]	998-40-3	F; C	R: 11-17-21/22-34	S: 16-26-36/37/39		22.04.2002
	Trichlormethylphosphonsäure-diethylester[3]	866-23-9	Xn	R: 22-36/37/38	S: 26-36/37-60		08.02.2008
	Triethylamin[3] [NEt₃]	121-44-8	F; C	R: 11-20/21/22-35	S: 3-16-26-29-36/37/39-45		09.02.2008
	Triethylboran, Lösung in THF[2]	97-94-9	F; C	R: 11-19-34	S: 16-26-33-36/37/39-43-45		24.10.2003
	Triethylenglykol[3]	112-27-6	–	R: 33	S: 36		09.02.2008
	Triethylorthoformiat[3] [Ortho-ameisensäuretriethylester]	122-51-0	Xi	R: 10-36/37/38	S: 26-37-60		09.02.2008
	Triethylphosphit[2] [Phosphorigsäuretriethylester]	122-52-1	Xn	R: 10-20/22-36/38-52/53	S: 16-26-36/37/39-61		11.04.2008
	Trifluoressigsäure[3] [TFA]	76-05-1	C	R: 20-35-52/53	S: 9-26-27/28-45-61		12.02.2008
	Trifluoressigsäureanhydrid[3] [TFAA]	407-25-0	C	R: 35	S: 20-26-36/37/39-45-60		09.02.2008
2,2,2-	Trifluorethanol[3]	75-89-8	Xn	R: 10-20/21/22-37/38-41	S: 9-23-26-36/37/39		09.02.2008

	Name	CAS	Symbol	R	S	Datum
3,4,5-	Trimethoxybenzaldehyd[3]	86-81-7	Xn	R: 22-36/37/38	S: 26-36/37	09.02.2008
3,4,5-	Trimethoxybenzoesäure[3]	118-41-2	Xi	R: 36/37/38	S: 26-37	09.02.2008
3,4,5-	Trimethoxybenzoylchlorid[10]	4521-61-3	C	R: 14-34-37	S: 26-36/37/39-45	–
(1S,2S,3S,5R)-2,6,6-	Trimethylbicyclo[3.1.1]heptan-3-ol[10] [(+)-Isopinocampheol]	27779-29-9	–	R: 36/37/38	S: 26-36	–
	Trimethylorthoacetat[2] [Orthoessigsäuretrimethylester]	1445-45-0	F; Xi	R: 11-38-43	S: 16-24-37/39	26.06.2007
	Trimethylorthoformiat[3] [Orthoameisensäuretrimethylester]	149-73-5	F; Xi	R: 11-36/37/38	S: 26-37-60	09.02.2008
	Trimethylphosphit[3]	121-45-9	Xn	R: 10-22-36/37/38-63	S: 23-26-36/37-60	08.02.2008
	Trimethylsilyldiazomethan, Lösung in Hexan[3]	18107-18-1	F; Xn; N	R: 11-38-48/20-51/53-65-67	S: 9-16-23-33-36/37-57-62	12.02.2008
2-(	Trimethylsilyl)essigsäureethylester[3]	4071-88-9	–	R: 10	S: 7-33-43-60	09.02.2008
2-(	Trimethylsilyl)ethan-1-ol[3]	2916-68-9	Xi	R: 10-36/37/38	S: 26-37	12.02.2008
3-(	Trimethylsilyl)prop-2-in-1-ol[3]	5272-36-6	Xi	R: 36/37/38	S: 26-37	12.02.2008
	Triphenylchlormethan[3]	76-83-5	C	R: 34	S: 20-26-36/37/39-45-60	09.02.2008
	Triphenylmethan[3]	519-73-3	–	R: –	S: –	09.02.2008
	Triphenylphosphan[3]	603-35-0	Xn	R: 22-43-53	S: 24-37-61	08.02.2008
	Triphenylphosphanoxid[2]	791-28-6	Xn	R: 22-52/53	S: 61	28.02.2008
	Triphenylpropylphosphoniumbromid[3]	6228-47-3	Xi	R: 36/37/38	S: 26-37	09.02.2008
	Tris(2,6-dimethoxyphenyl)phosphan[2] [TDMPP]	85417-41-0	Xi	R: 36/37/38	S: 26-37/39	08.11.2001
	Trockeneis[7] [CO2]	124-38-9	–	R: –	S: 9-23-36	16.10.2006
	Valeraldehyd[3]	110-62-3	F; Xi	R: 11-33-37/39	S: 7-26-33-37/39	12.02.2008
	Valeriansäurechlorid[3]	638-29-9	C	R: 10-34	S: 7-20-26-33-36/37/39-45	12.02.2008
L-	Valin[3]	72-18-4	–	R: –	S: –	09.02.2008
	Vinylmagnesiumbromid, Lösung in THF[2]	1826-67-1	F; C	R: 11-14/15-19-34	S: 6-16-26-36/37/39-43-45	04.01.2005

Wasserstoff in Druckgasflasche[6]	1333-74-0	F+	R: 12	S: 9-16-33	01.01.2005
Wasserstoffperoxid 35%ig in H_2O[2]	7722-84-1	Xn	R: 22-41	S: 17-26-28-36/37/39-45	12.02.2008
L-(+)-Weinsäure[3]	87-69-4	Xi	R: 36/37/38	S: 26-37	09.02.2008
Xylol (Isomerengemisch)[3]	1330-20-7	Xn	R: 10-20/21-38	S: 25	12.02.2008
Zimtsäureethylester[3]	103-36-6	-	-	-	09.02.2008
Zink, Pulver[3]	7440-66-6	F; N	R: 15-17-50/53	S: 43-46.60-61	08.02.2008
Zinkchlorid, wasserfrei[3]	7646-85-7	C; N	R: 22-34-50/53	S: 26-36/37/39-45-60-61	08.02.2008
Zitronensäure[3]	77-92-9	Xi	R: 37/38-41	S: 26-37/39	08.02.2008

1) Merck in euSDB
2) Acros in euSDB
3) Alfa Aesar in euSDB
4) Carl + Roth in euSDB
5) Acros Herstellerangabe Verpackung
6) AIR LIQUIDE nach TRGS 220
7) PRAXAIR nach TRGS 220
8) Fluka Herstellerangabe Verpackung
9) Alfa Aesar Herstellerangabe Verpackung
10) Aldrich Herstellerangabe Verpackung
11) Linde nach TRGS 220
12) Carl + Roth Herstellerangabe Verpackung
13) Gefahrstoffdatenbank des BGIA (Institut für Arbeitsschutz der Deutschen Gesetzlichen Unfallversicherung)

R- und S-Sätze im Wortlaut

Hinweis auf besondere Gefahren (R-Sätze)

R 1	In trockenem Zustand explosionsgefährlich
R 2	Durch Schlag, Reibung, Feuer und andere Zündquellen explosionsgefährlich
R 3	Durch Schlag, Reibung, Feuer oder andere Zündquellen besonders explosionsgefährlich
R 4	Bildet hochempfindliche explosionsgefährliche Metallverbindungen
R 5	Beim Erwärmen explosionsfähig
R 6	Mit und ohne Luft explosionsfähig
R 7	Kann Brand verursachen
R 8	Feuergefahr bei Berührung mit brennbaren Stoffen
R 9	Explosionsgefahr bei Mischung mit brennbaren Stoffen
R 10	Entzündlich
R 11	Leichtentzündlich
R 12	Hochentzündlich
R 13	Hochentzündliches Flüssiggas
R 14	Reagiert heftig mit Wasser
R 15	Reagiert heftig mit Wasser unter Bildung leichtentzündlicher Gase
R 16	Explosionsgefährlich in Mischung mit brandfördernden Gasen
R 17	Selbstentzündlich an der Luft
R 18	Bei Gebrauch Bildung explosionsfähiger/leichtentzündlicher Dampf-Luftgemische möglich
R 19	Kann explosionsfähige Peroxide bilden
R 20	Gesundheitsschädlich beim Einatmen
R 21	Gesundheitsschädlich bei Berührung mit der Haut
R 22	Gesundheitsschädlich beim Verschlucken
R 23	Giftig beim Einatmen
R 24	Giftig bei Berührung mit der Haut
R 25	Giftig bei Verschlucken
R 26	Sehr giftig beim Einatmen
R 27	Sehr giftig bei Berührung mit der Haut
R 28	Sehr giftig beim Verschlucken
R 29	Entwickelt bei Berührung mit Wasser giftige Gase
R 30	Kann bei Gebrauch leichtentzündlich werden
R 31	Entwickelt bei Berührung mit Säure giftige Gase
R 32	Entwickelt bei Berührung mit Säure sehr giftige Gase
R 33	Gefahr kumulativer Wirkungen
R 34	Verursacht Verätzungen
R 35	Verursacht schwere Verätzungen
R 36	Reizt die Augen
R 37	Reizt die Atmungsorgane
R 38	Reizt die Haut
R 39	Ernste Gefahr irreversiblen Schadens
R 40	Verdacht auf krebserzeugende Wirkung
R 41	Gefahr ernster Augenschäden
R 42	Sensibilisierung durch Einatmen möglich
R 43	Sensibilisierung durch Hautkontakt möglich
R 44	Explosionsgefahr bei Erhitzen unter Einschluss
R 45	Kann Krebs erzeugen
R 46	Kann vererbbare Schäden verursachen
R 47	Kann Missbildungen verursachen
R 48	Gefahr ernster Gesundheitsschäden bei längerer Exposition
R 49	Kann Krebs erzeugen beim Einatmen
R 50	Sehr giftig für Wasserorganismen
R 51	Giftig für Wasserorganismen
R 52	Schädlich für Wasserorganismen
R 53	Kann in Gewässern längerfristig schädliche Wirkungen haben
R 54	Giftig für Pflanzen
R 55	Giftig für Tiere
R 56	Giftig für Bodenorganismen
R 57	Giftig für Bienen
R 58	Kann längerfristig schädliche Wirkungen auf die Umwelt haben
R 59	Gefährlich für die Ozonschicht
R 60	Kann die Fortpflanzungsfähigkeit beeinträchtigen
R 61	Kann das Kind im Mutterleib schädigen
R 62	Kann möglicherweise die Fortpflanzungsfähigkeit beeinträchtigen
R 63	Kann das Kind im Mutterleib möglicherweise schädigen
R 64	Kann Säuglinge über die Muttermilch schädigen
R 65	Gesundheitsschädlich: kann beim Verschlucken Lungenschäden verursachen
R 66	Wiederholter Kontakt kann zu spröder oder rissiger Haut führen
R 67	Dämpfe können Schläfrigkeit und Benommenheit verursachen
R 68	Irreversibler Schaden möglich

Kombination der R-Sätze

R 14/15	Reagiert heftig mit Wasser unter Bildung hochentzündlicher Gase
R 15/29	Reagiert mit Wasser unter Bildung giftiger und hochentzündlicher Gase
R 20/21	Gesundheitsschädlich beim Einatmen und bei der Berührung mit der Haut
R 20/22	Gesundheitsschädlich beim Einatmen und Verschlucken
R 20/21/22	Gesundheitsschädlich beim Einatmen, Verschlucken und Berührung mit der Haut
R 21/22	Gesundheitsschädlich bei Berührung mit der Haut und beim Verschlucken
R 23/24	Giftig beim Einatmen und bei Berührung mit der Haut
R 23/25	Giftig beim Einatmen und Verschlucken
R 23/24/25	Giftig beim Einatmen, Verschlucken und Berührung mit der Haut
R 24/25	Giftig bei Berührung mit der Haut und beim Verschlucken
R 26/27	Sehr giftig beim Einatmen und bei Berührung mit der Haut
R 26/28	Sehr giftig beim Einatmen und Verschlucken
R 26/27/28	Sehr giftig beim Einatmen, Verschlucken und Berührung mit der Haut
R 27/28	Sehr giftig bei Berührung mit der Haut und beim Verschlucken
R 36/37	Reizt die Augen und die Atmungsorgane
R 36/38	Reizt die Augen und die Haut
R 36/37/38	Reizt die Augen, Atmungsorgane und die Haut
R 37/38	Reizt die Atmungsorgane und die Haut
R 39/23	Giftig: ernste Gefahr irreversiblen Schadens durch Einatmen
R 39/24	Giftig: ernste Gefahr irreversiblen Schadens bei Berührung mit der Haut
R 39/25	Giftig: ernste Gefahr irreversiblen Schadens durch Verschlucken
R 39/23/24	Giftig: ernste Gefahr irreversiblen Schadens durch Einatmen und bei Berührung mit der Haut
R 39/23/25	Giftig: ernste Gefahr irreversiblen Schadens durch Einatmen und durch Verschlucken
R 39/24/25	Giftig: ernste Gefahr irreversiblen Schadens bei Berührung mit der Haut und durch Verschlucken
R 39/23/24/25	Giftig: ernste Gefahr irreversiblen Schadens durch Einatmen, Berührung mit der Haut und durch Verschlucken
R 39/26	Sehr giftig: ernste Gefahr irreversiblen Schadens durch Einatmen
R 39/27	Sehr giftig: ernste Gefahr irreversiblen Schadens bei Berührung mit der Haut
R 39/28	Sehr giftig: ernste Gefahr irreversiblen Schadens durch Verschlucken
R 39/26/27	Sehr giftig: ernste Gefahr irreversiblen Schadens durch Einatmen und bei Berührung mit der Haut
R 39/26/28	Sehr giftig: ernste Gefahr irreversiblen Schadens durch Einatmen und durch Verschlucken
R 39/27/28	Sehr giftig: ernste Gefahr irreversiblen Schadens bei Berührung mit der Haut und durch Verschlucken
R 39/26/27/28	Sehr giftig: ernste Gefahr irreversiblen Schadens durch Einatmen, Berührung mit der Haut und durch Verschlucken
R 42/43	Sensibilisierung durch Einatmen und Hautkontakt möglich
R 48/20	Gesundheitsschädlich: Gefahr ernster Gesundheitsschäden bei längerer Exposition durch Einatmen
R 48/21	Gesundheitsschädlich: Gefahr ernster Gesundheitsschäden bei längerer Exposition durch Berührung mit der Haut
R 48/22	Gesundheitsschädlich: Gefahr ernster Gesundheitsschäden bei längerer Exposition durch Verschlucken
R 48/20/21	Gesundheitsschädlich: Gefahr ernster Gesundheitsschäden bei längerer Exposition durch Einatmen und durch Berührung mit der Haut
R 48/20/22	Gesundheitsschädlich: Gefahr ernster Gesundheitsschäden bei längerer Exposition durch Einatmen und durch Verschlucken
R 48/21/22	Gesundheitsschädlich: Gefahr ernster Gesundheitsschäden bei längerer Exposition durch Berührung mit der Haut und durch Verschlucken
R 48/20/21/22	Gesundheitsschädlich: Gefahr ernster Gesundheitsschäden bei längerer Exposition durch Einatmen, Berührung mit der Haut und durch Verschlucken
R 48/23	Giftig: Gefahr ernster Gesundheitsschäden bei längerer Exposition durch Einatmen
R 48/24	Giftig: Gefahr ernster Gesundheitsschäden bei längerer Exposition durch Berührung mit der Haut
R 48/25	Giftig: Gefahr ernster Gesundheitsschäden bei längerer Exposition durch Verschlucken
R 48/23/24	Giftig: Gefahr ernster Gesundheitsschäden bei längerer Exposition durch Einatmen und durch Berührung mit der Haut
R 48/23/25	Giftig: Gefahr ernster Gesundheitsschäden bei längerer Exposition durch Einatmen und durch Verschlucken
R 48/24/25	Giftig: Gefahr ernster Gesundheitsschäden bei längerer Exposition durch Berührung mit der Haut und durch Verschlucken
R 48/23/24/25	Giftig: Gefahr ernster Gesundheitsschäden bei längerer Exposition durch Einatmen, Berührung mit der Haut und durch Verschlucken

R 50/53	Sehr giftig für Wasserorganismen, kann in Gewässern längerfristig schädliche Wirkungen haben
R 51/53	Giftig für Wasserorganismen, kann in Gewässern längerfristig schädliche Wirkungen haben
R 52/53	Schädlich für Wasserorganismen, kann in Gewässern längerfristig schädliche Wirkungen haben
R 68/20	Gesundheitsschädlich: Möglichkeit irreversiblen Schadens durch Einatmen
R 68/21	Gesundheitsschädlich: Möglichkeit irreversiblen Schadens bei Berührung mit der Haut
R 68/22	Gesundheitsschädlich: Möglichkeit irreversiblen Schadens durch Verschlucken
R 68/20/21	Gesundheitsschädlich: Möglichkeit irreversiblen Schadens durch Einatmen und bei Berührung mit der Haut
R 68/20/22	Gesundheitsschädlich: Möglichkeit irreversiblen Schadens durch Einatmen und durch Verschlucken
R 68/21/22	Gesundheitsschädlich: Möglichkeit irreversiblen Schadens bei Berührung mit der Haut und durch Verschlucken
R 68/20/ 21/22	Gesundheitsschädlich: Möglichkeit irreversiblen Schadens durch Einatmen, Berührung mit der Haut und durch Verschlucken

Sicherheitsratschläge (S-Sätze)

S 1	Unter Verschluss aufbewahren
S 2	Darf nicht in die Hände von Kindern gelangen
S 3	Kühl aufbewahren
S 4	Von Wohnplätzen fernhalten
S 5	Unter ... aufbewahren (geeignete Flüssigkeit vom Hersteller anzugeben)
S 6	Unter ... aufbewahren (inertes Gas vom Hersteller anzugeben)
S 7	Behälter dicht geschlossen halten
S 8	Behälter trocken halten
S 9	Behälter an einem gut gelüfteten Ort aufbewahren
S 12	Behälter nicht gasdicht verschließen
S 13	Von Nahrungsmitteln, Getränken und Futtermitteln fernhalten
S 14	Von ... fernhalten (inkompatible Substanzen sind vom Hersteller anzugeben)
S 15	Vor Hitze schützen
S 16	Von Zündquellen fernhalten - nicht rauchen
S 17	Von brennbaren Stoffen fernhalten
S 18	Behälter mit Vorsicht öffnen und handhaben
S 20	Bei der Arbeit nicht essen und trinken
S 21	Bei der Arbeit nicht rauchen
S 22	Staub nicht einatmen
S 23	Gas/Rauch/Dampf/Aerosol nicht einatmen (geeignete Bezeichnung(en) vom Hersteller anzugeben)
S 24	Berührung mit der Haut vermeiden
S 25	Berührung mit den Augen vermeiden
S 26	Bei Berührung mit den Augen gründlich mit Wasser abspülen und Arzt konsultieren
S 27	Beschmutzte, getränkte Kleidung sofort ausziehen
S 28	Bei Berührung mit der Haut sofort abwaschen mit viel ... (vom Hersteller anzugeben)
S 29	Nicht in die Kanalisation gelangen lassen
S 30	Niemals Wasser hinzugießen
S 33	Maßnahmen gegen elektrostatische Aufladung treffen
S 34	Schlag und Reibung vermeiden
S 35	Abfälle und Behälter müssen in gesicherter Weise beseitigt werden
S 36	Bei der Arbeit geeignete Schutzkleidung tragen
S 37	Geeignete Schutzhandschuhe tragen

Kombination der S-Sätze

S 1/2	Unter Verschluss und für Kinder unzugänglich aufbewahren
S 3/7	Behälter dicht geschlossen halten und an einem kühlen Ort aufbewahren
S 3/9/14	An einem kühlen, gut gelüfteten Ort entfernt von ... aufbewahren (die Stoffe, mit denen Kontakt vermieden werden muss, sind vom Hersteller anzugeben)
S 3/9/14/49	Nur im Orginalbehälter an einem kühlen, gut gelüfteten Ort entfernt von ... aufbewahren (die Stoffe, mit denen Kontakt vermieden werden muss, sind vom Hersteller anzugeben)
S 3/9/49	Nur im Orginalbehälter an einem kühlen, gut gelüfteten Ort aufbewahren
S 3/14	An einem kühlen von ... entfernten Ort aufbewahren (die Stoffe, mit denen Kontakt vermieden werden muss, sind vom Hersteller anzugeben)
S 7/8	Behälter trocken und dicht geschlossen halten
S 7/9	Behälter dicht geschlossen an einem gut gelüfteten Ort aufbewahren
S 7/47	Behälter dicht geschlossen und nicht bei Temperaturen über ... °C aufbewahren (vom Hersteller anzugeben)
S 20/21	Bei der Arbeit nicht essen, trinken oder rauchen
S 24/25	Berührung mit den Augen und der Haut vermeiden
S 27/28	Bei Berührung mit der Haut beschmutzte, getränkte Kleidung sofort ausziehen und Haut sofort abwaschen mit viel ... (vom Hersteller anzugeben)
S 29/35	Nicht in die Kanalisation gelangen lassen; Abfälle und Behälter müssen in gesicherter Weise beseitigt werden
S 29/56	Nicht in die Kanalisation gelangen lassen; dieses Produkt und seinen Behälter der Problemabfallentsorgung zuführen
S 36/37	Bei der Arbeit geeignete Schutzhandschuhe und Schutzkleidung tragen
S 36/37/39	Bei der Arbeit geeignete Schutzhandschuhe, Schutzkleidung, Schutzhandschuhe und Schutzbrille/Gesichtsschutz tragen
S 36/39	Bei der Arbeit geeignete Schutzkleidung und Schutzbrille/Gesichtsschutz tragen
S 37/39	Bei der Arbeit geeignete Schutzhandschuhe und Schutzbrille/Gesichtsschutz tragen
S 47/49	Nur im Orginalbehälter bei einer Temperatur von nicht über ... °C aufbewahren (vom Hersteller anzugeben)

S 38	Bei unzureichender Belüftung Atemschutzgerät anlegen
S 39	Schutzbrille/Gesichtsschutz tragen
S 40	Fußboden und verunreinigte Gegenstände mit ...reinigen (Material vom Hersteller anzugeben)
S 41	Explosions- und Brandgase nicht einatmen
S 42	Beim Räuchern/Versprühen geeignetes Atemschutzgerät anlegen [geeignete Bezeichnung(en) vom Hersteller anzugeben]
S 43	Zum Löschen ...(vom Hersteller anzugeben) verwenden (wenn Wasser die Gefahr erhöht, anfügen: „Kein Wasser verwenden")
S 44	Bei Unwohlsein ärztlichen Rat einholen (wenn möglich dieses Etikett vorzeigen)
S 45	Bei Unfall oder Unwohlsein sofort Arzt hinzuziehen (wenn möglich dieses Etikett vorzeigen)
S 46	Bei Verschlucken sofort ärztlichen Rat einholen und Verpackung oder Etikett vorzeigen
S 47	Nicht bei Temperaturen über ... °C aufbewahren (vom Hersteller anzugeben)
S 48	Feucht halten mit ... (geeignetes Mittel vom Hersteller anzugeben)
S 49	Nur im Orginalbehälter aufbewahren
S 50	Nicht mischen mit ... (vom Hersteller anzugeben)
S 51	Nur in gut belüfteten Bereichen verwenden
S 52	Nicht großflächig für Wohn- und Aufenthaltsräume zu verwenden
S 53	Exposition vermeiden – vor Gebrauch besondere Anweisungen einholen
S 56	Diesen Stoff und seinen Behälter der Problemabfallentsorgung zuführen
S 57	Zur Vermeidung einer Kontamination der Umwelt geeignete Behälter verwenden
S 59	Information zur Wiederverwendung/Wiederverwertung beim Hersteller/Lieferanten erfragen
S 60	Dieser Stoff und sein Behälter sind als gefährlicher Abfall zu entsorgen
S 61	Freisetzung in die Umwelt vermeiden. Besondere Anweisungen einholen/Sicherheitsdatenblatt zu Rate ziehen
S 62	Bei Verschlucken kein Erbrechen herbeiführen. Sofort ärztlichen Rat einholen und Verpackung oder dieses Etikett vorzeigen
S 63	Bei Unfall durch Einatmen: Verunfallten an die frische Luft bringen und ruhigstellen
S 64	Bei Verschlucken Mund mit Wasser ausspülen (nur wenn Verunfallter bei Bewusstsein ist)

Kapitel VI

Graphisches Inhaltsverzeichnis der Reaktionssequenzen

„Sequenz" 2: Darstellung eines Ketons aus CO$_2$ als verbrückendem Baustein   93

2-1

Sequenz 3: Darstellung eines Cyclohexenons aus einem Cyclohexandion I*;   94
1,4-Addition eines Gilman-Cuprats

1a) HC(OEt)$_3$, EtOH, kat. p-TsOH
oder
1b) EtOH kat. p-TsOH

3-1   2) PhMgBr   **3-2**   3) Me$_2$CuLi (aus 2 MeLi + CuI)   **3-3**

* Vgl. auch Sequenz 41

Sequenz 4: Fritsch-Buttenberg-Wiechell-Umlagerung und Darstellung eines Propiolesters   97

1) O$_3$; Zn, HOAc

4-1   2) CCl$_4$ (EtO)$_2$P(=O)CCl$_3$ ←   (EtO)$_3$P

4-2

3) n-BuLi;

4-3   4) 2 n-BuLi; ClCO$_2$Me   CO$_2$Me   **4-4**

Sequenz 5: Enin-Generierung per Peterson-Olefinierung 100

Sequenz 6: Aromatenfunktionalisierung durch *ortho*-Lithiierung I[*] 104

[*] Vgl. auch Sequenz 55

„Sequenz" 7: Diels-Alder-Reaktionen von Arinen 107

Sequenz 8: Darstellung eines β-Ketoesters   108

1) 2 LDA;
MeO

2) Trifluoressigsäureanhydrid,
Trifluoressigsäure,
Aceton

8-1

3) F₃C‿OH

8-3

8-2

Sequenz 9: Darstellung eines Olefins mit tetrasubstituierter C=C-Doppelbindung I*   110

1) Phenol,
kat. H₂SO₄

2) LDA;

3) Δ

9-1

9-2

9-3

* Vgl. auch „Sequenz" 61 – „Sequenz" 63

Sequenz 10: Darstellung eines Olefins mit tetrasubstituierter C=C-Doppelbindung II*   112

2 Äquiv. hexan-
freies LDA

i-Pr₂NH;

1) 2 Li;

2) PhSO₂Cl,
Pyridin

3) Δ

10-1

10-2

10-3

* Vgl. auch „Sequenz" 61 – „Sequenz" 63

Sequenz 11: *trans*-Cyclopropandicarbonsäure-Synthese enantiomerenrein oder als   115
       racemisches Gemisch

„Sequenz" 12: Eine anionische Diels-Alder-Reaktion als Bicyclo[2.2.2]octan-Synthese   122

Sequenz 13: Eine anionische Diels-Alder-Reaktion als Decalin-Synthese   123

Sequenz 14: Stereodivergente Synthesen von Monoterpencarbonestern 129

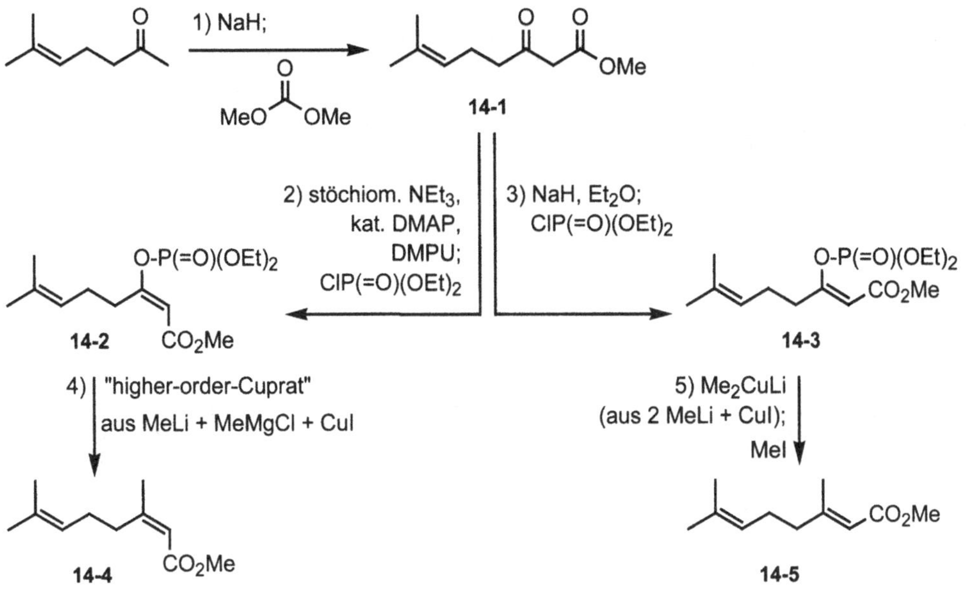

O
1) NaH;
O
MeO
OMe
O
O
OMe
14-1
2) stöchiom. NEt3,
kat. DMAP,
DMPU;
ClP(=O)(OEt)2
3) NaH, Et2O;
ClP(=O)(OEt)2
O-P(=O)(OEt)2
14-2
CO2Me
O-P(=O)(OEt)2
CO2Me
14-3
4) "higher-order-Cuprat"
aus MeLi + MeMgCl + CuI
5) Me2CuLi
(aus 2 MeLi + CuI);
MeI
CO2Me
14-4
CO2Me
14-5

Sequenz 15: Stereodivergente Synthesen von Sesquiterpencarbonestern   134

15-1
(andere Darst.: 2-6 in Band 1)

15-2

15-3

15-4

15-5

15-6

Sequenz 16: Stereodivergente Synthesen von Diterpencarbonestern   140

1) NCS, Me$_2$S

2) NaH;
n-BuLi;

16-1
(andere Darst.: 2-7 in Band 1)

16-2

3) stöchiom. NEt$_3$,
   kat. DMAP,
   DMPU;
   ClP(=O)(OEt)$_2$

4) NaH, Et$_2$O;
   ClP(=O)(OEt)$_2$

16-3

16-4

5) "higher-order-Cuprat"
   aus MeLi + MeMgCl + CuI

6) Me$_2$CuLi
   (aus 2 MeLi + CuI);
   MeI

16-5

16-6

Sequenz 17: ex-chiral-Pool-Synthesen ausgehend von *N*-Boc-L-Serin   146

Sequenz 18: Stereoselektive Carbonylolefinierungen 152

MeO, — COOH / OH (3,4,5-trimethoxybenzoic acid)

1) SOCl₂ →

MeO, — COCl **18-1**

2) H₂, kat. Pd/C, "Chinolin S" →

MeO, — CHO **18-2**

3) NaHMDS; Br⁻ Ph₃P⁺ —

MeO, — **18-3**

6) KHMDS; —

MeO, — **18-6**

$O=S=O$ structure **18-5**

4) *i*-PrO₂C–N=N–CO₂*i*-Pr, PPh₃, SH (tetrazole-Ph) →

18-4 S-propyl tetrazole

5) stöchiom. H₂O₂, kat. (NH₄)₆Mo₇O₂₄ →

Sequenz 19: Hydroborierung mit Boran; Darstellungsweisen von Diisopinocampheylboran 157

1) BH₃·SMe₂; → ( )₂BH + *meso*-Isomer

MeOH; H₂O₂, NaOH → OH **19-1** 93% *ee*

80% *ee*

wenig

80% *ee*

„93% *ee*"

80% *ee*

2) NaBH₄, BF₃·OEt₂, [→ BH₃]; → ( )₂BH + *meso*-Isomer

H₂N-OSO₃H → NH₂ **19-2** 80% *ee*

„Sequenz" 20: Hydroborierung mit Disiamylboran   162

20-1

Sequenz 21: Hydroborierung mit Thexylboran und Evans-Aldoladdition als   163
           Schlüsselschritte einer 10-stufigen Naturstofffragment-Synthese

21-1   **21-2**

21-5   **21-4**   **21-3**

21-6   **21-7**

21-10   **21-8**

21-9

6-12 (Band 1)

„Sequenz" 22: Überführung von tert-Butylhydroperoxid aus H$_2$O in Dichlormethan   171

22-1

Sequenz 23: Sharpless-Epoxidierung eines primären Allylalkohols I;   173
Epoxidöffnung mit einem *C*-Nucleophil

1) Cumyl-OOH,
   kat. Ti(O*i*-Pr)$_4$,

kat. L-(+)-Diisopropyltartrat,
3-Å-Molsieb;
P(OMe)$_3$

2) Cl–CPh$_3$,

stöchiom. NEt$_3$,
kat. DMAP

23-1

3)

Mg;

23-3   **23-2**

Sequenz 24: Sharpless-Epoxidierung eines primären Allylalkohols II;   176
Epoxidöffnung mit *H*-Nucleophilen

1) *t*-BuOOH,
   kat. Ti(O*i*-Pr)$_4$,

kat. L-(+)-Diethyltartrat,
4-Å-Molsieb;
FeSO$_4$

24-1

2) DIBAH   3) Red-Al®

24-2   **24-3**

Sequenz 25: Sharpless-Epoxidierung eines primären Allylalkohols III als Auftakt einer   179
   „Allylalkohol-Transposition"

1) *t*-BuOOH,

kat. L-(+)-Diethyltartrat,
kat. Ti(O*i*-Pr)$_4$,
kein Molsieb;
Na$_2$SO$_3$

25-1

2) *p*-TsCl,
   kat. DMAP

3) KI, DMF;

Zn, NH$_4$Cl

25-3

25-2

Sequenz 26: Sharpless-Epoxidierung eines primären Allylalkohols IV,   182
   Birch-Reduktion und Ozonolyse

1) O   OH   **6-21 (Band 1)**

   OMe   ,

   O

MeO

kat. Piperidin,
stöchiom. NEt$_3$

MeO   OMe

26-1

2) DIBAH

3) *t*-BuOOH,
   kat. Ti(O*i*-Pr)$_4$,

MeO   OH

kat. L-(+)-Diisopropyltartrat,   MeO   OH
4-Å-Molsieb;
Na$_2$SO$_3$

26-3

26-2

4) NaH; MeI

5) Li,
   fl. NH$_3$,

MeO   OMe

t-BuOH;

MeO   OH
   OMe

26-4

O$_3$; Me$_2$S

MeO   OH

26-5

Sequenz 27: Sharpless-Epoxidierung eines primären Allylalkohols V,   187
         Shioiri-Alkinsynthese und Carbopalladierung einer C≡C-Dreifachbindung

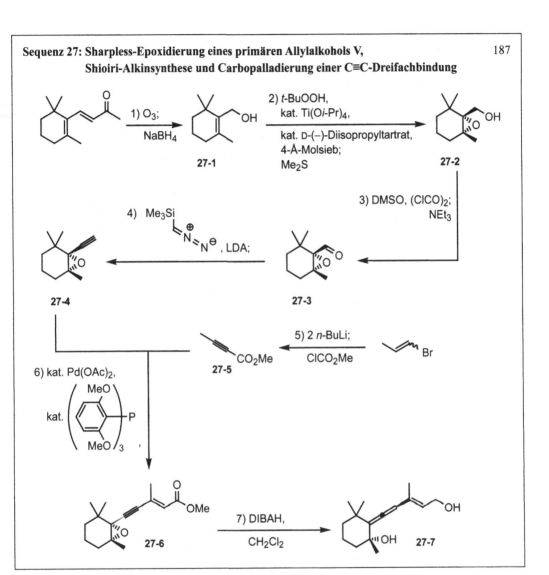

Sequenz 28: Sharpless-Epoxidierung eines primären Allylalkohols VI,   194
       Epoxidöffnung mit einem N-Nucleophil und 8-Stufen-Synthese von
       2R,3S-„Norsphingosin"

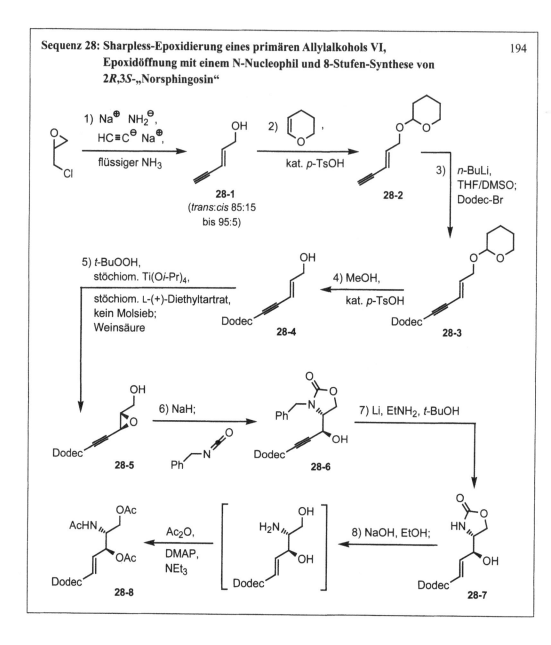

**Sequenz 29: Sharpless-Epoxidierung eines sekundären Allylalkohols und   201
Chiralitätstransfer mittels Claisen-Umlagerung I**

1) 2 *t*-BuLi;

2) *t*-BuOOH,
kat. Ti(O*i*-Pr)$_4$,

kat. L-(+)-Diisopropyltartrat,
4-Å-Molsieb;
FeSO$_4$

29-1

29-2a   +   **29-2b**

+ *syn*-Diastereomer

3) H$_3$C-C(OMe)$_3$, kat. Propionsäure

MeO

29-3

**Sequenz 30: Sharpless-Epoxidierung eines sekundären Allylalkohols und   204
Chiralitätstransfer mittels Claisen-Umlagerung II**

1) 2 *n*-BuLi;

2a) H$_2$, kat. Lindlar-Pd
oder

2b) ZnCl$_2$, K, THF;
MeOH

30-1

30-2

3) *t*-BuOOH,
kat. Ti(O*i*-Pr)$_4$,
kat. L-(+)-Diisopropyltartrat,
4-Å-Molsieb;

Na$_2$SO$_3$

30-3a   +   **30-3b**

+ *syn*-Diastereomer

4) H$_3$C-C(OMe)$_3$, kat. Propionsäure

MeO

30-4

Sequenz 31: Enantioselektive Desymmetrisierung von Divinylcarbinol per   209
Sharpless-Epoxidierung

Sequenz 32: Enantioselektive Desymmetrisierung eines Dialkenylcarbinols per   211
Sharpless-Epoxidierung

Sequenz 33: *cis*,*vic*-Dihydroxylierung mit (Sharpless!) und ohne Enantiokontrolle   217

1) kat. K$_2$OsO$_2$(OH)$_4$,

stöchiom.

33-1
(racemisch)

2) H$_2$,
kat.
Rh/Al$_2$O$_3$

33-2
(racemisch)

3) kat. AD-Mix-α®

(d. h. kat. OsO$_4$,
stöchiom. K$_3$Fe(CN)$_6$,
kat. (DHQ)$_2$PHAL,
K$_2$CO$_3$),
MeSO$_2$NH$_2$

33-3
(>98% *ee*)

4) H$_2$,
kat.
Rh/Al$_2$O$_3$

33-4
(>98% *ee*)

**Sequenz 34: *cis*,*vic*-Dihydroxylierung nach Sharpless und enantioselektive   221
Synthese von Whiskylacton**

1) kat. Piperidin,
Xylol, Δ

34-1

2) MeOH,
kat. CSA

34-2

3) kat. AD-Mix-β®
(d. h. kat. K$_2$OsO$_2$(OH)$_4$,
stöchiom. K$_3$Fe(CN)$_6$,
kat. (DHQD)$_2$PHAL,
K$_2$CO$_3$),
MeSO$_2$NH$_2$

5) Me$_2$CuLi
(aus 2 MeLi + CuI)

34-5

4) MsCl, NEt$_3$

34-4

34-3

Sequenz 35: *cis,vic*-**Dihydroxylierung nach Sharpless und Gewinnung eines enantiomerenreinen 1,3-Diols** 225

Sequenz 36: *cis,vic*-**Dihydroxylierung nach Sharpless und Gewinnung eines**   230
enantiomerenreinen Chinonmonoketals

„Sequenz" 37: PCC-Oxidation eines sekundären Alkohols I　　236

$$70 \quad : \quad 30 \quad \text{(racemisch; \textbf{10-7 in Band 1})}$$

und/oder

$$30 \quad : \quad 70 \quad \text{(racemisch; \textbf{10-15 in Band 1})}$$

„Sequenz" 38: PCC-Oxidation eines sekundären Alkohols II　　237

(racemisch; **10-8 in Band 1**)

und/oder

(racemisch; **10-16 in Band 1**)

Sequenz 39: TEMPO-Oxidation eines primären Alkohols und Aldolkondensation　　238
mit einem Aza-Enolat

Sequenz 40: Stereodivergente Reduktion von 4-*tert*-Butylcyclohexanon   241

1) Li$^\oplus$ $^\ominus$HB(s-Bu)$_3$

2a) Na, EtOH

2b) LiAlH$_4$, AlCl$_3$;

kat.

40-1   40-2

Sequenz 41: Darstellung eines Cyclohexenons aus Cyclohexandion II*   245

1) KOH,

kat. KI

2) HC(OEt)$_3$,

EtOH,
kat. p-TsOH

3) LiAlH$_4$

41-1   41-2   41-3

* Vgl. auch Sequenz 3

Sequenz 42: Synthese diastereomerenreiner 1,3-Diole   248

1) LDA; O

2) Et$_3$B, MeOH, THF;

NaBH$_4$

3) Me$_4$N$^\oplus$ $^\ominus$BH(OAc)$_3$

42-1   42-2   42-3

Sequenz 43: Darstellung von Trimethylsilylethanol 251

6-12 (Band 1)

1) Zn, kat. Me$_3$SiCl; stöchiom. Me$_3$SiCl

43-1

2) LiAlH$_4$

43-2

Sequenz 44: BH$_3$-Monoreduktion von Äpfelsäurediester zum Auftakt einer 253
ex-chiral-pool-Synthese

6-13 (Band 1)

1) stöchiom. Me$_2$S·BH$_3$, kat. NaBH$_4$

44-1

2) Me$_2$C(OMe)$_2$, kat. PyrH$^\oplus$ $^\ominus$OTs

44-2

3) DIBAH, CH$_2$Cl$_2$

44-3

4) Br$_2$, MeOH

44-4

5) PPh$_3$

44-5

6) wässr. K$_2$CO$_3$

44-6

Sequenz 45: Potpouri von Redoxreaktionen zur Gewinnung einer Vitamin-E-Vorstufe   258

Sequenz 46: Chemoselektive Hydrid-Reduktion von Zimtsäureester   262

Sequenz 47: *trans*-**Hydroaluminierung eines Alkins und Braunstein-Oxidation**   264
von Allylalkoholen bei einer Triencarboester-Synthese

1) Br$_2$, stöchiom. wässr. KOH

47-1

2) LiAlH$_4$, AlCl$_3$

47-2

3) MnO$_2$,

O
‖
(EtO)$_2$P⁀CO$_2$Et

2-28 (Band 1)

festes LiOH, 4-Å-Molsieb

4) DIBAH

47-3

47-4

5) MnO$_2$,

festes LiOH, 4-Å-Molsieb

O
‖
(EtO)$_2$P⁀CO$_2$Et

CO$_2$Et   **47-5**

Sequenz 48: *trans*-Hydroaluminierung eines Diins und Sonogashira-   269
Hagihawa-Kupplung: „Heavy Metal" auf dem Weg zu einem Bisallylcarbinol

1) 2 EtMgBr;

2 Me₃SiCl;
wässr. H₂SO₄

48-1

2) PBr₃

48-2

4) Bu₄N⁺ F⁻ · 3 H₂O

48-4

3) Zn;

48-3

5) IPh,
   kat. Pd(PPh₃)₂Cl₂,
   kat. CuI,
   NEt₃

48-5

6) LiAlH₄

48-6

„Sequenz" 49: 1,4-Reduktion eines α,β-ungesättigten Ketons   274

Li⁺ ⁻HB(s-Bu)₃;

MeI

49-1

„Sequenz" 50: Birch-Reduktion von Benzol   275

Li, fl. NH₃, *t*-BuOH

50-1

Sequenz 51: Birch-Reduktion von Naphthalin und Synthese eines 10-π-Aromaten   276

Sequenz" 52: Birch-Reduktion eines Aromaten zu einem Cyclohexanon   280

Sequenz 53: Birch-Reduktion eines Aromaten zu einem Cyclohexenon;   281
1,4-Addition eines Gilman-Cuprats

Sequenz 54: Birch-Reduktion / Alkenylierung / Fragmentierung: 284
Darstellung eines *ortho*-Dialkylbenzols

„Sequenz" 55: Aromatenfunktionalisierung durch *ortho*-Lithiierung II* 286

* Vgl. auch Sequenz 6

„Sequenz" 56: Darstellung einer Triphenylphosphancarbonsäure 287

Sequenz 57: *C*-Alkylierung von Propargylalkohol und C≡C-Verschiebung
mit einem „Alkin-Zipper"   289

1) Li, fl. NH₃,
kat. Fe(NO₃)₃ • 9 H₂O;
Br

2) Li,
1,2-Diamino-
propan;
KO*t*-Bu;

57-1   **57-2**

„Sequenz" 58: Acyloinkondensation intermolekular   291

Na, Toluol

58-1

Sequenz 59: Acyloinkondensation intramolekular;   292
Glykolschützung von ex-chiral-pool-Substraten mit dem Cyclohexandionacetal

1) Na, ClSiMe₃,
Toluol

59-1

2) Cu(OAc)₂

59-2

3) HC(OMe)₃,
MeOH,
kat. H₂SO₄

59-3

4)

59-4

HC(OMe)₃,
MeOH,
kat. CSA

5)

59-5

HC(OMe)₃,
MeOH,
kat. CSA

Sequenz 60: Mn-induzierte Pinakolkupplung 297

1) K₂CO₃, EtOH;

Br

60-1

2) kat. Cp₂TiCl₂, stöchiom. Mn,

Cl⊖

60-2

„Sequenz" 61: Katalytische McMurry-Reaktion I* 300

stöchiom. Zn,
kat. TiCl₄,

stöchiom. Me₃SiCl,
THF

61-1

* Vgl. auch Sequenz 64

Sequenz 62: Stöchiometrische McMurry-Reaktion I: 301
Adamantylidenadamantan und die Darstellung eines stabilen Bromonium-Ions

1) H₂,
kat. Pd/C

62-1

2) AlCl₃

62-2

3) konz. H₂SO₄

62-3

4) stöchiom. Zn,
stöchiom. TiCl₄,
1,4-Dioxan

Br₃⊖

Br⊕

5) 2 Br₂

62-5

62-4

„Sequenz" 63: Stöchiometrische McMurry-Reaktion II: 305
              Überraschung bei der Stereoselektivität

stöchiom. Zn,
stöchiom. TiCl₄,

1,4-Dioxan

82   :   18

63-1

Sequenz 64: Katalytische McMurry-Reaktion II*: Fürstner-Indol-Synthese   306

1) *t*-BuCOCl,

Pyridin

64-1

2a) stöchiom. Zn,
    kat. TiCl₃,
    stöchiom. Me₃SiCl

oder

2b) stöchiom. Zn,
    halbstöchiom. TiCl₄,
    stöchiom. Me₃SiCl

64-2

* Vgl. auch „Sequenz" 61

Kapitel VII

Index der Arbeitstechniken

Kapitel VIII

Index der Reaktionsweisen (inkl. Namensreaktionen und Namensreagenzien)

Kapitel IX

Index der Zielstrukturen (Synthesemethodenverzeichnis)